Parabéns!

Agora você faz parte do **Plurall**, a plataforma digital do seu livro didático! No **Plurall**, você tem acesso gratuito aos recursos digitais deste livro por meio do seu computador, celular ou *tablet*. Além disso, você pode contar com a nossa tutoria *on-line* sempre que surgir alguma dúvida sobre as atividades e os conteúdos deste livro.

Incrível, não é mesmo?
Venha para o **Plurall** e descubra uma nova forma de estudar!
Baixe o aplicativo do **Plurall** para Android e IOS ou acesse **www.plurall.net** e cadastre-se utilizando o seu código de acesso exclusivo:

AASPT9EFV

@plurallnet
@plurallnetoficial

OSVALDO DOLCE
JOSÉ NICOLAU POMPEO

FUNDAMENTOS DE MATEMÁTICA ELEMENTAR

Geometria espacial
posição e métrica

1150 exercícios propostos com resposta

264 questões de vestibulares com resposta

7ª edição | São Paulo – 2013

© Osvaldo Dolce, José Nicolau Pompeo, 2013

Copyright desta edição:
SARAIVA S.A. Livreiros Editores, São Paulo, 2013.
Rua Henrique Schaumann, 270 — Pinheiros
05413-010 — São Paulo — SP
Fone: (0xx11) 3611-3308 — Fax vendas: (0xx11) 3611-3268
SAC: 0800-0117875
www.editorasaraiva.com.br
Todos os direitos reservados.

Dados Internacionais de Catalogação na Publicação (CIP)
(Câmara Brasileira do Livro, SP, Brasil)

Dolce, Osvaldo

Fundamentos de matemática elementar, 10 : geometria espacial, posição e métrica / Osvaldo Dolce, José Nicolau Pompeo. — 7. ed. — São Paulo : Atual, 2013.
 ISBN 978-85-357-1758-7 (aluno)
 ISBN 978-85-357-1759-4 (professor)

 1. Matemática (Ensino médio) 2. Matemática (Ensino médio) — Problemas, exercícios etc. 3. Matemática (Vestibular) — Testes I. Pompeo, José Nicolau. II. Título.

13-01118   CDD-510.7

Índice para catálogo sistemático:
1. Matemática: Ensino médio 510.7

Fundamentos de matemática elementar – vol. 10

Gerente editorial:	Lauri Cericato
Editor:	José Luiz Carvalho da Cruz
Editores-assistentes:	Fernando Manenti Santos/Juracy Vespucci/Guilherme Reghin Gaspar/Lívio A. D'Ottaviantonio
Auxiliares de serviços editoriais:	Margarete Aparecida de Lima/Rafael Rabaçallo Ramos/Vanderlei Aparecido Orso
Digitação e cotejo de originais:	Guilherme Reghin Gaspar/Elillyane Kaori Kamimura
Pesquisa iconográfica:	Cristina Akisino (coord.)/Enio Rodrigo Lopes
Revisão:	Pedro Cunha Jr. e Lilian Semenichin (coords.)/Renata Palermo/Rhennan Santos/Felipe Toledo/Tatiana Malheiro/Fernanda G. Antunes
Gerente de arte:	Nair de Medeiros Barbosa
Supervisor de arte:	Antonio Roberto Bressan
Projeto gráfico:	Carlos Magno
Capa:	Homem de Melo & Tróia Design
Imagem da capa:	John Still/Getty Images
Ilustrações:	Conceitograf/Mario Yoshida/Setup
Diagramação:	TPG
Assessoria de arte:	Maria Paula Santo Siqueira
Encarregada de produção e arte:	Grace Alves
Coordenadora de editoração eletrônica:	Silvia Regina E. Almeida
Produção gráfica:	Robson Cacau Alves
Impressão e acabamento:	Bercrom Gráfica e Editora

575.910.007.010

Rua Henrique Schaumann, 270 – Cerqueira César – São Paulo/SP – 05413-909

Apresentação

Fundamentos de Matemática Elementar é uma coleção elaborada com o objetivo de oferecer ao estudante uma visão global da Matemática, no ensino médio. Desenvolvendo os programas em geral adotados nas escolas, a coleção dirige-se aos vestibulandos, aos universitários que necessitam rever a Matemática elementar e também, como é óbvio, àqueles alunos de ensino médio cujo interesse se focaliza em adquirir uma formação mais consistente na área de Matemática.

No desenvolvimento dos capítulos dos livros de *Fundamentos* procuramos seguir uma ordem lógica na apresentação de conceitos e propriedades. Salvo algumas exceções bem conhecidas da Matemática elementar, as proposições e os teoremas estão sempre acompanhados das respectivas demonstrações.

Na estruturação das séries de exercícios, buscamos sempre uma ordenação crescente de dificuldade. Partimos de problemas simples e tentamos chegar a questões que envolvem outros assuntos já vistos, levando o estudante a uma revisão. A sequência do texto sugere uma dosagem para teoria e exercícios. Os exercícios resolvidos, apresentados em meio aos propostos, pretendem sempre dar explicação sobre alguma novidade que aparece. No final de cada volume, o aluno pode encontrar as respostas para os problemas propostos e assim ter seu reforço positivo ou partir à procura do erro cometido.

A última parte de cada volume é constituída por questões de vestibulares, selecionadas dos melhores vestibulares do país e com respostas. Essas questões podem ser usadas para uma revisão da matéria estudada.

Neste volume, abordamos a Geometria Espacial, usualmente trabalhada nos últimos anos do ensino médio. Os primeiros seis capítulos apresentam um estudo posicional de pontos, retas e planos. Os últimos dez capítulos tratam da métrica dos poliedros e corpos redondos com destaque para os cálculos de áreas e volumes. No capítulo XIV, mostramos o estudo métrico de sólidos para os inscritos ou circunscritos a outros.

Finalmente, como há sempre uma certa distância entre o anseio dos autores e o valor de sua obra, gostaríamos de receber dos colegas professores uma apreciação sobre este trabalho, notadamente os comentários críticos, os quais agradecemos.

Os autores

Sumário

CAPÍTULO I — Introdução 1
   I. Conceitos primitivos e postulados 1
   II. Determinação de plano 4
   III. Posições das retas 8
   IV. Interseção de planos 11

CAPÍTULO II — Paralelismo 17
   I. Paralelismo de retas 17
   II. Paralelismo entre retas e planos 19
   III. Posições relativas de uma reta e um plano 21
   IV. Duas retas reversas 23
   V. Paralelismo entre planos 25
   VI. Posições relativas de dois planos 27
   VII. Três retas reversas duas a duas 29
   VIII. Ângulo de duas retas — Retas ortogonais 31

CAPÍTULO III — Perpendicularidade 35
   I. Reta e plano perpendiculares 35
   II. Planos perpendiculares 47

CAPÍTULO IV — Aplicações 51
   I. Projeção ortogonal sobre um plano 51
   II. Segmento perpendicular e segmentos oblíquos a um plano por um ponto 55
   III. Distâncias geométricas 57
   IV. Ângulo de uma reta com um plano 66
   V. Reta de maior declive de um plano em relação a outro 67
   VI. Lugares geométricos 68
Leitura: Tales, Pitágoras e a Geometria demonstrativa 75

CAPÍTULO V — Diedros ... 77
    I. Definições ... 77
    II. Seções ... 79
    III. Diedros congruentes — Bissetor — Medida ... 81
    IV. Seções igualmente inclinadas — Congruência de diedros ... 90

CAPÍTULO VI — Triedros ... 98
    I. Conceito e elementos ... 98
    II. Relações entre as faces ... 99
    III. Congruência de triedros ... 103
    IV. Triedros polares ou suplementares ... 104
    V. Critérios ou casos de congruência entre triedros ... 110
    VI. Ângulos poliédricos convexos ... 116

CAPÍTULO VII — Poliedros convexos ... 120
    I. Poliedros convexos ... 120
    II. Poliedros de Platão ... 127
    III. Poliedros regulares ... 129

CAPÍTULO VIII — Prisma ... 134
    I. Prisma ilimitado ... 134
    II. Prisma ... 136
    III. Paralelepípedos e romboedros ... 139
    IV. Diagonal e área do cubo ... 141
    V. Diagonal e área do paralelepípedo retângulo ... 142
    VI. Razão entre paralelepípedos retângulos ... 146
    VII. Volume de um sólido ... 148
    VIII. Volume do paralelepípedo retângulo e do cubo ... 149
    IX. Área lateral e área total do prisma ... 157
    X. Princípio de Cavalieri ... 158
    XI. Volume do prisma ... 160
    XII. Seções planas do cubo ... 168
    XIII. Problemas gerais sobre prismas ... 172
    Leitura: Cavalieri e os indivisíveis ... 175

CAPÍTULO IX — Pirâmide ... 177
    I. Pirâmide ilimitada ... 177
    II. Pirâmide ... 178

 III. Volume da pirâmide 181
 IV. Área lateral e área total da pirâmide.. 186

CAPÍTULO X — Cilindro 207
 I. Preliminar: noções intuitivas de geração de superfícies cilíndricas....... 207
 II. Cilindro 209
 III. Áreas lateral e total.. 211
 IV. Volume do cilindro... 212

CAPÍTULO XI — Cone 224
 I. Preliminar: noções intuitivas de geração de superfícies cônicas........... 224
 II. Cone... 227
 III. Áreas lateral e total.. 229
 IV. Volume do cone... 230

CAPÍTULO XII — Esfera 241
 I. Definições 241
 II. Área e volume... 243
 III. Fuso e cunha.. 245
 IV. Dedução das fórmulas das áreas do cilindro, do cone e da esfera 253
Leitura: Lobachevski e as geometrias não euclidianas 256

CAPÍTULO XIII — Sólidos semelhantes — Troncos 258
 I. Seção de uma pirâmide por um plano paralelo à base...................... 258
 II. Tronco de pirâmide de bases paralelas.. 267
 III. Tronco de cone de bases paralelas 274
 IV. Problemas gerais sobre sólidos semelhantes e troncos.................... 279
 V. Tronco de prisma triangular.. 284
 VI. Tronco de cilindro.. 286

CAPÍTULO XIV — Inscrição e circunscrição de sólidos 290
 I. Esfera e cubo 290
 II. Esfera e octaedro regular 292
 III. Esfera e tetraedro regular.. 294
 IV. Inscrição e circunscrição envolvendo poliedros regulares................ 297
 V. Prisma e cilindro 300
 VI. Pirâmide e cone... 301
 VII. Prisma e pirâmide... 303
 VIII. Cilindro e cone.. 305

IX. Cilindro e esfera	307
X. Esfera e cone reto	310
XI. Esfera, cilindro equilátero e cone equilátero	316
XII. Esfera e tronco de cone	318
XIII. Exercícios gerais sobre inscrição e circunscrição de sólidos	320

CAPÍTULO XV — Superfícies e sólidos de revolução ... 322
   I. Superfícies de revolução ... 322
   II. Sólidos de revolução ... 324

CAPÍTULO XVI — Superfícies e sólidos esféricos ... 337
   I. Superfícies — Definições ... 337
   II. Áreas das superfícies esféricas ... 338
   III. Sólidos esféricos: definições e volumes ... 343
   IV. Deduções das fórmulas de volumes dos sólidos esféricos ... 353
Leitura: Riemann, o grande filósofo da Geometria ... 359

Respostas dos Exercícios ... 361

Questões de vestibulares ... 394

Respostas das questões de vestibulares ... 466

CAPÍTULO I
Introdução

I. Conceitos primitivos e postulados

1. As **noções (conceitos, termos, entes)** geométricas são estabelecidas por meio de **definições**. Em particular, as primeiras noções, os **conceitos primitivos** (noções primitivas) da Geometria, são adotadas sem definição.

Adotaremos sem definir os conceitos de:

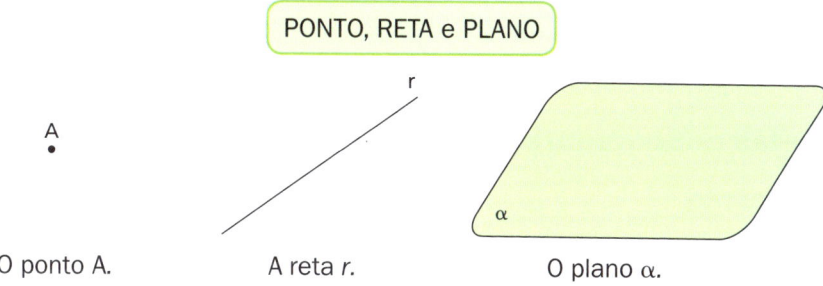

O ponto A. A reta r. O plano α.

Do ponto, da reta e do plano temos um conhecimento intuitivo decorrente da experiência e da observação.

O **espaço** é o conjunto de todos os pontos. Nesse conjunto desenvolveremos a Geometria Espacial.

2. As **proposições (propriedades)** geométricas são aceitas mediante **demonstrações**. Em particular, as primeiras proposições, as **proposições primitivas** ou **postulados** são aceitos sem demonstração.

Assim, iniciamos a Geometria com alguns **postulados**, relacionando o ponto, a reta e o plano.

INTRODUÇÃO

3. Postulado da existência

a) Existe reta e numa reta, bem como fora dela, há infinitos pontos.

b) Existe plano e num plano, bem como fora dele, há infinitos pontos.

4. Postulado da determinação

a) Dois pontos distintos determinam uma única reta que passa por eles.

b) Três pontos **não colineares** determinam um único plano que passa por eles.

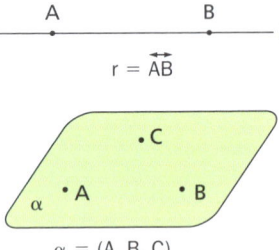

5. Postulado da inclusão

Se uma reta tem dois pontos distintos num plano, então ela está contida no plano.

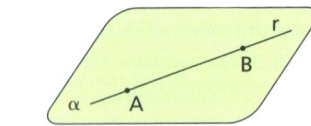

$(A \neq B, r = \overleftrightarrow{AB}, A \in \alpha, B \in \alpha) \Rightarrow r \subset \alpha$

6. Retas concorrentes

Definição

Duas retas são **concorrentes** se, e somente se, elas têm um único ponto comum.

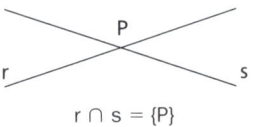

$r \cap s = \{P\}$

7. Retas paralelas

Definição

Duas retas são **paralelas** se, e somente se, ou são coincidentes ou são coplanares e não têm ponto comum.

$a = b \Rightarrow a \mathbin{/\mkern-3mu/} b$

$(a \subset \alpha, b \subset \alpha \text{ e } a \cap b = \emptyset) \Rightarrow a \mathbin{/\mkern-3mu/} b$

EXERCÍCIOS

1. Demonstre que num plano existem infinitas retas.

   Solução

   Consideremos um plano α e nele dois pontos distintos A e B. Estes pontos determinam uma reta r, que está contida em α, pois tem dois pontos distintos em α. Consideremos em α e fora de r um ponto C. Os pontos A e C determinam uma reta s, que está em α. Os pontos B e C determinam uma reta t que está em α.

   Desse modo podemos construir em α "tantas retas quantas quisermos", isto é, "infinitas" retas.

   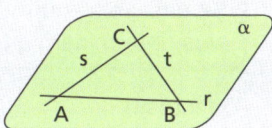

2. Quantas retas há no espaço? Demonstre.

3. Quantas e quais são as retas determinadas por pares de pontos A, B, C e D, dois a dois distintos, se:

   a) A, B e C são colineares?   b) A, B, C e D não são coplanares?

4. Quantos são os planos determinados por quatro pontos distintos dois a dois?

5. Mostre que três retas, duas a duas concorrentes, não passando por um mesmo ponto, estão contidas no mesmo plano.

   Solução

   Sejam r, s e t as retas tais que
   r ∪ s = {C}, r ∪ t = {B}, s ∪ t = {A}
   e A, B e C não colineares.

   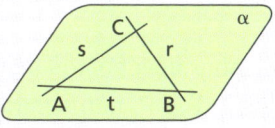

   Pelo postulado da determinação existe o plano α = (A, B, C).

   Pelo postulado da inclusão, temos: (A ≠ B; A, B ∈ α) ⇒ t ⊂ α.
   Analogamente temos: A ⊂ α e r ⊂ α.

6. É comum encontrarmos mesas com 4 pernas que, mesmo apoiadas em um piso plano, balançam e nos obrigam a colocar um calço em uma das pernas se a quisermos firme. Explique, usando argumentos de geometria, por que isso não acontece com uma mesa de 3 pernas.

INTRODUÇÃO

II. Determinação de plano

8. Existem quatro modos de determinar planos.

1º modo: por três pontos não colineares.
2º modo: por uma reta e um ponto fora dela.
3º modo: por duas retas concorrentes.
4º modo: por duas retas paralelas distintas.

O primeiro modo é postulado e os demais são os três teoremas que seguem.

9. Teorema 1

> Se uma reta e um ponto são tais que o ponto não pertence à reta, então eles determinam um único plano que os contém.

Hipótese   Tese
$(P \notin r) \Rightarrow (\exists\, \alpha \mid P \in \alpha \text{ e } r \subset \alpha)$

Demonstração:

Sendo um problema de existência e unicidade, dividimos a demonstração nessas duas partes.

1ª parte: Existência

a) Construção:

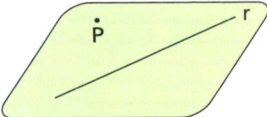 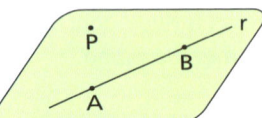 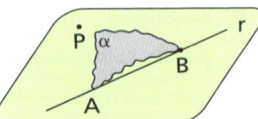

Tomamos em *r* dois pontos distintos, A e B.

Os pontos A, B e P, não sendo colineares (A, B ∈ r e P ∉ r), determinam um plano α.

b) Prova de que α é o plano de *r* e P.

$\alpha = (A, B, P) \Rightarrow P \in \alpha$
$\left. \begin{array}{l} \alpha = (A, B, P) \\ A \neq B;\ A, B \in r \end{array} \right\} \Rightarrow r \subset \alpha$

Logo, existe pelo menos o plano α construído por *r* e P. Indicaremos por α = (r, P).   (1)

2ª parte: Unicidade

Provemos que α é o único plano determinado por r e P.

Se existissem α e α' por r e P, teríamos:

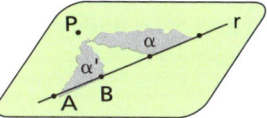

$$\left. \begin{array}{l} (\alpha = (r, P); A, B \in r) \Rightarrow \alpha = (A, B, P) \\ (\alpha' = (r, P); A, B \in r) \Rightarrow \alpha' = (A, B, P) \end{array} \right\} \Rightarrow \alpha = \alpha'$$

Logo, não existe mais que um plano (r, P).   (2)

Conclusão: ((1) e (2)) $\Rightarrow \exists\, \alpha \mid P \in \alpha$ e $r \subset \alpha$.

10. Teorema 2

> Se duas retas são concorrentes, então elas determinam um único plano que as contém.

Hipótese   Tese
$(r \cap s = \{P\})$ $\Rightarrow$ $(\exists\, \alpha \mid r \subset \alpha \text{ e } s \subset \alpha)$

Demonstração:

1ª parte: Existência

a) Construção:

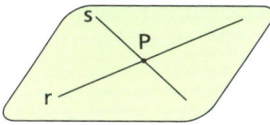 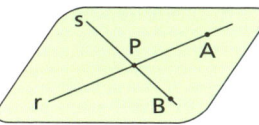 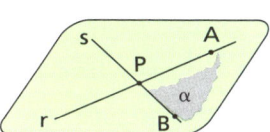

Tomamos um ponto A em r e um ponto B em s, ambos distintos de P.
Os pontos A, B e P, não sendo colineares (A, P ∈ r e B ∉ r), determinam um plano α.

b) Prova de que α é o plano de r e s.

$(\alpha = (A, B, P); A, P \in r; A \neq P) \Rightarrow r \subset \alpha$

$(\alpha = (A, B, P); B, P \in s; B \neq P) \Rightarrow s \subset \alpha$

Logo, existe pelo menos o plano α construído, passando por r e s. Indicaremos por α = (r, s).   (1)

2ª parte: Unicidade

Se existissem α e α', por r e s concorrentes, teríamos:

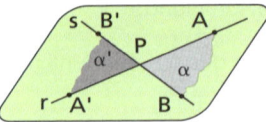

$$(\alpha = (r, s); A, P \in r; B \in s) \Rightarrow \alpha = (A, B, P)$$
$$(\alpha' = (r, s); A, P \in r; B \in s) \Rightarrow \alpha' = (A', B', P)$$
$$\Rightarrow \alpha = \alpha'$$

Logo, não existe mais que um plano (r, s). (2)

Conclusão: ((1) e (2)) $\Rightarrow \exists \alpha \mid r \subset \alpha$ e $s \subset \alpha$.

11. Teorema 3

> Se duas retas são paralelas entre si e distintas, então elas determinam um único plano que as contém.

Hipótese Tese

$(t \parallel s, r \neq s) \Rightarrow (\exists \alpha \mid r \subset \alpha \text{ e } s \subset \alpha)$

Demonstração:

1ª parte: Existência

A existência do plano α = (r, s) é consequência da definição de retas paralelas (ou da existência dessas retas), pois:

$(r \parallel s, r \neq s) \Rightarrow (\exists \alpha \mid r \subset \alpha, s \subset \alpha \text{ e } r \cap s = \emptyset)$.

Logo, existe pelo menos o plano α (da definição), passando por r e s. (1)

2ª parte: Unicidade

Vamos supor que por r e s passam dois planos α e α' e provemos que eles coincidem.

Se existissem α e α', por r e s paralelas e distintas, tomando-se A e B distintos em r e P em s, teríamos:

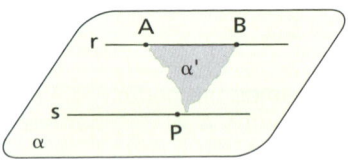

$$(\alpha = (r, s); A, B \in r; P \in s) \Rightarrow \alpha = (A, B, P)$$
$$(\alpha' = (r, s); A, B \in r; P \in s) \Rightarrow \alpha' = (A, B, P)$$
$$\Rightarrow \alpha = \alpha'$$

Logo, não existe mais que um plano (r, s). (2)

Conclusão: ((1) e (2)) $\Rightarrow \exists \alpha \mid r \subset \alpha$ e $s \subset \alpha$.

EXERCÍCIOS

7. Quantos são os planos que passam por uma reta?

Solução

Infinitos.

a) Construção:

Seja *r* a reta. Tomamos um ponto A fora de *r*. A reta *r* e o ponto A determinam um plano α. Fora de α, tomamos um ponto B. A reta *r* e o ponto B determinam um plano β. Fora de α e β, tomamos um ponto C. A reta *r* e o ponto C determinam um plano γ.

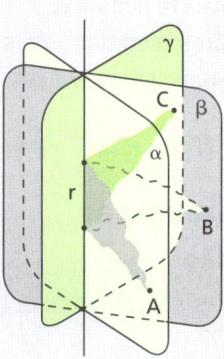

Desse modo podemos construir, por *r*, tantos planos quantos quisermos, isto é, construímos infinitos planos.

b) Prova:

Todos os planos assim construídos passam por *r* que, com os pontos correspondentes, os está determinando.

8. Quantos planos passam por dois pontos distintos?

9. Prove que duas retas paralelas distintas e uma concorrente com as duas são coplanares.

10. Mostre que, se duas retas são paralelas e distintas, todo plano que contém uma delas e um ponto da outra, contém a outra.

Solução

Sejam *r* e *s* as duas retas, P um ponto de *s* e α o plano (r, P). As retas *r* e *s* determinam um plano α'. Temos, então:

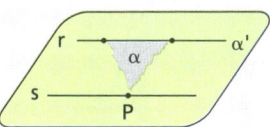

(α' = (r, s), P ∈ s) ⇒ α' = (r, P) ⇒ α' = α.

Se α = α' contém s, então o plano α contém a reta s.

INTRODUÇÃO

11. Num plano α há uma reta r e um ponto P não pertencente a r. Prove que: se conduzimos por P uma reta s, paralela a r, então s está contida em α.

12. Classifique em verdadeiro (V) ou falso (F):
    a) Três pontos distintos determinam um plano.
    b) Um ponto e uma reta determinam um único plano.
    c) Duas retas distintas paralelas e uma concorrente com as duas determinam dois planos distintos.
    d) Três retas distintas, duas a duas paralelas, determinam um ou três planos.
    e) Três retas distintas, duas a duas concorrentes, determinam um ou três planos.

III. Posições das retas

12. Retas reversas

Definição

Duas retas são chamadas retas **reversas** se, e somente se, não existe plano que as contenha.

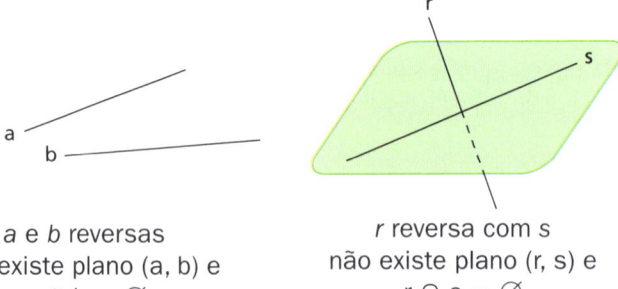

a e b reversas
não existe plano (a, b) e
a ∩ b = ∅

r reversa com s
não existe plano (r, s) e
r ∩ s = ∅

13. Quadrilátero reverso

Definição

Um quadrilátero é chamado **quadrilátero reverso** se, e somente se, não existe plano contendo seus quatro vértices.

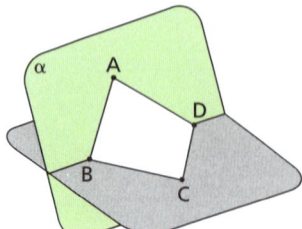 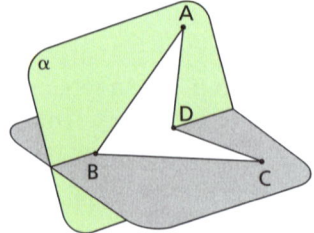

Se α = (A, B, D) e C $\notin \alpha$, então ABCD é quadrilátero reverso.

14. Observação

Chamamos **figura** a todo conjunto de pontos. Uma **figura** é **plana** quando seus pontos pertencem a um mesmo plano, e os pontos são ditos **coplanares**; caso contrário, a figura é chamada **figura reversa** e os pontos, **não coplanares**.

15. Posições relativas de duas retas

> Em vista de definições anteriores, dadas duas retas distintas r e s, ou elas são **concorrentes**, ou **paralelas** ou **reversas**.

Essas posições podem ser sintetizadas da seguinte forma:

$$r \text{ e } s \text{ distintas} \begin{cases} r \text{ e } s \text{ coplanares} \begin{cases} r \text{ e } s \text{ têm ponto comum} \to r \text{ e } s \text{ concorrentes} \\ \text{ou} \\ r \text{ e } s \text{ não têm ponto comum} \to r \text{ e } s \text{ paralelas} \end{cases} \\ \text{ou} \\ r \text{ e } s \text{ reversas} \end{cases}$$

$$r \text{ e } s \text{ distintas} \begin{cases} r \text{ e } s \text{ têm ponto comum} \to r \text{ e } s \text{ são concorrentes} \\ \text{ou} \\ r \text{ e } s \text{ não têm ponto comum} \begin{cases} r \text{ e } s \text{ coplanares} \to r \text{ e } s \text{ são paralelas} \\ \text{ou} \\ r \text{ e } s \text{ não coplanares} \to r \text{ e } s \text{ são reversas} \end{cases} \end{cases}$$

Se as retas r e s são **coincidentes** (ou iguais), elas são **paralelas**.

EXERCÍCIOS

13. Prove a existência de retas reversas.

Solução

a) Construção:

Consideremos uma reta r e um ponto P fora de r. A reta r e o ponto P determinam um plano $\alpha = (r, P)$.

Tomemos fora de α um ponto X. Os pontos distintos P e X determinam uma reta s = $\overleftrightarrow{PX}$.

b) Prova de que r e s são reversas:

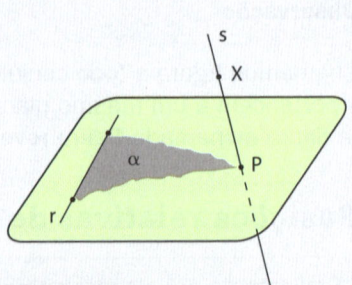

Se existe um plano β = (r, s), temos:

(r ⊂ β e P ∈ β) ⇒ β = (r, P) ⇒ β = α
(β = α, s ⊂ β, X ∈ s) ⇒ X ∈ α (o que é absurdo, pois tomamos X ∉ α).

Logo, não existe um plano contendo r e s.

Assim, obtivemos duas retas r e s, reversas.

14. Prove que um quadrilátero reverso não é paralelogramo.

15. Mostre que as diagonais de um quadrilátero reverso são reversas.

16. Duas retas distintas r e s, reversas a uma terceira reta t, são reversas entre si?

17. Prove que duas retas reversas e uma concorrente com as duas determinam dois planos distintos.

Solução

Sejam r e s duas retas reversas e t uma reta concorrente com r e concorrente com s.

As retas concorrentes r e s determinam um plano α.

As retas concorrentes s e t determinam um plano β.

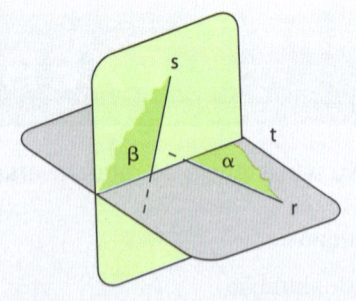

Os planos α e β são distintos pois, se α = β, as retas r (de α) e s (de β) estariam neste plano α = β, o que é absurdo, pois contraria a hipótese de serem reversas.

18. Classifique em verdadeiro (V) ou falso (F):
   a) Duas retas ou são coincidentes ou são distintas.
   b) Duas retas ou são coplanares ou são reversas.
   c) Duas retas distintas determinam um plano.
   d) Duas retas concorrentes têm um ponto comum.
   e) Duas retas concorrentes têm um único ponto comum.
   f) Duas retas que têm um ponto comum são concorrentes.
   g) Duas retas concorrentes são coplanares.
   h) Duas retas coplanares são concorrentes.
   i) Duas retas distintas não paralelas são reversas.
   j) Duas retas que não têm ponto comum são paralelas.
   k) Duas retas que não têm ponto comum são reversas.
   l) Duas retas coplanares ou são paralelas ou são concorrentes.
   m) Duas retas não coplanares são reversas.

19. Classifique em verdadeiro (V) ou falso (F):
   a) $r \cap s = \emptyset \Rightarrow r$ e s são reversas.
   b) r e s são reversas $\Rightarrow r \cap s = \emptyset$.
   c) $r \cap s = \emptyset \Rightarrow r$ e s são paralelas.
   d) $r \,//\, s, r \neq s \Rightarrow r \cap s = \emptyset$.
   e) A condição $r \cap s = \emptyset$ é necessária para que r e s sejam reversas.
   f) A condição $r \cap s = \emptyset$ é suficiente para que r e s sejam reversas.
   g) A condição $r \cap s = \emptyset$ é necessária para que duas retas distintas r e s sejam paralelas.
   h) A condição $r \cap s = \emptyset$ é suficiente para que duas retas r e s sejam paralelas.

IV. Interseção de planos

16. Postulado da interseção

Se dois planos distintos têm um ponto comum, então eles têm pelo menos um outro ponto comum.

$$(\alpha \neq \beta, P \in \alpha \text{ e } P \in \beta) \Rightarrow (\exists\, Q \mid Q \neq P, Q \in \alpha \text{ e } Q \in \beta)$$

17. Teorema da interseção

> Se dois planos distintos têm um ponto comum, então a interseção desses planos é uma única reta que passa por aquele ponto.

$$\underbrace{(\alpha \neq \beta, P \in \alpha, P \in \beta)}_{\text{Hipótese}} \Rightarrow \underbrace{(\exists\, i \mid \alpha \cap \beta = i \text{ e } P \in i)}_{\text{Tese}}$$

Demonstração:

1ª parte: Existência

$(\alpha \neq \beta, P \in \alpha, P \in \beta) \Rightarrow (\exists\, Q \neq P, Q \in \alpha \text{ e } Q \in \beta)$

$\left.\begin{array}{l}\alpha \neq \beta,\ P \in \alpha, P \in \beta \\ Q \neq P, Q \in \alpha, Q \in \beta\end{array}\right\} \Rightarrow (\exists\, i \mid i = \overleftrightarrow{PQ},\ i \subset \alpha \text{ e } i \subset \beta)$

A reta *i* determinada pelos pontos P e Q é comum aos planos α e β.

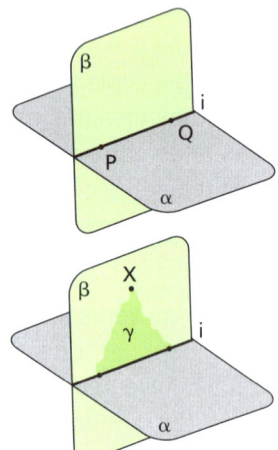

2ª parte: Unicidade

Da 1ª parte concluímos que todos os pontos de *i* estão em α e em β. Para provarmos que *i* é a interseção de α e β, basta provarmos que todos os pontos que estão em α e em β estão em *i*. É o que segue:

Se existe um ponto X tal que $X \in \alpha, X \in \beta$ e $X \notin i$, temos:

$X \notin i \Rightarrow \exists\, \gamma \mid \gamma = (i, X)$

$\left.\begin{array}{l}(i \subset \alpha, X \in \alpha, \gamma = (i, X)) \Rightarrow \gamma = \alpha \\ (i \subset \beta, X \in \beta, \gamma = (i, X)) \Rightarrow \gamma = \beta\end{array}\right\} \Rightarrow \alpha = \beta$

Os planos α e β coincidem com o plano γ = (i, X), o que é absurdo, pois contraria a hipótese de que α ≠ β.

Logo, *i* é a interseção de α e β.

18. Planos secantes

Definição

Dois planos distintos que se interceptam (ou se cortam) são chamados planos **secantes** (ou **concorrentes**). A reta comum é a **interseção** desses planos ou o **traço** de um deles no outro.

19. Observações

1ª) Para se obter a interseção de dois planos distintos, basta obter dois pontos distintos comuns a esses planos.

2ª) Para se provar que três ou mais pontos do espaço são colineares, basta provar que eles pertencem a dois planos distintos.

EXERCÍCIOS

20. Classifique em verdadeiro (V) ou falso (F):
   a) Se dois planos distintos têm um ponto comum, então eles têm uma reta comum que passa pelo ponto.
   b) Dois planos distintos que têm uma reta comum são secantes.
   c) Se dois planos têm uma reta comum, eles são secantes.
   d) Se dois planos têm uma única reta comum, eles são secantes.
   e) Dois planos secantes têm interseção vazia.
   f) Dois planos secantes têm infinitos pontos comuns.
   g) Dois planos secantes têm infinitos pontos comuns.
   h) Se dois planos têm um ponto comum, eles têm uma reta comum.

21. Num plano α há duas retas $\overleftrightarrow{AB}$ e $\overleftrightarrow{CD}$ concorrentes num ponto O. Fora de α há um ponto P. Qual é a interseção dos planos $\beta = (P, A, B)$ e $\gamma = (P, C, D)$?

Solução

Os planos β e γ são distintos e P pertence a ambos.

$\overleftrightarrow{AB} \cap \overleftrightarrow{CD} = \{O\} \Rightarrow$

$\begin{cases} O \in \overleftrightarrow{AB} \Rightarrow O \in \beta \\ O \in \overleftrightarrow{CD} \Rightarrow O \in \gamma \end{cases}$

Logo, $\beta \cap \gamma = \overleftrightarrow{OP}$.

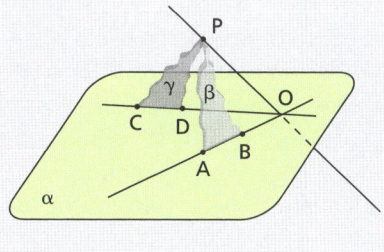

22. Num plano α há dois segmentos de reta $\overline{AB}$ e $\overline{CD}$, contidos em retas não paralelas e, fora de α, há um ponto P. Qual é a interseção dos planos $\beta = (P, A, B)$ e $\gamma = (P, C, D)$?

23. Um ponto P é o traço de uma reta r num plano α. Se β é um plano qualquer que passa por r, o que ocorre com a interseção $\alpha \cap \beta = i$?

Solução

$(P \in r, r \subset \beta) \Rightarrow P \in \beta$

$(\alpha \neq \beta, P \in \alpha, P \in \beta) \Rightarrow P \in i$

Logo, a interseção de β com α passa por P.

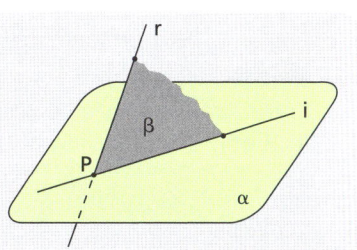

INTRODUÇÃO

24. Duas retas r e s são reversas. Em r há um ponto R e em s há um ponto S. Qual é a interseção dos planos α = (r, S) e β = (s, R)?

25. Qual é a interseção de duas circunferências de raios congruentes, centros comuns e situadas em planos distintos?

26. As retas que contêm os lados de um triângulo ABC furam um plano α nos pontos O, P e R. Prove que O, P e R são colineares.

27. Os triângulos não coplanares ABC e A'B'C' são tais que as retas $\overleftrightarrow{AB}$ e $\overleftrightarrow{A'B'}$ são concorrentes em O; $\overleftrightarrow{AC}$ e $\overleftrightarrow{A'C'}$ são concorrentes em P; $\overleftrightarrow{BC}$ e $\overleftrightarrow{B'C'}$ são concorrentes em R. Prove que O, P e R são colineares.

Solução

Sendo α = (A, B, C) e α' = (A', B', C'), temos:
$\overleftrightarrow{AB} \cap \overleftrightarrow{A'B'} = \{O\} \Rightarrow O \in \overleftrightarrow{AB}$ e $O \in \overleftrightarrow{A'B'}$
$(O \in \overleftrightarrow{AB}, \overleftrightarrow{AB} \subset \alpha) \Rightarrow O \in \alpha$
$(O \in \overleftrightarrow{A'B'}, \overleftrightarrow{A'B'} \subset \alpha') \Rightarrow O \in \alpha'$

O ponto O pertence a α e α' distintos. Analogamente, P ∈ α e P ∈ α', R ∈ α e R ∈ α'.

Os pontos O, P e R, sendo comuns a α e α' distintos, são colineares, pois pertencem à interseção desses planos, que é uma única reta.

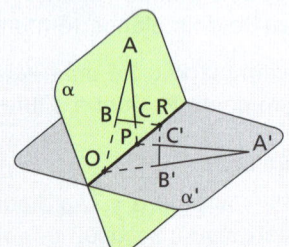

28. **Teorema dos três planos secantes**
Estude as retas a, b, c (β ∩ γ = a, α ∩ γ = b, α ∩ β = c) sabendo que:
Três planos α, β e γ são distintos e dois a dois secantes, segundo as três retas.

Solução

1º caso:

Por uma reta passam infinitos planos.

Então, por a = b = c passam α, β e γ.

As retas a, b e c podem ser coincidentes.

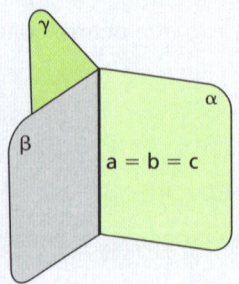

2º caso:

Supondo que as retas a, b e c são duas a duas distintas ($a \neq b$, $a \neq c$, $b \neq c$), para estudarmos as três, começaremos por duas delas: a e b. Essas duas retas (a e b) são distintas e coplanares ($a \subset \gamma$ e $b \subset \gamma$) pela hipótese. Então, ou a e b são concorrentes, ou a e b são paralelas.

1º) a e b são concorrentes:

Supondo, então, que existe P tal que $a \cap b = \{P\}$ e usando as igualdades $a = b \cap \gamma$, $b = \alpha \cap \gamma$ e $\alpha \cap \beta = c$, para substituições, temos:

$a \cap b = \{P\} \Rightarrow (\beta \cap \gamma) \cap (\alpha \cap \gamma) = \{P\} \Rightarrow \alpha \cap \beta \cap \gamma = \{P\} \Rightarrow$

$\Rightarrow (\alpha \cap \beta) \cap \gamma = \{P\} \Rightarrow c \cap \gamma = \{P\} \Rightarrow P \in c$.

Logo, se $a \cap b = \{P\}$, então $a \cap b \cap c = \{P\}$.

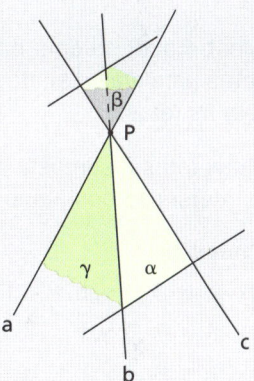

> 1ª conclusão: Se três planos são distintos e dois a dois secantes, segundo três retas distintas, e duas dessas retas são concorrentes, então todas as três incidem num mesmo ponto.

2º) a e b são paralelas (distintas):

Estudemos as retas a e c. As retas a e c distintas são coplanares ($a, c \subset \beta$) por hipótese.

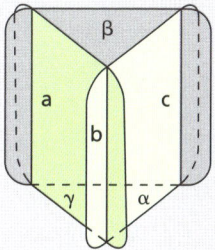

Se $\exists\, Q \mid a \cap c = \{Q\}$, temos, pelo item anterior:

$a \cap c = \{Q\} \Rightarrow a \cap b \cap c = \{Q\}$,

o que é absurdo, por contrariar a hipótese em estudo (a e b não têm ponto comum).

Logo, *a* e *c* são paralelas.

Considerando *b* e *c*, de modo análogo, concluímos que *b* e *c* são paralelas.

> 2ª conclusão: Se três planos são distintos e dois a dois secantes, segundo três retas distintas, e duas dessas retas são paralelas, todas as três são paralelas (duas a duas).

Reunindo as conclusões, temos o teorema dos três planos secantes:

> Se três planos distintos são dois a dois secantes, segundo três retas, ou essas retas passam por um mesmo ponto ou são paralelas duas a duas.

29. Mostre que, se dois planos que se cortam passam respectivamente por duas retas paralelas distintas (cada um por uma), a interseção desses planos é paralela às retas.

30. Duas retas distintas *a* e *b* estão num plano α e fora de α há um ponto P. Estude a interseção dos planos $\beta = (a, P)$ e $\gamma = (b, P)$ com relação às retas *a* e *b*.

31. Complete:
    a) $(a = \beta \cap \gamma, b = \alpha \cap \gamma, c = \alpha \cap \beta \text{ e } a \cap c = \{P\}) \Rightarrow$ ...
    b) $(a = \beta \cap \gamma, b = \alpha \cap \gamma, c = \alpha \cap \beta \text{ e } a \mathbin{/\!/} c) \Rightarrow$ ...
    c) $(a = \beta \cap \gamma, b = \alpha \cap \gamma, c = \alpha \cap \beta) \Rightarrow$ ...

CAPÍTULO II
Paralelismo

I. Paralelismo de retas

20. Postulado das paralelas — postulado de Euclides

Por um ponto existe uma **única** reta paralela a uma reta dada.

21. Transitividade do paralelismo de retas

> Se duas retas são paralelas a uma terceira, então elas são paralelas entre si.

   Hipótese   Tese
(a // c, b // c) ⇒ (a // b)

Demonstração:

Consideremos o caso mais geral: $a \neq b$, $a \neq c$, $b \neq c$ e a, b, c não coplanares:

1. Pelo postulado das paralelas concluímos que a e b não têm ponto comum.
2. As retas a e c determinam um plano β; b e c determinam um plano α e $c = \alpha \cap \beta$.

Tomemos um ponto P em *b* e teremos γ = (a, P).

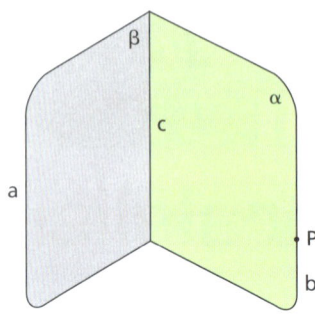 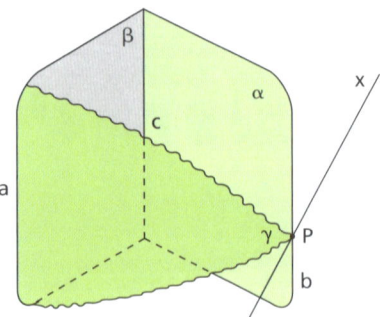

Os planos distintos α e γ têm o ponto P comum, então têm uma reta comum que nomearemos de *x* (não podemos dizer que é *b* para não admitirmos a tese).

(a = β ∩ γ, x = α ∩ γ, c = α ∩ β e a // c) ⇒ (a // x e c // x)

O ponto P pertence, então, às retas *b* e *x* e ambas são paralelas à reta *c*. Logo, pelo postulado das paralelas, x = b.
Como a // x e x = b, vem que a // b.

EXERCÍCIOS

32. Os pontos médios dos lados de um quadrilátero reverso são vértices de um paralelogramo?

33. Num quadrilátero reverso ABCD, os pontos M, N, P, Q, R e S são respectivamente pontos médios de $\overline{AB}$, $\overline{AD}$, $\overline{CD}$, $\overline{BC}$, $\overline{BD}$ e $\overline{AC}$. Prove que MNPQ, MSPR e NSQR são paralelogramos.

34. Considere um quadrilátero reverso e três segmentos: o primeiro com extremidades nos pontos médios de dois lados opostos, o segundo com extremidades nos pontos médios dos outros dois lados opostos, o terceiro com extremidades nos pontos médios das diagonais. Prove que esses três segmentos se interceptam num ponto.

II. Paralelismo entre retas e planos

22. Definição

Uma reta é paralela a um plano (ou o plano é paralelo à reta) se, e somente se, eles não têm ponto comum.

$a \mathbin{/\mkern-3mu/} \alpha \Leftrightarrow a \cap \alpha = \varnothing$

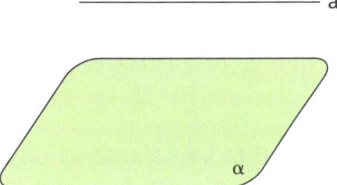

23. Teorema da existência de retas e planos paralelos

a) Condição suficiente

> Se uma reta não está contida num plano e é paralela a uma reta do plano, então ela é paralela ao plano.

     Hipótese   Tese
$(a \not\subset \alpha, a \mathbin{/\mkern-3mu/} b, b \subset \alpha) \Rightarrow a \mathbin{/\mkern-3mu/} \alpha$

Demonstração:

$(a \mathbin{/\mkern-3mu/} b, a \cap b = \varnothing) \Rightarrow \exists\, \beta = (a, b)$
$(b \subset \alpha, b \subset \beta, \alpha \neq \beta) \Rightarrow b = \alpha \cap \beta$

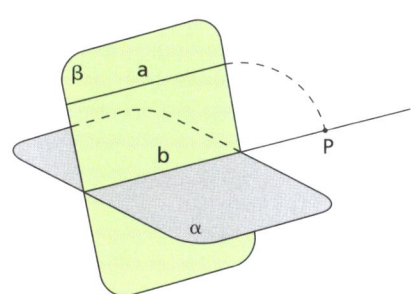

Se a e α têm um ponto P comum, vem:
$(P \in a, a \subset \beta) \Rightarrow P \in \beta$
com $P \in \beta$ e $P \in \alpha$, decorre $P \in b$. Então $P \in a$ e $P \in b$, o que é absurdo, visto que $a \cap b = \varnothing$.

Logo a e α não têm ponto comum, isto é, $a \mathbin{/\mkern-3mu/} \alpha$.

PARALELISMO

24. Observações

1ª) Outro enunciado do teorema anterior:

Se duas retas são paralelas e distintas, todo plano que contém uma e não contém a outra é paralelo a essa outra.

2ª) O teorema anterior dá a seguinte condição suficiente:

Uma condição suficiente para que uma reta, não contida num plano, seja paralela a esse plano é ser paralela a uma reta do plano.

Condição necessária:

> Se uma reta é paralela a um plano, então ela é paralela a uma reta do plano.

Hipótese $\quad\quad$ Tese
$a \mathbin{/\mkern-3mu/} \alpha \implies (\exists\, b \subset \alpha \mid a \mathbin{/\mkern-3mu/} b)$

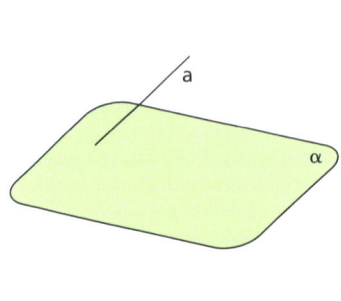

$a \cap \alpha = \varnothing$

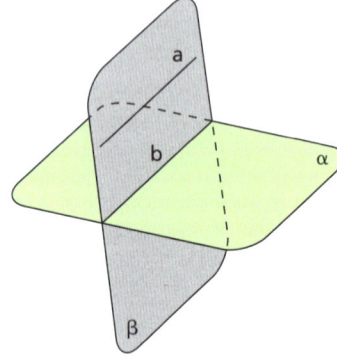

$b = \beta \cap \alpha$

Demonstração:

Conduzimos por a um plano β que intercepta α em b.
As retas a e b são coplanares, pois estão em β e não têm ponto comum, pois:
$(a \cap \alpha = \varnothing, b \subset \alpha) \implies a \cap b = \varnothing$
Logo, $a \mathbin{/\mkern-3mu/} b$.

25. Observações

1ª) Outros enunciados do teorema anterior:

Se dois planos são secantes e uma reta de um deles é paralela ao outro, então essa reta é paralela à interseção.
($\beta \cap \alpha = b$, $a \subset \beta$, $a \,//\, \alpha$) $\Rightarrow$ $a \,//\, b$

Se uma reta dada é paralela a um plano dado, então qualquer plano que passa pela reta e intercepta o plano dado o faz segundo uma reta paralela à reta dada.
($a \,//\, \alpha$, $\beta \supset a$, $\beta \cap \alpha = b$) $\Rightarrow$ $b \,//\, a$

2ª) Condição necessária e suficiente:

> Uma condição necessária e suficiente para que uma reta (*a*), não contida num plano (α), seja paralela a esse plano é ser paralela a uma reta (*b*), contida no plano.

III. Posições relativas de uma reta e um plano

26. Uma reta e um plano podem apresentar em comum:

1º) dois pontos distintos:

a reta está contida no plano.
$a \subset \alpha$, $a \cap \alpha = a$

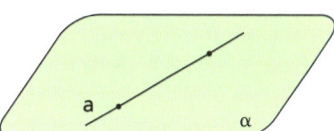

2º) um único ponto:

a reta e o plano são concorrentes
ou
a reta e o plano são secantes.
$a \cap \alpha = \{P\}$

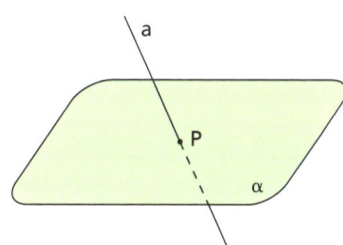

3º) nenhum ponto comum:

a reta e o plano são paralelos.
$a \cap \alpha = \varnothing$

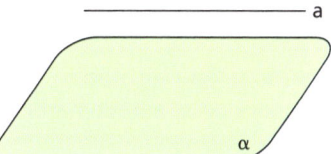

PARALELISMO

EXERCÍCIOS

35. Construa uma reta paralela a um plano dado.

36. Construa um plano paralelo a uma reta dada.

37. Prove que, se uma reta é paralela a um plano e por um ponto do plano conduzimos uma reta paralela à reta dada, então a reta conduzida está contida no plano.

Solução

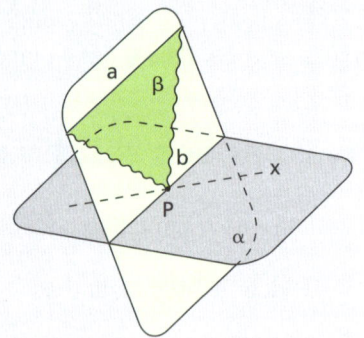

Hipótese   Tese
$(a \mathbin{/\mkern-3mu/} \alpha, P \in \alpha, P \in b, b \mathbin{/\mkern-3mu/} a) \Rightarrow b \subset \alpha$

Demonstração:

O plano $(a, P) = \beta$ intercepta o plano α numa reta x que passa por P e é paralela à reta a, pois $a \mathbin{/\mkern-3mu/} \alpha$.

$(\beta \cap \alpha = x, a \subset \beta, a \mathbin{/\mkern-3mu/} \alpha) \Rightarrow a \mathbin{/\mkern-3mu/} x$

Pelo postulado das paralelas, as retas x e b coincidem, pois passam por P e são paralelas à reta a.
Logo: $x = b$.
Então: $(x = b, x = \beta \cap \alpha) \Rightarrow b = \beta \cap \alpha \Rightarrow b \subset \alpha$.

38. Mostre que, se uma reta é paralela a dois planos secantes, então ela é paralela à interseção.

39. Prove que, se duas retas paralelas são dadas e uma delas é paralela a um plano, então a outra é paralela ou está contida no plano.

40. Dadas duas retas reversas r e s, construa por s um plano paralelo a r.

41. Duas retas r e s são reversas. Prove que as retas paralelas a r, conduzidas por pontos de s, são coplanares.

42. Construa por um ponto uma reta paralela a dois planos secantes.

IV. Duas retas reversas

27. Problemas que se referem a duas retas reversas (r e s) e a um ponto (P) devem ser analisados em três possíveis hipóteses:

1º caso: O ponto pertence a uma das retas.

2º caso: O ponto e uma das retas determinam um plano paralelo à outra reta.

Por exemplo: $\alpha = (r, P)$ e $\alpha \mathbin{/\mkern-6mu/} s$.

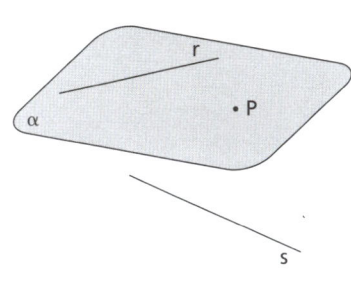
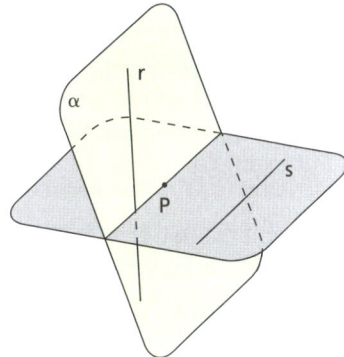

3º caso: O ponto e qualquer uma das retas determinam um plano não paralelo à outra.

$\alpha = (r, P)$ e α não paralelo a s e $\beta = (s, P)$ e β não paralelo a r.

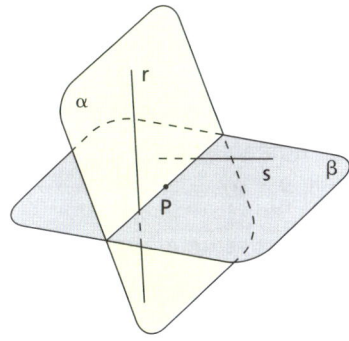

EXERCÍCIOS

43. Construa por um ponto P uma reta que se apoia em duas retas reversas r e s dadas.

Solução

1º caso: O ponto pertence a uma das retas. Por exemplo: $P \in r$. O problema tem **infinitas** soluções.

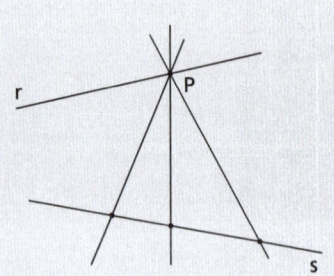

São as retas determinadas por P e pelos pontos de s, tomados um a um.

2º caso: O ponto e uma das retas determinam um plano paralelo à outra.
Por exemplo: $\alpha = (r, P)$ e $\alpha \;/\!/\; s$.

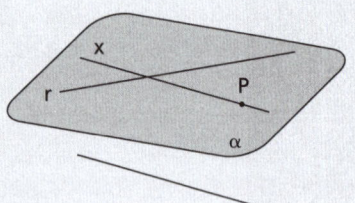

O problema **não tem** solução, porque qualquer reta x, que passa por P e se apoia em r, está em α e por isso não pode se apoiar em s, visto que $s \cap \alpha = \varnothing$.

3º caso: $\alpha = (r, P)$, α não paralelo a s e $\beta = (s, P)$, β não paralelo a r.
O problema admite **uma única** solução, que é a reta x interseção de α e β.

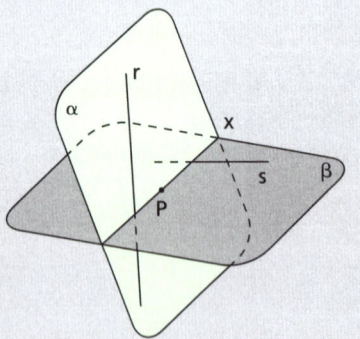

x é concorrente com r, pois x e r são coplanares (estão em α) e não são paralelas (pois r não é paralela a β).

x é concorrente com s, pois x e r são coplanares (estão em β) e não são paralelas (pois s não é paralela a α).

A reta x é única, pois, se existisse outra reta x', distinta de x, nas condições pedidas, teríamos o plano (x, x') com $r \subset (x, x')$ e $s \subset (x, x')$, o que é absurdo.

44. Construa por um ponto P um plano paralelo a duas retas reversas *r* e *s* dadas.

45. Dadas duas retas reversas, existem pontos P pelos quais não passa nenhuma reta que se apoie em ambas?

46. Dadas duas retas reversas, prove que o plano paralelo a uma delas, conduzida pela outra, é único.

47. Classifique em verdadeiro (V) ou falso (F):
    a) Uma reta e um plano que têm um ponto comum são concorrentes.
    b) Uma reta e um plano secantes têm um único ponto comum.
    c) Uma reta e um plano paralelos não têm ponto comum.
    d) Um plano e uma reta secantes têm um ponto comum.
    e) Se uma reta está contida num plano, eles têm um ponto comum.
    f) Se uma reta é paralela a um plano, ela é paralela a qualquer reta do plano.
    g) Se um plano é paralelo a uma reta, qualquer reta do plano é reversa à reta dada.
    h) Se uma reta é paralela a um plano, existe no plano uma reta concorrente com a reta dada.
    i) Se uma reta e um plano são concorrentes, então a reta é concorrente com qualquer reta do plano.
    j) Se uma reta é paralela a um plano, ela é paralela a infinitas retas do plano.
    k) Se duas retas distintas são paralelas a um plano, então elas são paralelas entre si.
    l) Uma condição necessária e suficiente para uma reta ser paralela a um plano é ser paralela a uma reta do plano e não estar nele.
    m) Por um ponto fora de um plano passam infinitas retas paralelas ao plano.
    n) Por um ponto fora de uma reta passa um único plano paralelo à reta.

48. Classifique em verdadeiro (V) ou falso (F):
    a) Dadas duas retas reversas, qualquer reta que encontra uma encontra a outra.
    b) Dadas duas retas reversas, sempre existe reta que se apoie em ambas.
    c) Dadas duas retas reversas, qualquer plano que passa por uma encontra a outra.
    d) Por qualquer ponto é possível conduzir uma reta que se apoia em duas retas reversas dadas.

V. Paralelismo entre planos

28. Definição

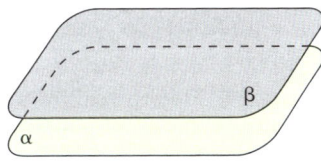

Dois planos são paralelos se, e somente se, eles não têm ponto comum ou são iguais (coincidentes).

$$\alpha \mathbin{/\mkern-6mu/} \beta \Leftrightarrow (\alpha \cap \beta = \varnothing \quad \text{ou} \quad \alpha = \beta)$$

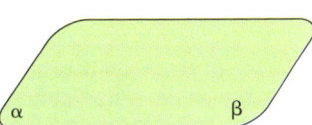

29. Teorema da existência de planos paralelos

a) Condição suficiente

> Se um plano contém duas retas **concorrentes**, ambas paralelas a um outro plano, então esses planos são paralelos.

Hipótese
$(a \subset \beta, b \subset \beta; a \cap b = \{O\}; a \;//\; \alpha, b \;//\; \alpha)$ $\Rightarrow$ Tese
$\alpha \;//\; \beta$

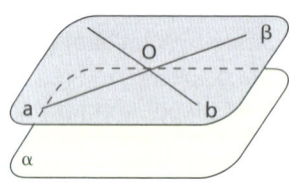 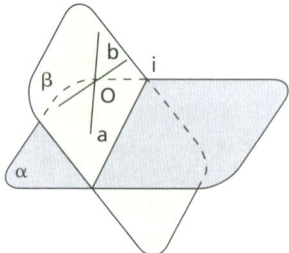

Demonstração:

Os planos α e β são distintos. Provemos que eles são paralelos, pelo método indireto de demonstração.
Se existisse uma reta i tal que $i = \alpha \cap \beta$, teríamos:

$(a \;//\; \alpha, a \subset \beta, i = \alpha \cap \beta) \Rightarrow a \;//\; i$
$(b \;//\; \alpha, b \subset \beta, i = \alpha \cap \beta) \Rightarrow b \;//\; i$

O fato de a e b serem concorrentes e ambas paralelas a i é um absurdo, pois contraria o postulado das paralelas (postulado de Euclides). Logo, α e β não têm ponto comum e, portanto, $\alpha \;//\; \beta$.

b) Condição necessária e suficiente

É imediata a condição necessária: Se dois planos distintos são paralelos, então um deles contém duas retas **concorrentes**, ambas paralelas ao outro. Daí temos a condição que segue:

> Uma condição necessária e suficiente para que dois planos distintos sejam paralelos é que um deles contenha duas retas **concorrentes**, ambas paralelas ao outro.

VI. Posições relativas de dois planos

30. Dois planos podem ocupar as seguintes posições relativas:

1º) coincidentes (ou iguais)

2º) paralelos distintos

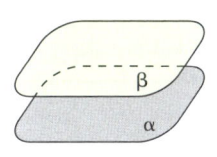

3º) secantes

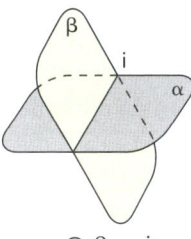

$\alpha \cap \beta = \alpha = \beta$

$\alpha \cap \beta = \varnothing$

$\alpha \cap \beta = i$

EXERCÍCIOS

49. Se dois planos distintos são paralelos, toda reta de um deles é paralela ao outro?

50. Por um ponto P, fora de um plano α, construa um plano paralelo a α.

51. Prove que, se dois planos são paralelos e uma reta é concorrente com um deles, então essa reta é concorrente com o outro.

52. Mostre que, se dois planos são paralelos, todo plano que encontra um deles encontra o outro.

53. Prove que, se dois planos paralelos interceptam um terceiro, então as interseções são paralelas.

Solução

Hipótese $\qquad$ Tese
$(\alpha \mathbin{/\mkern-2mu/} \beta, \alpha \cap \gamma = a, \beta \cap \gamma = b) \Rightarrow (a \mathbin{/\mkern-2mu/} b)$

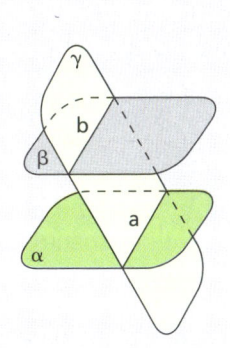

Demonstração:

1) Se $\alpha = \beta$, temos:
$\alpha = \beta \Rightarrow a = b \Rightarrow a \mathbin{/\mkern-2mu/} b$

2) Se $\alpha \cap \beta = \varnothing$, temos:
$(\alpha \cap \beta = \varnothing, a \subset \alpha, b \subset \beta) \Rightarrow a \cap b = \varnothing$
$(a \cap b = \varnothing, a \subset \gamma, b \subset \gamma) \Rightarrow a \mathbin{/\mkern-2mu/} b$

Como *a* e *b* estão em γ, vem que $a \mathbin{/\mkern-2mu/} b$.

PARALELISMO

54. Prove que dois planos paralelos distintos determinam em retas paralelas distintas segmentos congruentes.

55. Mostre que, se dois planos são paralelos, toda reta paralela a um deles é paralela ou está contida no outro.

56. Teorema da unicidade

Demonstre que:

> Por um ponto fora de um plano passa um único plano paralelo ao plano dado.

Demonstração:

Sejam P e α os dados, P $\notin \alpha$.

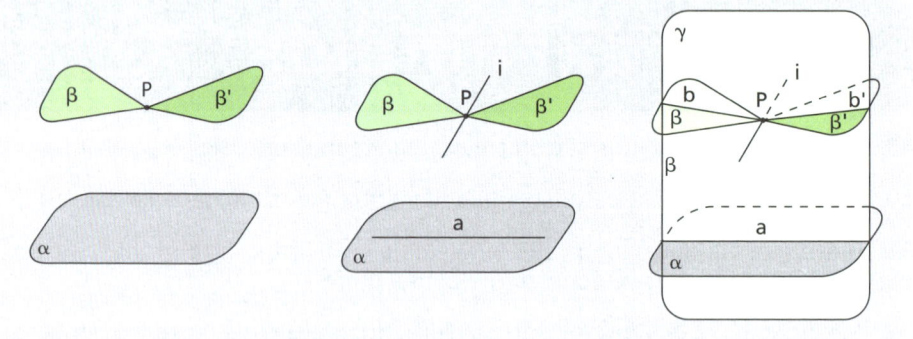

Se existissem dois planos distintos β e β' passando por P e ambos paralelos a α, teríamos:

1) β e β' interceptam-se numa reta i que é paralela a α.

2) Tomamos em α uma reta a, não paralela a i. A reta a e o ponto P determinam um plano γ.

3) O plano γ intercepta β em uma reta b (distinta de i) paralela à reta a. O plano γ intercepta β' em uma reta b' (distinta de i) paralela à reta a.

4) As retas b e b' são concorrentes em P e ambas paralelas à reta a, o que é um absurdo, pois contraria o postulado das paralelas (postulado de Euclides).

Logo, o plano paralelo a α, passando por P, é único.

57. Prove a transitividade do paralelismo de planos, isto é, se dois planos são paralelos a um terceiro, então eles são paralelos entre si.

58. Mostre que, se dois planos são, respectivamente, paralelos a dois planos que se interceptam, então eles se interceptam e sua interseção é paralela à interseção dos dois primeiros.

59. Prove que, dadas duas retas reversas, existem dois planos paralelos, e somente dois, cada um contendo uma das retas.

60. Conduza uma reta, que encontra uma reta dada a, seja paralela a um plano α e passe por um ponto P dado fora do plano e da reta dada. Discuta.

VII. Três retas reversas duas a duas

31. Problemas que se referem a três retas (r, s, t), duas a duas reversas, devem ser analisados em duas hipóteses possíveis:

1º caso: Não existe plano paralelo às três retas.
O plano conduzido por uma das retas, paralelo a outra delas, não é paralelo à terceira reta.

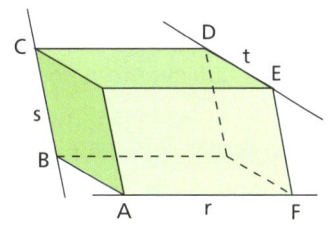

2º caso: Existe plano paralelo às três retas.
O plano conduzido por uma das retas, paralelo a outra delas, é paralelo à terceira reta.

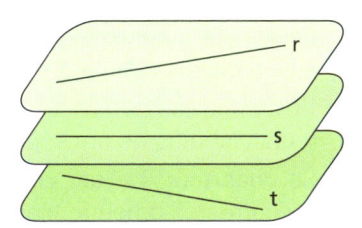

EXERCÍCIOS

61. Dadas três retas r, s e t, reversas duas a duas, construa uma reta x, paralela a t, concorrente com r e concorrente com s.

PARALELISMO

62. Dados dois planos secantes α e β e duas retas reversas *r* e *s*, construa uma reta *x* paralela a α e a β e concorrente com *r* e *s*.

63. Construa uma reta que se apoie em três retas *r*, *s* e *t*, reversas duas a duas.

64. Classifique em verdadeiro (V) ou falso (F):
    a) Se dois planos são secantes, então qualquer reta de um deles é concorrente com o outro.
    b) Se dois planos são secantes, então uma reta de um deles pode ser concorrente com uma reta do outro.
    c) Se dois planos são secantes, então uma reta de um deles pode ser reversa com uma reta do outro.
    d) Dois planos distintos paralelos têm um ponto comum.
    e) Se dois planos distintos são paralelos, então uma reta de um deles é paralela ao outro.
    f) Se dois planos distintos são paralelos, então uma reta de um e outra reta de outro podem ser concorrentes.
    g) Se dois planos distintos são paralelos, então toda reta de um deles é paralela a qualquer reta do outro.
    h) Se dois planos distintos são paralelos, uma reta de um e uma reta do outro são reversas ou paralelas.
    i) Se uma reta é paralela a dois planos, então esses planos são paralelos.
    j) Se dois planos são paralelos a uma reta, então são paralelos entre si.
    k) Se um plano contém duas retas paralelas a um outro plano, então esses planos são paralelos.
    l) Se um plano contém duas retas distintas paralelas a um outro plano, então esses planos são paralelos.
    m) Uma condição suficiente para que dois planos sejam paralelos é que duas retas distintas de um sejam paralelas ao outro.
    n) Se duas retas de um plano são, respectivamente, paralelas a duas retas concorrentes do outro plano, então esses planos são paralelos.
    o) Se dois planos distintos são paralelos, então toda reta que tem um ponto comum com um deles tem um ponto comum com o outro.

65. Classifique em verdadeiro (V) ou falso (F):
    a) Se três retas são, duas a duas, reversas e não paralelas a um mesmo plano, então por qualquer ponto de uma passa uma reta que se apoia nas outras duas.
    b) Se três retas são, duas a duas, reversas e paralelas a um mesmo plano, então por qualquer ponto de uma passa uma reta que se apoia nas outras duas.

c) Dadas três retas, duas a duas reversas, uma condição necessária e suficiente para que por qualquer ponto de uma sempre passe uma reta que se apoia nas outras duas é as três serem paralelas a um mesmo plano.
d) Dadas três retas, duas a duas reversas, sempre existe uma reta paralela a uma delas e que se apoia nas outras duas.

VIII. Ângulo de duas retas — Retas ortogonais

32. Postulado da separação dos pontos de um plano

Uma reta *r* de um plano α separa esse plano em dois subconjuntos α' e α" tais que:

a) α' ∩ α" = ∅
b) α' e α" são convexos
c) (A ∈ α', B ∈ α") ⇒ $\overline{AB}$ ∩ r ≠ ∅

Os subconjuntos α' e α" são chamados semiplanos abertos e os conjuntos r ∪ α' e r ∪ α" são chamados semiplanos. A reta *r* é a origem de cada um desses semiplanos.

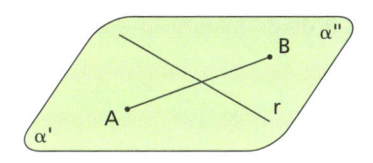

33. Ângulo de duas retas quaisquer

Definição

Um ângulo é chamado ângulo de duas retas **orientadas** quaisquer se, e somente se, ele tem vértice arbitrário e seus lados têm sentidos respectivamente concordantes com os sentidos das retas.

Na figura ao lado o ângulo plano aÔb é o ângulo das retas reversas (orientadas) *r* e *s*.

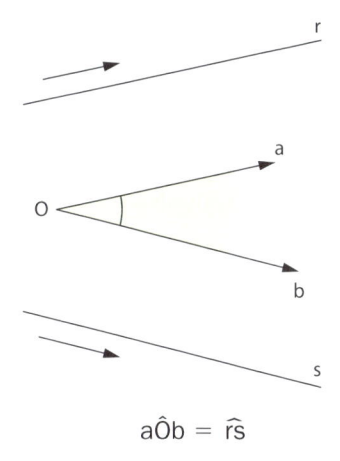

aÔb = $\widehat{rs}$

34. Observações

1ª) A definição acima visa, principalmente, estabelecer o conceito de ângulo de duas retas reversas.

2ª) Se duas semirretas têm sentidos concordantes (ou discordantes), elas estão em retas paralelas.

3ª) A arbitrariedade do vértice é garantida pelo teorema que segue:

PARALELISMO

35. Teoremas sobre ângulos de lados respectivamente paralelos

> a) Se dois ângulos têm os lados com sentidos respectivamente concordantes, então eles são congruentes.

$$\begin{array}{cc} \text{Hipótese} & \text{Tese} \\ \left(\begin{array}{l}\text{Oa e O'a' têm sentidos concordantes} \\ \text{Ob e O'b' têm sentidos concordantes}\end{array}\right) \Rightarrow (a\hat{O}b \equiv a'\hat{O}'b') \end{array}$$

Demonstração:

Vamos considerar o caso mais geral: Oa e Ob não são coincidentes nem opostas e os ângulos aÔb e a'Ô'b' não são coplanares.

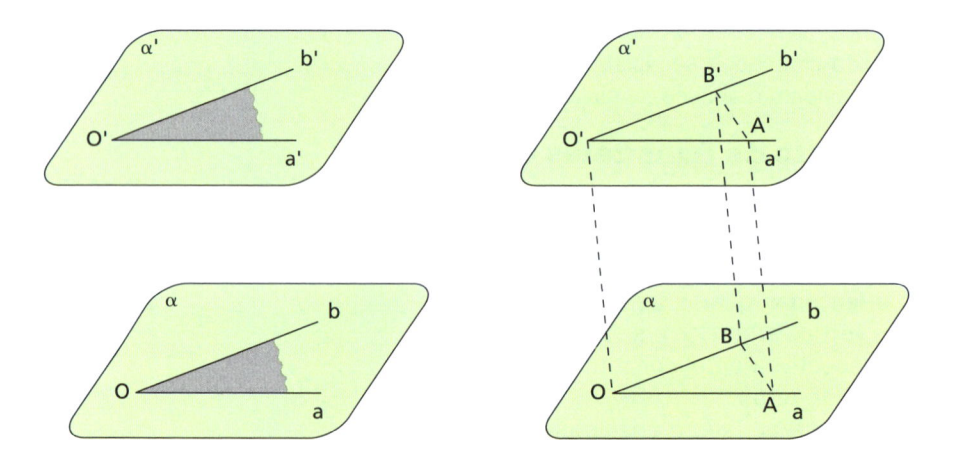

Notemos que os planos α e α' dos ângulos aÔb e a'Ô'b' são paralelos. Tomemos os pontos A ∈ a, B ∈ b, A' ∈ a' e B' ∈ b' tais que:

$\overline{OA} \equiv \overline{O'A'}$ e $\overline{OB} \equiv \overline{O'B'}$.   (1)

O quadrilátero OAA'O' é paralelogramo, pois as semirretas $\vec{OA}$ e $\vec{O'A'}$ têm sentidos concordantes e os segmentos $\overline{OA}$ e $\overline{O'A'}$ são congruentes. Logo,

$\overline{OO'} \mathbin{/\mkern-5mu/} \overline{AA'}$ e $\overline{OO'} \equiv \overline{AA'}$.   (2)

Analogamente, temos que OBB'O' é paralelogramo e daí $\overline{OO'}$ // $\overline{BB'}$ e $\overline{OO'} \equiv \overline{BB'}$. (3)

((2) e (3)) $\Rightarrow \left(\overline{AA'} \text{ // } \overline{BB'} \text{ e } \overline{AA'} \equiv \overline{BB'}\right) \Rightarrow$ AA'B'B é paralelogramo $\Rightarrow$
$\Rightarrow \overline{AB} \equiv \overline{A'B'}$ (4)

((1) e (4)) $\Rightarrow \triangle AOB \equiv \triangle A'O'B' \Rightarrow A\hat{O}B \equiv A'\hat{O}'B' \Rightarrow a\hat{O}b \equiv a'\hat{O}'b'$

b) Se dois ângulos têm os lados com sentidos respectivamente discordantes, então eles são congruentes.

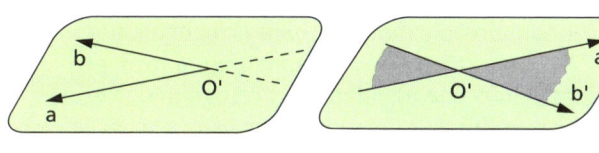

É uma aplicação do teorema anterior e ângulos opostos pelo vértice.

c) Se dois ângulos são tais que um lado de um deles tem sentido concordante com um lado do outro e os outros dois lados têm sentidos discordantes, então eles são suplementares.

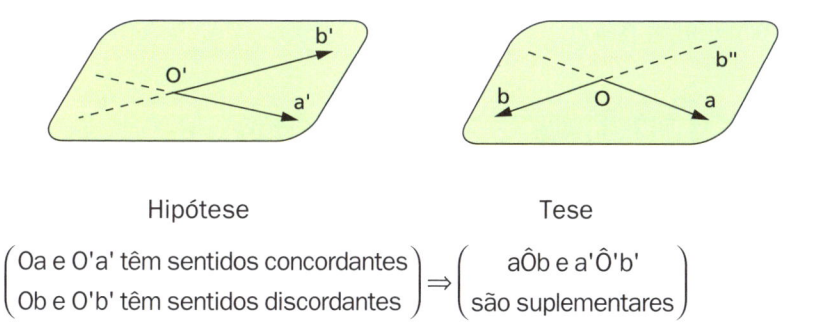

Hipótese

$\begin{pmatrix} \text{Oa e O'a' têm sentidos concordantes} \\ \text{Ob e O'b' têm sentidos discordantes} \end{pmatrix} \Rightarrow$

Tese

$\begin{pmatrix} a\hat{O}b \text{ e } a'\hat{O}'b' \\ \text{são suplementares} \end{pmatrix}$

Demonstração:

Tomando a semirreta Ob" oposta à semirreta Ob, temos aÔb" $\equiv$ a'Ô'b'. Como aÔb e aÔb" são suplementares, vem que aÔb e a'Ô'b' são suplementares.

Resumindo as conclusões acima, temos:

> Se dois ângulos possuem lados respectivamente paralelos, então eles são congruentes ou suplementares:
> a) congruentes, se os lados têm sentidos respectivamente concordantes ou respectivamente discordantes;
> b) suplementares, se os sentidos de um lado de um e um lado do outro são concordantes e os outros dois lados têm sentidos discordantes.

36. Retas ortogonais

Definição

Duas retas são ortogonais se, e somente se, são reversas e formam ângulo reto.
Usaremos o símbolo $\perp$ para ortogonalidade.
Se duas retas a e b **formam ângulo reto**, então elas são perpendiculares ou ortogonais. Nesse caso usaremos a seguinte indicação: $a \stackrel{\perp}{\perp} b$.

$a \stackrel{\perp}{\perp} b \Leftrightarrow (a \perp b$ ou $a \perp b)$

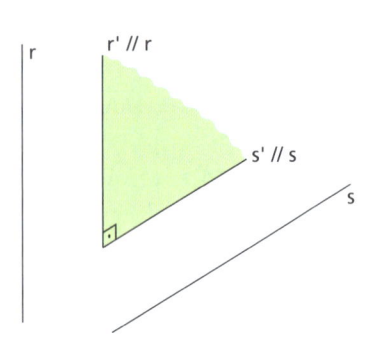

Das definições acima, conclui-se que: se duas retas formam ângulo reto, toda reta paralela a uma delas forma ângulo reto com a outra.

$(a \stackrel{\perp}{\perp} b, b \mathbin{/\!/} c) \Rightarrow a \stackrel{\perp}{\perp} c$
$(a \stackrel{\perp}{\perp} b, a \mathbin{/\!/} c) \Rightarrow b \stackrel{\perp}{\perp} c$

EXERCÍCIOS

66. Classifique em verdadeiro (V) ou falso (F):
    a) Duas retas perpendiculares são sempre concorrentes.
    b) Se duas retas formam ângulo reto, então elas são perpendiculares.
    c) Se duas retas são perpendiculares, então elas formam ângulo reto.
    d) Se duas retas são ortogonais, então elas formam ângulo reto.
    e) Duas retas que formam ângulo reto podem ser reversas.
    f) Duas retas perpendiculares a uma terceira são perpendiculares entre si.
    g) Duas retas perpendiculares a uma terceira são paralelas entre si.
    h) Se duas retas formam ângulo reto, toda paralela a uma delas forma ângulo reto com a outra.

CAPÍTULO III
Perpendicularidade

I. Reta e plano perpendiculares

37. Definição

Uma reta e um plano são **perpendiculares** se, e somente se, eles têm um ponto comum e a reta é perpendicular a todas as retas do plano que passam por esse ponto comum.

Se uma reta a é perpendicular a um plano α (ou o plano α é perpendicular à reta a), o traço de a em α é chamado **pé da perpendicular**.

Uma reta e um plano são **oblíquos** se, e somente se, são concorrentes e não são perpendiculares.

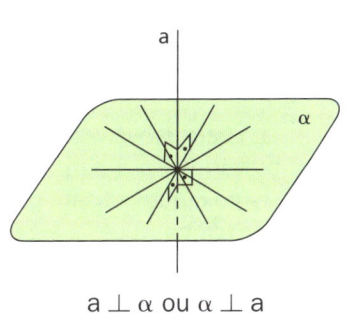

$a \perp \alpha$ ou $\alpha \perp a$

38. Consequência da definição

> Se uma reta é perpendicular a um plano, então ela forma ângulo reto com qualquer reta do plano.

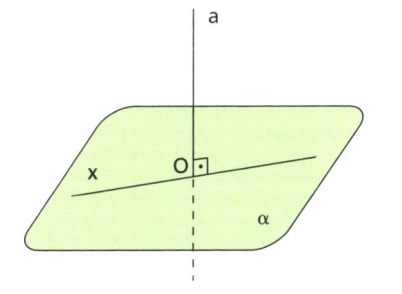

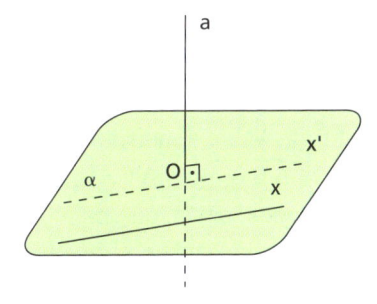

PERPENDICULARIDADE

De fato, sendo *a* perpendicular a α em O e *x* é uma reta qualquer de α, temos dois casos a considerar:

1º caso: *x* passa por O.
Neste caso, pela definição, a ⊥ x.   (1)

2º caso: *x* não passa por O.
Neste caso, tomamos por O uma reta x', paralela a x. Pela definição, a ⊥ x' e, então, a ⊥ x.   (2)
De (1) e (2) vem: $(a \perp \alpha, x \subset \alpha) \Rightarrow a \perp x$.

39. Teorema fundamental — condição suficiente

> Se uma reta é perpendicular a duas retas concorrentes de um plano, então ela é perpendicular ao plano.

Hipótese   Tese
$(a \perp b, a \perp c; b \cap c = \{O\}; b \subset \alpha, c \subset \alpha) \Rightarrow a \perp \alpha$

Demonstração:

1º) Para provarmos que a ⊥ α, devemos provar que *a* é perpendicular a todas as retas de α que passam por O. Para isso, basta provarmos que *a* é perpendicular a uma reta *x* genérica de α, que passa por O.

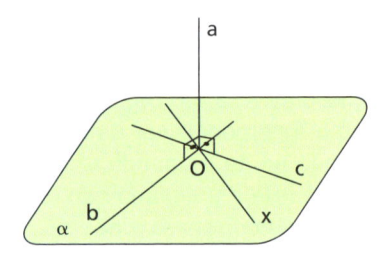

2º) Tomemos em *a* dois pontos A e A', simétricos em relação a O: $\overline{OA} \equiv \overline{OA'}$.

Tomemos ainda um ponto B ∈ b e um ponto C ∈ c, tais que $\overline{BC}$ intercepta *x* num ponto X (basta que B e C estejam em semiplanos opostos em relação a *x*).

Notemos que, nessas condições, b é mediatriz de $\overline{AA'}$, c é mediatriz de $\overline{AA'}$ e por isso $\overline{AB} \equiv \overline{A'B}$ e $\overline{AC} \equiv \overline{A'C}$.

Notemos, ainda, que para chegarmos à tese, basta provarmos que *x* é mediatriz de $\overline{AA'}$.

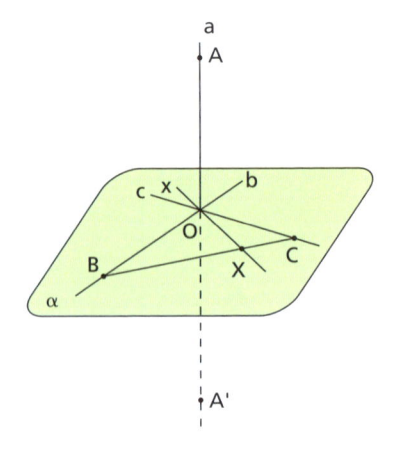

PERPENDICULARIDADE

3º) $\left(\overline{AB} \equiv \overline{A'B}, \overline{AC} \equiv \overline{A'C}, \overline{BC} \text{ comum}\right) \Rightarrow$
$\Rightarrow \triangle ABC \equiv \triangle A'BC \Rightarrow \widehat{ABC} \equiv \widehat{A'BC} \Rightarrow$
$\Rightarrow \widehat{ABX} \equiv \widehat{A'BX} \equiv \left(\overline{AB} \equiv \overline{A'B}, \widehat{ABX} \equiv \widehat{A'BX}, \overline{BX}\right.$
$\left.\text{comum}\right) \Rightarrow \triangle ABX \equiv \triangle A'BX \Rightarrow \overline{XA} \equiv \overline{XA'}$

4º) $\left.\begin{array}{l}\overline{XA} \equiv \overline{XA'} \Rightarrow x \text{ é mediatriz de} \\ \overline{AA'} \Rightarrow x \perp a \Rightarrow a \perp x \\ x \text{ genérica, } x \subset \alpha, O \in x\end{array}\right\} \Rightarrow a \perp \alpha$

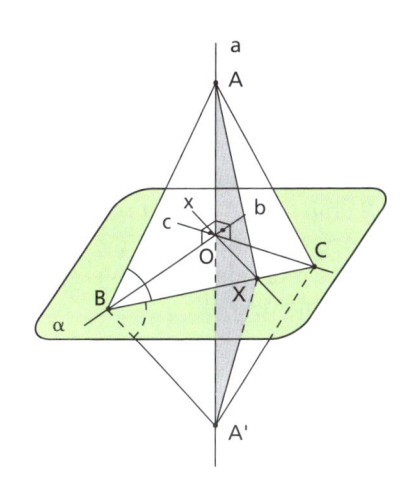

40. Observações

1ª) Consequências do teorema fundamental

a) Num plano (α) há duas retas (b e c) concorrentes (em P). Se uma reta (a) é perpendicular a uma delas (b em O) e ortogonal à outra (c), então essa reta (a) é perpendicular ao plano (α).

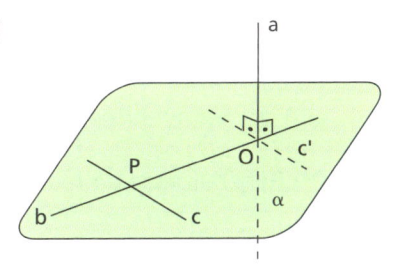

            Hipótese   Tese
$(a \perp b \text{ em } O, a \perp c; b \cap c = \{P\}; b \subset \alpha, c \subset \alpha) \Rightarrow a \perp \alpha$

Demonstração:

Conduzindo por O uma reta c' // c, temos $a \perp c'$. Então:
$(a \perp b, a \perp c', b \cap c' = \{O\}; b \subset \alpha, c' \subset \alpha) \Rightarrow a \perp \alpha$.

b) Se uma reta é ortogonal a duas retas concorrentes de um plano, então ela é perpendicular ao plano.

            Hipótese   Tese
$(a \perp b, a \perp c; b \cap c = \{P\}; b \subset \alpha, c \subset \alpha) \Rightarrow a \perp \alpha$

PERPENDICULARIDADE

Demonstração:

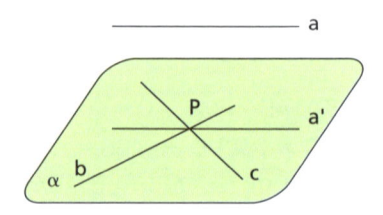

1º) De que a e α são concorrentes.

De fato, se $a \parallel \alpha$ ou $a \subset \alpha$, conduzindo por P uma reta a' paralela à reta a, teríamos um absurdo: num plano (α), por um ponto (P), duas retas distintas (b e c) perpendiculares a uma reta (a').

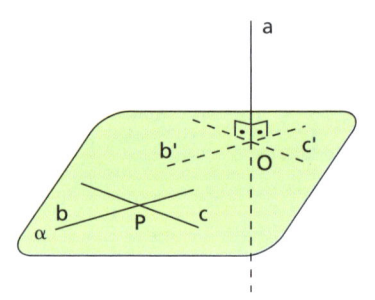

Logo, a e α são concorrentes. Seja O o ponto tal que $a \cap \alpha = \{O\}$.

2º) De que $a \perp \alpha$.

Conduzindo por O uma reta b' $\parallel$ b e uma reta c' $\parallel$ c, temos $a \perp b'$ e $a \perp c'$. Então:

$(a \perp b', a \perp c'; b' \cap c' = \{O\}; b' \subset \alpha, c' \subset \alpha) \Rightarrow a \perp \alpha$.

2ª) Generalização do teorema fundamental

Em vista das consequências acima, vale o teorema:

> Se uma reta **forma ângulo reto** com duas retas concorrentes de um plano, então ela é perpendicular ao plano.

$a \perp b, a \perp c$ $a \perp b, a \perp c$ $a \perp b, a \perp c$

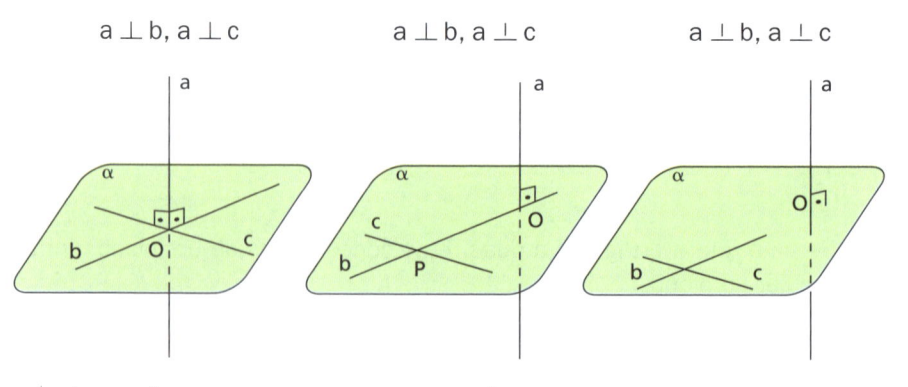

$(a \perp b, a \perp c; b \cap c = \{O\}; b \subset \alpha, c \subset \alpha) \Rightarrow a \perp \alpha$.

3ª) Condição necessária e suficiente

O teorema enunciado na página anterior e a consequência da definição de reta e plano perpendiculares nos dão a seguinte condição necessária e suficiente:

> Uma condição necessária e suficiente para que uma reta seja perpendicular a um plano é formar **ângulo reto** com duas retas **concorrentes** do plano.

EXERCÍCIOS

67. Um triângulo ABC, retângulo em B, e um paralelogramo BCDE estão situados em planos distintos. Prove que as retas $\overleftrightarrow{AB}$ e $\overleftrightarrow{DE}$ são ortogonais.

68. a, b e c são três retas no espaço tais que a ⊥ b e c ⊥ a. Que se pode concluir a propósito das posições relativas das retas b e c?

Solução

As retas b e c podem ser:

concorrentes, caso em que a é perpendicular ao plano (b, c);
paralelas, caso em que a, b e c são coplanares; ou
reversas, caso em que b e c, sendo perpendiculares à reta a, não são coplanares.

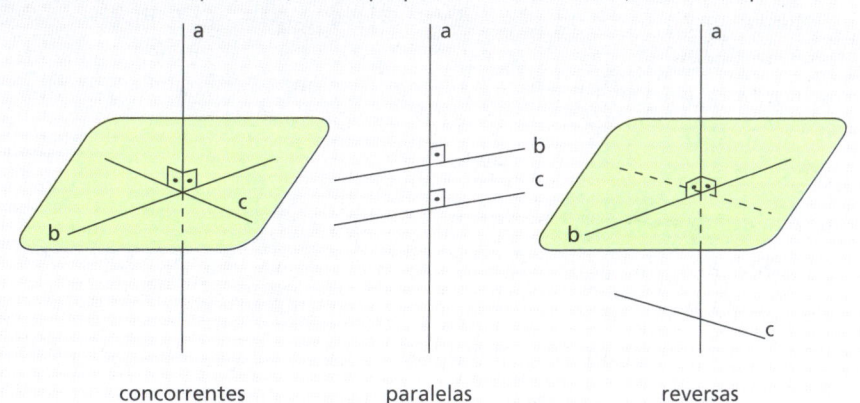

concorrentes   paralelas   reversas

69. Dois triângulos ABC e BCD são retângulos em B. Se o cateto $\overline{AB}$ é ortogonal à hipotenusa $\overline{CD}$, prove que o cateto $\overline{BD}$ é ortogonal à hipotenusa $\overline{AC}$.

PERPENDICULARIDADE

70. Os triângulos ABC e DBC são isósceles, de base $\overline{BC}$, e estão situados em planos distintos. Prove que as retas $\overleftrightarrow{AD}$ e $\overleftrightarrow{BC}$ são ortogonais.

Solução

Sendo M o ponto médio de $\overline{BC}$, as retas $\overleftrightarrow{AM}$ e $\overleftrightarrow{DM}$ são concorrentes, pois os planos (A, B, C) e (D, B, C) são distintos.

$\left.\begin{array}{l}\triangle ABC \text{ isósceles} \Rightarrow \overleftrightarrow{BC} \perp \overleftrightarrow{AM} \\ \triangle DBC \text{ isósceles} \Rightarrow \overleftrightarrow{BC} \perp \overleftrightarrow{DM}\end{array}\right\} \Rightarrow$

$\Rightarrow \overleftrightarrow{BC} \perp (A, M, D) \Rightarrow \overleftrightarrow{BC} \perp \overleftrightarrow{AD}$

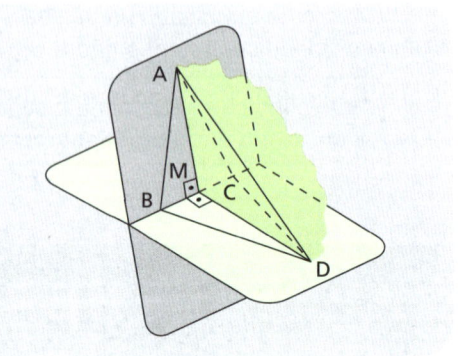

71. Num quadrilátero reverso de lados congruentes entre si e congruentes às diagonais, prove que os lados opostos são ortogonais, assim como as diagonais também são ortogonais (em outros termos: prove que as arestas opostas de um tetraedro regular são ortogonais).

72. Teorema das três perpendiculares
Demonstre que:

> Uma reta *a* é perpendicular a um plano α num ponto O. Uma reta *b* de α não passa por O e uma reta *c* de α passa por O e é perpendicular a *b* em R. Se S é um ponto qualquer da *a*, então a reta $\overleftrightarrow{SR}$ é perpendicular à reta *b*.

Solução

$\left.\begin{array}{l}\text{Hipótese} \\ a \perp \alpha, a \cap \alpha = \{O\} \\ b \subset \alpha, O \notin b \\ c \subset \alpha, O \in c \\ c \perp b, c \cap b = \{R\} \\ S \in a\end{array}\right\} \Rightarrow \overleftrightarrow{SR} \perp b$

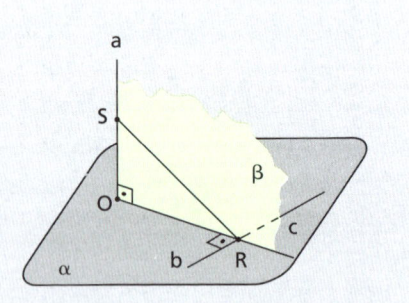

Demonstração:
Seja β o plano determinado por *a* e *c*.
$(a \perp \alpha, b \subset \alpha) \Rightarrow a \perp b$
$(b \perp a, b \perp c; a \cap c = \{O\}; a \subset \beta, c \subset \beta) \Rightarrow b \perp \beta$
$(b \perp \beta, b \cap \beta = \{R\}, \overleftrightarrow{SR} \subset \beta) \Rightarrow b \perp \overleftrightarrow{SR} \Rightarrow \overleftrightarrow{SR} \perp b$.
Caso s = O, então $\overleftrightarrow{SR} = c$; como $c \perp b$, vem que $\overleftrightarrow{SR} \perp b$.

73. Uma reta *a* é perpendicular a um plano α num ponto O. Uma reta *b* de α não passa por O e uma reta *c* de α passa por O e é concorrente com *b* em R. Demonstre que, se S é um ponto qualquer de α e a reta $\overleftrightarrow{SR}$ é perpendicular à reta *b*, então *b* é perpendicular a *c*. (Recíproca do teorema das três perpendiculares.)

74. Seja P o pé da reta *r* perpendicular a um plano β e *s* uma reta de β que não passa por P. Traçando-se por P uma perpendicular a *s*, esta encontra *s* em um ponto Q. Se A é um ponto qualquer de *r*, diga qual é o ângulo de AQ com *s*. Justifique.

75. Mostre que uma reta e um plano perpendiculares a uma reta em pontos distintos são paralelos.

76. Duas retas não paralelas entre si são paralelas a um plano. Prove que toda reta que forma ângulo reto com ambas é perpendicular ao plano.

77. Classifique em verdadeiro (V) ou falso (F):
a) Para que uma reta e um plano sejam perpendiculares é necessário que eles sejam secantes.
b) Uma reta perpendicular a um plano é perpendicular a todas as retas do plano.
c) Uma reta perpendicular a um plano forma ângulo reto com qualquer reta do plano.
d) Se uma reta é perpendicular a duas retas distintas de um plano, então ela é perpendicular ao plano.
e) Se uma reta é perpendicular a duas retas paralelas e distintas de um plano, então ela está contida no plano.
f) Se uma reta é ortogonal a duas retas distintas de um plano, então ela é perpendicular ao plano.
g) Uma reta ortogonal a duas retas paralelas e distintas de um plano pode ser paralela ao plano.
h) Dadas duas retas distintas de um plano, se uma outra reta é perpendicular à primeira e ortogonal à segunda, então ela é perpendicular ao plano.
i) Se uma reta forma ângulo reto com duas retas de um plano, distintas e que têm um ponto comum, então ela é perpendicular ao plano.
j) Duas retas reversas são paralelas a um plano. Toda reta ortogonal a ambas é perpendicular ao plano.
k) Duas retas não paralelas entre si são paralelas a um plano. Se uma reta forma ângulo reto com as duas, então ela é perpendicular ao plano.
l) Uma reta e um plano são paralelos. Toda reta perpendicular à reta dada é perpendicular ao plano.
m) Uma reta e um plano são perpendiculares. Toda reta perpendicular à reta dada é paralela ao plano ou está contida nele.
n) Uma reta e um plano, perpendiculares a uma outra reta em pontos distintos, são paralelos.

PERPENDICULARIDADE

78. Existência e unicidade do plano perpendicular à reta por um ponto
Mostre que:

> Por um ponto P pode-se conduzir um único plano perpendicular a uma reta a.

Solução

1º caso: P ∉ a   2º caso: P ∈ a

1ª parte: Existência

No 1º caso (P ∉ a).

a) Construção:

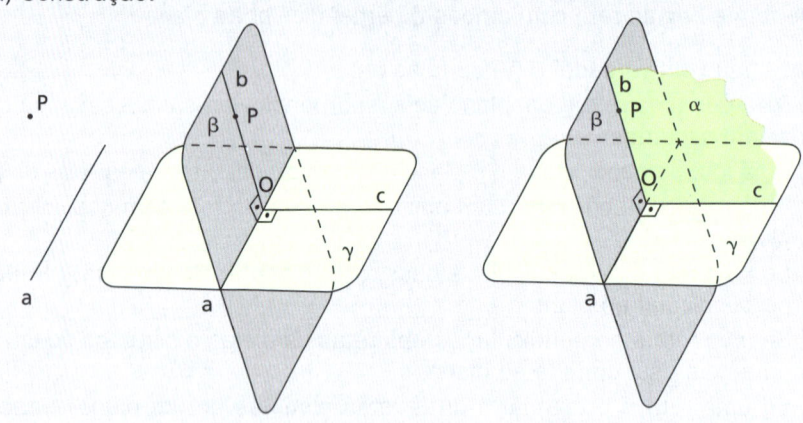

1º) Tomamos o plano β = (a, P) e um plano γ, contendo a reta a, distinto de β.

2º) Em β, pelo ponto P traçamos a reta b perpendicular à reta a. Seja O a interseção de b com a.
Em γ, construímos a reta c, passando por O, perpendicular à reta a.

3º) As retas b e c determinam um plano α = (b, c) pedido.

b) Prova:

1º) O plano α = (b, c) passa por P, pois a reta b foi conduzida por P.

2º) (a ⊥ b, a ⊥ c; b ∩ c = {O}; b ⊂ α, c ⊂ α) ⇒ a ⊥ α.

Logo, existe pelo menos um plano (α) passando por P, perpendicular à reta a.

No 2º caso (P ∈ a), a construção é análoga, sendo β e γ planos distintos quaisquer contendo a reta a.

2ª parte: Unicidade

No 1º caso (P ∉ a).

Se existissem dois planos distintos α e α' perpendiculares à reta a, por P, teríamos:

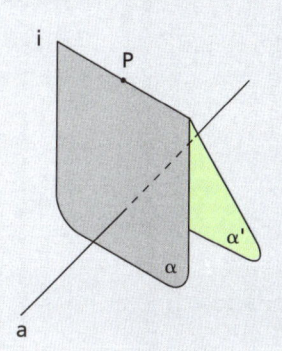

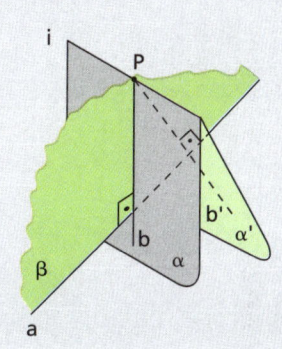

1) α e α' interceptam-se em uma reta i.

2) A reta a e o ponto P determinam um plano β que não contém i.

3) O plano β intercepta α em uma reta b, perpendicular à reta a. O plano β intercepta α' em uma reta b', perpendicular à reta a.

4) Em β, as retas b e b' são concorrentes em P e ambas perpendiculares à reta a, o que é absurdo, pois num plano, por um ponto, passa uma única reta perpendicular a uma reta dada.

Logo, o plano perpendicular à reta a passando por P é único.

No 2º caso (P ∈ a), o procedimento é análogo, sendo β um plano qualquer que passa por a.

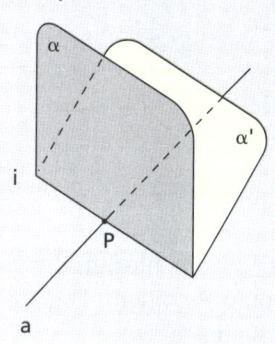

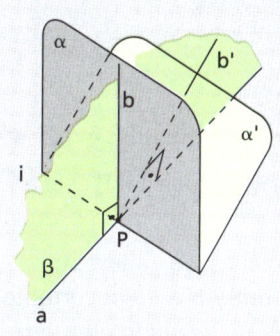

79. Existência e unicidade da reta perpendicular ao plano por um ponto
Mostre que:

> Por um ponto P pode-se conduzir uma única reta perpendicular a um plano α.

Solução

1º caso: $P \notin \alpha$ 2º caso: $P \in \alpha$

1ª parte: Existência

No 1º caso ($P \notin \alpha$).

a) Construção:

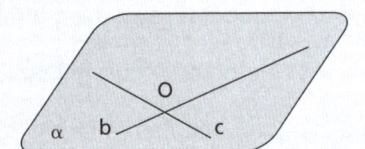

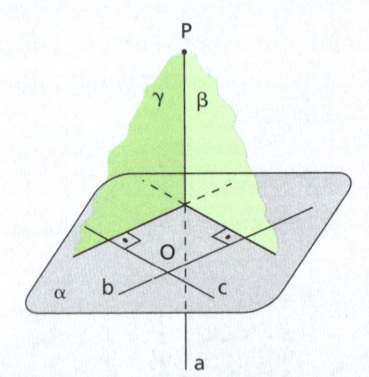

1º) Tomamos em α duas retas b e c concorrentes num ponto O.

2º) Consideremos por P os planos β perpendicular à reta b e γ perpendicular à reta c (como ensina o exercício anterior).

3º) Os planos β e γ são distintos (pois são respectivamente perpendiculares a duas retas b e c concorrentes) e têm o ponto P comum. Logo, eles se interceptam segundo uma reta a, que é a reta pedida.

b) Prova:

A reta a passa por P, pois é a interseção dos planos β e γ conduzidos por P.

(b ⊥ β, a ⊂ β) ⇒ b ⊥ a   (c ⊥ γ, a ⊂ γ) ⇒ c ⊥ a
(a ⊥ b, a ⊥ c; b ∩ c = {O}; b ⊂ α, c ⊂ α) ⇒ a ⊥ α

Logo, existe pelo menos uma reta (a) passando por P, perpendicular ao plano α.

No 2º caso (P ∈ α), a construção é análoga, bastando tomar em α as retas b e c concorrentes no ponto P.

2ª parte: Unicidade

No 1º caso (P ∉ α).

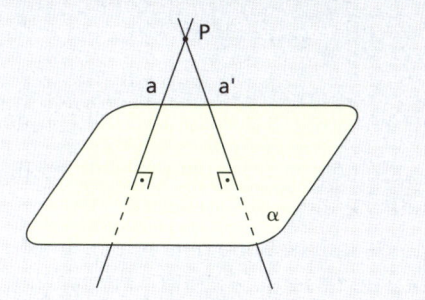

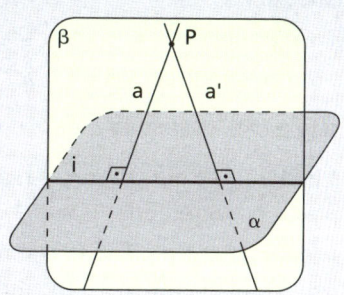

Se existissem duas retas distintas a e a' perpendiculares a α, por P, teríamos:

1) Essas retas determinam um plano β = (a, a').
2) O plano β intercepta α em uma reta i.
3) Em β temos duas retas distintas a e a', passando por um ponto P e perpendiculares a uma reta i, o que é absurdo.

Logo, a reta perpendicular ao plano α, passando por P, é única.

No 2º caso (P ∈ α), o procedimento é idêntico ao executado para P ∉ α.

80. Relacionamento entre paralelismo e perpendicularismo
    Mostre que:
    a) Se dois planos são perpendiculares a uma mesma reta, então eles são paralelos entre si.
    b) Se dois planos são paralelos, então toda reta perpendicular a um deles é perpendicular ao outro.

PERPENDICULARIDADE

Solução

Hipótese   Tese
$(\alpha \; // \; \beta, \; a \perp \alpha) \Rightarrow a \perp \beta$

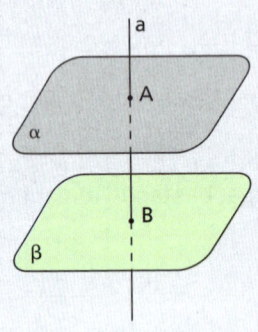

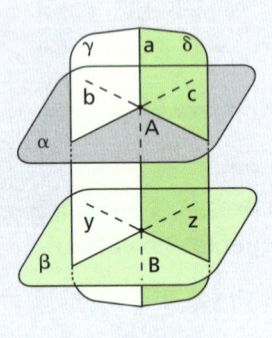

Demonstração:

a) Se $\alpha \; // \; \beta$, sendo $\alpha = \beta$, temos: $(\alpha = \beta, \; a \perp \alpha) \Rightarrow a \perp \beta$.

b) Se $\alpha \; // \; \beta$, sendo $\alpha \cap \beta = \varnothing$, vem:

1. A reta a que intercepta α num ponto A também intercepta β num ponto B.

2. Consideremos um plano γ passando pela reta a. O plano γ intercepta α numa reta b e intercepta β numa reta y e ainda $b \; // \; y$ (pois $\alpha \; // \; \beta$).

Consideremos outro plano δ, distinto de γ, passando pela reta a. O plano δ intercepta α numa reta c e intercepta β numa reta z e ainda $c \; // \; z$ (pois $\alpha \; // \; \beta$).

3. $(a \perp \alpha$ em A; $b \subset \alpha, A \in b; c \subset \alpha, A \in c) \Rightarrow (a \perp b$ e $a \perp c)$.

4. Em γ, temos: $(a \perp b, b \; // \; y) \Rightarrow a \perp y$.
Em δ, temos: $(a \perp c, c \; // \; z) \Rightarrow a \perp z$.

5. $(a \perp y, a \perp z; y \cap z = \{B\}; y \subset \beta, z \subset \beta) \Rightarrow a \perp \beta$.

c) Se duas retas são paralelas, então todo plano perpendicular a uma delas é perpendicular à outra.

d) Se duas retas são perpendiculares a um mesmo plano, então elas são paralelas entre si.

81. Prove que duas retas, respectivamente perpendiculares a dois planos paralelos, são paralelas.

82. Prove que dois planos, respectivamente perpendiculares a duas retas paralelas, são paralelos.

II. Planos perpendiculares

41. Definição

Um plano α é perpendicular a um plano β se, e somente se, α contém uma reta perpendicular a β.

A existência de um plano perpendicular a outro baseia-se na existência de uma reta perpendicular a um plano.

42. Teorema

> Se dois planos são perpendiculares entre si e uma reta de um deles é perpendicular à interseção dos planos, então essa reta é perpendicular ao outro lado.

Hipótese Tese
$(\alpha \perp \beta, i = \alpha \cap \beta, r \subset \alpha, r \perp i) \Rightarrow r \perp \beta$

Demonstração:

Se $\alpha \perp \beta$, então α contém uma reta a, perpendicular a β. Essa reta a é, então, perpendicular a i.

Em α, temos: $(a \perp i, r \perp i) \Rightarrow a \mathbin{/\mkern-6mu/} r$.

Agora, se $a \mathbin{/\mkern-6mu/} r$ e sendo $a \perp \beta$, vem que $r \perp \beta$.

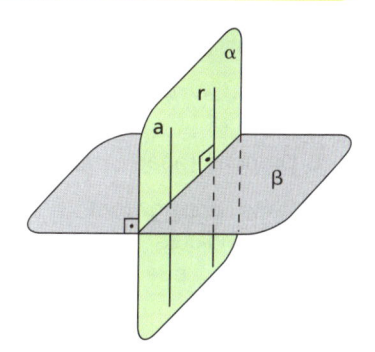

43. Observações

1ª) Pela definição, se uma reta é perpendicular a um plano, qualquer outro plano que a contenha é perpendicular ao primeiro.

$(a \perp \alpha, \beta \supset a) \Rightarrow \beta \perp \alpha$

2ª) Condição necessária e suficiente:

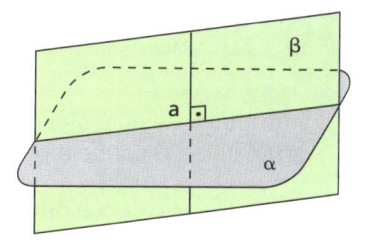

Reunindo os resultados acima, podemos formular o seguinte enunciado:

> Uma condição necessária e suficiente para que dois planos secantes sejam perpendiculares é que toda reta de um deles, perpendicular à interseção, seja perpendicular ao outro.

3ª) Planos oblíquos:

Dois planos secantes, não perpendiculares, são ditos planos oblíquos.

PERPENDICULARIDADE

EXERCÍCIOS

83. Mostre que, se um plano α contém uma reta a, perpendicular a um plano β, então β contém uma reta perpendicular a α.

84. Prove que, se uma reta a está num plano α, perpendicular a uma reta b, então a reta b também está num plano perpendicular à reta a.

85. Mostre que, se dois planos são perpendiculares entre si e uma reta perpendicular a um deles tem um ponto comum com o outro, então essa reta está contida nesse outro plano.

Solução

$$\begin{array}{cc} \text{Hipótese} & \text{Tese} \\ (\alpha \perp \beta, a \perp \beta, P \in a, P \in \alpha) & \Rightarrow \quad a \subset \alpha \end{array}$$

Demonstração:

Consideremos em α, por P, a reta x, perpendicular à interseção i de α e β. Notemos que x ⊂ α.

$(\alpha \perp \beta, i = \alpha \cap \beta, x \subset \alpha, x \perp i) \Rightarrow x \perp \beta$
$(P \in a, a \perp \beta, P \in x, x \perp \beta) \Rightarrow a = x$
$(a = x, x \subset \alpha) \Rightarrow a \subset \alpha$

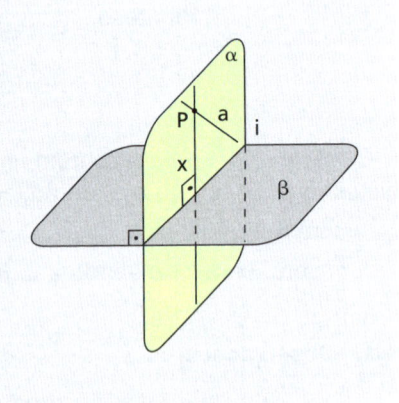

86. Prove que, se dois planos são perpendiculares entre si, toda reta perpendicular a um deles é paralela ou está contida no outro.

87. Prove que, se dois planos são paralelos, todo plano perpendicular a um deles é perpendicular ao outro.

88. Mostre que, se uma reta a e um plano α são paralelos, todo plano β, perpendicular à reta a, também é perpendicular ao plano α.

89. Existência e unicidade
Mostre que:

Por uma reta r não perpendicular a um plano α, existe um único plano β perpendicular a α.

Solução

1ª parte: Existência

a) Construção:

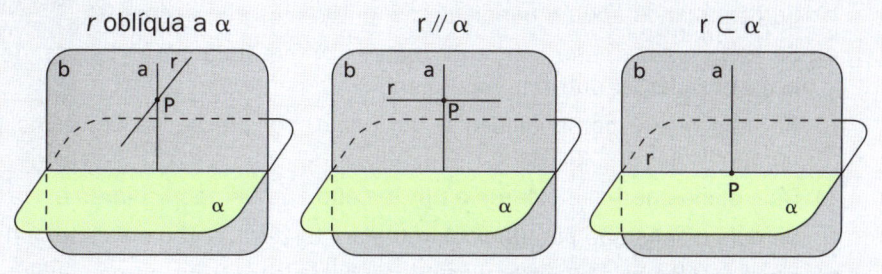

r oblíqua a α   r // α   r ⊂ α

1º) Por um ponto P de r conduzimos a reta a perpendicular ao plano α.

2º) As retas a e r são concorrentes (a ⊥ α e r ⊥̸ α) e então determinam um plano β. O plano β = (a, r) é o plano construído.

b) Prova:

O plano β contém a reta a e, como a é perpendicular ao plano α, resulta que o plano β = (a, r) é perpendicular ao plano α.

2ª parte: Unicidade

Se existissem dois planos distintos β e β', perpendiculares a α, por r, teríamos:

1) Uma reta a, perpendicular a α por um ponto P de r, está contida em β e em β'.

2) Duas retas a e r concorrentes em P estão determinando dois planos distintos β e β', o que é absurdo, pois contraria um teorema de determinação de plano.

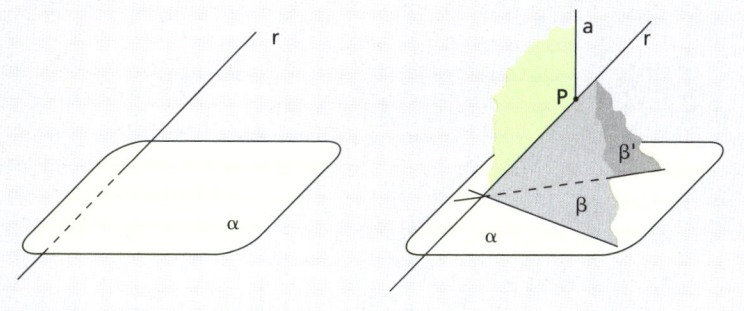

Logo, o plano perpendicular ao plano α, passando por uma reta r não perpendicular a α, é único.

90. Prove que, se um plano é perpendicular a dois planos secantes, então ele é perpendicular à interseção desses planos.

91. Classifique em verdadeiro (V) ou falso (F):
   a) Se dois planos são secantes, então eles são perpendiculares.
   b) Se dois planos são perpendiculares, então eles são secantes.
   c) Se dois planos são perpendiculares, então toda reta de um deles é perpendicular ao outro.
   d) Se uma reta é perpendicular a um plano, por ela passa um único plano, perpendicular ao plano dado.
   e) Dois planos perpendiculares a um terceiro são perpendiculares entre si.
   f) Se dois planos são perpendiculares a um terceiro, então eles são paralelos.
   g) Se dois planos são perpendiculares, então toda reta perpendicular a um deles é paralela ao outro ou está contida neste outro.
   h) Se dois planos são paralelos, todo plano perpendicular a um deles é perpendicular ao outro.
   i) Uma reta e um plano são paralelos. Se um plano é perpendicular ao plano dado, então ele é perpendicular à reta.
   j) Por uma reta passa um plano perpendicular a um plano dado.
   k) Se dois planos são perpendiculares, então toda reta de um deles forma ângulo reto com qualquer reta do outro.

CAPÍTULO IV
Aplicações

I. Projeção ortogonal sobre um plano

44. Projeção de um ponto

Definição

Chama-se projeção ortogonal de um ponto sobre um plano ao pé da perpendicular ao plano conduzida pelo ponto. O plano é dito plano de projeção e a reta é a reta projetante do ponto.

$P' = \text{proj}_\alpha P$

45. Projeção de uma figura

Definição

Chama-se projeção ortogonal de uma figura sobre um plano ao conjunto das projeções ortogonais dos pontos dessa figura sobre o plano.

$F' = \text{proj}_\alpha F$

46. Projeção de uma reta

Com base na definição anterior, temos:

a) Se a reta é perpendicular ao plano, sua projeção ortogonal sobre o plano é o traço da reta no plano.

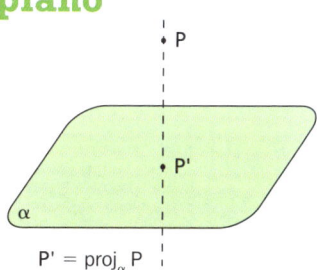

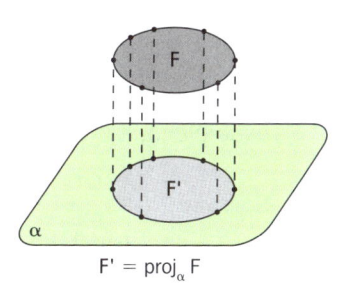

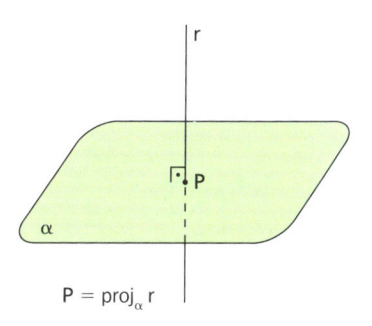

$P = \text{proj}_\alpha r$

APLICAÇÕES

b) Se a reta não é perpendicular ao plano, temos a particular definição seguinte:

Chama-se projeção ortogonal de uma reta *r*, não perpendicular a um plano α, sobre esse plano, ao traço em α, do plano β, perpendicular a α, conduzido por *r*.

α é o plano de projeção e β é o plano projetante de *r*.

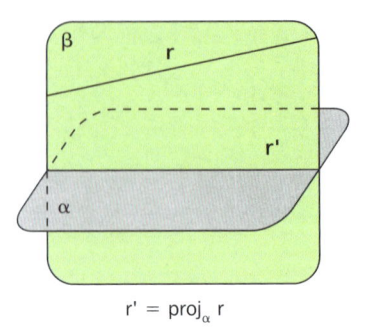

r' = proj$_\alpha$ r

47. Projeção de um segmento de reta

Definição

Chama-se projeção ortogonal sobre um plano α de um segmento $\overline{AB}$, contido numa reta não perpendicular a α, ao segmento $\overline{A'B'}$ onde A' = proj$_\alpha$ A e B' = proj$_\alpha$ B'.

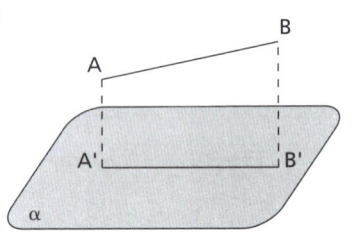

EXERCÍCIOS

92. Prove que, se um segmento de reta é paralelo a um plano, então a sua projeção ortogonal sobre o plano é congruente a ele.

93. Mostre que a projeção ortogonal de um segmento oblíquo a um plano, sobre esse plano, é menor que o segmento.

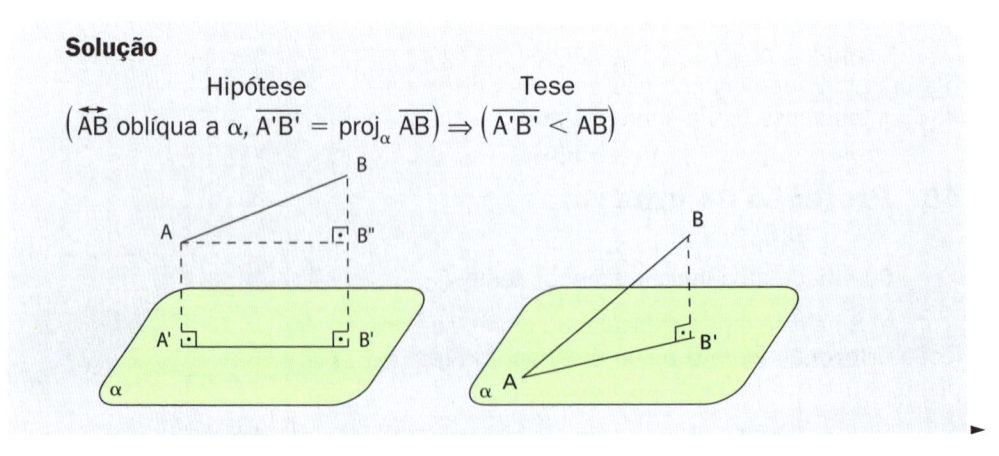

Solução

Hipótese Tese

$\left(\overleftrightarrow{AB} \text{ oblíqua a } \alpha, \overline{A'B'} = \text{proj}_\alpha \overline{AB} \right) \Rightarrow \left(\overline{A'B'} < \overline{AB} \right)$

> **Demonstração:**
> Por A conduzimos uma reta paralela à reta $\overleftrightarrow{A'B'}$ que intercepta a reta projetante de B em B".
>
> $\left.\begin{array}{l}\triangle AA'B'B''\text{ é retângulo} \Rightarrow \overline{A'B'} \equiv \overline{AB''} \\ \triangle AB''B \text{ é retângulo em B''} \Rightarrow \overline{AB''} < \overline{AB}\end{array}\right\} \Rightarrow \overline{A'B'} < \overline{AB}$
>
> Se uma das extremidades, por exemplo A, pertence ao plano de projeção, temos:
>
> $\triangle AB'B$ é retângulo em B' $\Rightarrow \overline{AB'} < \overline{AB} \Rightarrow \overline{A'B'} < \overline{AB}$.

94. Classifique em verdadeiro (V) ou falso (F):

a) A projeção ortogonal de um ponto sobre um plano é um ponto.

b) A projeção ortogonal de uma reta sobre um plano é uma reta.

c) A projeção ortogonal de um segmento sobre um plano é sempre um segmento.

d) A projeção ortogonal de um segmento oblíquo a um plano, sobre o plano, é menor que o segmento.

e) A projeção ortogonal, sobre um plano, de um segmento contido numa reta, não perpendicular ao plano, é menor que o segmento ou congruente a ele.

f) Se um segmento tem projeção ortogonal congruente a ele, então ele é paralelo ao plano de projeção ou está contido nele.

g) Se dois segmentos são congruentes, então suas projeções ortogonais sobre qualquer plano são congruentes.

h) Se dois segmentos não congruentes são oblíquos a um plano, então a projeção ortogonal, sobre o plano, do maior deles é maior.

i) A projeção ortogonal de um triângulo, sobre um plano, é sempre um triângulo.

95. Classifique em verdadeiro (V) ou falso (F):

a) Se as projeções ortogonais de duas retas, sobre um plano, são paralelas, então as retas são paralelas.

b) Duas retas paralelas não perpendiculares ao plano de projeção têm projeções paralelas.

c) Se os planos projetantes de duas retas não perpendiculares ao plano de projeção são paralelos, então as projeções dessas retas são paralelas.

d) Se dois planos são perpendiculares, as projeções dos pontos de um deles sobre o outro é o traço dos planos.

e) A projeção ortogonal de um ângulo sobre um plano pode ser uma semirreta.

APLICAÇÕES

f) A projeção ortogonal de um ângulo sobre um plano pode ser um segmento de reta.

g) A projeção ortogonal de um ângulo sobre um plano pode ser uma reta.

96. Quais as posições relativas das projeções ortogonais, sobre um plano, de duas retas concorrentes?

97. Quais são as posições relativas das projeções ortogonais, sobre um plano, de duas retas reversas?

98. Demonstre que, se duas retas formam ângulo reto, uma delas é paralela ou está contida no plano de projeção e a outra não é perpendicular a esse plano, então as projeções ortogonais das retas, sobre o plano, são perpendiculares.

Solução

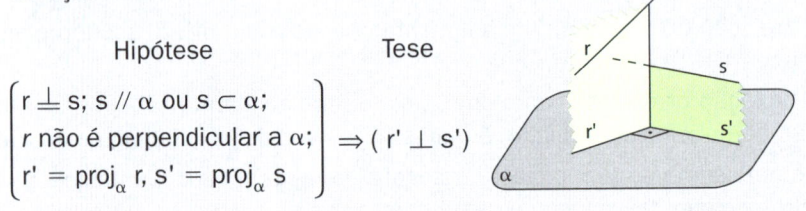

Hipótese

$\begin{cases} r \perp s;\ s\ //\ \alpha \text{ ou } s \subset \alpha; \\ r \text{ não é perpendicular a } \alpha; \\ r' = \text{proj}_\alpha\ r,\ s' = \text{proj}_\alpha\ s \end{cases}$

Tese

$\Rightarrow (r' \perp s')$

Demonstração:

$(s\ //\ \alpha \text{ ou } s \subset \alpha,\ s' = \text{proj}_\alpha\ s) \Rightarrow s'\ //\ s\ (s'//\ s,\ r \perp s) \Rightarrow r \perp s'$

Sendo i a interseção dos planos projetantes de r e de s, temos:

$(i \perp \alpha,\ s' \subset \alpha) \Rightarrow i \perp s'$

$(s' \perp r,\ s' \perp i,\ r \text{ e } i \text{ concorrentes}) \Rightarrow s' \perp (r, i)$

Sendo $s' \perp (r, i)$, então $s' \perp r' \subset (r, i)$ e r' é concorrente com s'.

99. Prove que, se as projeções de duas retas, sobre um plano, são perpendiculares, uma delas é paralela ou está contida no plano de projeção e a outra não é perpendicular àquele plano, então as duas retas formam ângulo reto.

100. Mostre que, se duas retas formam ângulo reto, suas projeções ortogonais, sobre um plano, são perpendiculares e uma delas é oblíqua àquele plano, então a outra é paralela ou está contida no plano.

APLICAÇÕES

II. Segmento perpendicular e segmentos obliquos a um plano por um ponto

Se por um ponto P não pertencente a um plano α conduzimos os segmentos $\overline{PP'}$, $\overline{PA}$, $\overline{PB}$, $\overline{PC}$, $\overline{PD}$, ..., o primeiro perpendicular e os demais oblíquos a α, com as extremidades P', A, B, C, D, ... em α, então:

1º)

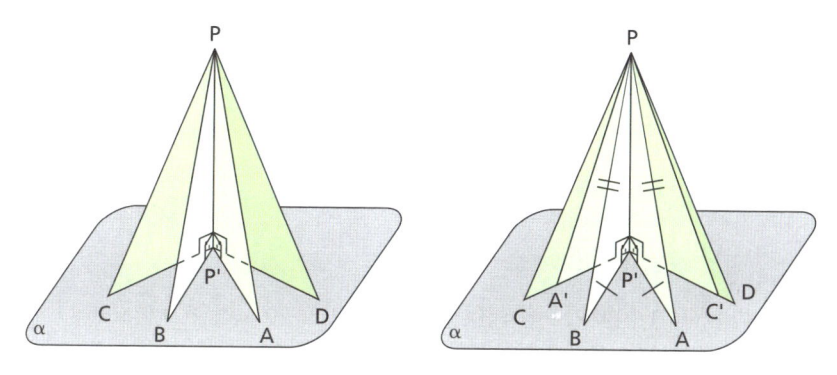

> O segmento perpendicular é **menor** que qualquer dos oblíquos.

Demonstração:

De fato, $\overline{PP'}$ é cateto de triângulos retângulos, que têm, respectivamente, $\overline{PA}$, $\overline{PB}$, $\overline{PC}$, $\overline{PD}$, ... como hipotenusa.

Logo, $\overline{PP'} < \overline{PA}$, $\overline{PP'} < \overline{PB}$, $\overline{PP'} < \overline{PC}$, $\overline{PP'} < \overline{PD}$, ...

2º)

> a) Segmentos obliquos com **projeções congruentes** são **congruentes**.

$\overline{P'A} \equiv \overline{P'B} \Rightarrow \overline{PA} \equiv \overline{PB}$

Demonstração:

$\left(\overline{PP'} \text{ comum}, \widehat{PP'A} \equiv \widehat{PP'B}, \overline{P'A} \equiv \overline{P'B}\right) \Rightarrow \triangle PP'A \equiv \triangle PP'B \Rightarrow \overline{PA} \equiv \overline{PB}$.

> b) Segmentos obliquos **congruentes** têm **projeções congruentes**.

$\overline{PA} \equiv \overline{PB} \Rightarrow \overline{P'A} \equiv \overline{P'B}$

APLICAÇÕES

Demonstração:

$\left(\overline{PP'} \text{ comum, } \widehat{PP'A} \equiv \widehat{PP'B}, \overline{PA} \equiv \overline{PB}\right) \Rightarrow \triangle PP'A \equiv \triangle PP'B \Rightarrow \overline{P'A} \equiv \overline{P'B}$.

3º)

> a) De dois segmentos oblíquos de projeções não congruentes, o de **maior projeção** é **maior**.

$\overline{P'C} > \overline{P'A} \Rightarrow \overline{PC} > \overline{PA}$

Demonstração:

Considerando A' $\in \overline{P'C}$ tal que $\overline{P'A'} \equiv \overline{P'A}$, temos:

$\overline{P'A'} \equiv \overline{P'A} \Rightarrow \overline{PA'} \equiv \overline{PA}$

O ângulo PA'C é obtuso por ser ângulo externo do $\triangle$PP'A' em que PP'A' é reto. Logo, no triângulo PA'C, temos: $\widehat{PA'C} > \widehat{PCA}$ e, como ao maior ângulo está oposto o maior lado, vem que $\overline{PC} > \overline{PA'}$, ou seja, $\overline{PC} > \overline{PA}$.

> b) De dois segmentos oblíquos não congruentes, o **maior** tem **projeção maior**.

$\overline{PC} > \overline{PA} \Rightarrow \overline{P'C} > \overline{P'A}$

Demonstração:

Se $\overline{P'C} \leq \overline{P'A}$, por casos anteriores, teríamos $\overline{PC} \leq \overline{PA}$, o que contraria a hipótese. Logo, $\overline{P'C} > \overline{P'A}$.

4º)

> a) De dois segmentos oblíquos não congruentes, o **maior** forma com a sua projeção um **ângulo menor**.

$\overline{PD} > \overline{PC} \Rightarrow \widehat{PDP'} < \widehat{PCP'}$

Demonstração:

$\overline{PD} > \overline{PC} \Rightarrow \overline{P'D} > \overline{P'C}$

Tomando um ponto C' $\in$ P'D tal que $\overline{P'C'} \equiv \overline{P'C}$, temos:

$\triangle PP'C \equiv \triangle PP'C'$ e daí $\widehat{PCP'} \equiv \widehat{PC'P'}$.

No triângulo PC'D vem $\widehat{PDC'} < \widehat{PC'P'}$, pois, em qualquer triângulo, um ângulo externo é maior que qualquer um dos ângulos internos não adjacentes a ele.
Daí, então:

$\widehat{PDC'} < \widehat{PC'P'} \Rightarrow \widehat{PDP'} < \widehat{PC'P'} \Rightarrow \widehat{PDP'} < \widehat{PCP'}$.

> b) De dois segmentos oblíquos não congruentes, aquele que forma com a sua projeção um **ângulo menor** é **maior**.

$\widehat{PDP'} < \widehat{PCP'} \Rightarrow \overline{PD} > \overline{PC}$

Demonstração:

Se $\overline{PD} \leq \overline{PC}$, por congruência de triângulos ou pelo item anterior, teríamos: $\overline{PDP'} \geq \overline{PCP'}$, o que contraria a hipótese. Logo, $\overline{PD} > \overline{PC}$.

Nota: É importante ressaltar que nas propriedades acima todos os segmentos têm uma extremidade em P e a outra em α.

III. Distâncias geométricas

48. Distância entre dois pontos

Definição

Chama-se distância entre dois pontos distintos A e B ao segmento de reta $\overline{AB}$ ou a qualquer segmento congruente a $\overline{AB}$. Se A = B, a distância entre A e B é nula.
Indicação: d_{AB} = distância entre A e B.

49. Distância entre um ponto e uma reta

Definição

Chama-se distância entre um **ponto** e uma **reta** à distância entre esse ponto e o pé da perpendicular à reta conduzida pelo ponto.

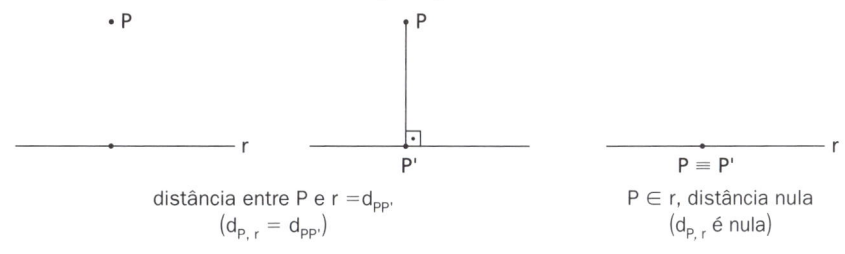

distância entre P e r = $d_{PP'}$
($d_{P, r} = d_{PP'}$)

P ∈ r, distância nula
($d_{P, r}$ é nula)

Nota: É fundamental diferençar o conceito de distância entre o **ponto** P e a **reta** r da distância entre o **ponto** P e um **ponto** da reta r.

APLICAÇÕES

50. Distância entre duas retas paralelas

Definição

Chama-se distância entre **duas retas paralelas** à distância entre um ponto qualquer de uma delas e a outra reta.

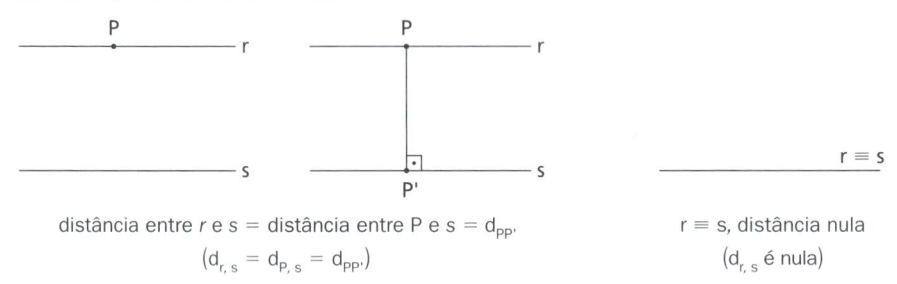

distância entre r e s = distância entre P e s = $d_{PP'}$
$(d_{r, s} = d_{P, s} = d_{PP'})$

$r \equiv s$, distância nula
$(d_{r, s}$ é nula$)$

A definição anterior é justificada pela seguinte propriedade:

> Se duas retas distintas são paralelas, os pontos de uma estão a igual distância (são equidistantes) da outra.

De fato, tomando dois pontos distintos A e B em r e achando as distâncias $\overline{AA'}$ entre A e s, e $\overline{BB'}$ entre B e s, o retângulo AA'B'B nos dá: $\overline{AA'} \equiv \overline{BB'}$, isto é, $d_{A, s} = d_{B, s}$.

No caso de as retas serem coincidentes, todas as distâncias acima são nulas.

51. Distância entre ponto e plano

Definição

Chama-se distância entre um **ponto** e um **plano** à distância entre esse ponto e o pé da perpendicular ao plano conduzida pelo ponto.

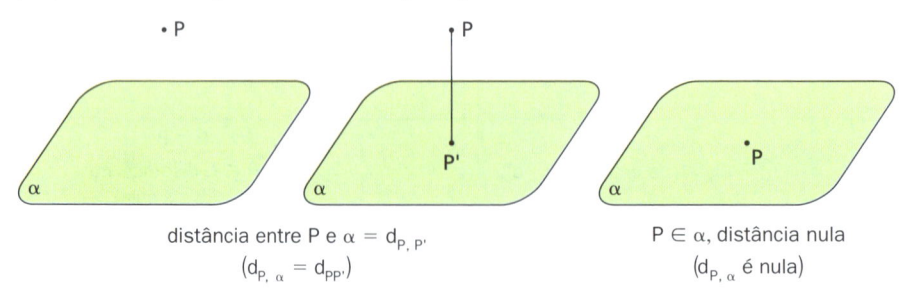

distância entre P e α = $d_{P, P'}$
$(d_{P, \alpha} = d_{PP'})$

P $\in \alpha$, distância nula
$(d_{P, \alpha}$ é nula$)$

APLICAÇÕES

A distância entre um ponto P e um plano α é o segmento de reta $\overline{PP'}$, perpendicular ao plano, com uma extremidade no ponto P e a outra P' no plano α ou qualquer segmento congruente a $\overline{PP'}$. O segmento $\overline{PP'}$ (ou qualquer segmento congruente a ele) é indicado para ser a distância entre P e α, porque de todos os segmentos com uma extremidade em P e a outra em α, $\overline{PP'}$ é o menor. Logo, a distância entre o ponto P e o plano α é a menor das distâncias entre o ponto P e os pontos de α.

52. Distância entre reta e plano paralelos

Definição

Chama-se distância entre uma **reta** e um **plano** paralelos à distância entre um ponto qualquer da reta e o plano.

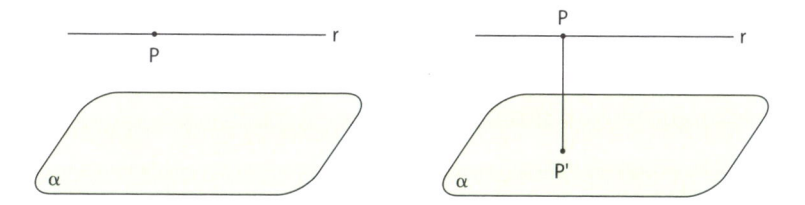

A definição acima é justificada pela propriedade que segue:

> Se uma reta e um plano são paralelos, os pontos da reta estão a igual distância (são equidistantes) do plano.

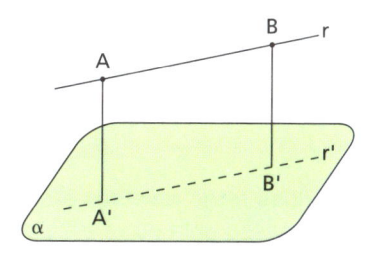

AA'B'B é retângulo $\Rightarrow \overline{AA'} \equiv \overline{BB'} \Rightarrow d_{A,\,\alpha} = d_{B,\,\alpha}$

Nota: Se uma reta está contida num plano, a distância entre eles é nula.

APLICAÇÕES

53. Distância entre planos paralelos

Definição

Chama-se distância entre **dois planos** paralelos à distância entre um ponto qualquer de um deles e o outro plano.

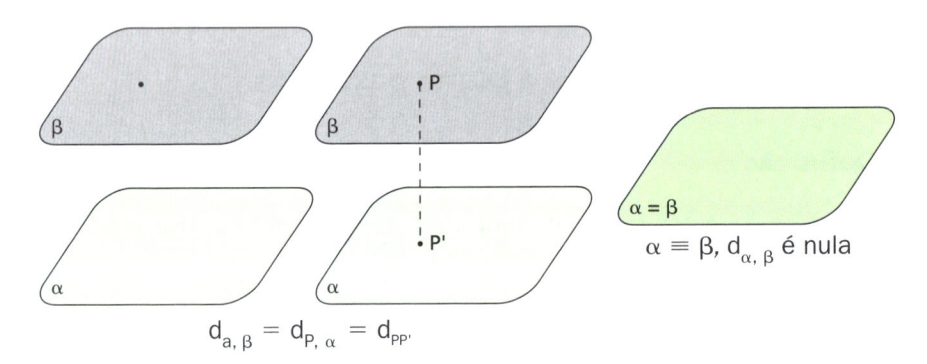

$d_{a, \beta} = d_{P, \alpha} = d_{PP'}$

$\alpha \equiv \beta$, $d_{\alpha, \beta}$ é nula

A propriedade que justifica a definição é:

> Se dois planos distintos são paralelos, os pontos de um deles são equidistantes do outro.

$(A \neq B; A, B \in \beta) \Rightarrow r = \overleftrightarrow{AB} \subset \beta$

Recai-se no item anterior.

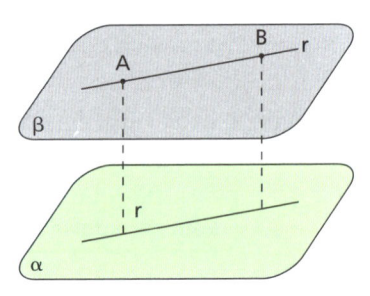

54. Distância entre duas retas reversas

Definição

Chama-se distância entre **duas retas reversas** à distância entre um ponto qualquer de uma delas e o plano que passa pela outra e é paralelo à primeira.

Nota: Para se achar a distância de duas retas reversas (r e s) é suficiente conduzir por uma delas (por exemplo s) um plano (α) paralelo à outra (r) e obter a distância entre esta outra reta (r) e o plano (α).

$d_{r, s} = d_{r, \alpha} = d_{P, \alpha} = d_{PP'}$

APLICAÇÕES

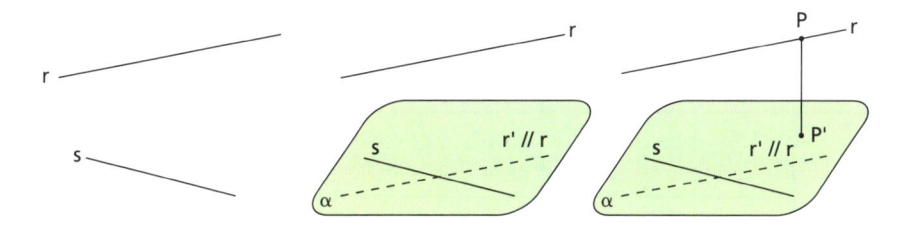

A definição acima é justificada pelas propriedades que seguem:

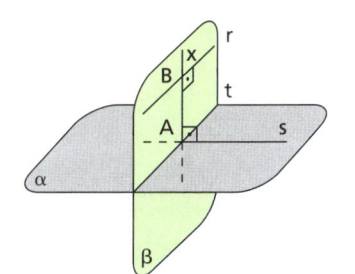

55. 1ª) Existência da perpendicular comum a duas retas reversas

Dadas duas retas reversas r e s, existe uma reta x, perpendicular comum a essas retas (x ⊥ r, x ⊥ s).

a) Construção da reta x

Por s conduzimos um plano α paralelo a r.

Por r conduzimos um plano β perpendicular a α e seja α ∩ β = t.

(r // α, r ⊂ β, β ∩ α = t) ⇒ r // t

(r // t; r e s reversas; t ⊂ α, s ⊂ α) ⇒ s e t são concorrentes.

Seja A o ponto de concorrência de s e t.

Por A conduzimos a reta x perpendicular a r e chamamos de B a interseção dessas retas.

b) Prova de que x ⊥ r e x ⊥ s.

A reta x é perpendicular a r por construção. Falta provar que x ⊥ s. É o que segue:

Em β, temos: (r // t, x ⊥ r) ⇒ x ⊥ t.

Agora,

(α ⊥ β, t = α ∩ β, x ⊂ β, x ⊥ t) ⇒ x ⊥ α

(x ⊥ α, s ⊂ α, x ∩ s = {A}) ⇒ x ⊥ s em A.

APLICAÇÕES

56. 2ª) Unicidade da perpendicular comum a duas retas reversas

Dadas duas retas reversas r e s, a reta x, perpendicular comum a essas retas, é **única**.

Nota: Usaremos nomenclatura e conclusões do item anterior.

Se existe outra reta x', distinta de x, perpendicular comum a r e s com r ∩ x' = {B'} e s ∩ x' = {A'}, temos dois casos a considerar:

1º caso: A = A' ou B = B'.

Neste caso teríamos, por um ponto (A = A', por exemplo), duas retas distintas x e x' perpendiculares a uma reta (r), o que é absurdo, pois as três retas (x, x' e r) estão num mesmo plano (β).

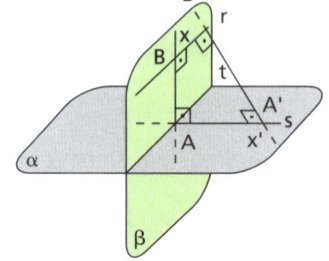

2º caso: A ≠ A' e B ≠ B'

De x' ⊥ r e x' ⊥ s vem:

x' ⊥ r, t // r ⇒ x' ⊥ t

(x' ⊥ t, x' ⊥ s) ⇒ x' ⊥ (s, t) ⇒ x' ⊥ α

(x' ⊥ α, x ⊥ α) ⇒ x // x'.

As retas x e x', sendo paralelas e distintas, determinam um plano que contém r (pois contém B e B') e contém s (pois contém A e A'), o que é absurdo, pois r e s são reversas.

Logo, a reta x, perpendicular comum a r e s reversas, é única.

57. 3ª) Dadas duas retas reversas r e s, de todos os segmentos que têm uma extremidade em cada uma das retas, o menor é aquele da perpendicular comum.

Nota: Usaremos nomenclatura e conclusões dos dois itens anteriores.

Seja $\overline{AB}$ o segmento da perpendicular comum e $\overline{A'B'}$ outro segmento nas condições do enunciado.

Provaremos que $\overline{AB} < \overline{A'B'}$.

Demonstração:

1º caso: A = A' ou B = B'

Neste caso, $\overline{A'B'}$ é hipotenusa de um triângulo retângulo que tem $\overline{AB}$ por cateto, então $\overline{AB} < \overline{A'B'}$.

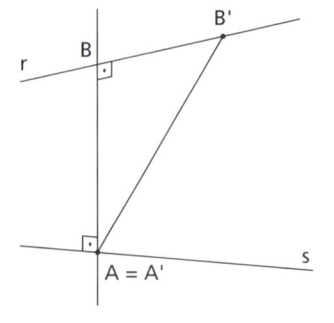

2º caso: A ≠ A' e B ≠ B'

Conduzindo $\overleftrightarrow{B'C} \perp t$ com $C \in t$

$\overleftrightarrow{B'C} \perp \alpha$ e $\overline{CB'} \equiv \overline{AB}$

$\overleftrightarrow{B'C} \perp \alpha \Rightarrow \overleftrightarrow{B'C} \perp CA' \Rightarrow$

$\Rightarrow \triangle B'CA'$ é retângulo em C $\Rightarrow$

$\Rightarrow \overline{CB'} < \overline{A'B'}$

$\left(\overline{CB'} < \overline{A'B'}, \overline{CB'} \equiv \overline{AB}\right) \Rightarrow$

$\Rightarrow \overline{AB} < \overline{A'B'}$

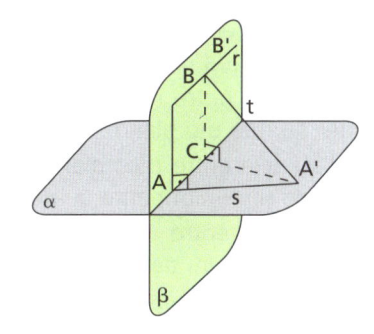

58. 4ª) A distância entre r e α é igual à distância entre A e B

De fato, pela definição de distância entre reta e plano paralelos e sendo $x = \overleftrightarrow{AB}$ perpendicular a α, vem:

$d_{r,\alpha} = d_{B,\alpha} = d_{BA}$

Observações

1ª) Com construções análogas podemos concluir que a distância entre s e o plano por r, paralelo a s, é igual à distância entre A e B, o que completa a justificação da definição dada.

2ª) A distância entre as retas reversas s e r é também a distância entre A e B, em que A e B são as interseções de s e r com a reta x, perpendicular comum a r e s.

EXERCÍCIOS

101. Classifique em verdadeiro (V) ou falso (F):
   a) Se $\overline{PA}$ é um segmento oblíquo a um plano α, com A em α, então a distância entre P e A é a distância entre P e α.
   b) A distância entre um ponto e um plano é a distância entre o ponto e qualquer ponto do plano.
   c) A distância entre um ponto e um plano é a reta perpendicular ao plano pelo ponto.
   d) A distância de um ponto P a um plano α é a distância de P ao ponto P' de interseção de α com a reta r, perpendicular a α por P.
   e) A distância entre uma reta e um plano paralelos é a distância entre um ponto qualquer do plano e a reta.

APLICAÇÕES

f) A distância entre uma reta e um plano paralelos é a distância entre um ponto qualquer da reta e um ponto qualquer do plano.
g) A distância entre reta e plano paralelos é a distância entre um ponto qualquer da reta e o plano.
h) A distância entre dois planos paralelos é a distância entre um ponto qualquer de um e um ponto qualquer do outro.
i) A distância entre dois planos paralelos distintos é igual à distância entre uma reta de um deles e o outro plano.
j) A distância entre duas retas reversas é a distância entre um ponto qualquer de uma e a outra reta.
k) A distância de duas retas reversas é a reta perpendicular comum a essas retas.

102. Mostre que:

> Todo plano que passa pelo ponto médio de um segmento é equidistante das extremidades do segmento.

Solução

Hipótese   Tese
$(\overline{AM} \equiv \overline{MB}, M \in \alpha) \Rightarrow (d_{\alpha, A} = d_{\alpha, B})$

Demonstração:

1º) $\alpha \supset \overline{AB}$.

$\overline{AB} \subset \alpha \Rightarrow d_{\alpha, A} = d_{\alpha, B}$ = distância nula

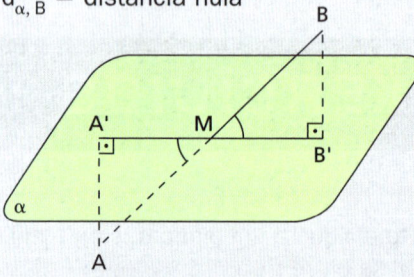

2º) $\alpha \not\supset \overline{AB}$ e α não é perpendicular a $\overline{AB}$.

Conduzindo os segmentos $\overline{AA'}$ e $\overline{BB'}$ perpendiculares a α, com A', B' $\in \alpha$, e observando os triângulos coplanares AA'M e BB'M, temos:

$(\hat{A}' \equiv \hat{B}'$ (reto), $\widehat{AMA'} \equiv \widehat{BMB'}$ (opostos pelo vértice)) $\Rightarrow \hat{A}' \equiv \hat{B}'$

$\left(\widehat{AMA'} \equiv \widehat{BMB'}, \overline{AM} \equiv \overline{BM}, \hat{A} \equiv \hat{B}\right) \Rightarrow \triangle AA'M \equiv \triangle BB'M \Rightarrow$

$\Rightarrow \overline{AA'} \equiv \overline{BB'} \Rightarrow d_{\alpha, A} = d_{\alpha, B}.$

3º) $\alpha \perp \overline{AB}$ por M.

Neste caso A' = B' = M e então $\overline{AA'} \equiv \overline{BB'}$, ou seja, $d_{\alpha, A} = d_{\alpha, B}$.

APLICAÇÕES

103. Todo plano equidistante dos extremos de um segmento passa pelo ponto médio do segmento?

104. Dados dois pontos distintos A e B e uma reta r, construa um plano que passa por r e é equidistante de A e B. Discuta.

Solução

1º caso: r e $\overleftrightarrow{AB}$ são concorrentes.

a) Se r passa pelo ponto médio do segmento $\overline{AB}$, qualquer plano que contém r é solução do problema. Infinitas soluções.

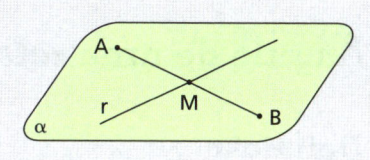

b) Se r não passa pelo ponto médio do segmento $\overline{AB}$, a solução é o plano $\alpha = (r, \overleftrightarrow{AB})$. α passa por r e tem distância nula a A e a B.

2º caso: r e $\overleftrightarrow{AB}$ são paralelas.

O problema admite infinitas soluções, pois qualquer plano α que passa por r é equidistante de A e B, visto que $\overleftrightarrow{AB}$ // α ou $\overleftrightarrow{AB} \subset \alpha$.

3º caso: r e $\overleftrightarrow{AB}$ são reversas.

O problema admite duas soluções.

1ª) O plano α determinado por r e pelo ponto médio M de $\overline{AB}$.

2ª) O plano β que passa por r é paralelo à reta $\overleftrightarrow{AB}$.

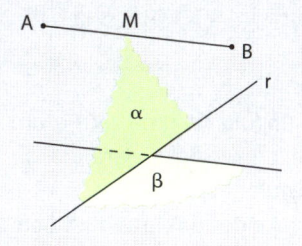

105. Dados dois pontos distintos A e B e uma reta r, construa um plano equidistante de A e B e que seja paralelo à reta r.

106. Dados dois pontos distintos A e B e uma reta r, construa um plano equidistante de A e B e que seja perpendicular à reta r.

107. Dados dois pontos distintos A e B e um plano α, construa um plano equidistante dos dois pontos e que seja paralelo ao plano dado. Discuta.

108. Dados dois pontos distintos A e B e um plano α, construa um plano equidistante dos dois pontos que seja perpendicular ao plano dado. Discuta.

109. Dados três pontos não colineares A, B e C, determine os planos tais que cada um deles seja equidistante dos três pontos dados.

APLICAÇÕES

110. Dados três pontos não colineares A, B e C, construa, por um ponto P, um plano equidistante de A, B e C.

111. Dados quatro pontos não coplanares A, B, C e D, determine os planos tais que cada um deles seja equidistante dos quatro pontos dados.

IV. Ângulo de uma reta com um plano

59. Definição

Chama-se ângulo de uma reta e um plano oblíquos ao ângulo agudo que a reta forma com a sua projeção ortogonal sobre o plano.

Na figura ao lado o ângulo rr' é o ângulo entre r e α.

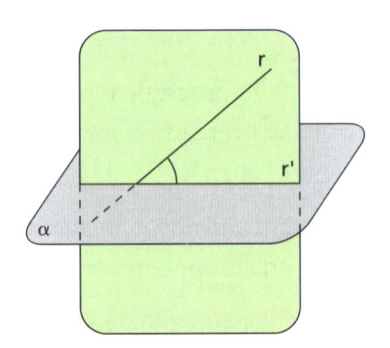

O ângulo de uma reta e um plano perpendiculares é reto.
Se uma reta é paralela ou está contida num plano, o ângulo da reta com o plano é nulo.
A propriedade que justifica a definição de ângulo de reta com o plano é a que segue:

60. Teorema

Se uma reta é oblíqua a um plano α e o intercepta em A, então o ângulo agudo de r com sua projeção ortogonal r' sobre α é menor que o ângulo agudo de r com qualquer outra reta de α que passa por A.

Hipótese   Tese

$$\begin{pmatrix} r \cap \alpha = \{A\},\ r' = \text{proj}_\alpha\, r \\ r \text{ não é perpendicular a } \alpha \\ A \in s,\ s \subset \alpha \end{pmatrix} \Rightarrow (\widehat{rr'}(\text{agudo}) < \widehat{rs}\,(\text{agudo}))$$

Demonstração:

Seja P' = proj$_\alpha$ P e B um ponto de s tal que $\overline{AB} \equiv \overline{AP'}$.

Notemos que $\overline{PP'} < \overline{PB}$, pois $\overline{PP'}$ é perpendicular a α e $\overline{PB}$ oblíquo a α.

Dos triângulos PAP' e PAB, vem: ($\overline{AP}$ comum, $\overline{AP'} \equiv \overline{AB}$, $\overline{PP'} < \overline{PB}$) $\Rightarrow \widehat{PAP'} < \widehat{PAB} \Rightarrow$
$\Rightarrow \widehat{rr'}$ (agudo) $< \widehat{rs}$ (agudo).

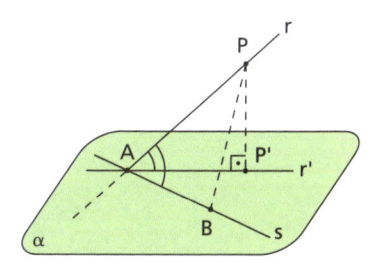

V. Reta de maior declive de um plano em relação a outro

61. Definição

Se dois planos α e β são oblíquos, toda reta de α perpendicular à interseção dos planos é chamada reta de maior declive de α em relação a β.
A propriedade que justifica a definição acima é a que segue:

62. Teorema

> Se dois planos α e β são oblíquos, r é a interseção deles, e por um ponto P de α, não pertencente a r, conduzimos duas retas concorrentes, a e b, sendo a perpendicular a r, então o ângulo $\widehat{a\beta}$ é maior que o ângulo $\widehat{b\beta}$.

Hipótese   Tese

$\begin{pmatrix} r = \alpha \cap \beta,\ \alpha \text{ não é perpendicular a } \beta, \\ a \subset \alpha,\ b \subset \alpha,\ a \cap b = \{P\},\ a \perp r,\ P \notin r \end{pmatrix} \Rightarrow \left(\widehat{a\beta} > \widehat{b\beta} \right)$

Demonstração:
a) Se a reta b é paralela à reta r, então a reta b é paralela a β. Neste caso o ângulo $\widehat{b\beta}$ é nulo e temos $\widehat{a\beta} > \widehat{b\beta}$.
b) Se b não é paralela a r, sendo a ∩ r = {A} e b ∩ r = {B}, no triângulo PAB retângulo em A, temos $\overline{PA} < \overline{PB}$.

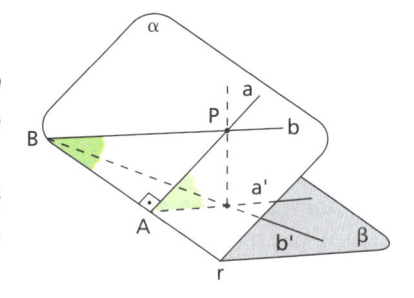

APLICAÇÕES

Os segmentos $\overline{PA}$ e $\overline{PB}$ são oblíquos a α, com A e B em α, então o menor deles, $\overline{PA}$, forma com a sua projeção um ângulo maior. Logo, sendo P' = proj$_\alpha$ P, vem:
$\overline{PA} < \overline{PB} \Rightarrow \widehat{PAP'} > \widehat{PBP'} \Rightarrow \widehat{a\beta} > \widehat{b\beta}$.

EXERCÍCIOS

112. Por um ponto P, de um plano α, construa uma reta que forme um ângulo θ (agudo, dado) com o plano α.

113. Por um ponto P, não pertencente a um plano α, construa uma reta que forme um ângulo θ (agudo, dado) com o plano α.

114. Por um ponto P, não pertencente a um plano α, construa um plano β, cuja reta de maior declive forme um ângulo θ (agudo, dado) com o plano α.

VI. Lugares geométricos

63. Definição

Lugar geométrico é um conjunto de pontos caracterizado por uma propriedade.
Como todo conjunto definido por uma propriedade de seus elementos, uma figura é um lugar geométrico se:
a) **todos os seus pontos** têm essa propriedade (todo elemento do conjunto satisfaz a propriedade);
b) **só os seus pontos** têm essa propriedade (todo elemento que tem a propriedade pertence ao conjunto).

64. Circunferência

Definição

Dados um plano α, uma distância r, não nula, e um ponto $O \in \alpha$, chama-se circunferência de centro O e raio r o conjunto:
$\lambda(O, r) = \{P \in \alpha \mid d_{OP} = r\}$
Assim, uma circunferência é um lugar geométrico. **Todos** os seus pontos e **só eles** têm a propriedade de distar r (raio) de um ponto O (centro) de seu plano.

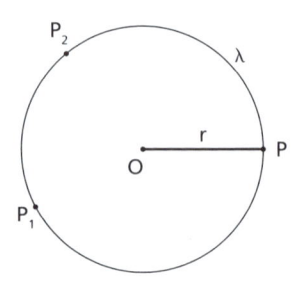

65. Superfície esférica

Definição

Dados um ponto O e uma distância *r*, não nula, chama-se **superfície esférica** de centro O e raio *r* ao lugar geométrico dos pontos que distam *r* de O.

$S(O, r) = \{P \mid d_{OP} = r\}$

Subentende-se nesse caso que os pontos P são do espaço.

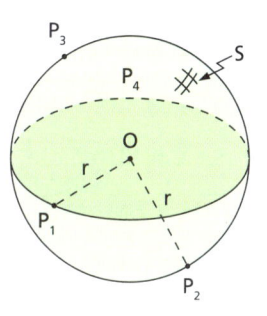

66. Esquema prático para lugares geométricos

Para se provar que uma figura F é o lugar geométrico dos pontos que têm uma propriedade *p*, procedemos da seguinte forma:

1ª parte: Prova-se que todos os pontos de F têm a propriedade *p*.

$(\forall X) (X \in F \Rightarrow X \text{ tem } p)$

2ª parte: Prova-se que só os pontos de F têm a propriedade *p*.

1º modo: $(\forall Y) (Y \text{ tem } p \Rightarrow Y \in F)$

ou

2º modo: $(\forall Z) (Z \notin F \Rightarrow Z \text{ não tem } p)$.

Se o lugar geométrico pedido não for de ponto e sim de outro elemento geométrico, adapta-se o procedimento acima, substituindo-se ponto pelo **elemento**.

67. Exemplos

1º) Estabelecer o lugar geométrico dos pontos equidistantes de dois pontos distintos A e B.

Solução

Seja α o plano perpendicular ao segmento $\overline{AB}$ pelo ponto médio M de $\overline{AB}$.

1ª parte:

Todos os pontos de α são equidistantes de A e B.

Hipótese   Tese

$(\forall X) (X \in \alpha) \Rightarrow (d_{XA} = d_{XB})$

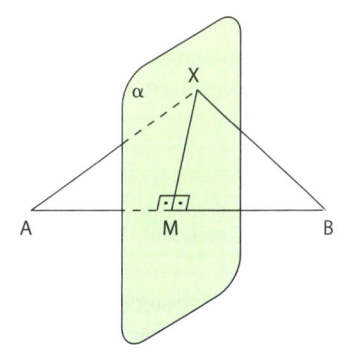

APLICAÇÕES

Demonstração:

Se X = M, temos:

$(X = M, \overline{MA} \equiv \overline{MB}) \Rightarrow \overline{XA} \equiv \overline{XB} \Rightarrow d_{XA} = d_{XB}$

Se X ≠ M, temos:

$(\overline{AM} \equiv \overline{BM}, \widehat{AMX} \equiv \widehat{BMX}, \overline{MX} \text{ comum}) \Rightarrow$
$\Rightarrow \triangle XMA \equiv \triangle XMB \Rightarrow \overline{XA} \equiv \overline{XB} \Rightarrow d_{XA} = d_{XB}$

2ª parte: Só os pontos de α são equidistantes de A e B.

Hipótese   Tese

$(\forall Y), (d_{YA} = d_{YB}) \Rightarrow (Y \in \alpha)$

Demonstração:

Se $Y \in \overline{AB}$, temos:

$(Y \in \overline{AB}, \overline{YA} \equiv \overline{YB}) \Rightarrow Y = M$

$(Y = M, M \in \alpha) \Rightarrow Y \in \alpha.$

Se $Y \notin \overline{AB}$, temos:

$(\overline{YA} \equiv \overline{YB}, \overline{AM} \equiv \overline{BM}, \overline{YM} \text{ comum}) \Rightarrow \triangle YMA \equiv \triangle YMB \Rightarrow$
$\Rightarrow \widehat{YMA} \equiv \widehat{YMB} \Rightarrow \overline{YM} \perp \overline{AB}.$

Sendo $\overline{YM} \perp \overline{AB}$ e α perpendicular a $\overline{AB}$ por M, então $Y \in \alpha$.

Logo, o plano α é o lugar geométrico pedido.

Notas:

a) Plano mediador — definição

Chama-se **plano mediador** de um segmento ao plano perpendicular ao segmento pelo seu ponto médio.

b)

> O lugar geométrico dos pontos equidistantes de dois pontos distintos é o plano mediador do segmento que tem esses pontos por extremidades.

2º) Estabelecer o lugar geométrico dos pontos equidistantes de três pontos A, B e C **não** colineares.

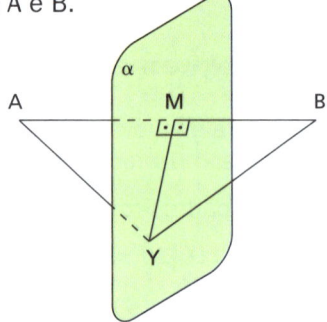

APLICAÇÕES

Solução

Seja α o plano mediador de $\overline{BC}$ e γ o plano mediador de $\overline{AB}$. Como A, B e C não são colineares, então α e γ são secantes. Seja i a interseção de α e γ.

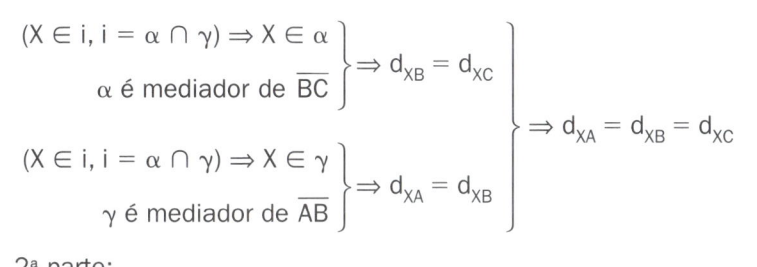

1ª parte:

  Hipótese   Tese

$(\forall X)\ (X \in i) \Rightarrow (d_{XA} = d_{XB} = d_{XC})$

Demonstração:

$$\left.\begin{array}{r}\left.\begin{array}{r}(X \in i,\ i = \alpha \cap \gamma) \Rightarrow X \in \alpha \\ \alpha \text{ é mediador de } \overline{BC}\end{array}\right\} \Rightarrow d_{XB} = d_{XC} \\ \left.\begin{array}{r}(X \in i,\ i = \alpha \cap \gamma) \Rightarrow X \in \gamma \\ \gamma \text{ é mediador de } \overline{AB}\end{array}\right\} \Rightarrow d_{XA} = d_{XB}\end{array}\right\} \Rightarrow d_{XA} = d_{XB} = d_{XC}$$

2ª parte:

  Hipótese   Tese

$(\forall Y),\ (d_{YA} = d_{YB} = d_{YC}) \Rightarrow y \in i$

Demonstração:

$d_{YB} = d_{YC} \Rightarrow Y \in \alpha;\ d_{YA} = d_{YB} \Rightarrow y \in \gamma$

$(Y \in \alpha,\ Y \in \gamma,\ i = \alpha \cap \gamma) \Rightarrow y \in i$

Logo, a reta i é o lugar geométrico procurado.

Observações

1ª) Os pontos da reta i, sendo equidistantes de A e C, estão no plano β mediador de $\overline{AC}$. Então a reta i é a **interseção dos planos mediadores dos lados do triângulo ABC**, isto é, $i = \alpha \cap \beta \cap \gamma$.

2ª) As interseções de α, β e γ com o plano (A, B, C) são as respectivas **mediatrizes** dos lados do triângulo ABC. Essas mediatrizes interceptam-se num ponto chamado **circuncentro** do triângulo.

3ª)

> O lugar geométrico dos pontos equidistantes de três pontos não colineares é a reta perpendicular ao plano do triângulo determinado pelos pontos, conduzida pelo circuncentro desse triângulo.

APLICAÇÕES

68. Determinação da superfície esférica

Existe um único ponto equidistante de quatro pontos A, B, C e D não coplanares.

Solução

1ª parte: Existência

Sejam i_1 e i_2 tais que:

$i_1 \perp$ (A, B, D) pelo circuncentro do $\triangle$ABD

$i_2 \perp$ (B, C, D) pelo circuncentro do $\triangle$BCD

As retas i_1 e i_2 são coplanares, pois estão no plano mediador de $\overline{BD}$, e não são paralelas, pois A, B, C e D não são coplanares. Logo i_1 e i_2 são concorrentes e O é o ponto de concorrência.

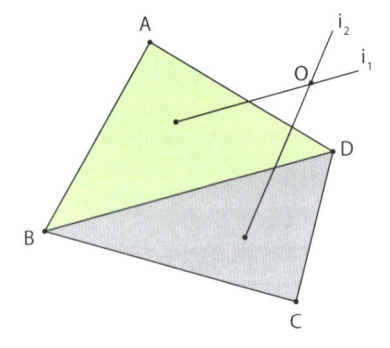

$$\left.\begin{array}{l} O \in i_1 \Rightarrow d_{OA} = d_{OB} = d_{OD} \\ O \in i_2 \Rightarrow d_{OB} = d_{OC} = d_{OD} \end{array}\right\} \Rightarrow$$

$$\Rightarrow d_{OA} = d_{OB} = d_{OC} = d_{OD}$$

Então o ponto O é equidistante de A, B, C e D, isto é, existe pelo menos uma superfície esférica (a de centro O) que passa por A, B, C e D.

2ª parte: Unicidade

Se existe outro ponto O' equidistante de A, B, C e D, temos:

$d_{O'A} = d_{O'B} = d_{O'D} \Rightarrow O' \in i_1$

$d_{O'B} = d_{O'C} = d_{O'D} \Rightarrow O' \in i_2$

$\left(O' \in i_1, O' \in i_2, i_1 \cap i_2 = \{O\}\right) \Rightarrow O' = O$

Logo, a superfície esférica que passa por A, B, C e D é única.

Nota: Outros enunciados para o problema acima: "Quatro pontos não coplanares determinam uma única superfície esférica" ou "Existe uma única superfície esférica circunscrita a um tetraedro".

APLICAÇÕES

EXERCÍCIOS

115. Estabeleça o lugar geométrico dos pontos que veem um segmento $\overline{AB}$, dado, sob ângulo reto.

Solução

Seja Σ o conjunto constituído da superfície esférica de diâmetro $\overline{AB}$ menos os pontos A e B.

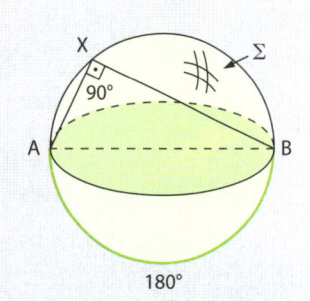

1ª parte:

   Hipótese   Tese
$(\forall X), (X \in \Sigma) \Rightarrow (A\hat{X}B$ é reto$)$

Demonstração:

O plano (X, A, B) determina em Σ uma circunferência de diâmetro $\overline{AB}$, menos os pontos A e B, que contêm X, logo $A\hat{X}B$ é reto.

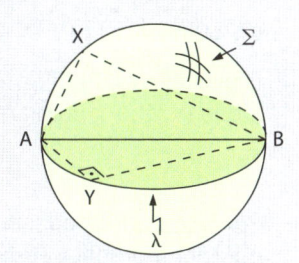

2ª parte:

   Hipótese   Tese
$(\forall Y), (A\hat{Y}B$ é reto$) \Rightarrow Y \in \Sigma$

Demonstração:

O plano (Y, A, B) determina em Σ uma circunferência de diâmetro $\overline{AB}$, menos os pontos A e B, que chamamos de λ, sendo $\lambda \subset \Sigma$.

No plano (Y, A, B), com $A\hat{Y}B$ reto, vem que $Y \in \lambda$.

$(Y \in \lambda, \lambda \subset \Sigma) \Rightarrow Y \in \Sigma$

> Conclusão: O lugar geométrico dos pontos que veem um segmento sob um ângulo reto é a superfície esférica cujo diâmetro é o segmento, menos as extremidades do segmento.

APLICAÇÕES

116. Dados dois pontos distintos O e P, estabeleça o lugar geométrico dos pés das perpendiculares conduzidas por P às retas que passam por O.

Solução

Seja S a superfície esférica de diâmetro $\overline{OP}$:

1ª parte:

   Hipótese   Tese

$(\forall X), (X \in S) \Rightarrow (\overleftrightarrow{OX} \perp \overleftrightarrow{PX})$

Se $X \neq O$ e $X \neq P$, o plano (X, O, P) determina em S uma circunferência λ de diâmetro $\overline{OP}$, à qual X pertence.

$(X \in \lambda, x \neq O, X \neq P) \Rightarrow O\hat{X}P$ é reto $\Rightarrow \overleftrightarrow{OX} \perp \overleftrightarrow{PX}$

2ª parte:

   Hipótese   Tese

$(\forall Y), (\overleftrightarrow{OY} \perp \overleftrightarrow{PY}) \Rightarrow (Y \in S)$

O plano (Y, O, P) determina em S uma circunferência λ de diâmetro $\overline{OP}$. No plano (Y, O, P), com $\overleftrightarrow{OY} \perp \overleftrightarrow{PY}$, vem que $Y \in \lambda$.

$(Y \in \lambda, \lambda \subset S) \Rightarrow Y \in S$

Por O (ou por P) passam infinitas retas perpendiculares à reta $\overleftrightarrow{OP}$; logo, O e P têm a propriedade do lugar.

Conclusão:

O lugar geométrico pedido é a superfície esférica de diâmetro $\overline{OP}$.

117. Dados dois pontos distintos O e P, estabeleça o lugar geométrico dos pés das perpendiculares conduzidas por P aos planos que passam por O.

118. Num plano α, há um feixe de retas concorrentes em O. Fora de α e da perpendicular α por O, há um ponto P. Estabeleça o lugar geométrico dos pés das perpendiculares às retas do feixe, conduzidas por P.

119. Dados uma reta r e um ponto P fora de r, estabeleça o lugar geométrico dos pés das perpendiculares, conduzidas por P, aos planos do feixe que contém r.

LEITURA

Tales, Pitágoras e a Geometria demonstrativa

Hygino H. Domingues

Obviamente é impossível precisar as origens da geometria. Mas essas origens sem dúvida são muito remotas e muito modestas. Nessa longa trajetória, segundo alguns historiadores, a geometria passou por três fases: (a) a fase subconsciente, em que, embora percebendo formas, tamanhos e relações espaciais, graças a uma aptidão natural, o homem não era capaz ainda de estabelecer conexões que lhe proporcionassem resultados gerais; (b) a fase científica, em que, embora empiricamente, o homem já era capaz de formular leis gerais (por exemplo, a razão entre uma circunferência qualquer e seu diâmetro é constante); (c) a fase demonstrativa, inaugurada pelos gregos, em que o homem adquire a capacidade de deduzir resultados gerais mediante raciocínios lógicos.

O primeiro matemático cujo nome se associa à matemática demonstrativa é Tales de Mileto (c. 585 a.C.). Tales teria provado algumas poucas e esparsas proposições, como, por exemplo, "os ângulos da base de um triângulo isósceles são iguais". Mas o aparecimento de cadeias de teoremas, em que cada um se demonstra a partir dos anteriores, parece ter começado com Pitágoras de Samos (c. 532 a.C.) ou na escola pitagórica.

Pitágoras nasceu na ilha de Samos, colônia grega situada na Jônia. Quando jovem viajou pelo Egito, pela Babilônia e, talvez, pela Índia, onde, a par de conhecimento científico, certamente absorveu muito da religião e do misticismo desses lugares. Com cerca de 40 anos de idade, fixou-se em Crotona, também uma colônia grega, mas do sul da Itália, onde fundou sua escola. Esta escola na verdade tinha muito de uma comunidade religiosa, pois era em meio a uma vida comunitária, mística e ascética que se cultivavam a filosofia e a ciência.

Pitágoras.

Os ensinamentos na escola pitagórica eram transmitidos oralmente e sob promessa de segredo (talvez a matemática fugisse a essas normas) e as descobertas acaso realizadas eram atribuídas ao líder — daí não se saber hoje quais as contribuições do próprio Pitágoras e quais as de seus discípulos. De qualquer maneira, não restou nenhum documento original da matemática pitagórica, que, apesar de toda a influência que exerceu, só é conhecida através de fontes indiretas.

Os pitagóricos atribuíam aos números (para eles apenas os elementos de $\mathbb{N}^*$) e às razões entre esses números um papel muito especial. Daí a afirmação de Aristóteles de que para eles os números eram a componente última dos objetos reais e materiais. Essa valorização da ideia de número na concepção do Universo (ditada pela própria experiência), aliada à grande ênfase que davam às investigações teóricas, levou-os a criar a teoria dos números (*aritmética*, como era chamada por eles). Os cálculos práticos, que para os gregos constituíam a *logística*, não interessavam aos pitagóricos.

A limitação das concepções numéricas dos pitagóricos iria aflorar, curiosamente, através do teorema hoje conhecido pelo nome do líder da escola, mas já conhecido muito tempo antes dele: "o quadrado da hipotenusa de um triângulo retângulo é igual à soma dos quadrados de seus catetos". (O grande mérito de Pitágoras, ou de sua escola, estaria em ter provado pela primeira vez esse resultado.)

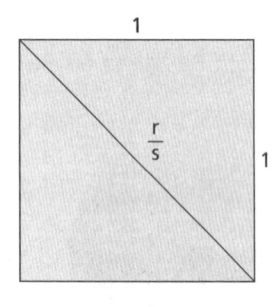

Entendendo que a diagonal de um quadrado de lado unitário deveria ser uma razão numérica $\frac{r}{s}$ (em que $r, s \in \mathbb{N}^*$ e, pode-se supor, mdc(r, s) = 1), os pitagóricos obtiveram $\frac{r^2}{s} = 1^2 + 1^2 = 2$. Daí $r^2 = 2s^2$. Logo, r^2 é par e portanto r também é par, digamos $r = 2t$. Daí $(2t)^2 = 2s^2$, do que resulta $s^2 = 2t^2$ e portanto s é par. Absurdo, pois mdc(r, s) = 1.

A crise gerada por essa contradição levaria a matemática grega a deixar os rumos da aritmética e a trilhar decididamente os da geometria.

CAPÍTULO V
Diedros

I. Definições

69. Diedro

Ângulo diedro ou **diedro** ou **ângulo diédrico** é a reunião de dois semiplanos de mesma origem não contidos num mesmo plano.

A origem comum dos semiplanos é a **aresta** do diedro e os dois semiplanos são suas **faces**.

Assim, α e β são dois semiplanos de mesma origem r, distintos e não opostos.

$$\widehat{\alpha r \beta} = \alpha \cup \beta$$

Indica-se também o diedro $\widehat{\alpha r \beta}$ por:

$\alpha r \beta, \widehat{\alpha \beta}, \alpha \beta, \text{di}(\alpha r \beta), \text{di}(\widehat{\alpha r \beta}), \text{di}(r)$.

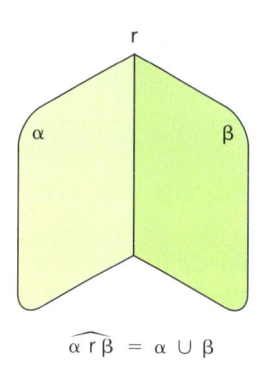

DIEDROS

70. Interior e exterior de um diedro

Dados dois semiplanos $r\alpha$ e $r\beta$ de mesma origem, distintos e não opostos, consideremos os **semiespaços** abertos (que não contêm as respectivas origens) $\mathcal{E}_1$, $\mathcal{E}'_1$, $\mathcal{E}_2$, $\mathcal{E}'_2$, como segue:

$\mathcal{E}_1$, com origem no plano de $r\alpha$ e contendo $r\beta$;
$\mathcal{E}'_1$, oposto a $\mathcal{E}_1$;
$\mathcal{E}_2$, com origem no plano de $r\beta$ e contendo $r\alpha$;
$\mathcal{E}'_2$, oposto a $\mathcal{E}_2$.

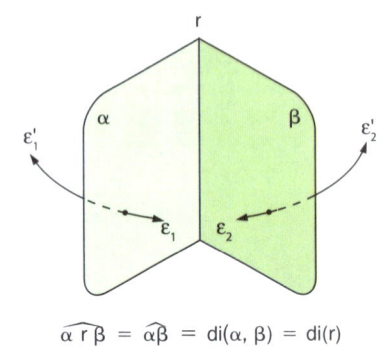

$\widehat{\alpha\, r\, \beta} = \widehat{\alpha\beta} = di(\alpha, \beta) = di(r)$

1º) Interior

Chama-se **interior** do diedro $\widehat{\alpha\beta}$ à interseção de $\mathcal{E}_1$ com $\mathcal{E}_2$.

Interior de $\widehat{\alpha\beta} = \mathcal{E}_1 \cap \mathcal{E}_2$.

O interior de um diedro é convexo.
Os pontos do interior de um diedro são pontos **internos** ao diedro.
A reunião de um diedro com seu interior é um **setor diedral** ou **diedro completo**, também conhecido por **diedro convexo**.

2º) Exterior

Chama-se exterior do diedro $\widehat{\alpha\beta}$ à reunião de $\mathcal{E}'_1$ e $\mathcal{E}'_2$.

Exterior de $\widehat{\alpha\beta} = \mathcal{E}'_1 \cup \mathcal{E}'_2$.

O exterior de um diedro é côncavo.
Os pontos do exterior de um diedro são pontos **externos** ao diedro.
A reunião de um diedro com seu exterior é também conhecida por **diedro côncavo**.

71. Diedro nulo e diedro raso

Pode-se estender o conceito de diedro para se ter o **diedro nulo** (cujas faces são coincidentes) ou o **diedro raso** (cujas faces são semiplanos opostos).

II. Seções

72. Seção de um diedro

Seção de um diedro é a interseção do diedro com um plano secante à aresta.

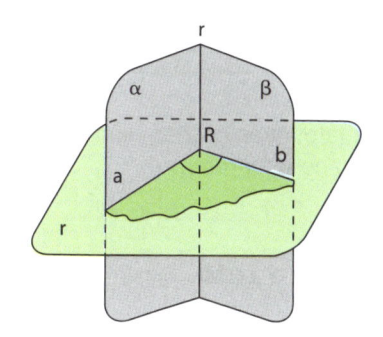

Uma seção de um diedro é um ângulo plano.

Na figura, $a\widehat{R}b$ ou $\widehat{ab}$ é seção de $\widehat{\alpha r \beta}$.

73. Propriedade

> Duas seções paralelas de um diedro são congruentes.

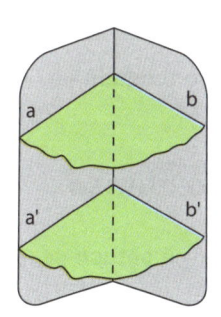

De fato, as seções são dois ângulos de lados com sentidos respectivamente concordantes, e então elas são congruentes.

74. Seção reta ou seção normal

Seção reta ou **seção normal** de um diedro é uma seção cujo plano é perpendicular à aresta do diedro.

Se $\widehat{xy}$ é seção reta do diedro de aresta r, então o plano (xy) é perpendicular a r, isto é, $x \perp r$ e $y \perp r$.

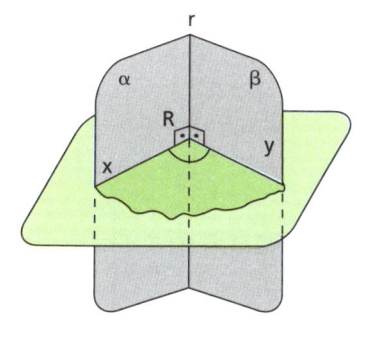

Na figura, $x\widehat{R}y$ ou $\widehat{xy}$ é seção reta ou normal de $\widehat{\alpha r \beta}$.

75. Propriedade

> Seções normais de um mesmo diedro são congruentes.

De fato, duas seções normais de um mesmo diedro são seções paralelas e, portanto, são congruentes.

76. Diedro reto

Um diedro é **reto** se, e somente se, sua seção normal é um **ângulo reto**.

77. Diedro agudo

Um diedro é **agudo** se, e somente se, sua seção normal é um **ângulo agudo**.

78. Diedro obtuso

Um diedro é **obtuso** se, e somente se, sua seção normal é um **ângulo obtuso**.

79. Diedros adjacentes

Dois diedros são **adjacentes** se, e somente se, as seções normais são **ângulos adjacentes**.

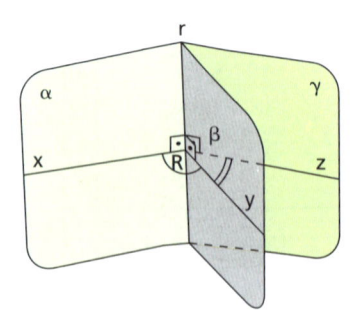

Num plano perpendicular a r, temos:

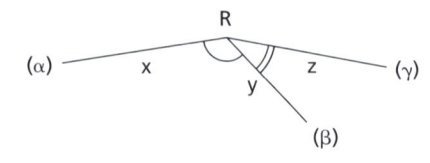

80. Diedros opostos pela aresta

Dois diedros são **opostos pela aresta** se, e somente se, as seções normais são **ângulos opostos pelo vértice**.

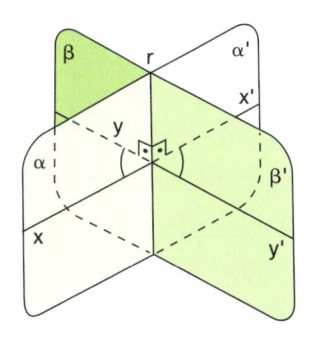

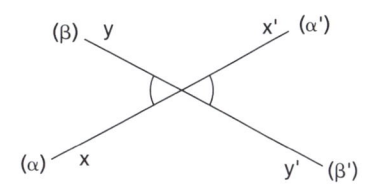

α r β e α'r'β são diedros opostos pela aresta, pois as seções normais $\widehat{xy}$ e $\widehat{x'y'}$ são opostas pelo vértice.

III. Diedros congruentes — Bissetor — Medida

81. Congruência

Definição

Dois diedros são congruentes se, e somente se, uma seção normal de um é congruente a uma seção normal do outro.

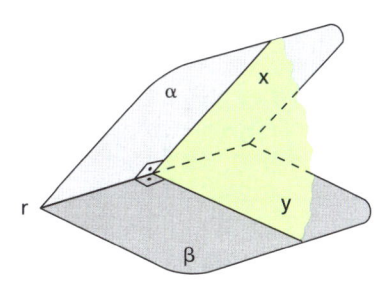

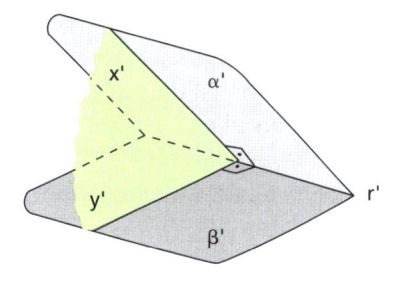

Se $\widehat{xy}$ e $\widehat{x'y'}$ são as respectivas seções retas dos diedros α r β e α' r' β', temos:

α r β = α' r' β' $\Leftrightarrow$ $\widehat{xy}$ ≡ $\widehat{x'y'}$.

DIEDROS

82. Bissetor de um diedro

Um semiplano é **bissetor** de um diedro se, e somente se, ele possui origem na aresta do diedro e o divide em dois diedros adjacentes e congruentes.

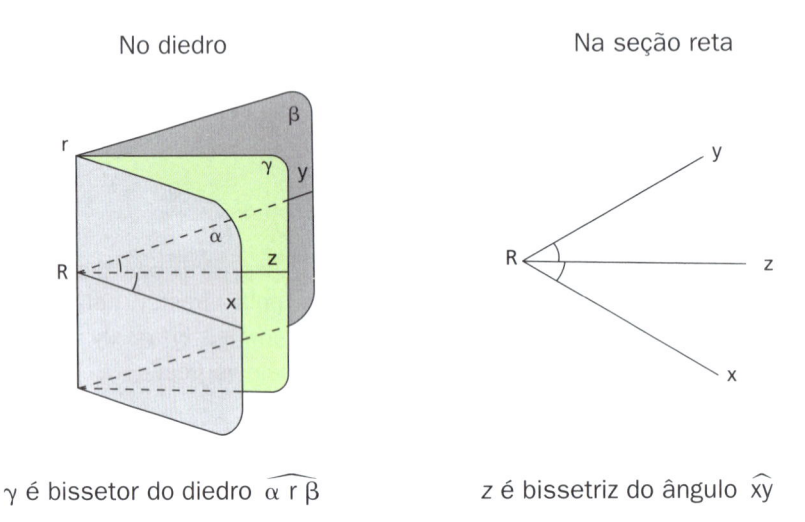

No diedro

Na seção reta

γ é bissetor do diedro $\widehat{\alpha\,r\,\beta}$

z é bissetriz do ângulo $\widehat{xy}$

83. Medida de um diedro

Usando analogia com ângulo plano podemos:

• definir **soma** de diedros; teremos:

"A seção normal do diedro soma (ou diferença) de dois diedros é congruente à soma (ou diferença) das seções normais dos diedros considerados".

• definir **desigualdade** entre diedros; teremos:

"Se um diedro e maior (ou menor) que outro, a seção reta do primeiro é maior (ou menor) que a seção reta do segundo e reciprocamente".

Como a **congruência** entre dois diedros é dada pela congruência de suas seções retas; a seção reta do diedro **soma** é a soma das seções retas dos diedros parcelas; a **desigualdade** entre dois diedros é dada pela desigualdade entre suas seções retas, podemos provar que "todo diedro é proporcional à respectiva seção reta" e daí sai que:

"A medida de um diedro é a medida de sua seção reta".

Assim, um diedro de 30° é um diedro cuja seção normal mede 30°.

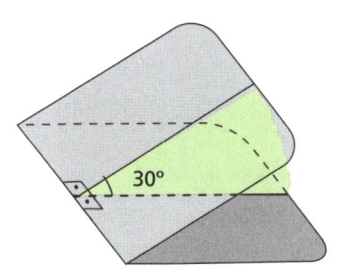

diedro de 30°

Um diedro reto mede 90°, pois sua seção normal é um ângulo reto.

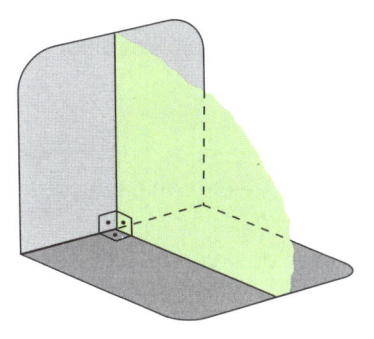

diedro reto

84. Diedros complementares — diedros suplementares

Dois diedros são complementares se, e somente se, suas seções normais forem complementares (ou a soma de suas medidas for 90°).

Dois diedros são suplementares se, e somente se, a soma de suas medidas for 180° (ou suas seções normais são suplementares).

EXERCÍCIOS

120. Construa o plano bissetor de um diedro dado.

> **Solução**
>
> 1) Conduzimos uma seção reta $\widehat{xy}$ do di (α r β) dado.
> 2) Construímos a bissetriz z de $\widehat{xy}$.
> 3) z e r determinam o plano bissetor do di (α r β).

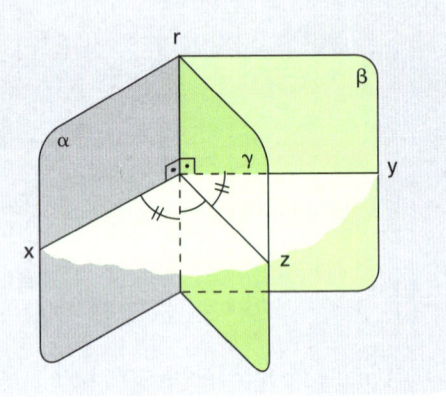

121. Prove que, se dois semiplanos são bissetores de dois diedros adjacentes e suplementares, então eles formam um diedro reto.

> **Solução**
>
> Sendo α r β e β r γ os diedros, α' e β' os respectivos bissetores, num plano perpendicular a r (que determina seções retas nos diedros), temos a situação da figura abaixo.
>
> Sendo a e b as medidas dos diedros indicados, vem:
>
> No espaço   Na seção reta
>
> $a + a + b + b = 180° \Rightarrow a + b = 90° \Rightarrow$ di ($\alpha'\beta'$) é reto.

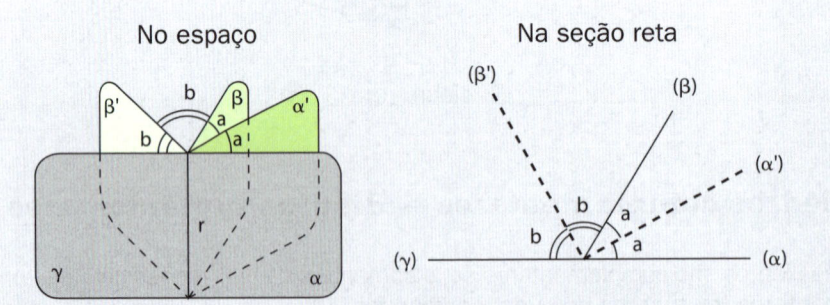

122. Que relação existe entre a medida de um diedro e a medida do ângulo determinado por duas semirretas de mesma origem respectivamente perpendiculares às faces do diedro?

Solução

Sejam: αβ o diedro, Pa a semirreta perpendicular a α, Pb a semirreta perpendicular a β, x a medida do diedro e y a medida do ângulo aPb.

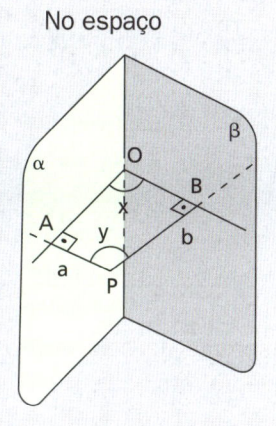

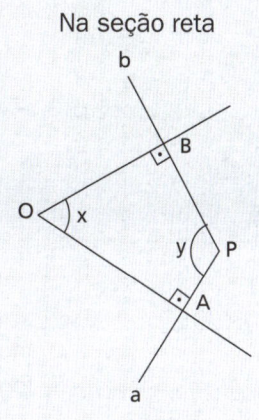

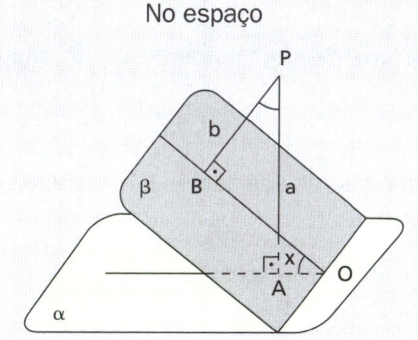

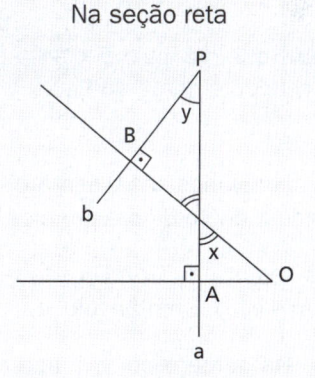

No espaço   Na seção reta

No espaço   Na seção reta

No plano (ab), que determina seção normal no diedro, temos as situações das figuras acima (dentre outras possíveis) e daí concluímos que:
x = y ou x + y = 180°

DIEDROS

123. Um diedro mede 100°. Quanto mede o ângulo que uma reta perpendicular a uma das faces do diedro forma com o bissetor dele?

Solução

Sejam αβ o diedro, γ seu bissetor e a reta r, perpendicular a α.

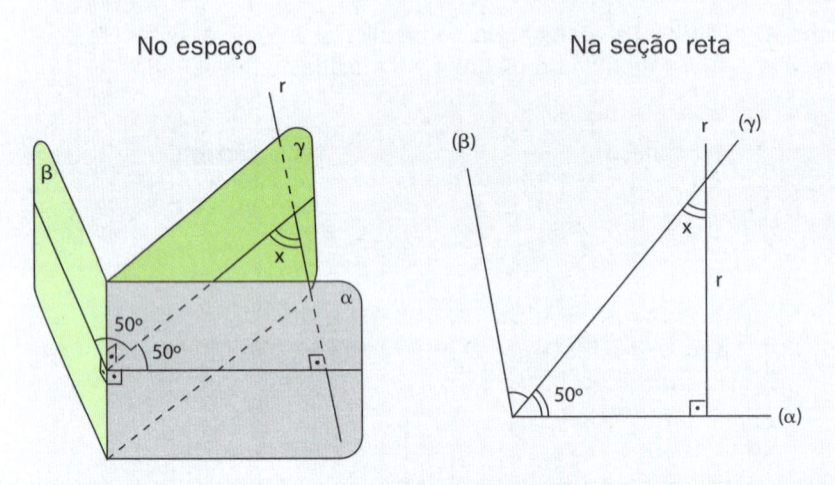

No espaço   Na seção reta

Os diedros αγ e γβ medem 50° cada um.

Na seção reta que passa por r temos a situação da figura acima à direita.

Sendo x a medida do ângulo pedido, temos:

x + 50° = 90° ⇒ x = 40°

Nota-se que o ângulo pedido é o complemento da metade do diedro dado independentemente da figura.

124. Dois semiplanos são bissetores de dois diedros adjacentes e complementares. Quando mede o diedro por eles formado?

125. Duas semirretas Or e Os são respectivamente perpendiculares às faces α e β de um diedro. Se o ângulo $r\hat{O}s$ mede 50°, quanto mede o diedro αβ?

126. Uma reta perpendicular a uma face de um diedro forma um ângulo de 50° com o bissetor desse diedro. Quanto mede o diedro?

127. Prove que dois diedros opostos pela aresta são congruentes.

128. Dois diedros têm faces respectivamente paralelas. Conhecendo a medida a de um deles, qual será a medida do outro?

129. Um diedro mede 120°. De um ponto situado no seu plano bissetor, a 12 cm da aresta, traçam-se perpendiculares às duas faces e dos pés dessas perpendiculares traçam-se perpendiculares à aresta do diedro. Calcule o perímetro do quadrilátero assim formado.

Solução

Sendo PB = 12 cm, temos:

1) $\text{sen } 60° = \dfrac{PA}{PB} \Rightarrow$

$\Rightarrow \dfrac{\sqrt{3}}{2} = \dfrac{PA}{12} \Rightarrow$

$\Rightarrow PA = 6\sqrt{3}$

2) $\cos 60° = \dfrac{AB}{PB} \Rightarrow$

$\Rightarrow \dfrac{1}{2} = \dfrac{AB}{12} \Rightarrow AB = 6$

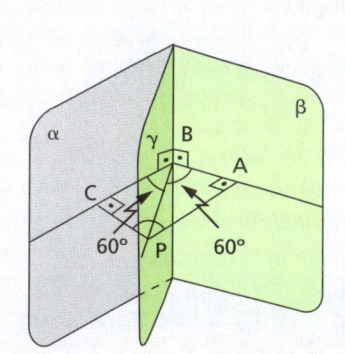

Da mesma maneira, BC = 6 cm e PC = $6\sqrt{3}$ cm.

Portanto, o perímetro do quadrilátero PABC vale:

PA + AB + BC + CP = $6\sqrt{3} + 6 + 6\sqrt{3} + 6$
Isto é:

$(12\sqrt{3} + 12)$ cm ou $12(\sqrt{3} + 1)$ cm.

Resposta: $12(\sqrt{3} + 1)$ cm.

130. Um diedro mede 120°. Um ponto P do plano bissetor desse diedro dista 10 cm da aresta do diedro. Calcule a distância de P às faces do diedro.

131. A distância de um ponto M, interior a um diedro, às suas faces é de 5 cm. Encontre a distância do ponto M à aresta do diedro se o ângulo formado pelas perpendiculares às faces é de 120°.

132. Um ponto M dista 12 cm de uma face de um diedro reto, e 16 cm de outra face. Encontre a distância desse ponto à aresta do diedro.

133. Um ponto M de uma face de um diedro dista 15 cm da outra face. Encontre a distância de M à aresta do diedro, sabendo que a medida do diedro é de 60°.

DIEDROS

134. Calcule o comprimento de um segmento $\overline{AB}$ do interior de um diedro reto com A e B nas faces, sabendo que as projeções ortogonais $\overline{AD}$ e $\overline{BC}$ desse segmento sobre as faces medem respectivamente 21 cm e 25 cm e que a medida de $\overline{CD}$ é 15 cm.

Solução

Na figura ao lado, temos:

AD = 21 cm, BC = 25 cm, e

CD = 15 cm.

Os triângulos ACD e BDC são retângulos.

Aplicando Pitágoras no △BDC, temos:

$BD^2 + CD^2 = BC^2 \Rightarrow BD^2 + 15^2 = 25^2 \Rightarrow BD = 20$ cm.

Sendo di($\alpha\beta$) = 90°, o △ADB e o △ACB são retângulos, portanto:

$AD^2 + BD^2 = AB^2 \Rightarrow 21^2 + 20^2 = AB^2 \Rightarrow AB = 29$.

Resposta: 29 cm.

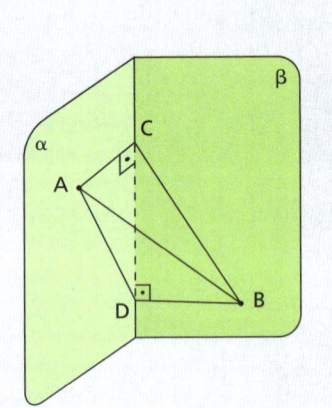

135. Um segmento $\overline{AB}$ de 75 cm tem as extremidades nas faces de um diedro reto. Sendo $\overline{AD}$ e $\overline{BC}$ as respectivas projeções de $\overline{AB}$ sobre as faces do diedro, a medida de $\overline{AC}$ igual a 50 cm e a de $\overline{BD}$ igual a 55 cm, calcule a medida do segmento $\overline{CD}$.

136. Seja um diedro $\alpha\beta$. As distâncias de dois pontos de α ao plano β são respectivamente 9 cm e 12 cm. A distância do segundo ponto à aresta do diedro é 20 cm. Encontre a distância do primeiro ponto à aresta do diedro.

137. Um plano α passa pela hipotenusa $\overline{AB}$ de um triângulo retângulo ABC; α forma um diedro de 60° com o plano do triângulo ABC. Encontre a distância do vértice C do triângulo ao plano α, sabendo que os lados $\overline{AC}$ e $\overline{BC}$ medem respectivamente 6 cm e 8 cm.

138. Um diedro mede 120°. A distância de um ponto interior P às suas faces é de 10 cm. Ache a distância entre os pés das perpendiculares às faces conduzidas por P.

139. ABC e DBC são dois triângulos equiláteros que têm um lado comum $\overline{BC}$, e cujos planos formam um diedro de 120°. Sabendo que o lado desses triângulos tem medidas iguais a *m*, calcule o segmento $\overline{AD}$ e a distância do ponto D ao plano ABC.

140. Classifique em verdadeiro (V) ou falso (F):

a) Os planos bissetores de dois diedros adjacentes suplementares são perpendiculares.

b) Os planos bissetores de dois diedros opostos pela aresta estão num mesmo plano.

c) Se um plano é perpendicular a uma das faces de um diedro, então será obrigatoriamente perpendicular à outra face.

d) Se os planos bissetores de dois diedros adjacentes formam um ângulo de 26°, então a soma das medidas dos dois diedros vale 90°.

e) Se um plano é perpendicular à aresta de um diedro, então será perpendicular às faces do diedro.

141. Classifique em verdadeiro (V) ou falso (F):

a) Dois planos perpendiculares determinam quatro diedros retos.

b) Dois diedros opostos pela aresta são congruentes.

c) Dois diedros congruentes são opostos pela aresta.

d) Duas seções paralelas de um mesmo diedro são congruentes.

e) Duas seções congruentes de um mesmo diedro são paralelas.

f) Duas seções normais de um diedro são congruentes.

g) Toda seção de um diedro reto é um ângulo reto.

h) Um diedro reto pode ter uma seção que é um ângulo reto.

i) Dois planos secantes determinam quatro diedros.

j) Se um diedro é reto, suas faces estão contidas em planos perpendiculares entre si.

142. Classifique em verdadeiro (V) ou falso (F):

a) A soma de todos os diedros consecutivos formados em torno de uma mesma aresta vale 4 retos.

b) Por um ponto qualquer da aresta de um diedro, considerando-se em cada face a semirreta perpendicular à aresta, obtém-se uma seção reta do diedro.

c) Se a = 90° e b = 30° são as medidas de dois diedros adjacentes, o ângulo formado pelos bissetores desses diedros mede 60°.

d) Se dois diedros adjacentes são complementares, os seus bissetores formam um diedro de 45°.

e) O lugar geométrico dos centros das esferas tangentes às faces de um diedro é o bissetor do diedro.

f) O lugar geométrico dos pontos do espaço equidistantes das faces de um diedro é o bissetor desse diedro.

DIEDROS

IV. Seções igualmente inclinadas — Congruência de diedros

85. Seções igualmente inclinadas ou seções de lados igualmente inclinados

Definição

Duas seções de dois diedros (distintos ou não) são chamadas **seções igualmente inclinadas** (seções ii), se, e somente se, os lados de uma formam com uma mesma semirreta da aresta correspondente ângulos ordenadamente congruentes aos ângulos que os lados da outra formam com uma mesma semirreta da aresta correspondente a essa outra.

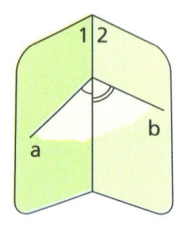

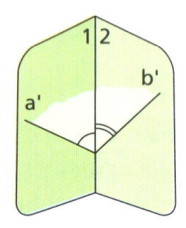

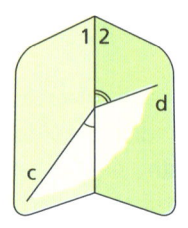

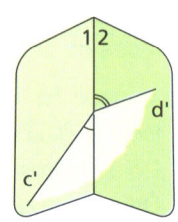

Nas figuras acima

$\widehat{ab}$ e $\widehat{a'b'}$ são seções igualmente inclinadas

$\widehat{cd}$ e $\widehat{c'd'}$ são seções igualmente inclinadas

Notemos que as seções $\widehat{ab}$ e $\widehat{cd}$, $\widehat{a'b'}$ e $\widehat{cd}$, $\widehat{ab}$ e $\widehat{c'd'}$, $\widehat{a'b'}$ e $\widehat{c'd'}$ não são igualmente inclinadas.

86. Teorema

> Se dois diedros são congruentes, então eles apresentam seções igualmente inclinadas congruentes.

Notação:

$\alpha\beta$, $\alpha'\beta'$ — diedros

$\widehat{ab}$, $\widehat{a'b'}$ — seções igualmente inclinadas

$\widehat{xy}$, $\widehat{x'y'}$ — seções retas

$$\begin{array}{cc} \text{Hipótese} & \text{Tese} \\ \left(\alpha\beta \equiv \alpha'\beta' \text{ ou } \widehat{xy} \equiv \widehat{x'y'}\right) & \Rightarrow \quad \widehat{ab} \equiv \widehat{a'b'} \end{array}$$

Demonstração:

1º caso: Os lados das seções ii formam ângulos agudos (os quatro) ou obtusos (os quatro) com uma mesma semirreta da aresta correspondente. (Vide $\widehat{ab}$ e $\widehat{a'b'}$ na figura.)

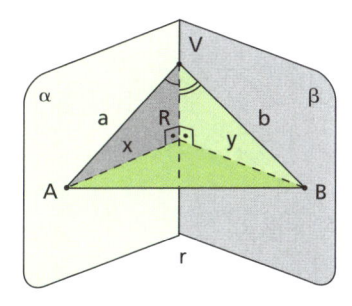

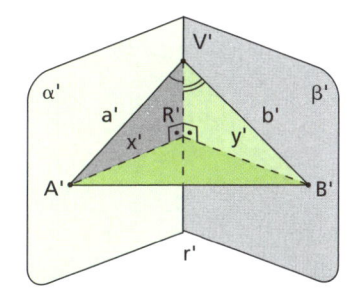

1) Consideremos em *r* e *r'* (arestas dos diedros), respectivamente, R e R' tais que $\overline{VR} \equiv \overline{V'R'}$ (V e V' são vértices das seções igualmente inclinadas e R ≠ V).

2) Por R e R' consideremos as secções retas $\widehat{xy}$ e $\widehat{x'y'}$ que determinam A ∈ a, B ∈ b, A' ∈ a' e B' ∈ b'.

3) Chegamos à tese pela sequência de quatro congruências de triângulos, como segue:

△VRA ≡ △V'R'A' (caso ALA)

△VRB ≡ △V'R'B' (caso ALA)

△ARB ≡ △A'R'B' (caso LAL — note que $\widehat{xy} \equiv \widehat{x'y'}$ por hipótese)

△AVB ≡ △A'V'B' (caso LLL).

Dessa última congruência vem:

$\widehat{AVB} \equiv \widehat{A'V'B'} \Rightarrow \widehat{ab} \equiv \widehat{a'b'}$.

DIEDROS

2º caso: Dois lados, um de cada seção, formam ângulos agudos com uma das semirretas da aresta correspondente e os outros dois formam ângulos obtusos (ou retos) com a mesma semirreta da aresta correspondente. (Vide $\widehat{ab}$ e $\widehat{a'b'}$ na figura.)

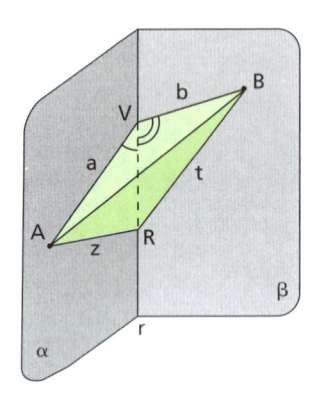

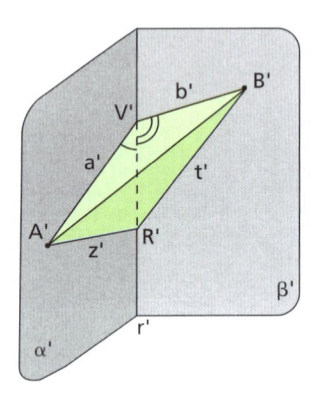

1) Consideremos em r e r', respectivamente, R e R' tais que:

$\overline{VR} \equiv \overline{V'R'}$ com $R \neq V$.

2) Artifício: consideremos as retas z e t por R, e z' e t' por R', que interceptam, respectivamente, a e b, e a' e b' nos pontos A e B, e A' e B', de forma que:

$\widehat{ARV} \equiv \widehat{A'R'V'}$ (agudos) e $\widehat{BRV} \equiv \widehat{B'R'V'}$ (agudos).

3) Chegamos à tese pela sequência de quatro congruências de triângulos, como segue:

△VRA ≡ △V'R'A' (caso ALA)
△VRB ≡ △V'R'B' (caso ALA)
△ARB ≡ △A'R'B' (caso LAL — note que aplicamos o primeiro caso $\widehat{ARB} \equiv \widehat{A'R'B'}$)
△AVB ≡ △A'V'B' (caso LLL)

Dessa última congruência vem:

$\widehat{AVB} \equiv \widehat{A'V'B'} \Rightarrow \widehat{ab} \equiv \widehat{a'b'}$.

DIEDROS

87. Teorema — recíproco do anterior

> Se dois diedros apresentam seções igualmente inclinadas congruentes, então eles são congruentes.

Usando as mesmas notações e figuras do teorema anterior, temos:

Hipótese $\qquad\qquad$ Tese

$$\begin{pmatrix} \widehat{ab} \equiv \widehat{a'b'} \\ \widehat{ab} \text{ e } \widehat{a'b'} \text{ são seções ii} \end{pmatrix} \Rightarrow \left(\widehat{xy} \equiv \widehat{x'y'} \text{ ou } \alpha\beta \equiv \alpha'\beta'\right)$$

Demonstração:

1º caso: Usando as mesmas construções para obter V, V', R, R', A, A', B e B', chegamos à tese pela sequência de quatro congruências de triângulos, como segue:

$\triangle$VRA $\equiv$ $\triangle$V'R'A' (caso ALA)
$\triangle$VRB $\equiv$ $\triangle$V'R'B' (caso ALA)
$\triangle$AVB $\equiv$ $\triangle$A'V'B' (caso LAL — usando a hipótese)
$\triangle$ARB $\equiv$ $\triangle$A'R'B' (caso LLL)

Dessa última congruência vem: $\widehat{ARB} \equiv \widehat{A'R'B'}$.

$\widehat{ARB} \equiv \widehat{A'R'B'} \Rightarrow \widehat{xy} \equiv \widehat{x'y'} \Rightarrow \widehat{\alpha\beta} \equiv \widehat{\alpha'\beta'}$

2º caso: Usando as mesmas construções para obter V, V', R, R' e o mesmo artifício para obter A, A', B, B' usados no 2º caso do teorema anterior, chegamos à tese pela sequência de quatro congruências de triângulos, como segue:

$\triangle$VRA $\equiv$ $\triangle$V'R'A' (caso ALA)
$\triangle$VRB $\equiv$ $\triangle$V'R'B' (caso ALA)
$\triangle$AVB $\equiv$ $\triangle$A'V'B' (caso LAL — usando a hipótese)
$\triangle$ARB $\equiv$ $\triangle$A'R'B' (caso LLL)

Dessa última congruência vem: $\widehat{ARB} \equiv \widehat{A'R'B'}$.

Sendo $\widehat{ARB}$ e $\widehat{A'R'B'}$ agudos, conforme artifício, e congruentes, recaímos no 1º caso. Daí sai a tese.

DIEDROS

88. Condição necessária e suficiente

Resumindo os dois teoremas acima, temos:

> Uma condição necessária e suficiente para dois diedros serem congruentes é possuírem seções igualmente inclinadas congruentes.

EXERCÍCIOS

143. Dados os pontos A e B, um em cada face de um diedro e nenhum na aresta, conduza por $\overline{AB}$ um plano que determina no diedro uma seção que é um ângulo reto.

Solução

a) Construção:

Seja o diedro di(α r β), A $\in$ α e B $\in$ β, M o ponto médio de $\overline{AB}$ e γ o plano determinado por M e r.

No plano γ, com centro em M, conduzimos uma circunferência de diâmetro congruente a $\overline{AB}$.

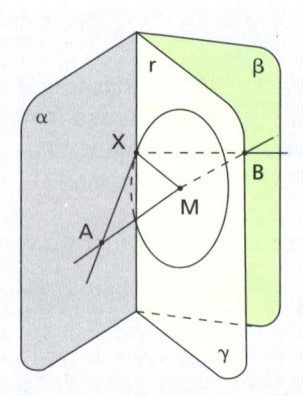

O ponto X, interseção da circunferência com r, determina com A e B o plano pedido.

O problema pode ter duas, uma ou nenhuma solução conforme posição relativa de r e da circunferência.

b) Prova de que $\widehat{AXB}$ é reto:

No triângulo AXB, a mediana $\overline{XM}$ é metade de $\overline{AB}$, o que implica que o triângulo é retângulo em X. Logo $\widehat{AXB}$ é reto.

144. Dois triângulos isósceles congruentes ACD e BCD têm a base $\overline{CD}$ comum. Seus planos α e β são perpendiculares. Sendo M o ponto médio de $\overline{AB}$, N o ponto médio de $\overline{CD}$, CD = 2x, e designando os lados congruentes dos triângulos por *a*:

a) demonstre que $\overline{MN}$ é perpendicular a $\overline{AB}$ e $\overline{CD}$;

b) calcule, em função de *m* e *x*, os comprimentos de $\overline{AB}$ e $\overline{MN}$;

c) para que valores de *x* o diedro de faces CAB e DAB é um diedro reto?

Solução

a) O triângulo ABN é retângulo isósceles, pois $\overline{AN} \equiv \overline{BN}$ (medianas de dois triângulos congruentes).

$\widehat{ANB}$ é a seção reta do diedro, portanto $\widehat{ANB} \equiv 90°$.

$\left.\begin{array}{l}\overline{DC} \perp \overline{NB} \\ \overline{DC} \perp \overline{NA}\end{array}\right\} \Rightarrow \overline{DC} \perp (ABN) \Rightarrow$
$\Rightarrow \overline{CD} \perp \overline{MN}$

Daí concluímos que $\overline{NM}$ é perpendicular a $\overline{AB}$.

b) Cálculo de $\overline{AB}$ e $\overline{MN}$:

AB = 2MN, pois o triângulo ABN é retângulo isósceles.

$AB = AN\sqrt{2} \Rightarrow AB = \sqrt{2(a^2 - x^2)}$ $MN = \dfrac{AB}{2} \Rightarrow MN = \dfrac{\sqrt{2(a^2 - x^2)}}{2}$

c) Cálculo de *x*:

Os triângulos ACB e ADB são também isósceles, de base comum $\overline{AB}$.

Para que a seção reta do novo diedro seja um ângulo reto, é necessário que $\widehat{CMD} = 90°$, o que ocorre se $\overline{MN} = \dfrac{\overline{CD}}{2}$; portanto:

$\dfrac{\sqrt{2(a^2 - x^2)}}{2} = x \Rightarrow 2(a^2 - x^2) = 4x^2 \Rightarrow x = \dfrac{a\sqrt{3}}{3}$.

145. Uma condição necessária e suficiente para que uma reta, não coplanar com a aresta de um diedro, forme ângulos congruentes com as faces do diedro e intercepte essas faces em pontos equidistantes da aresta.

DIEDROS

146. Estabeleça o lugar geométrico dos pontos equidistantes de dois planos secantes.

Solução

Dados: α e β secantes em r ($\alpha \cap \beta = r$).
Consideremos a reunião de dois planos γ e γ' dos semiplanos (quatro) bissetores dos diedros determinados por α e β.
Seja $\Sigma = \gamma \cup \gamma'$.
Provemos que Σ é o lugar geométrico.

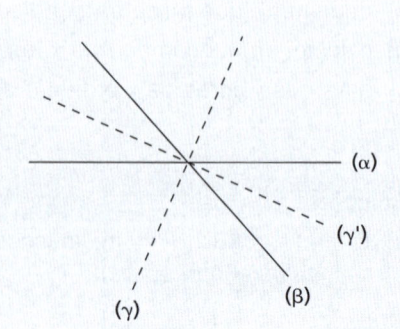

1ª parte

   Hipótese   Tese

$(\forall X), X \in \Sigma \Rightarrow d_{X, \alpha} = d_{X, \beta}$

$x \in \Sigma \Rightarrow (x \in \gamma$ ou $x \in \gamma')$

Demonstração:

Se $X \in r$, distâncias nulas, então:
$d_{XA} = d_{XB}$ (ou $d_{X, \alpha} = d_{X, \beta}$).

Se $X \notin r$, (XAB) determina seções retas nos diedros determinados por α e β.

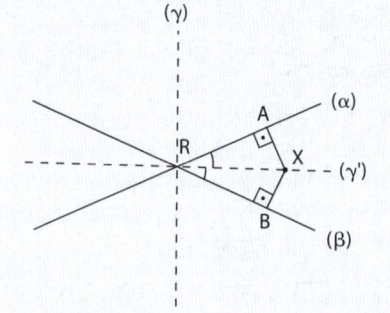

Em (XAB) temos: $(X \in \gamma$ ou $X \in \gamma') \Rightarrow X$ pertence à bissetriz de $\widehat{ARB} \Rightarrow$
$\Rightarrow d_{XA} = d_{XB}$ (ou $d_{X, \alpha} = d_{X, \beta}$).

2ª parte

   Hipótese   Tese

$(\forall Y), (d_{YA'} = d_{YB'}) \Rightarrow Y \in \Sigma$

Demonstração:

Sendo $d_{YA'} = d_{Y, \alpha}$, $d_{YB'} = d_{Y\beta}$, o plano (Y, A', B') determina seções retas A'R'B' nos diedros determinados por α e β.

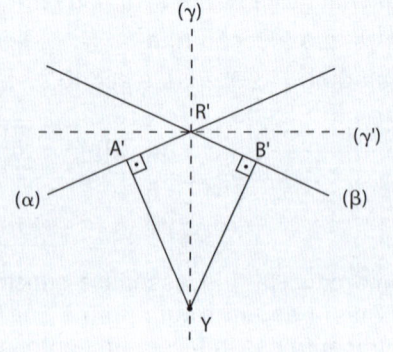

Em (Y, A', B') temos:

$d_{YA'} = d_{YB'} \Rightarrow$ Y pertence à bissetriz de $\widehat{A'R'B'} \Rightarrow y \in \gamma$ ou $y \in \gamma' \Rightarrow y \in \Sigma$.

Conclusão: "O lugar geométrico dos pontos equidistantes de dois planos secantes é a reunião dos quatro semiplanos bissetores dos diedros determinados por esses planos".

147. Estabeleça o lugar geométrico dos pontos equidistantes de três planos dois a dois secantes segundo três retas distintas.

Solução

Dados δ, γ, σ.
Sejam α e α' os planos dos bissetores dos diedros determinados por γ e δ e sejam β e β' os planos dos bissetores dos diedros determinados por δ e σ.

δ, γ e σ dois a dois secantes $\Rightarrow$
$\Rightarrow \exists i_1, i_2, i_3, i_4 \mid i_1 = \alpha \cap \beta; i_2 =$
$= \alpha \cap \beta'; i_3 = \alpha' \cap \beta; i_4 = \alpha' \cap \beta'$.
Consideremos $\Sigma = i_1 \cup i_2 \cup i_3 \cup i_4$.
Provemos que Σ é o lugar geométrico.

1ª parte
Hipótese   Tese
$X \in \Sigma \Rightarrow d_{X, \gamma} = d_{X, \delta} = d_{X, \sigma}$

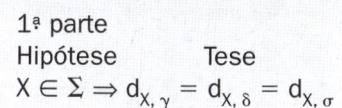

Demonstração:

$X \in \Sigma \Rightarrow \begin{cases} X \in \alpha \text{ ou } X \in \alpha' \Rightarrow d_{X, \delta} = d_{X, \gamma} \\ X \in \beta \text{ ou } X \in \beta' \Rightarrow d_{X, \delta} = d_{X, \sigma} \end{cases} \Rightarrow$ Tese

2ª parte
 Hipótese   Tese
$d_{Y, \delta} = d_{Y, \gamma} = d_{Y, \sigma} \Rightarrow Y \in \Sigma$

Hipótese $\Rightarrow \begin{cases} d_{Y, \delta} = d_{Y, \gamma} \Rightarrow Y \in \alpha \text{ ou } Y \in \alpha' \\ d_{Y, \delta} = d_{Y, \sigma} \Rightarrow Y \in \beta \text{ ou } Y \in \beta' \end{cases} \Rightarrow Y \in \Sigma$

Conclusão: $\Sigma = i_1 \cup i_2 \cup i_3 \cup i_4$ é o lugar geométrico procurado.

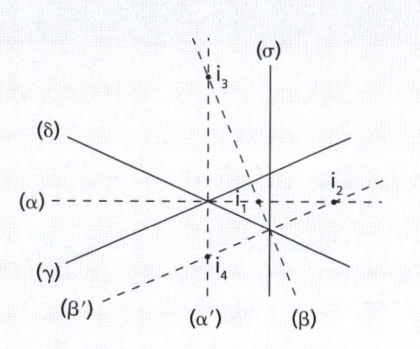

CAPÍTULO VI
Triedros

I. Conceito e elementos

89. Definição

Dadas três semirretas V_a, V_b, V_c, de mesma origem V, não coplanares, consideremos os semiespaços $\mathcal{E}_1$, $\mathcal{E}_2$ e $\mathcal{E}_3$, como segue:

$\mathcal{E}_1$, com origem no plano (bc) e contendo V_a;

$\mathcal{E}_2$, com origem no plano (ac) e contendo V_b;

$\mathcal{E}_3$, com origem no plano (ab) e contendo V_c.

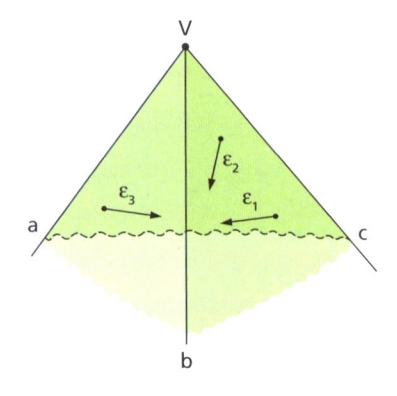

Triedro determinado por V_a, V_b e V_c é a interseção dos semiespaços $\mathcal{E}_1$, $\mathcal{E}_2$ e $\mathcal{E}_3$.

$$V(a, b, c) = \mathcal{E}_1 \cap \mathcal{E}_2 \cap \mathcal{E}_3$$

Sob uma outra orientação, o ente definido acima é chamado **setor triedral** ou **ângulo sólido de três arestas.** Segundo essa orientação, o triedro é a reunião dos três setores angulares definidos por V_a, V_b e V_c.

90. Elementos

V é o vértice;

V_a, V_b, V_c são as arestas;

$\widehat{aVb}$, $\widehat{aVc}$ e $\widehat{bVc}$ ou $\widehat{ab}$, $\widehat{ac}$ e $\widehat{bc}$ são as faces ou ângulos de face.

di(a), di(b), di(c) são os **diedros** do triedro; cada um deles é determinado por duas faces do triedro.

O triângulo ABC com um único vértice em cada aresta é uma seção do triedro.

Um triedro notável é aquele cujas faces são ângulos retos e cujos diedros são diedros retos. Esse triedro é chamado **triedro trirretângulo** (ou triedro trirretangular).

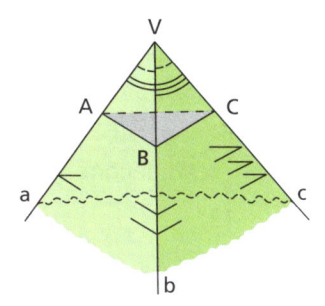

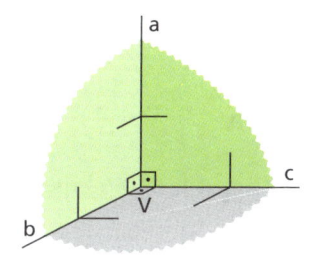

II. Relações entre as faces

91. Teorema

> Em todo triedro, qualquer face é menor que a soma das outras duas.

Demonstração:

Supondo que $\widehat{ac}$ é a maior face do triedro V(a, b, c), vamos provar que

$\widehat{ac} < \widehat{ab} + \widehat{bc}$. (tese)

Para isso, construímos em $\widehat{ac}$ um ângulo $\widehat{b'c}$ tal que

$\widehat{b'c} \equiv \widehat{bc}$. (1)

Tomando-se um ponto B em b e um ponto B' em b', tais que $\overline{VB} \equiv \overline{VB'}$, e considerando uma seção ABC, como indica a figura ao lado, temos:

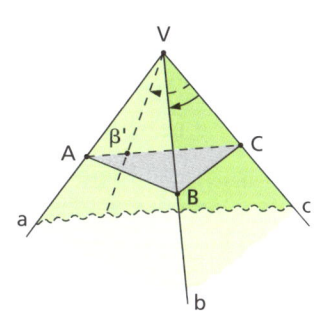

1º) Da congruência dos triângulos B'VC e BVC, vem que $\overline{B'C} \equiv \overline{BC}$;

2º) No triângulo ABC,

$\overline{AC} < \overline{AB} + \overline{BC} \Rightarrow \overline{AB'} + \overline{B'C} < \overline{AB} + \overline{BC} \Rightarrow \overline{AB'} < \overline{AB}$.

De $\overline{AB'} < \overline{AB}$ decorre, considerando os triângulos B'VA e BVA, que $\widehat{ab'} < \widehat{ab}$. (2)

Somando-se as relações (2) e (1), temos:

$\widehat{ab'} + \widehat{b'c} < \widehat{ab} + \widehat{bc} \Rightarrow \widehat{ac} < \widehat{ab} + \widehat{bc}$.

Sendo a maior face menor que a soma das outras duas, concluímos que **qualquer face** de um triedro é menor que a soma das outras duas.

92. Nota

Se f_1, f_2 e f_3 são as medidas das faces de um triedro, temos:

$f_1 < f_2 + f_3$. (1)

$\left. \begin{array}{l} f_2 < f_1 + f_3 \Leftrightarrow f_2 - f_3 < f_1 \\ f_3 < f_1 + f_2 \Leftrightarrow f_3 - f_2 < f_1 \end{array} \right\} \Leftrightarrow |f_2 - f_3| < f_1$ (2)

De (1) e (2) vem: $\boxed{|f_2 - f_3| < f_1 < f_2 + f_3}$

93. Teorema

> A soma das medidas em graus das faces de um triedro qualquer é menor que 360°.

Demonstração:

Sendo $\widehat{ab}, \widehat{ac}$ e $\widehat{bc}$ as medidas das faces de um triedro V(a, b, c), provemos que:

$\widehat{ab} + \widehat{ac} + \widehat{bc} < 360°$. (tese)

Para isso, consideremos a semirreta Va' oposta a Va; observemos que V(a', b, c) é um triedro e

$\widehat{bc} < \widehat{ba'} + \widehat{ca'}$. (1)

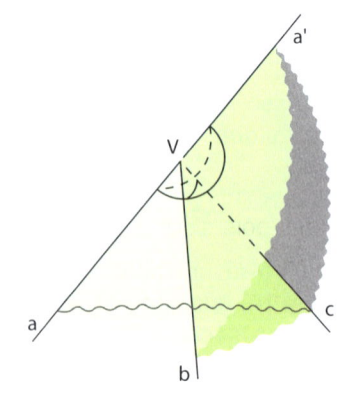

Os ângulos $\widehat{ab}$ e $\widehat{ba'}$ são adjacentes e suplementares, o mesmo ocorrendo com $\widehat{ab}$ e $\widehat{ca'}$.

Então:

$$\left.\begin{array}{l}\widehat{ab} \text{ e } \widehat{ba'} = 180° \\ \widehat{ac} \text{ e } \widehat{ca'} = 180°\end{array}\right\} \stackrel{+}{\Rightarrow} \widehat{ab} + \widehat{ac} + \underbrace{\widehat{ba'} + \widehat{ca'}}_{(1)} = 360° \Rightarrow \widehat{ab} + \widehat{ac} + \widehat{bc} < 360°$$

94. Resumo

1) Em qualquer triedro:
Cada face é menor que a soma das outras duas e a soma das medidas (em graus) das faces é menor que 360°.

2) Uma condição necessária e suficiente para que f_1, f_2 e f_3 sejam medidas (em graus) das faces de um triedro é:
$$0° < f_1 < 180° \quad , \quad 0° < f_2 < 180° \quad , \quad 0° < f_3 < 180°$$
$$f_1 + f_2 + f_3 < 360° \quad \text{e} \quad |f_2 - f_3| < f_1 < f_2 + f_3$$

EXERCÍCIOS

148. Existem triedros cujas faces medem respectivamente:
a) 40°, 50°, 90°
b) 90°, 90°, 90°
c) 200°, 100°, 80°
d) 150°, 140°, 130°
e) 3°, 5°, 7°

Solução

a) Não, pois, sendo $|f_2 - f_3| < f_1 < f_2 + f_3$, temos
$|50° - 40°| < 90° < 50° + 40°$ (que é falso).

b) Sim, pois
$|90° - 90°| < 90° < 90° + 90°$; $90° + 90° + 90° < 360°$; $0° < 90° < 180°$.

c) Não, pois $0° < 200° < 180°$ (que é falso).

d) Não, pois $150° + 140° + 130° < 360°$ (que é falso).

e) Sim, pois
$|7° - 3°| < 5° < 7° + 3°$; $3° + 5° + 7° < 360°$; $0° < 3° < 180°$
$0° < 5° < 180°$; $0° < 7° < 180°$.

TRIEDROS

149. Duas faces de um triedro medem respectivamente 100° e 135°. Determine o intervalo de variação da terceira face.

> **Solução**
> Sendo x a medida da terceira face, temos:
> $0° < x < 180°$ (1) $100° + 135° + x < 360°$ ⇒ $x < 125°$ (2)
> $|135° - 100°| < x < 135° + 100°$ ⇒ $35° < x < 235°$ (3)
> ((1), (2), (3)) ⇒ $35° < x < 125°$

150. Num triedro duas faces medem respectivamente 110° e 140°. Determine o intervalo de variação da medida da terceira face.

151. Determine o intervalo de variação de x, sabendo que as faces de um triedro medem $f_1 = x$, $f_2 = 2x - 60°$, $f_3 = 30°$.

152. Se um triedro tem suas faces iguais, entre que valores poderá estar compreendida cada uma de suas faces?

153. Prove que pelo menos uma face de um triedro tem medida menor que 120°.

> **Solução**
> Se $f_1 > 120°$, $f_2 > 120°$ e $f_3 > 120°$, então $f_1 + f_2 + f_3 > 360°$ (absurdo).

154. Classifique em verdadeiro (V) ou falso (F):
   a) Existe triedro cujas faces medem respectivamente 40°, 90° e 50°.
   b) Existe triedro com as faces medindo respectivamente 70°, 90° e 150°.
   c) Existe triedro com as três faces medindo 120° cada uma.
   d) Se num triedro duas faces medem respectivamente 150° e 120°, então a terceira face é obrigatoriamente a menor.
   e) Se dois triedros são congruentes, então eles são opostos pelo vértice.
   f) Três semirretas de mesma origem determinam um triedro.
   g) Num triedro trirretângulo cada aresta é perpendicular ao plano da face oposta.

155. Três retas, r, s e t, coplanares e incidentes num ponto V, quantos triedros determinam?

III. Congruência de triedros

95. Definição

Um triedro é congruente a outro se, e somente se, é possível estabelecer uma correspondência entre suas arestas e as do outro, de modo que:

• seus diedros são ordenadamente congruentes aos diedros do outro e

• suas faces são ordenadamente congruentes às faces do outro.

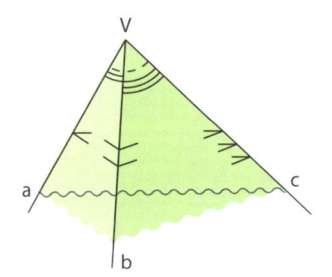

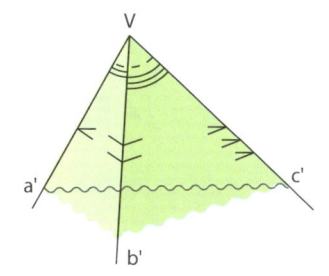

$$V(a, b, c) \equiv V(a', b', c') \Leftrightarrow \begin{cases} \widehat{ab} \equiv \widehat{a'b'}, \widehat{bc} \equiv \widehat{b'c'}, \widehat{ca} \equiv \widehat{c'a'} \\ di(a) \equiv di(a'), di(b) \equiv di(b'), di(c) \equiv di(c') \end{cases}$$

Por exemplo, dois diedros **opostos pelo vértice**, como V(x, y, z) e V(x', y', z') da figura ao lado, são congruentes, pois:

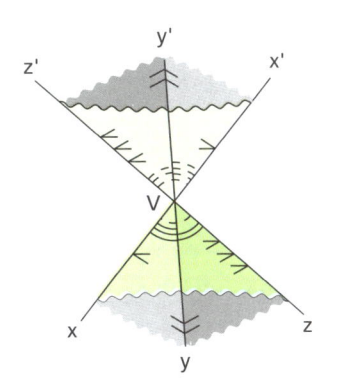

$$\widehat{xy} \equiv \widehat{x'y'}, \widehat{xz} \equiv \widehat{x'z'}, \widehat{yz} \equiv \widehat{y'z'}$$

e

$di(x) \equiv di(x'), \quad di(y) \equiv di(y'),$
$di(z) \equiv di(z').$

96. Tipos de congruência

Existem dois tipos de congruência entre triedros.

1º tipo: **Congruência direta** — "quando os triedros podem ser superpostos por movimento de rotação e translação".

2º tipo: **Congruência inversa** — "quando os triedros são congruentes (satisfazem a definição), mas não são superponíveis".

TRIEDROS

Exemplos: Dois triedros opostos pelo vértice (ou simétricos em relação a um ponto) são **inversamente congruentes**.

Dois triedros simétricos em relação a um plano (um é imagem especular do outro) são **inversamente congruentes**.

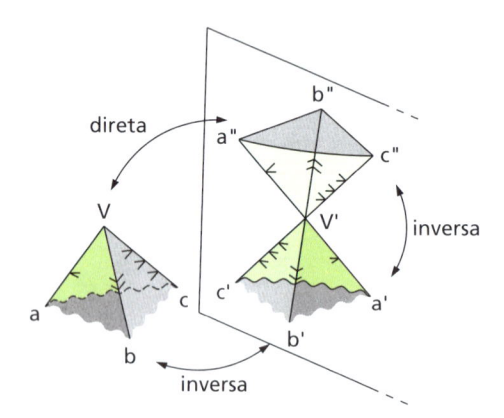

V(a, b, c) e V'(a', b', c') inversamente congruentes
V(a', b', c') e V'(a", b", c") inversamente congruentes
V(a, b, c) e V'(a", b", c") diretamente congruentes

Observação

Para descobrir qual o tipo de congruência entre os triedros V(a, b, c) e V'(a',b', c'), consideram-se dois "observadores" identificados com as arestas correspondentes Va e V'a', com as "cabeças" voltadas para os vértices e "olhando para dentro" dos triedros.

a) Se Vb está à direita (ou à esquerda) do primeiro observador e V'b' está à direita (ou à esquerda) do segundo, a congruência é direta.

b) Se Vb está à direita (ou à esquerda) do primeiro e V'b' está à esquerda (ou à direita) do segundo, a congruência é inversa.

IV. Triedros polares ou suplementares

97. Definição

Um triedro é polar de outro se, e somente se:
1º) tem mesmo vértice do outro,
2º) suas arestas são respectivamente perpendiculares aos planos das faces do outro e

3º) formam ângulos agudos com as arestas correspondentes do outro.
Assim, V(x, y, z) é polar de V(a, b, c) se, e somente se:

Vx, Vy, Vz são respectivamente perpendiculares aos planos (b, c), (a, c), (a, b), e $\widehat{ax}$, $\widehat{by}$ e $\widehat{cz}$ são agudos.

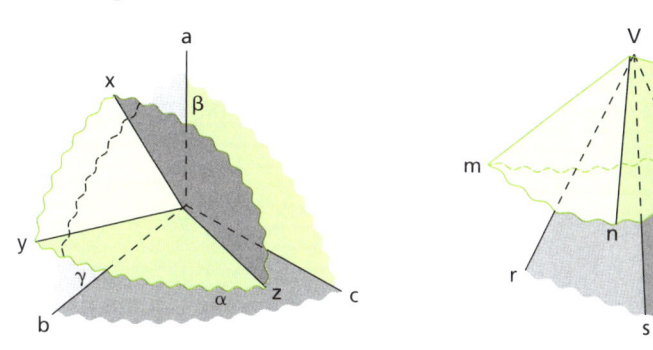

V(m, n, o) é polar de V(r, s, t) se, e somente se:

Vm, Vn, Vo são respectivamente perpendiculares aos planos (s, t), (r, t), (r, s), e $\widehat{mr}$, $\widehat{ns}$ e $\widehat{ot}$ são agudos.

98. Nota

Notemos que, se o triedro V(a, b, c) é **trirretângulo**, então, pela unicidade da perpendicular a um plano por um ponto, ele coincide com seu polar V(x, y, z).

O triedro trirretângulo é autopolar.

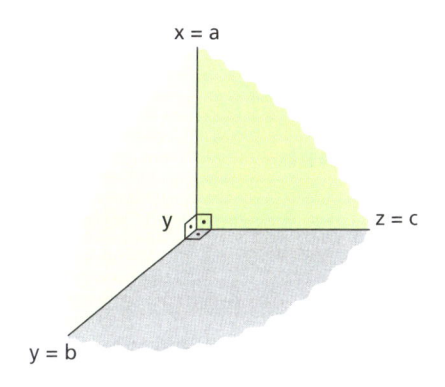

99. Propriedade

> Se um triedro V(x, y, z) é polar do triedro V(a, b, c), então esse triedro V(a, b, c) é polar do primeiro V(x, y, z).

Hipótese   Tese
V(x, y, z) é polar de V(a, b, c) ⇒ V(a, b, c) é polar de V(x, y, z)

TRIEDROS

Demonstração:

$$\text{Hip.} \Rightarrow \begin{cases} Vx \perp (b, c) \Rightarrow \begin{cases} Vx \perp Vb \\ Vx \perp Vc \end{cases} \Rightarrow Va \perp (y, z) \\ Vy \perp (a, c) \Rightarrow \begin{cases} Vy \perp Va \\ Vy \perp Vc \end{cases} \Rightarrow Vb \perp (x, z) \\ Vz \perp (a, b) \Rightarrow \begin{cases} Vz \perp Va \\ Vz \perp Vb \end{cases} \Rightarrow Vc \perp (x, y) \\ (\widehat{xa}, \widehat{xb} \text{ e } \widehat{xc} \text{ são agudos}) \Rightarrow (\widehat{ax}, \widehat{by} \text{ e } \widehat{cz} \text{ são agudos}) \end{cases} \Rightarrow \text{Tese}$$

100. Propriedade fundamental de triedros polares

Veremos a seguir três itens que caracterizam os triedros polares: primeiro um **lema** (teorema auxiliar) sobre diedros, depois um **teorema**, que é a propriedade em si, e, por fim, as consequências de aplicações práticas.

101. Lema

(Antes do enunciado, veja a primeira das figuras de triedros polares, notando β, γ, y, z, a e V.)

"Se por um ponto V da aresta a de um diedro (βγ) conduzimos as semirretas:

Vy, perpendicular a β, situada no semiespaço que contém γ e tem origem no plano de β, e

Vz, perpendicular a γ, situada no semiespaço que contém β e tem origem no plano de γ,

então o ângulo $\widehat{yz}$ obtido é suplemento da seção reta do diedro (βγ) = di(a)."

Demonstração:

Vamos demonstrar para o caso em que o diedro é obtuso. Nos outros casos a demonstração é análoga.

1) $V_y \perp \beta \Rightarrow V_y \perp a$
   $V_z \perp \gamma \Rightarrow V_z \perp a$ $\Bigg\} \Rightarrow$

$\Rightarrow a \perp (y, z) \Rightarrow \widehat{mn} = (y, z) \cap di(\beta\gamma)$

é seção normal do diedro $(\beta\gamma)$.

2) No plano de y, z, m e n, temos:

$\widehat{my} + \widehat{yz} = \widehat{mz} = 1$ reto
$\widehat{yz} + \widehat{zn} = \widehat{yn} = 1$ reto $\Bigg\} \Rightarrow \widehat{yz} + \underbrace{\widehat{my} + \widehat{yz} + \widehat{zn}} = 2$ retos $\Rightarrow \widehat{yz} + \widehat{mn} = 2$ retos

Logo, o ângulo $\widehat{yz}$ é suplemento da secção normal $\widehat{mn}$ do diedro $\beta\gamma$.

102. Teorema

> "Se dois triedros são polares, cada face de um é suplementar da secção reta do diedro oposto no polar."

Identificando os diedros com suas seções retas (notemos que a medida do diedro é a medida de sua seção reta), temos:

Hipótese

Tese

$\begin{pmatrix} V(a, b, c) \text{ e } V(x, y, z) \\ \text{são polares} \end{pmatrix}$ $\begin{pmatrix} \widehat{yz} + di(a) = 2r & \widehat{bc} + di(x) = 2r \\ \widehat{zx} + di(b) = 2r & \widehat{ac} + di(y) = 2r \\ \widehat{xy} + di(c) = 2r & \widehat{ab} + di(z) = 2r \end{pmatrix}$

Demonstração:

A primeira expressão da tese $\widehat{yz} + di(a) = 2r$ é uma simples adaptação da expressão $\widehat{yz} + \widehat{mn} = 2$ retos provada no lema. Pode-se dizer que ela é o próprio lema.

As outras cinco expressões têm demonstrações análogas à primeira, bastando fazer as adaptações de letras.

103. Consequências

> 1ª) Se dois triedros são congruentes entre si, então seus polares também são congruentes entre si.

Hipótese | Tese

$$\begin{cases} V(x, y, z) \text{ e } V(a, b, c) \text{ são polares} \\ V'(x', y', z') \text{ e } V'(a', b', c') \text{ são polares} \\ V(a, b, c) \equiv V'(a', b', c') \end{cases} \Rightarrow V(x, y, z) \equiv V'(x', y', z')$$

Demonstração:
Se $V(q, b, c) \equiv V'(a', b', c')$, concluímos seis congruências (pela definição), uma das quais é:

$di(a) \equiv di(a')$.

Dessa congruência entre diedros podemos concluir uma congruência entre faces dos polares, como segue:

$di(a) \equiv di(a') \Rightarrow 2r - di(a) \equiv 2r - di(a') \Rightarrow \widehat{yz} \equiv \widehat{y'z'}$.

Ainda da congruência entre $V(a, b, c)$ e $V'(a', b', c')$, outra das congruências que concluímos é:
$\widehat{bc} \equiv \widehat{b'c'}$.

Dessa congruência entre faces podemos concluir uma congruência entre diedros dos polares, como segue:

$\widehat{bc} \equiv \widehat{b'c'} \Rightarrow 2r - \widehat{bc} \equiv 2r - \widehat{b'c'} \Rightarrow di(x) \equiv di(x')$.

Assim, das seis congruências entre faces e diedros que saem de $V(a, b, c) \equiv V'(a', b', c')$, concluímos seis outras congruências entre diedros e faces de $V(x, y, z)$, e $V'(x', y', z')$. Logo, $V(x, y, z) \equiv V'(x', y', z')$.

> 2ª) Em qualquer triedro, a medida de um diedro (em graus) aumentada em 180° supera a soma dos outros dois.

Demonstração:
Sejam d_1, d_2 e d_3 as medidas (em graus) dos diedros de um triedro e f_1, f_2 e f_3 as medidas (em graus) das respectivas faces opostas no polar.

Das relações entre as faces temos $f_1 < f_2 + f_3$. Como $f_1 = 180° - d_1$, $f_2 = 180° - d_2$ e $f_3 = 180° - d_3$, temos:
$$f_1 < f_2 + f_3 \Rightarrow 180° - d_1 < (180° - d_2) + (180° - d_3) \Rightarrow d_2 + d_3 < 180° + d_1.$$
Logo, $d_2 + d_3 < 180° + d_1$.
Analogamente: $d_1 + d_3 < 180° + d_2$
$$d_1 + d_2 < 180° + d_3$$

> 3ª) A soma dos diedros de um triedro está compreendida entre 2 retos (180°) e 6 retos (540°).

$2r < di(a) + di(b) + di(c) < 6r$

Demonstração:
Pela definição de triedro, cada diedro é menor que 2 retos, logo
$di(a) + di(b) + di(c) < 6r$.

Considerando as faces $\widehat{xy}$, $\widehat{xz}$ e $\widehat{yz}$ do polar, temos:
$$\widehat{xy} + \widehat{xz} + \widehat{yz} < 4r \Rightarrow [2r - di(c)] + [2r - di(b)] + [2r - di(a)] < 4r \Rightarrow$$
$$\Rightarrow di(a) + di(b) + di(c) > 2r$$

104. Nota

Da relação
$$|f_2 - f_3| < f_1 < f_2 + f_3$$
entre as faces de um triedro sai a relação
$$2r - |d_3 - d_2| > d_1 > (d_2 + d_3) - 2r$$
entre os diedros de um triedro.

De fato, considerando f_1, f_2 e f_3 as faces do polar respectivamente opostas a d_1, d_2 e d_3, temos:
$$|f_2 - f_3| < f_1 < f_2 + f_3.$$
E, aplicando o teorema fundamental, vem:
$$|2r - d_2 - (2r - d_3)| < 2r - d_1 < 2r - d_2 + 2r - d_3 \Rightarrow$$
$$\Rightarrow |2r - d_2 - 2r + d_3| < 2r - d_1 < 4r - (d_2 + d_3) \Rightarrow$$
$$\Rightarrow |d_3 - d_2| < 2r - d_1 < 4r - (d_2 + d_3) \Rightarrow$$
$$\Rightarrow -2r + |d_3 - d_2| < -d_1 < 2r - (d_2 + d_3) \Rightarrow$$
$$\Rightarrow 2r - |d_3 - d_2| > d_1 > -2r + (d_2 + d_3)$$

EXERCÍCIOS

156. Pode haver triedro cujos diedros meçam 40°, 120° e 15°? Por quê?

> **Solução**
> Não, pois sendo $d_1 = 40°$, $d_2 = 120°$ e $d_3 = 15°$ no polar, temos:
> $f_1 = 140°$, $f_2 = 60°$ e $f_3 = 165°$ e $140° + 165° + 60° < 360°$ (que é falso).

157. Existem ângulos triedros cujos diedros medem respectivamente:
   a) 90°, 90°, 90°
   b) 60°, 60°, 60°
   c) 200°, 300°, 100°
   d) 120°, 200°, 15°
   e) 125°, 165°, 195°
   f) 175°, 99°, 94°
   g) 100°, 57°, 43°
   h) 110°, 100°, 70°

158. Podem os diedros de um triedro medir respectivamente 40°, 50° e 60°? Por quê?

159. Se um diedro de um triedro é reto, entre que valores deve estar compreendida a soma das medidas dos outros dois diedros?

160. Dois diedros de um triedro medem respectivamente 60° e 110°. Dê o intervalo de variação da medida do terceiro diedro.

V. Critérios ou casos de congruência entre triedros

105. Preliminar

1º) A definição de congruência de triedros dá **todas** as condições fundamentais que devem ser satisfeitas para que dois triedros sejam congruentes. Essas condições (seis congruências: três entre faces e três entre diedros) são totais, porém existem **condições mínimas** para que dois triedros sejam congruentes. Essas condições mínimas são chamadas **casos** ou **critérios de congruência**.

Cada caso ou critério traduz uma condição necessária e suficiente para que dois triedros sejam congruentes.

TRIEDROS

2º) **Figura e elementos para as demonstrações**

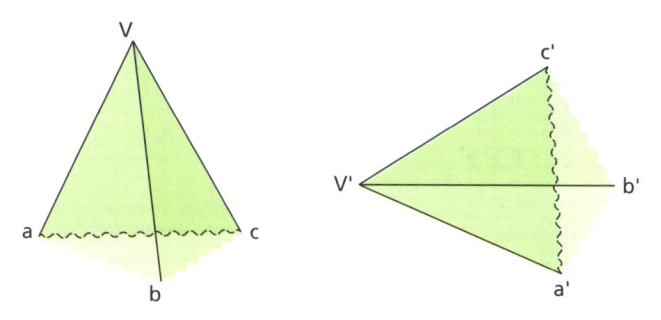

Notação: T = V(a, b, c) T' = V'(a', b', c')
P polar de T   P' polar de T

106. 1º critério: FDF

> Se dois triedros têm, ordenadamente congruentes, duas faces e o diedro compreendido, então eles são congruentes.

Hipótese   Tese
$\begin{pmatrix} \widehat{ab} \equiv \widehat{a'b'} & (1) \\ di(b) \equiv di(b') & (2) \\ \widehat{bc} \equiv \widehat{b'c'} & (3) \end{pmatrix} \Rightarrow T \equiv T'$

Demonstração:

As faces $\widehat{ac}$ e $\widehat{a'c'}$ são seções igualmente inclinadas ((1) e (3)) de diedros congruentes (2); então, $\widehat{ac} \equiv \widehat{a'c'}$ (4).

As faces $\widehat{bc}$ e $\widehat{b'c'}$ são seções igualmente inclinadas ((1) e (4)) e congruentes ((3)) dos diedros di(a) e di(a'), respectivamente. Então, di(a) = di(a') (5).

As faces $\widehat{ab}$ e $\widehat{a'b'}$ são seções igualmente inclinadas ((3) e (4)) e congruentes (1) dos diedros di(c) e di(c'), respectivamente. Então, di(c) = di(c') (6).
((1), (2), (3), (4), (5), (6)) $\Rightarrow$ T = T'

107. 2º critério: DFD

> "Se dois triedros têm, ordenadamente congruentes, dois diedros e a face compreendida, então eles são congruentes."

Demonstração:
Se T e T' têm DFD, pelo teorema fundamental, os polares P e P' têm FDF e, pelo caso anterior, são congruentes. Ora, se P e P' são congruentes, seus polares T e T também o são.

108. 3º critério: FFF

> "Se dois triedros têm, ordenadamente congruentes, as três faces, então eles são congruentes."

Hipótese   Tese

$$\left. \begin{array}{l} \widehat{ab} \equiv \widehat{a'b'} \quad (1) \\ \widehat{bc} \equiv \widehat{b'c'} \quad (2) \\ \widehat{ac} \equiv \widehat{a'c'} \quad (3) \end{array} \right\} \Rightarrow T \equiv T'$$

Demonstração:
As faces $\widehat{ac}$ e $\widehat{a'c'}$ são seções igualmente inclinadas ((1) e (2)) e congruentes ((3)) dos diedros di(b) e di(b'), respectivamente.
Então, di(b) ≡ di(b') (4).
Analogamente: di(c) ≡ di(a') (5)
di(c) ≡ di(c') (6)
((1), (2), (3), (4), (5), (6)) ⇒ T ≡ T'

109. 4º critério: DDD

> "Se dois triedros têm, ordenadamente congruentes, os três diedros, então eles são congruentes."

Demonstração:
Se T e T' têm DDD, pelo teorema fundamental, os polares P e P' têm FFF e, pelo caso anterior, são congruentes. Ora, se P e P' são congruentes, seus polares T e T' também o são.

110. Nota

Para efeito de memorização é bom comparar os casos FDF, DFD e FFF com os casos de congruência entre triângulos LAL, ALA e LLL.

EXERCÍCIOS

161. Num triedro V(a, b, c) as faces $\widehat{ac}$ e $\widehat{bc}$ medem cada uma 45° e formam um diedro reto. Determine a medida da face $\widehat{ab}$.

Solução

Por um ponto P da aresta c a uma distância ℓ de V conduzimos uma seção reta do diedro di(c).

Sendo os triângulos VPN e VPM retângulos isósceles, temos:
$\overline{VM} = \overline{VN} = \ell\sqrt{2}$.

Mas o $\triangle$PMN também é retângulo isósceles e $\overline{MN} = \ell\sqrt{2}$.

Portanto, $\overline{VM} = \overline{VN} = \overline{MN} \Rightarrow \triangle$VMN equilátero, logo $\widehat{ab} = 60°$.

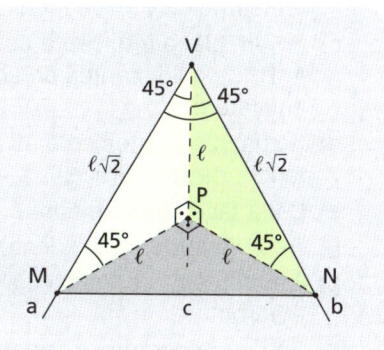

162. Um plano intercepta as arestas de um triedro trirretângulo, determinando um triângulo de lados a, b e c. Determine as distâncias dos vértices desse triângulo ao vértice do triedro trirretângulo.

Solução

Sendo $\triangle$AVC, $\triangle$AVB, $\triangle$BVC, retângulos, temos:

$$\left.\begin{array}{ll}(1) & x^2 + z^2 = a^2 \\ (2) & x^2 + y^2 = b^2 \\ (3) & y^2 + z^2 = c^2\end{array}\right\} \stackrel{+}{\Rightarrow} x^2 + y^2 + z^2 = \frac{a^2 + b^2 + c^2}{2} \quad (4)$$

$(4) - (3) \Rightarrow x^2 = \dfrac{a^2 + b^2 - c^2}{2} \Rightarrow x = \sqrt{\dfrac{a^2 + b^2 - c^2}{2}}$

$(4) - (1) \Rightarrow y^2 = \dfrac{b^2 + c^2 - a^2}{2} \Rightarrow y = \sqrt{\dfrac{b^2 + c^2 - a^2}{2}}$

$(4) - (2) \Rightarrow z^2 = \dfrac{a^2 + c^2 - b^2}{2} \Rightarrow z = \sqrt{\dfrac{a^2 + c^2 - b^2}{2}}$

TRIEDROS

163. A que distância do vértice de um triedro trirretângulo deve passar um plano para que a seção obtida seja um triângulo equilátero de lado ℓ?

164. Classifique em verdadeiro (V) ou falso (F):
   a) Em todo triedro trirretângulo, cada aresta é perpendicular ao plano da face oposta.
   b) Se dois diedros de um triedro medem respectivamente 40° e 70°, o terceiro diedro pode medir 70°.
   c) Se um plano intercepta as arestas de um triedro trirretângulo nos pontos A, B, C equidistantes de seu vértice V, a seção determinada é um triângulo equilátero.
   d) Se um plano intercepta as arestas de um triedro nos pontos A, B, C equidistantes de seu vértice V, a seção determinada é um triângulo equilátero.
   e) Cada face de um triedro é maior que a soma das outras duas.
   f) Três retas r, s e t incidentes num ponto V determinam 8 triedros.
   g) Três retas r, s e t não coplanares e incidentes num ponto V determinam 8 triedros.
   h) Se dois triedros são opostos pelo vértice, então eles são congruentes.

165. Demonstre que, se um triedro tem um diedro reto, o cosseno da face oposta ao diedro reto é igual ao produto dos cossenos das faces que formam o diedro reto.

166. Seja um triedro de vértice V, cujos ângulos das faces medem 60° cada um. Considere os segmentos $\overline{VA} \equiv \overline{VB} \equiv \overline{VC} = 9$ cm sobre suas arestas. Determine o comprimento do segmento $\overline{AP}$, sendo P o pé da perpendicular à face oposta à aresta VA.

167. Um ponto A é interior a um triedro trirretângulo. As distâncias desse ponto às arestas do triedro medem a, b e c. Calcule a distância $\overline{OA}$, sendo O o vértice do triedro.

Solução

Seja $\overline{OA} = d$.
Traçando $\overline{AP}$, perpendicular a uma face do triedro (vide figura), temos:

$$\left. \begin{array}{l} x^2 + z^2 = a^2 \\ x^2 + y^2 = b^2 \\ y^2 + z^2 = c^2 \end{array} \right\} \Rightarrow$$

$$\Rightarrow x^2 + y^2 + z^2 = \frac{a^2 + b^2 + c^2}{2}$$

Sendo $d = \sqrt{x^2 + y^2 + z^2} \Rightarrow d = \sqrt{\frac{a^2 + b^2 + c^2}{2}}$.

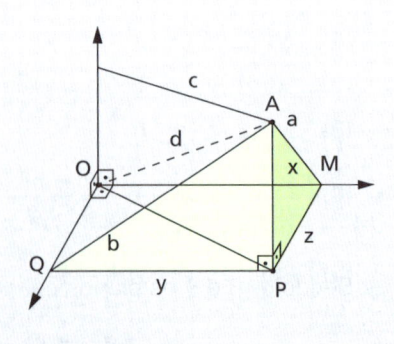

168. Dado um triedro V(a, b, c), construa uma semirreta Vx que forme ângulos congruentes com as arestas do triedro.

Solução

a) Construção:

1º) Construímos uma seção ABC, com A ∈ a, B ∈ b, C ∈ c e tal que $\overline{VA} \equiv \overline{VB} \equiv \overline{VC}$.

2º) No triângulo ABC, consideramos o ponto O, a igual distância dos vértices: $\overline{OA} \equiv \overline{OB} \equiv \overline{OC}$.

3º) Construímos a semirreta Vx passando por O.

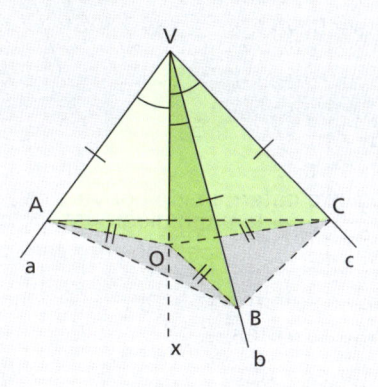

b) Prova:
△OVA ≡ △OVB ≡ △OVC ⇒ $\widehat{xVa} \equiv \widehat{xVb} \equiv \widehat{xVc}$
Logo, Vx forma ângulos congruentes com Va, Vb e Vc.

169. Os planos determinados pelas arestas de um triedro e pela bissetriz da face oposta interceptam-se numa reta.

170. As bissetrizes internas de duas faces de um triedro e a bissetriz do ângulo adjacente e suplementar à outra face são coplanares.

171. Sendo α, β e γ os planos conduzidos pelas arestas de um triedro e perpendiculares aos planos das faces opostas, prove que α, β e γ têm uma reta comum.

172. No plano de cada face de um triedro conduz-se pelo vértice a perpendicular à aresta oposta. Prove que as três retas assim obtidas são coplanares.

VI. Ângulos poliédricos convexos

111. Conceito e elementos

Dado um número finito n (n ≥ 3) de semirretas Va_1, Va_2, Va_3, ..., Va_n, de mesma origem V, tais que o plano de duas consecutivas (Va_1 e Va_2, Va_2 e Va_3, ..., Va_n e Va_1) deixa as demais num mesmo semiespaço, consideremos n semiespaços E_1, E_2, E_3, ..., E_n, cada um deles com origem no plano de duas semirretas consecutivas e contendo as restantes.

$$V(a_1, a_2, ... a_n) = E_1 \cap E_2 \cap ... \cap E_n$$

Ângulo poliédrico convexo determinado por Va_1, Va_2, Va_3, ..., Va_n é a interseção dos semiespaços E_1, E_2, E_3, ..., E_n.

O ponto V é o vértice, as semirretas Va_1, Va_2, Va_3, ..., Va_n são as n arestas e os ângulos $\widehat{a_1 a_2}$, $\widehat{a_2 a_3}$, ..., $\widehat{a_n a_1}$ são as n faces do ângulo poliédrico. Ele também possui n diedros, cada um deles determinado por duas faces consecutivas.

Superfície de um ângulo poliédrico é a reunião de suas faces.

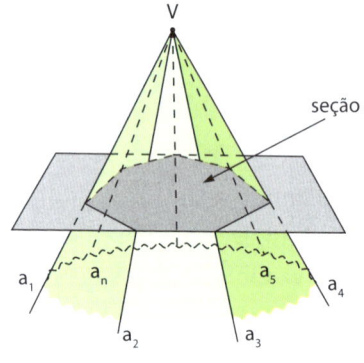

112. Seção é um polígono plano com um único vértice em cada aresta.

113. Notas

1º) O ângulo poliédrico convexo acima definido pode assumir outros nomes: **pirâmide ilimitada** ou **limitada** ou **ângulo sólido**.

2º) O triedro é um ângulo poliédrico convexo de 3 arestas.

114. Relações entre as faces

São generalizações das duas propriedades válidas para triedros:

1ª)

> "Num ângulo poliédrico convexo, qualquer face é menor que a soma das demais."

$$\underbrace{(\widehat{a_1a_2} \text{ é a maior face})}_{\text{Hipótese}} \Rightarrow \underbrace{(\widehat{a_1a_2} < \widehat{a_2a_3} + \ldots + \widehat{a_1a_n})}_{\text{Tese}}$$

Demonstração:

Os planos $(a_1, a_3), (a_1, a_4), \ldots, (a_1, a_{n-1})$ dividem o ângulo poliédrico em $(n-2)$ triedros. Aplicando a relação entre faces a cada um deles, vem:

$\widehat{a_1a_2} < \widehat{a_2a_3} + \widehat{a_1a_3}$

$\widehat{a_1a_3} < \widehat{a_3a_4} + \widehat{a_1a_4}$

....

$\widehat{a_1a_{n-1}} < \widehat{a_{n-1}a_n} + \widehat{a_1a_n}$

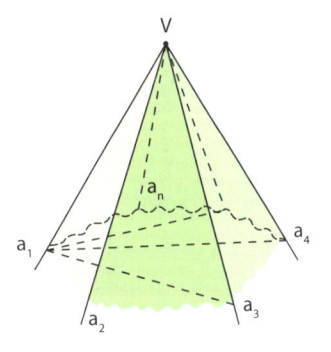

Somando membro a membro:

$\widehat{a_1a_2} < \widehat{a_2a_3} + \widehat{a_3a_4} + \ldots + \widehat{a_1a_n}$

2ª)

> "Num ângulo poliédrico convexo, a soma das faces é menor que quatro ângulos retos."

$$\underbrace{(\widehat{a_1a_2} < \widehat{a_2a_3} + \ldots + \widehat{a_na_1} = S_n)}_{\text{Hipótese}} \Rightarrow \underbrace{S_n < 4r}_{\text{Tese}}$$

Demonstração:

Os planos (a_1, a_2) e (a_3, a_4) têm a reta x comum.

TRIEDROS

Consideremos:

O ângulo poliédrico convexo $V(a_1, x, a_4, ..., a_n)$, cujas $(n-1)$ faces somam $S_{(n-1)}$.

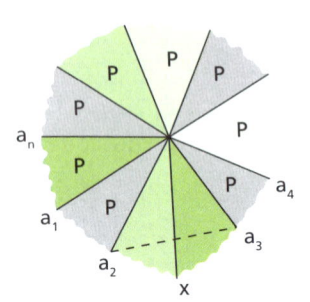

O triedro $V(a_2, x, a_3)$, em que temos:

$$\widehat{a_2a_3} < \widehat{a_2x} + \widehat{xa_3} \quad (1)$$

e ainda a soma:

$$\widehat{a_1a_2} + \widehat{a_3a_4} + \widehat{a_4a_5} + ... + \widehat{a_na_1} = S_p.$$

Com isso temos:

$S_n = S_p + \widehat{a_2a_3}$

$S_{n-1} = S_p + \widehat{a_2x} + \widehat{xa_3}$

e, em vista de (1), vem:

$S_n < S_{n-1}$.

Repetindo-se o processo, vem:

$S_{n-1} < S_{n-2} < ... < S_3$.

Então: $S_n < S_3$ e, como $S_3 < 4r$, conclui-se que: $S_n < 4r$.

115. Congruência

Dois ângulos poliédricos são congruentes quando é possível estabelecer uma correspondência entre as arestas de um e as do outro, de modo que as faces e os diedros correspondentes sejam ordenadamente congruentes.

116. Ângulo poliédrico regular

Um ângulo poliédrico convexo é regular se, e somente se, as faces são todas congruentes entre si.

EXERCÍCIOS

173. As faces de um ângulo poliédrico convexo medem respectivamente 10°, 20°, 30°, 40° e x. Dê o intervalo de variação de x.

Solução

$$\left. \begin{array}{l} x < 10° + 20° + 30° + 40° \Rightarrow x < 100° \\ 10° + 20° + 30° + 40° + x < 360° \Rightarrow x < 260° \end{array} \right\} \Rightarrow x < 100°$$

174. As medidas das faces de um ângulo tetraédrico convexo são 120°, 140°, 90° e x. Dê o intervalo de variação de x.

175. Qual é o intervalo de variação de x para que 20°, 30°, 120° e x sejam as medidas das faces de um ângulo poliédrico convexo?

176. As faces de um ângulo heptaédrico convexo medem respectivamente 10°, 20°, 30°, 40°, 50°, x e 160°. Entre que valores x pode variar?

177. Existem ângulos poliédricos convexos cujas faces medem, respectivamente:

a) 40°, 60°, 30°, 150°

b) 100°, 120°, 130°, 70°

c) 4°, 5°, 6°, 7°, 8°

d) 60°, 60°, 60°, 60°, 60°

e) 108°, 108°, 108°

178. Quantos tipos de ângulos poliédricos convexos podemos formar:

a) com todas as faces iguais a 60°;

b) com todas as faces iguais a 90°;

c) com todas as faces iguais a 120°.

179. Qual é o número máximo de arestas de um ângulo poliédrico convexo cujas faces são todas de 70°?

CAPÍTULO VII
Poliedros convexos

I. Poliedros convexos

117. Superfície poliédrica limitada convexa

Superfície poliédrica limitada convexa é a reunião de um número finito de polígonos planos e convexos (ou regiões poligonais convexas), tais que:
 a) dois polígonos não estão num mesmo plano;
 b) cada lado de polígono não está em mais que dois polígonos;
 c) havendo lados de polígonos que estão em um só polígono, eles devem formar uma única poligonal fechada, plana ou não, chamada contorno;
 d) o plano de cada polígono deixa os demais num mesmo semiespaço (condição de convexidade).

As superfícies poliédricas limitadas convexas que têm contorno são chamadas **abertas**. As que não têm contorno são chamadas **fechadas**.

Elementos: uma superfície poliédrica limitada convexa tem:

faces: são os polígonos;
arestas: são os lados dos polígonos;
vértices: são os vértices dos polígonos;
ângulos: são os ângulos dos polígonos.

118. Nota

Uma superfície poliédrica limitada convexa aberta ou fechada não é uma região convexa.

119. Poliedro convexo

Consideremos um número finito n(n ≥ 4) de polígonos planos convexos (ou regiões poligonais convexas) tais que:

a) dois polígonos não estão num mesmo plano;
b) cada lado de polígono é comum a dois e somente dois polígonos;
c) o plano de cada polígono deixa os demais polígonos num mesmo semiespaço.

Nessas condições, ficam determinados *n* semiespaços, cada um dos quais tem origem no plano de um polígono e contém os restantes. A interseção desses semiespaços é chamado **poliedro convexo**.

Um poliedro convexo possui: **faces**, que são os polígonos convexos; **arestas**, que são os lados dos polígonos e **vértices**, que são os vértices dos polígonos.

A reunião das faces é a **superfície** do poliedro.

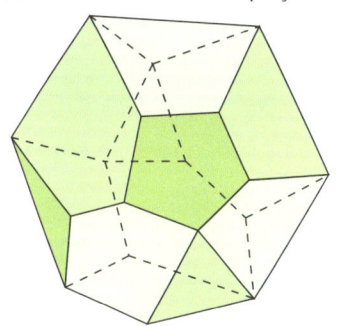

120. Congruência

Dois poliedros são congruentes se, e somente se, é possível estabelecer uma correspondência entre seus elementos de modo que as faces e os ângulos poliédricos de um sejam ordenadamente congruentes às faces e ângulos poliédricos do outro.

Da congruência entre dois poliedros sai a congruência das faces, arestas, ângulos e diedros.

121. Relação de Euler

Para todo poliedro convexo, ou para sua superfície, vale a relação
$$V - A + F = 2$$
em que V é o número de vértices, A é o número de arestas e F é o número de faces do poliedro.

POLIEDROS CONVEXOS

Demonstração:

a) Por indução finita referente ao número de faces, vamos provar, em **caráter preliminar**, que, para uma superfície poliédrica limitada convexa **aberta**, vale a relação:

$$V_a + A_a + F_a = 1$$

em que

V_a é o número de vértices,
A_a é o número de arestas e
F_a é o número de faces da superfície poliédrica limitada aberta.

1) Para $F_a = 1$.

Neste caso a superfície se reduz a um polígono plano convexo de n lados e, então, $V_a = n$, $A_a = n$. Temos:

$V_a - A_a + F_a = n - n + 1 = 1 \Rightarrow V_a - A_a + F_a = 1$.

Logo, a relação está verificada para $F_a = 1$.

Exemplo:

Para o polígono abaixo

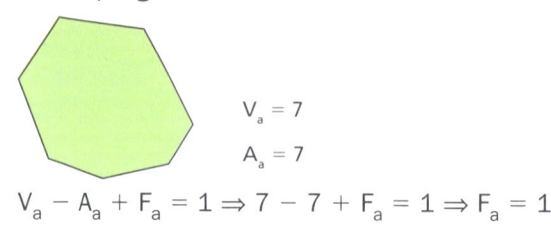

$V_a = 7$
$A_a = 7$

$V_a - A_a + F_a = 1 \Rightarrow 7 - 7 + F_a = 1 \Rightarrow F_a = 1$

2) Admitindo que a relação vale para uma superfície de F' faces (que possui V' vértices e A' arestas), vamos provar que também vale para uma superfície de F' + 1 faces (que possui F' + 1 = F_1 faces, V_a vértices e A_a arestas).

Por hipótese, para a superfície de F' faces, A' arestas e V' vértices vale:

V' − A' + F' = 1.

Acrescentando a essa superfície (que é aberta) uma face de p arestas (lados) e considerando que q dessas arestas (lados) coincidem com arestas já existentes, obtemos uma nova superfície com F_a faces, A_a arestas e V_a vértices tais que:

$F_a = F' + 1$
$A_a = A' + p - q$ (q arestas coincidiram)
$V_a = V' + p - (q + 1)$ (q arestas coincidindo, $q + 1$ vértices coincidem)

POLIEDROS CONVEXOS

Formando a expressão $V_a - A_a + F_a$ e substituindo os valores da página anterior, vem:

$$V_a - A_a + F_a = V' + p - (q + 1) - (A' + p - q) + (F' + 1) =$$
$$= V' + p - q - 1 - A' - p + q - F' + 1 = V' - A' + F'$$

Com $V_a - A_a + F_a = V' - A' + F'$ provamos que essa expressão não se altera se acrescentamos (ou retiramos) uma face da superfície.

Como, por hipótese, $V' - A' + F' = 1$, vem que

$$V_a - A_a + F_a = 1,$$

o que prova a relação preliminar.

b) Tomemos a superfície de qualquer poliedro convexo ou qualquer superfície poliédrica limitada convexa fechada (com V vértices, A arestas e F faces) e dela retiremos uma face. Ficamos, então, com uma superfície aberta (com V_a vértices, A_a arestas e F_a faces) para a qual vale a relação

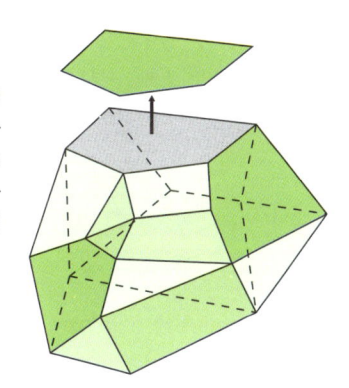

$$V_a - A_a + F_a = 1.$$

Como

$V_a = V$, $A_a = A$ e $F_a = F - 1$, vem $V - A + (F - 1) = 1$, ou seja:

$$\boxed{V - A + F = 2}$$

Nota: O teorema de Euler está ligado a um conceito que engloba o de poliedro convexo, razão pela qual vale para este.

Exemplos:

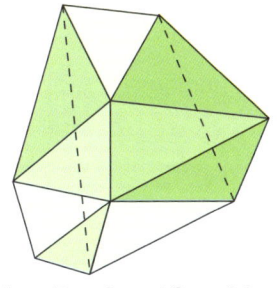

$V - A + F = 9 - 18 + 11 = 2$

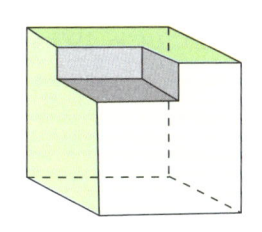

$V - A + F = 14 - 21 + 9 = 2$

POLIEDROS CONVEXOS

Veja ao lado a figura de um poliedro para o qual não vale a relação de Euler.

Note que ele possui:
V = 16, A = 32 e F = 16.
Então:
V − A + F = 16 − 32+ 16 = 0.

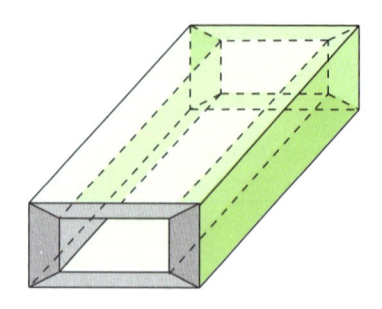

122. Poliedro euleriano

Os poliedros para os quais é válida a relação de Euler são chamados **poliedros eulerianos**.

Todo poliedro convexo é euleriano, mas nem todo poliedro euleriano é convexo.

EXERCÍCIOS

180. Um poliedro convexo de onze faces tem seis faces triangulares e cinco faces quadrangulares. Calcule o número de arestas e de vértices do poliedro.

Solução
Número de arestas:
nas 6 faces triangulares
temos 6 × 3 arestas e nas 5 faces quadrangulares 5 × 4 arestas.
Cada aresta é comum a duas faces; todas as arestas foram contadas 2 vezes. Então:
2A = 6 × 3 + 5 × 4 ⇒ 2A = 38 ⇒ A = 19.
Número de vértices:
com F = 11 e A = 19 na relação V − A + F = 2, temos:
V − 19 + 11 = 2, ou seja, V = 10.

181. Determine o número de vértices de um poliedro convexo que tem 3 faces triangulares, 1 face quadrangular, 1 pentagonal e 2 hexagonais.

182. Num poliedro convexo de 10 arestas, o número de faces é igual ao número de vértices. Quantas faces tem esse poliedro?

183. Num poliedro convexo o número de arestas excede o número de vértices em 6 unidades. Calcule o número de faces desse poliedro.

184. Um poliedro convexo apresenta faces quadrangulares e triangulares. Calcule o número de faces desse poliedro, sabendo que o número de arestas é o quádruplo do número de faces triangulares e o número, de faces quadrangulares é igual a 5.

185. Um poliedro convexo tem 11 vértices, o número de faces triangulares igual ao número de faces quadrangulares e uma face pentagonal. Calcule o número de faces desse poliedro.

186. Calcule o número de faces triangulares e o número de faces quadrangulares de um poliedro com 20 arestas e 10 vértices.

187. Um poliedro de sete vértices tem cinco ângulos tetraédricos e dois ângulos pentaédricos. Quantas arestas e quantas faces tem o poliedro?

Solução

Arestas: O número de arestas dos 5 ângulos tetraédricos é 5×4 e o número de arestas dos 2 pentaédricos é 2×5; notando que cada aresta foi contada duas vezes, pois é comum a dois ângulos poliédricos, temos:
$2A = 5 \times 4 + 2 \times 5 \Rightarrow 2A = 30 \Rightarrow A = 15.$
Faces: Com $V = 7$ e $A = 15$ em $V - A + F = 2$, vem $F = 10$.

188. Ache o número de faces de um poliedro convexo que possui 16 ângulos triedros.

189. Determine o número de vértices, arestas e faces de um poliedro convexo formado por cinco triedros, sete ângulos tetraédricos, nove ângulos pentaédricos e oito ângulos hexaédricos.

190. Um poliedro convexo possui 1 ângulo pentaédrico, 10 ângulos tetraédricos, e os demais triedros. Sabendo que o poliedro tem: número de faces triangulares igual ao número de faces quadrangulares, 11 faces pentagonais, e no total 21 faces, calcule o número de vértices do poliedro convexo.

191. O "cubo-octaedro" possui seis faces quadradas e oito triangulares. Determine o número de faces, arestas e vértices desse sólido euleriano.

192. O tetraexaedro possui 4 faces triangulares e 6 faces hexagonais. Determine o número de faces, arestas e vértices desse sólido, sabendo que ele é euleriano.

POLIEDROS CONVEXOS

193. Num poliedro convexo, 4 faces são quadriláteros e as outras triângulos. O número de arestas é o dobro do número de faces triangulares. Quantas são as faces?

194. Um poliedro convexo possui apenas faces triangulares e quadrangulares. Sabendo que os números de faces triangulares e quadrangulares são diretamente proporcionais aos números 2 e 3 e que o número de arestas é o dobro do número de vértices, calcule o número total de faces desse poliedro.

195. Um poliedro convexo possui, apenas, faces triangulares, quadrangulares e pentagonais. O número de faces triangulares excede o de faces pentagonais em duas unidades. Calcule o número de faces de cada tipo, sabendo que o poliedro tem 7 vértices.

196. Um poliedro convexo de 24 arestas é formado apenas por faces triangulares e quadrangulares. Seccionado por um plano convenientemente escolhido, dele se pode destacar um novo poliedro convexo, sem faces triangulares, com uma face quadrangular a mais e um vértice a menos que o poliedro primitivo. Calcule o número de faces do poliedro primitivo.

197. Ache o número de vértices de um poliedro convexo que tem a faces de ℓ lados, b faces de m lados e c faces de n lados. Discuta.

123. Propriedade

> A soma dos ângulos de todas as faces de um poliedro convexo é
> $S = (V - 2) \cdot 4r$
> em que V é o número de vértices e r é um ângulo reto.

Demonstração:

V, A e F são, nessa ordem, os números de vértices, arestas e faces do poliedro. Sejam n_1, n_2, n_3, ..., n_F os números de lados das faces 1, 2, 3, ... F, ordenadamente. A soma dos ângulos de uma face é $(n - 2) \cdot 2r$.

Para todas as faces, temos:

$$S = (n_1 - 2) \cdot 2r + (n_2 - 2) \cdot 2r + (n_3 - 2) \cdot 2r + ... + (n_F - 2) \cdot 2r =$$
$$= n_1 \cdot 2r - 4r + n_2 \cdot 2r - 4r + n_3 \cdot 2r - 4r + ... + n_F \cdot 2r - 4r =$$
$$= (n_1 + n_2 + n_3 + ... + n_F) \cdot 2r - \underbrace{4r - 4r - ... - 4r}_{F \text{ vezes}}$$

Sendo
$n_1 + n_2 + n_3 + ... + n_F = 2A$
(pois cada aresta foi contada duas vezes em $n_1 + n_2 + n_3 + ... + n_F$),

Substituindo, vem:

S = 2A · 2r − F · 4r ⇒ S = (A − F) · 4r. (1)

Como vale a relação de Euler,

V − A + F = 2 ⇒ V − 2 = A − F. (2)

Substituindo (2) em (1), temos:

$$S = (V - 2) \cdot 4r$$

II. Poliedros de Platão

124. Definição

Um poliedro é chamado poliedro de Platão se, e somente se, satisfaz as três seguintes condições:
 a) todas as faces têm o mesmo número (n) de arestas;
 b) todos os ângulos poliédricos têm o mesmo número (m) de arestas;
 c) vale a relação de Euler ($V - A + F = 2$).

125. Propriedade

Existem cinco, e somente cinco, **classes** de poliedros de Platão.

Demonstração:

Usando as condições que devem ser verificadas por um poliedro de Platão, temos:
 a) cada uma das F faces tem n arestas ($n \leqslant 3$), e como cada aresta está em duas faces:

$$n \cdot F = 2A \quad \Rightarrow \quad F = \frac{2A}{n} \quad (1)$$

 b) cada um dos V ângulos poliédricos tem m arestas ($m \geqslant 3$), e como cada aresta contém dois vértices:

$$m \cdot V = 2A \quad \Rightarrow \quad V = \frac{2A}{m} \quad (2)$$

 c) $V - A + F = 2$ (3)

POLIEDROS CONVEXOS

Substituindo (1) e (2) em (3) e depois dividindo por 2A, obtemos:

$$\frac{2A}{m} - A + \frac{2A}{n} = 2 \Rightarrow \frac{1}{m} - \frac{1}{2} + \frac{1}{n} = \frac{1}{A} \quad (4)$$

Sabemos que $n \geq 3$ e $m \geq 3$. Notemos, porém, que se *m* e *n* fossem simultaneamente maiores que 3 teríamos:

$$\left. \begin{array}{l} m > 3 \Rightarrow m \geq 4 \Rightarrow \frac{1}{m} \leq \frac{1}{4} \\ n > 3 \Rightarrow n \geq 4 \Rightarrow \frac{1}{n} \leq \frac{1}{4} \end{array} \right\} \Rightarrow \frac{1}{m} + \frac{1}{n} \leq \frac{1}{2} \Rightarrow \frac{1}{m} - \frac{1}{2} + \frac{1}{n} \leq 0$$

o que contraria a igualdade (4), pois A é um número positivo.

Concluímos então que, nos poliedros de Platão, $m = 3$ ou $n = 3$ (isto significa que um poliedro de Platão possui, obrigatoriamente, **triedro** ou **triângulo**):

1º) Para $m = 3$ (supondo que tem **triedro**).

Em (4) vem:

$$\frac{1}{n} - \frac{1}{6} = \frac{1}{A} \Rightarrow \frac{1}{n} > \frac{1}{6} \Rightarrow n < 6.$$

m	n
3	3
3	4
3	5

Então, $n = 3$ ou $n = 4$ ou $n = 5$ (respectivamente faces triangulares ou quadrangulares ou pentagonais).

2º) Para $n = 3$ (supondo que tem **triângulo**).

Em (4):

$$\frac{1}{m} - \frac{1}{6} = \frac{1}{A} \Rightarrow \frac{1}{m} > \frac{1}{6} \Rightarrow m < 6.$$

m	n
3	3
4	3
5	3

Então, $m = 3$ ou $m = 4$ ou $m = 5$ (respectivamente ângulos triédricos ou tetraédricos ou pentaédricos).

Resumindo os resultados encontrados no 1º e no 2º, concluímos que os poliedros de Platão são determinados pelos pares (m, n) da tabela ao lado, sendo, portanto, cinco, e somente cinco, as classes de poliedros de Platão.

m	n
3	3
3	4
3	5
4	3
5	3

Consequência:

Para saber o número de arestas A, o número de faces F e o número de vértices V de cada poliedro de Platão, basta substituir em (4) os valores de *m* e *n* encontrados e depois trabalhar com (1) e (2).
Exemplo:

Uma das possibilidades encontradas para *m* e *n* foi m = 3 e n = 5.

Com esses valores em (4), temos:

$$\frac{1}{3} - \frac{1}{2} + \frac{1}{5} = \frac{1}{A} \Rightarrow \frac{1}{30} = \frac{1}{A} \Rightarrow A = 30.$$

Em (2): $V = \frac{2 \cdot 30}{5} \Rightarrow V = 20.$

Em (1): $F = \frac{2 \cdot 30}{5} \Rightarrow F = 12.$

Como é o número de faces que determina o nome, o poliedro de nosso exemplo é **dodecaedro**.
Notemos que m = 3 significa ângulos **triédricos** (ou triedros) e n = 5, faces **pentagonais**.

126. Nomes dos poliedros de Platão

Procedendo como indicamos no problema acima, temos, em resumo:

m	n	A	V	F	nome
3	3	6	4	4	Tetraedro
3	4	12	8	6	Hexaedro
4	3	12	6	8	Octaedro
3	5	30	20	12	Dodecaedro
5	3	30	12	20	Icosaedro

III. Poliedros regulares

Um poliedro convexo é regular quando:
a) suas faces são polígonos regulares e congruentes;
b) seus ângulos poliédricos são congruentes.

POLIEDROS CONVEXOS

127. Propriedade

> Existem cinco, e somente cinco, tipos de poliedros regulares.

Demonstração:

Usando as condições para um poliedro ser regular, temos:

a) suas faces são polígonos regulares e congruentes, então todas têm o mesmo número de arestas;

b) seus ângulos poliédricos são congruentes, então todos têm o mesmo número de arestas.

Por essas conclusões temos que os poliedros regulares são poliedros de Platão e portanto existem cinco e somente cinco tipos de poliedros regulares: **tetraedro regular**, **hexaedro regular**, **octaedro regular**, **dodecaedro regular** e **icosaedro regular**.

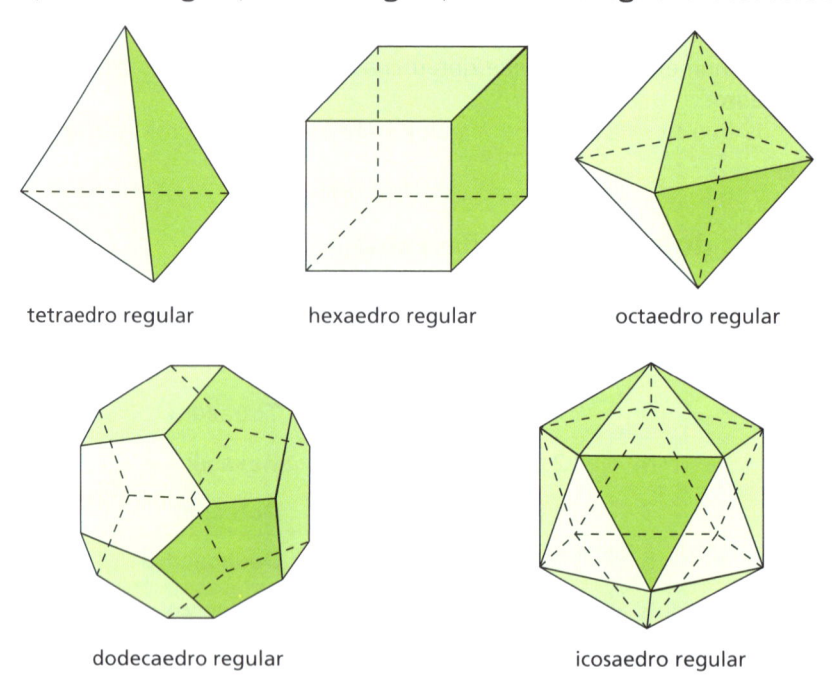

tetraedro regular   hexaedro regular   octaedro regular

dodecaedro regular   icosaedro regular

128. Observação

> Todo poliedro regular é poliedro de Platão, mas nem todo poliedro de Platão é poliedro regular.

EXERCÍCIOS

198. Um poliedro convexo de 15 arestas tem somente faces quadrangulares e pentagonais. Quantas faces tem de cada tipo se a soma dos ângulos das faces é 32 ângulos retos?

Solução

$S = 32r \Rightarrow (V - 2) \cdot 4r = 32r \Rightarrow V = 10$

$(A = 15, V = 10, V - A + F = 2) \Rightarrow F = 7$

x faces quadrangulares e y pentagonais, então:

$\begin{cases} x + y = 7 \\ 4x + 5y = 30 \end{cases} \Rightarrow x = 5 \text{ e } y = 2$

199. Calcule em graus a soma dos ângulos das faces de um:
a) tetraedro;   b) hexaedro;   c) octaedro;   d) dodecaedro;   e) icosaedro.

200. Um poliedro convexo de 28 arestas possui faces triangulares e heptagonais. Quantas tem de cada espécie, se a soma dos ângulos das faces é 64 retos?

201. A soma dos ângulos das faces de um poliedro convexo é 720°. Calcule o número de faces, sabendo que é os $\frac{2}{3}$ do número de arestas.

202. Primeira generalização das relações entre número de vértices, arestas e faces de um poliedro euleriano.

Solução

Seja um poliedro convexo em que:

F_3 representa o número de faces triangulares,
F_4 representa o número de faces quadrangulares,
F_5 representa o número de faces pentagonais,
F_6 representa o número de faces hexagonais,

⋮   ⋮   ⋮   ⋮

Então $F = F_3 + F_4 + F_5 + F_6 + ...$ (1)

Sendo cada aresta comum a duas faces, teremos:

$2A = 3F_3 + 4F_4 + 5F_5 + 6F_6 + ...$ (2)

POLIEDROS CONVEXOS

203. Um poliedro apresenta faces triangulares e quadrangulares. A soma dos ângulos das faces é igual a 2 160°. Determine o número de faces de cada espécie desse poliedro, sabendo que ele tem 15 arestas.

204. Da superfície de um poliedro regular de faces pentagonais tiram-se as três faces adjacentes a um vértice comum. Calcule o número de arestas, faces e vértices da superfície poliédrica aberta que resta.

205. Demonstre que, em qualquer poliedro convexo, é par o número de faces que têm número ímpar de lados.

Solução

Tese $\{F_3 + F_5 + F_7 + ...\}$ é par

De fato, da relação (2) temos:

$3F_3 + 4F_4 + 5F_5 + 6F_6 + 7F_7 + ... = 2A \Rightarrow$

$\Rightarrow F_3 + F_5 + F_7 + ... = 2A - 2F_3 - 4F_4 - 4F_5 - 6F_6 - ... \Rightarrow$

$\Rightarrow F_3 + F_5 + F_7 + ... = 2(A - F_3 - 2F_4 - 2F_5 - 3F_6 - 3F_7 - ...)$

o que prova a tese.

206. Segunda generalização das relações entre número de vértices, arestas e faces de um poliedro euleriano.

Solução

Seja um poliedro convexo em que:
V_3 representa o número de ângulos triédricos,
V_4 representa o número de ângulos tetraédricos,
V_5 representa o número de ângulos pentaédricos,
V_6 representa o número de ângulos hexaédricos,
⋮   ⋮   ⋮   ⋮

Então:

$V = V_3 + V_4 + V_5 + V_6 + ...$ (3)

Se cada aresta une dois vértices, temos:

$2A = 3V_3 + 4V_4 + 5V_5 + 6V_6 + ...$ (4)

207. Demonstre que, em qualquer poliedro convexo, é par o número de ângulos poliédricos que têm número ímpar de arestas.

208. Demonstre que em qualquer poliedro convexo vale a relação:
$2F = 4 + V_3 + 2V_4 + 3V_5 + 4V_6 + 5V_7 + \ldots$

209. Demonstre que em qualquer poliedro convexo vale a relação:
$2V = 4 + F_3 + 2F_4 + 3F_5 + 4F_6 + 6F_7 + \ldots$

> **Solução**
>
> Tomando as relações (1) e (2) do exercício 202, a relação de Euler e eliminando A nessas relações, obtemos:
>
> $2V = 4 + F_3 + 2F_4 + 3F_5 + 4F_6 + \ldots$

210. Em qualquer poliedro euleriano, a soma do número de faces triangulares com o número de triedros é superior ou igual a 8.

211. Demonstre que os números F, V, A, das faces, vértices e arestas de um poliedro qualquer estão limitados por:
a) $A + 6 \leq 3F \leq 2A$
b) $A + 6 \leq 3V \leq 2A$

212. Numa molécula tridimensional de carbono, os átomos ocupam os vértices de um poliedro convexo com 12 faces pentagonais e 20 faces hexagonais regulares, como em uma bola de futebol.

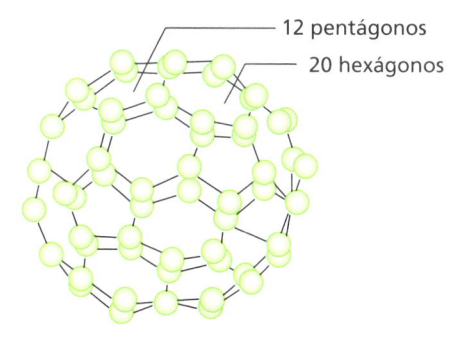

— 12 pentágonos
— 20 hexágonos

Qual é o número de átomos de carbono na molécula? E o número de ligações entre esses átomos?

CAPÍTULO VIII
Prisma

I. Prisma ilimitado

129. Definição

Consideremos uma região poligonal convexa plana (polígono plano convexo) A_1 A_2 ... A_n de n lados e uma reta r não paralela nem contida no plano da região (polígono). Chama-se **prisma ilimitado convexo** ou **prisma convexo indefinido** à reunião das retas paralelas a r e que passam pelos pontos da região poligonal dada.

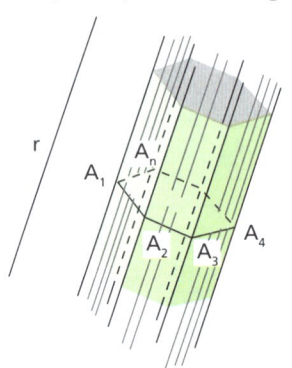

Se a região poligonal (polígono) A_1, A_2 ... A_n for côncava, o prisma ilimitado resultará côncavo.

130. Elementos

Um prisma ilimitado convexo possui: n arestas, n diedros e n faces (que são faixas de plano).

131. Seções

Seção é uma região poligonal plana (polígono plano) com um só vértice em cada aresta.

Seção reta ou **seção normal** é uma seção cujo plano é perpendicular às arestas.

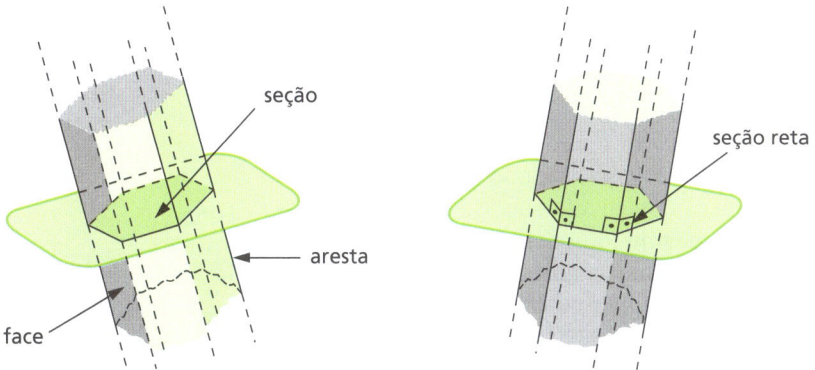

132. Superfície

A superfície de um prisma ilimitado convexo é a reunião das faces desse prisma. É chamada **superfície prismática convexa ilimitada** ou **indefinida**.

133. Propriedades

> 1ª) Seções paralelas de um prisma ilimitado são polígonos congruentes.

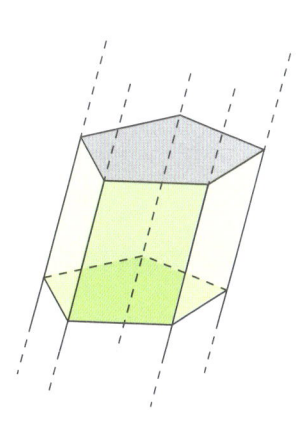

De fato, pelo paralelismo das arestas e pelo paralelismo dos planos de duas seções, podemos concluir que estas seções têm lados congruentes (lados opostos de paralelogramos) e ângulos congruentes (ângulos de lados respectivamente paralelos). Logo, as seções são congruentes.

> 2ª) A soma dos diedros de um prisma ilimitado convexo de n arestas é igual a $(n - 2) \cdot 2$ retos.

Demonstração:
Sabemos que a soma dos ângulos internos de um polígono convexo é igual a $(n - 2) \cdot 2$ retos.

PRISMA

Como a seção reta do prisma é um polígono convexo de n lados, e a medida de cada ângulo desse polígono é a medida do diedro correspondente, pois o plano do polígono determina seção reta no diedro, então a soma dos diedros é igual a (n − 2) · 2 retos.

II. Prisma

134. Definição

Consideremos um polígono convexo (região poligonal convexa) ABCD ... MN situado num plano α e um segmento de reta $\overline{PQ}$, cuja reta suporte intercepta o plano α. Chama-se **prisma** (ou prisma convexo) à reunião de todos os segmentos congruentes e paralelos a $\overline{PQ}$, com uma extremidade nos pontos do polígono e situados num mesmo semiespaço dos determinados por α.

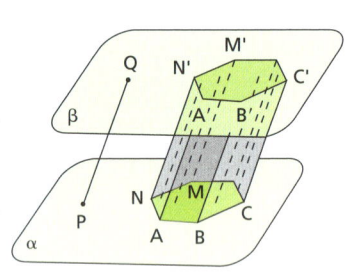

Podemos também definir o prisma como segue:

Prisma convexo limitado ou **prisma convexo definido** ou **prisma convexo** é a reunião da parte do prisma convexo ilimitado, compreendida entre os planos de duas seções paralelas e distintas, com essas seções.

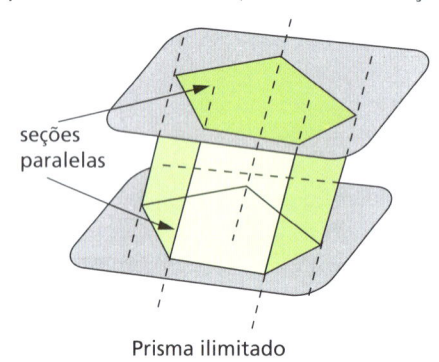

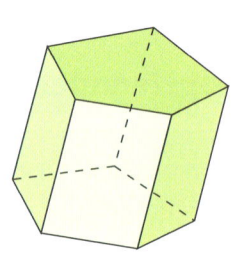

Prisma ilimitado

Prisma

135. Elementos

O prisma possui:
2 bases congruentes (as seções citadas acima),
 n faces laterais (paralelogramos),
 (n + 2) faces,
 n arestas laterais,
 3n arestas, 3n diedros,
 2n vértices e 2n triedros.

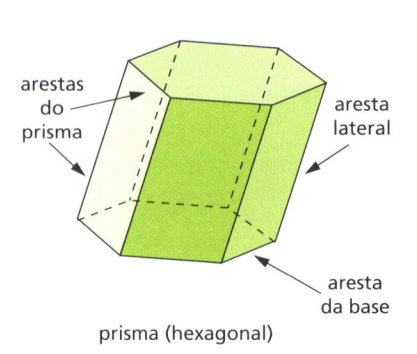

prisma (hexagonal)

136. A **altura** de um prisma é a distância *h* entre os planos das bases. Devemos observar que para o prisma é válida a relação de Euler: $V - A + F - 2n - 3n + (n + 2) = 2 \Rightarrow V - A + F = 2$.

137. Seções

Seção de um prisma é a interseção do prisma com um plano que intercepta todas as arestas laterais. Notemos que a seção de um prisma é um polígono com vértice em cada aresta lateral.

Seção reta ou **seção normal** é uma seção cujo plano é perpendicular às arestas laterais.

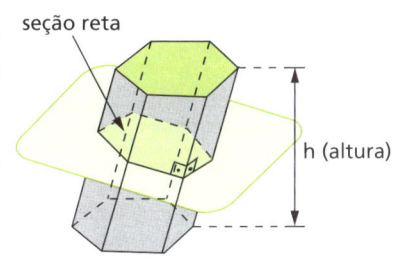

138. Superfícies

Superfície lateral é a reunião das faces laterais. A área desta superfície é chamada área lateral e indicada por A_ℓ.

Superfície total é a reunião da superfície lateral com as bases. A área desta superfície é chamada área total e indicada por A_t.

139. Classificação

Prisma reto é aquele cujas arestas laterais são perpendiculares aos planos das bases. Num prisma reto as faces laterais são retângulos.

Prisma oblíquo é aquele cujas arestas são oblíquas aos planos das bases.

Prisma regular é um prisma reto cujas bases são polígonos regulares.

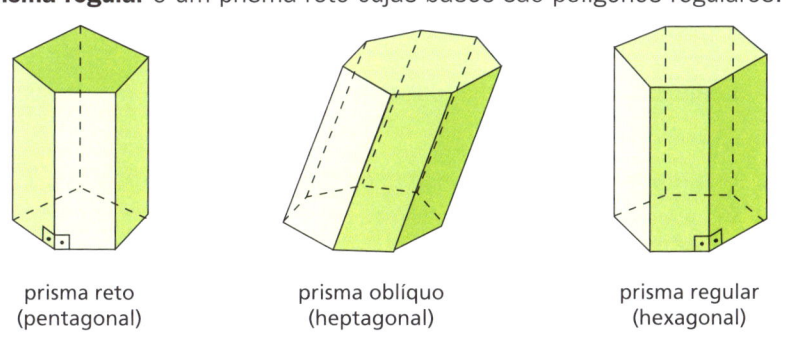

prisma reto
(pentagonal)

prisma oblíquo
(heptagonal)

prisma regular
(hexagonal)

140. Natureza de um prisma

Um prisma será triangular, quadrangular, pentagonal, etc., conforme a **base** for um triângulo, um quadrilátero, um pentágono, etc.

PRISMA

EXERCÍCIOS

213. Ache a natureza de um prisma, sabendo que ele possui:
a) 7 faces;
b) 8 faces;
c) 15 arestas;
d) 24 arestas.

214. Prove que a soma dos ângulos de todas as faces de um prisma de n faces laterais vale $S = (n - 1) \cdot 8r$, em que $r = 90°$.

1ª solução

Se o prisma tem n faces laterais, sua base é um polígono convexo de n lados, e a soma dos ângulos internos desse polígono é dada por $(n - 2) \cdot 2r$.

Cada face lateral é um paralelogramo e a soma dos ângulos internos de cada uma é $4r$.

Como o prisma possui 2 bases e n faces laterais, vem:
$S = 2 \cdot (n - 2) \cdot 2r + n \cdot 4r \Rightarrow S = n \cdot 4r - 8r + n \cdot 4r \Rightarrow$
$\Rightarrow S = n \cdot 8r - 8r \Rightarrow S = (n - 1) \cdot 8r$.

2ª solução

O prisma possui $2n$ vértices. Sendo a soma dos ângulos das faces dada por $S = (V - 2) \cdot 4r$, temos:
$S = (2n - 2) \cdot 4r \Rightarrow S = (n - 1) \cdot 8r$.

215. Ache a natureza de um prisma, sabendo que a soma dos ângulos das faces é 72 retos.

216. Ache a natureza de um prisma, sabendo que a soma dos ângulos das faces é 32 retos.

217. Calcule a soma dos ângulos internos de todas as faces de um prisma oblíquo, sabendo que o prisma tem 8 faces.

218. A soma dos ângulos internos de todas as faces de um prisma é igual a $96r$. Calcule a soma dos ângulos internos de uma de suas bases.

219. Quantas diagonais possui um prisma cuja base é um polígono convexo de n lados?

Solução

Observemos que, quando nos referimos às diagonais de um prisma, não levamos em consideração as diagonais das bases e das faces laterais do prisma. Seja então um prisma cuja base é um polígono convexo de n lados.

Unindo um vértice de uma das bases aos vértices da outra base, temos $(n - 3)$ diagonais (eliminamos duas diagonais de face e uma aresta).

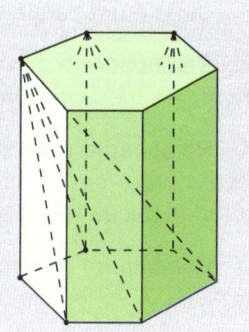

Como existem n vértices na base tomada, o número total de diagonais do prisma é $n \cdot (n - 3)$.

220. Prove que o número de diagonais de um prisma é igual ao dobro do número de diagonais de uma de suas bases.

221. Calcule a soma dos ângulos internos de todas as faces de um prisma que possui 40 diagonais.

222. Calcule a soma dos ângulos diedros de um prisma que tem por base um polígono convexo de n lados.

III. Paralelepípedos e romboedros

141. Paralelepípedo é um prisma cujas bases são paralelogramos. A superfície total de um paralelepípedo é a reunião de seis paralelogramos.

142. Paralelepípedo reto é um prisma reto cujas bases são paralelogramos. A superfície total de um paralelepípedo reto é a reunião de quatro retângulos (faces laterais) com dois paralelogramos (bases).

143. Paralelepípedo retorretângulo ou **paralelepípedo retângulo** ou **ortoedro** é um prisma reto cujas bases são retângulos. A superfície total de um paralelepípedo retângulo é a reunião de seis retângulos.

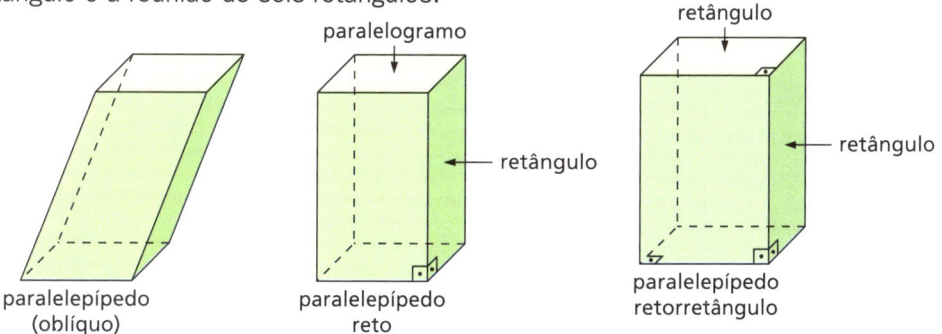

PRISMA

144. **Cubo** é um paralelepípedo retângulo cujas arestas são congruentes.

145. **Romboedro** é um paralelepípedo que possui as doze arestas congruentes entre si. A superfície total de um romboedro é a reunião de seis losangos.

146. **Romboedro reto** é um paralelepípedo reto que possui as doze arestas congruentes entre si. A superfície total de um romboedro reto é a reunião de quatro quadrados (faces laterais) com dois losangos (bases).

147. **Romboedro retorretângulo** ou **cubo** é um romboedro reto cujas bases são quadrados. A superfície de um romboedro reto é a reunião de seis quadrados.

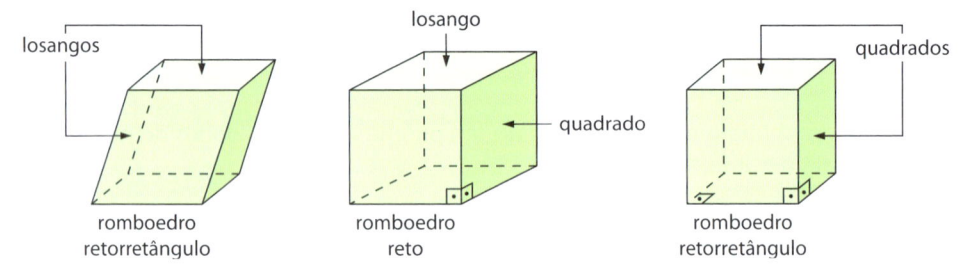

EXERCÍCIOS

223. Calcule a soma dos ângulos das faces de um paralelepípedo.

224. Calcule a soma dos diedros formados pelas faces de um paralelepípedo.

225. Mostre que as diagonais de um paralelepípedo retângulo são congruentes.

226. Mostre que as diagonais de um paralelepípedo retângulo interceptam-se nos respectivos pontos médios.

Solução

Pelas arestas opostas (BC e EH, AD e FG) passam planos diagonais que determinam no paralelepípedo seções que são paralelogramos. As diagonais do paralelepípedo são diagonais desses paralelogramos. Como as diagonais de um paralelogramo se interceptam nos respectivos pontos médios, as diagonais do paralelepípedo também o fazem.

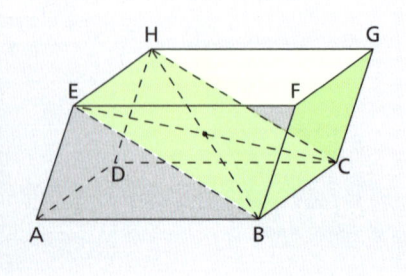

227. Mostre que a seção feita em um paralelepípedo, por um plano que intercepta 4 arestas paralelas, é um paralelogramo.

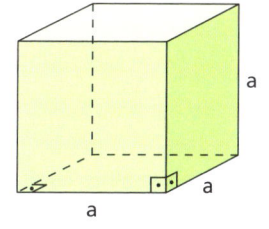

IV. Diagonal e área do cubo

148. Dado um cubo de aresta a, calcular sua diagonal d e sua área total S.

Solução

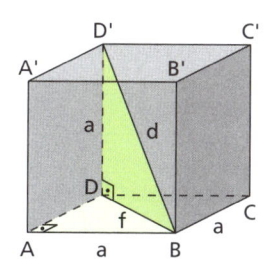

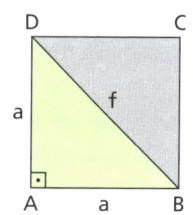

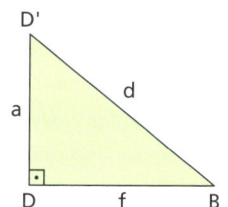

a) Cálculo de d

Inicialmente calculemos a medida f de uma diagonal de face:

No $\triangle BAD$: $f^2 = a^2 + a^2 \Rightarrow f^2 = 2a^2 \Rightarrow f = a\sqrt{2}$.

No $\triangle BDD'$: $d^2 = a^2 + f^2 \Rightarrow d^2 = a^2 + 2a^2 \Rightarrow d^2 = 3a^2 \Rightarrow$

$$\Rightarrow \boxed{d = a\sqrt{3}}$$

b) Cálculo de S

A superfície total de um cubo é a reunião de seis quadrados congruentes de lado a. A área de cada um é a^2. Então, a área total do cubo é:

$$\boxed{S = 6a^2}$$

V. Diagonal e área do paralelepípedo retângulo

149. Dado um paralelepípedo retângulo de dimensões a, b e c, calcular as diagonais f_1, f_2 e f_3 das faces, a diagonal do paralelepípedo e sua área total S.

Solução

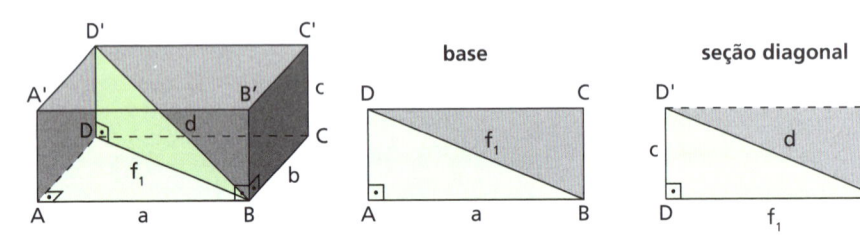

a) Cálculo de f_1, f_2 e f_3

Sendo f_1 a diagonal da face ABCD (ou A'B'C'D'), temos:

$$f_1^2 = a^2 + b^2 \Rightarrow f_1 = \sqrt{a^2 + b^2}.$$

Sendo f_2 a diagonal da face ABB'A' (ou DCC'D') e f_3 a diagonal da face ADD'A' (ou BCC'B'), temos:

$$f_2^2 = a^2 + c^2 \Rightarrow f_2 = \sqrt{a^2 + c^2} \qquad f_3^2 = b^2 + c^2 \Rightarrow f_3 = \sqrt{b^2 + c^2}$$

b) Cálculo de d

No $\triangle$BDD': $d^2 = f_1^2 + c^2 \Rightarrow \boxed{d^2 = a^2 + b^2 + c^2} \Rightarrow d = \sqrt{a^2 + b^2 + c^2}$.

c) Cálculo da área total S

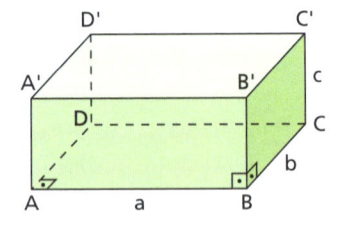

A área total do paralelepípedo é a soma das áreas de seis retângulos: dois deles (ABCD, A'B'C'D') com dimensões a e b, outros dois (ABB'A', DCC'D') com dimensões a e c e os últimos dois (ADD'A', BCC'B') com dimensões b e c. Logo,

$$S = 2ab + 2ac + 2bc \Rightarrow \boxed{S = 2(ab + ac + bc)}$$

EXERCÍCIOS

228. Calcule a medida da diagonal e a área total dos paralelepípedos, cujas medidas estão indicadas abaixo:

a) cubo

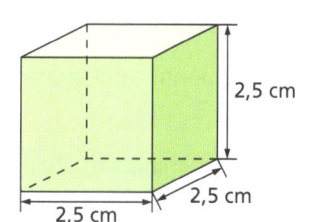

b) paralelepípedo retângulo

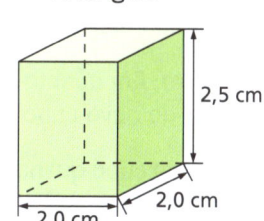

c) paralelepípedo retângulo

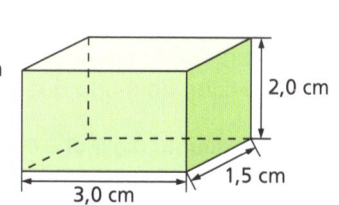

229. Represente através de expressões algébricas a medida da diagonal e a área total dos paralelepípedos, cujas medidas estão indicadas abaixo:

a) cubo

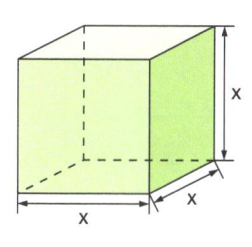

b) paralelepípedo retângulo

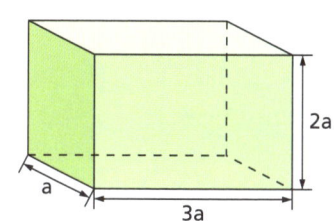

c) paralelepípedo retângulo

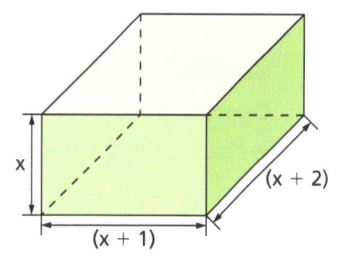

230. Calcule a medida da aresta de um cubo de 36 m² de área total.

231. Calcule a diagonal de um paralelepípedo retângulo de dimensões y, $(y + 1)$ e $(y - 1)$.

232. Calcule a medida da diagonal de um cubo, sabendo que a sua área total mede 37,5 cm².

233. Calcule a medida da terceira dimensão de um paralelepípedo, sabendo que duas delas medem 4 cm e 7 cm e que sua diagonal mede $3\sqrt{10}$ cm.

PRISMA

234. Calcule a medida da aresta de um cubo, sabendo que a diagonal do cubo excede em 2 cm a diagonal da face.

Solução
$d - f = 2 \Rightarrow a\sqrt{3} - a\sqrt{2} = 2 \Rightarrow a(\sqrt{3} - \sqrt{2}) = 2 \Rightarrow a = 2(\sqrt{3} + \sqrt{2})$
Resposta: $2(\sqrt{3} + \sqrt{2})$ cm.

235. Sabe-se que a diagonal de um cubo mede 2,5 cm. Em quanto se deve aumentar a aresta desse cubo para que sua diagonal passe a medir 5,5 cm?

236. A aresta de um cubo mede 2 cm. Em quanto se deve aumentar a diagonal desse cubo de modo que a aresta do novo cubo seja igual a 3 cm?

237. Em quanto diminui a aresta de um cubo quando a diagonal diminui em $3\sqrt{3}$ cm?

238. A diferença entre as áreas totais de dois cubos é 164,64 cm². Calcule a diferença entre as suas diagonais, sabendo que a aresta do menor mede 3,5 cm.

239. Calcule a aresta de um cubo, sabendo que a soma dos comprimentos de todas as arestas com todas as diagonais e com as diagonais das seis faces vale 32 cm.

240. Determine a área total de um paralelepípedo retângulo cuja diagonal mede $25\sqrt{2}$ cm, sendo a soma de suas dimensões igual a 60 cm.

Solução
Considerando o paralelepípedo de dimensões a, b e c, com a diagonal $d = 25\sqrt{2}$ cm:

$d^2 = a^2 + b^2 + c^2 \Rightarrow$
$\Rightarrow (25\sqrt{2})^2 = a^2 + b^2 + c^2 \Rightarrow$
$\Rightarrow a^2 + b^2 + c^2 = 1\,250$

Dados: $a + b + c = 60$

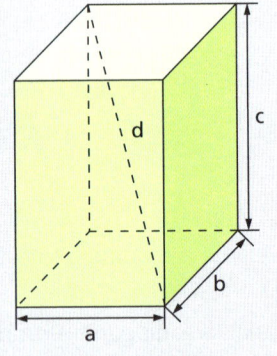

Sabendo que $(a + b + c)^2 = a^2 + b^2 + c^2 + 2(ab + ac + bc)$ e observando que $a^2 + b^2 + c^2 = d^2$ e $2(ab + ac + bc) = S$, temos:
$(a + b + c)^2 = d^2 + S$.
Substituindo os valores, vem:
$(60)^2 = 1\,250 + S \Rightarrow S = 2\,350$.
Resposta: A área total do paralelepípedo é $2\,350$ cm².

241. Determine a diagonal de um paralelepípedo, sendo 62 cm² sua área total e 10 cm a soma de suas dimensões.

242. Prove que em um paralelepípedo retângulo a soma dos quadrados das quatro diagonais é igual à soma dos quadrados das doze arestas.

243. Dois paralelepípedos retângulos têm diagonais iguais, e a soma das três dimensões de um é igual à soma das três do outro. Prove que as áreas totais de ambos são iguais.

244. Determine as dimensões de um paralelepípedo retângulo, sabendo que são proporcionais aos números 1, 2, 3 e que a área total do paralelepípedo é 352 cm².

> **Solução**
>
> $\frac{a}{1} = \frac{b}{2} = \frac{c}{3} = k \Rightarrow (a = k, b = 2k, c = 3k)$ (1)
>
> $S = 352 \Rightarrow 2(ab + ac + bc) = 352 \Rightarrow ab + ac + bc = 176$ (2)
>
> Substituindo (1) em (2), vem:
>
> $1k \cdot 2k + 1k \cdot 3k + 2k \cdot 3k = 176 \Rightarrow 11k^2 = 176 \Rightarrow k^2 = 16 \Rightarrow k = 4$.
>
> Retornando a (1), temos: $a = 4$, $b = 8$ e $c = 12$.
>
> Resposta: As dimensões são 4 cm, 8 cm e 12 cm.

245. Calcule as dimensões de um paralelepípedo retângulo, sabendo que são proporcionais aos números 5, 8, 10 e que a diagonal mede 63 cm.

246. As dimensões de um paralelepípedo são inversamente proporcionais aos números 6, 4 e 3. Determine-as, sabendo que a área total desse paralelepípedo é 208 m².

247. As dimensões x, y e z de um paralelepípedo retângulo são proporcionais a a, b e c. Dada a diagonal d, calcule essas dimensões.

248. Com uma corda disposta em cruz, deseja-se amarrar um pacote em forma de ortoedro, cujas dimensões são 1,40 m, 0,60 m e 0,20 m. Se para fazer os nós gastam-se 20 cm, responda: Quantos metros de corda serão necessários para amarrar o pacote?

249. As dimensões de um ortoedro são inversamente proporcionais a r, s e t. Calcule essas dimensões, dada a diagonal d.

Solução

Sejam x, y e z as dimensões:

$x^2 + y^2 + z^2 = d^2$ \quad (1)

$x = \dfrac{1}{r}k \qquad y = \dfrac{1}{s}k \qquad z = \dfrac{1}{t}k \Rightarrow$

$\Rightarrow x = \dfrac{st}{rst}k \qquad y = \dfrac{rt}{rst}k \qquad z = \dfrac{rs}{rst}k$

Mudando a constante para $K = \dfrac{k}{rst}$, vem:

$x = stK \qquad y = rtK \qquad z = rsK$ \quad (2)

(2) em (1): $K^2(s^2t^2 + r^2t^2 + r^2s^2) = d^2 \Rightarrow K = \dfrac{d}{\sqrt{s^2t^2 + r^2t^2 + r^2s^2}}$

Substituindo em (2), vem a resposta:

$x = \dfrac{std}{\sqrt{s^2t^2 + r^2t^2 + r^2s^2}}; \qquad y = \dfrac{rtd}{\sqrt{s^2t^2 + r^2t^2 + r^2s^2}};$

$z = \dfrac{rsd}{\sqrt{s^2t^2 + r^2t^2 + r^2s^2}}.$

250. As dimensões de um paralelepípedo retângulo são inversamente proporcionais a r, s, t. Calcule essas dimensões, sabendo que a área é S.

251. As áreas de três faces adjacentes de um ortoedro estão entre si como p, q e r. A área total é $2\ell^2$. Determine as três dimensões.

252. Se a aresta de um cubo mede 100 cm, encontre a distância de um vértice do cubo à sua diagonal.

VI. Razão entre paralelepípedos retângulos

150. A razão entre dois paralelepípedos retângulos de bases congruentes é igual à razão entre as alturas.

Sejam $P(a, b, h_1)$ e $P(a, b, h_2)$ os paralelepípedos em que a, b, h_1 e a, b, h_2 são as respectivas dimensões.

Trata-se de demonstrar que: $\dfrac{P(a, b, h_1)}{P(a, b, h_2)} = \dfrac{h_1}{h_2}.$

Demonstração:

1º caso: h_1 e h_2 são **comensuráveis**

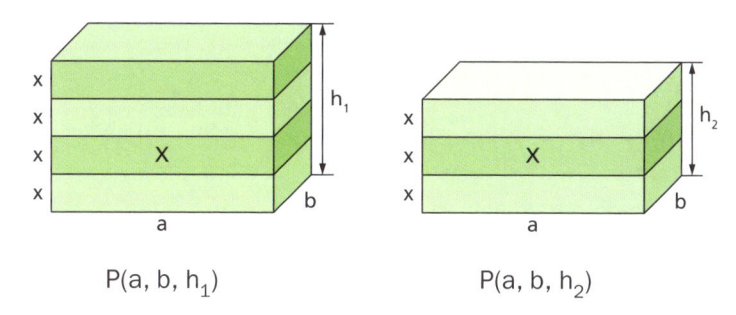

$P(a, b, h_1)$ $P(a, b, h_2)$

Sendo h_1 e h_2 comensuráveis, existe um segmento x submúltiplo comum de h_1 e h_2:

$\left. \begin{array}{l} h_1 = p \cdot x \\ h_2 = q \cdot x \end{array} \right\} \Rightarrow \dfrac{h_1}{h_2} = \dfrac{p}{q}$ (1)

Construindo os paralelepípedos $X(a, b, c)$, temos:

$\left. \begin{array}{l} P(a, b, h_1) = p \cdot X \\ P(a, b, h_2) = q \cdot X \end{array} \right\} \Rightarrow \dfrac{P(a, b, h_1)}{P(a, b, h_2)} = \dfrac{p}{q}$ (2)

De (1) e (2) vem: $\dfrac{P(a, b, h_1)}{P(a, b, h_2)} = \dfrac{h_1}{h_2}$.

2º caso: h_1 e h_2 são **incomensuráveis**

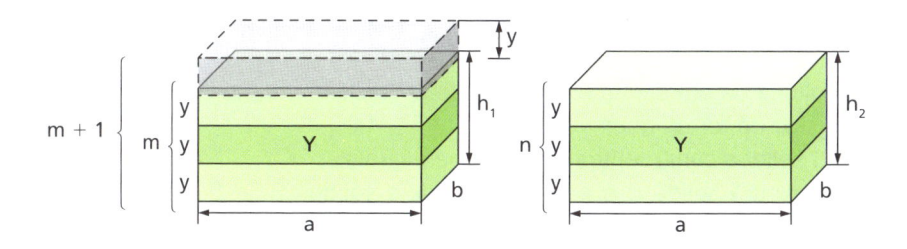

Sendo h_1, e h_2 incomensuráveis, não existe segmento submúltiplo comum de h_1 e h_2.

Tomemos um segmento y submúltiplo de h_2 (y "cabe" um certo número inteiro n de vezes em h_2, isto é, $h_2 = ny$).

Por serem h_1 e h_2 incomensuráveis, marcando sucessivamente y em h_1, temos que, chegando a um certo número inteiro m de vezes, acontece que:
$my < h_1 < (m + 1)y$.

Operando com as relações acima, vem:

$$\left. \begin{array}{l} my < h_1 < (m+1)y \\ ny = h_2 = ny \end{array} \right\} \Rightarrow \boxed{\frac{m}{n} < \frac{h_1}{h_2} < \frac{m+1}{n}} \quad (3)$$

Construindo os paralelepípedos $Y(a, b, y)$, temos:

$$\left. \begin{array}{l} mY < P(a, b, h_1) < (m+1)Y \\ nY = P(a, b, h_2) = ny \end{array} \right\} \Rightarrow \frac{m}{n} < \frac{P(a, b, h_1)}{P(a, b, h_2)} < \frac{m+1}{n} \quad (4)$$

Ora, sendo y submúltiplo de h_2, pode variar, e dividindo y, aumentamos n. Nessas condições,

$$\frac{m}{n} \text{ e } \frac{m+1}{n}$$

formam **um par de classes contíguas** que definem **um único** número real, que é $\frac{h_1}{h_2}$ pela expressão (3) e $\frac{P(a, b, h_1)}{P(a, b, h_2)}$ pela expressão (4).

Como esse número é **único**, então:

$$\frac{P(a, b, h_1)}{P(a, b, h_2)} = \frac{h_1}{h_2}.$$

VII. Volume de um sólido

151. Volume de um sólido ou medida do sólido é um número real positivo associado ao sólido de forma que:

1º) sólidos congruentes têm volumes iguais;

2º) se um sólido S é a reunião de dois sólidos S_1 e S_2 que não têm pontos **interiores** comuns, então o volume de S é a soma dos volumes de S_1 com S_2.

Os sólidos são medidos por uma **unidade** que, em geral, é um **cubo**. Assim, o volume desse cubo é 1. Se sua aresta medir 1 cm (um centímetro), seu volume será 1 cm³ (um centímetro cúbico). Se sua aresta medir 1 m, seu volume será 1 m³.

152. Dois sólidos são **equivalentes** se, e somente se, eles têm **volumes iguais** na mesma unidade de volume.

VIII. Volume do paralelepípedo retângulo e do cubo

153. Seja P(a, b, c) o paralelepípedo retângulo de dimensões a, b e c.

Vamos medir esse paralelepípedo com o cubo unitário, isto é, com o paralelepípedo P(1, 1, 1). Para isso, estabeleceremos a razão $\frac{P(a, b, c)}{P(1, 1, 1)}$, que será o volume procurado.

$$V = \frac{P(a, b, c)}{P(1, 1, 1)}$$

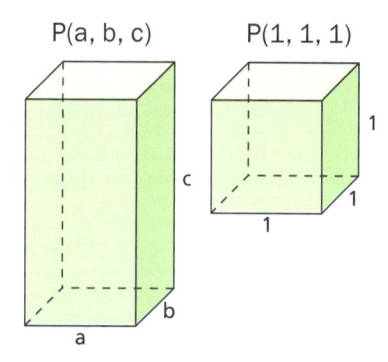

Consideremos, então, os paralelepípedos P(a, b, c), P(a, b, 1), P(a, 1, 1) e P(1, 1, 1) em que 1 é a unidade de comprimento.

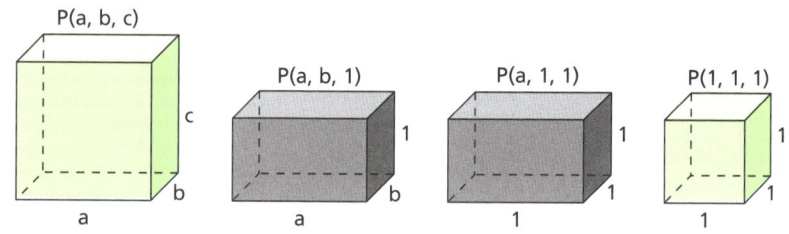

Com base na propriedade do item anterior, temos:

$$\frac{P(a, b, c)}{P(a, b, 1)} = \frac{c}{1} \quad (1) \quad \text{bases (a, b) cogruentes}$$

$$\frac{P(a, b, 1)}{P(a, 1, 1)} = \frac{b}{1} \quad (2) \quad \text{bases (a, 1) cogruentes}$$

$$\frac{P(a, 1, 1)}{P(1, 1, 1)} = \frac{a}{1} \quad (3) \quad \text{bases (1, 1) cogruentes}$$

Multiplicando-se membro a membro (1), (2) e (3):

$$\frac{P(a, b, c)}{P(a, b, 1)} \cdot \frac{P(a, b, 1)}{P(a, 1, 1)} \cdot \frac{P(a, 1, 1)}{P(1, 1, 1)} = \frac{a}{1} \cdot \frac{b}{1} \cdot \frac{c}{1} \Rightarrow$$

$$\Rightarrow \frac{P(a, b, c)}{P(1, 1, 1)} = \frac{a}{1} \cdot \frac{b}{1} \cdot \frac{c}{1} \Rightarrow V = \frac{a}{1} \cdot \frac{b}{1} \cdot \frac{c}{1} \Rightarrow$$

⇒ V = (medida de *a*) · (medida de *b*) · (medida de *c*) que será representada simplesmente por

$$V = a \cdot b \cdot c$$

em que *a*, *b* e *c* são as **medidas** das dimensões do paralelepípedo retângulo na unidade escolhida.

154. Conclusões

1º) O volume de um paralelepípedo retângulo é o produto das medidas de suas três dimensões.

2º) Tomando como base a face de dimensões *a* e *b*, indicando por B a área dessa base (B = a · b) e a altura *c* por *h*, podemos escrever:

$$V = B \cdot h$$

Isto é:

O volume de um paralelepípedo retângulo é igual ao **produto** da **área da base** pela medida da **altura**.

3º) Volume do cubo
No cubo de aresta *a*, temos b = a e c = a.

$V = a \cdot b \cdot c \Rightarrow V = a \cdot a \cdot a \Rightarrow$ $\boxed{V = a^3}$

EXERCÍCIOS

253. Calcule a área total e o volume dos paralelepípedos, cujas medidas estão indicadas abaixo.

a) cubo

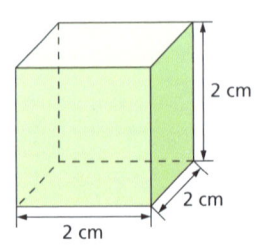

b) paralelepípedo retângulo

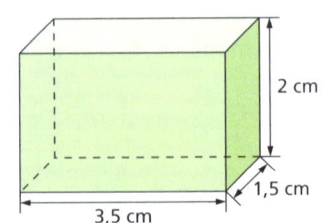

c) cubo

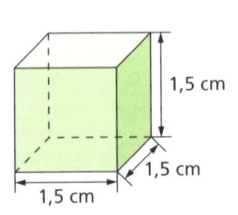

2 cm, 2 cm, 2 cm

2 cm, 3,5 cm, 1,5 cm

1,5 cm, 1,5 cm, 1,5 cm

254. Represente através de expressões algébricas a área total e o volume dos paralelepípedos, cujas medidas estão indicadas abaixo.

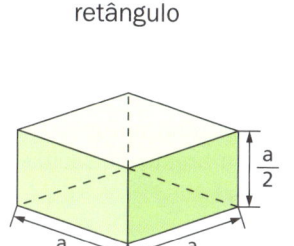

a) paralelepípedo retângulo

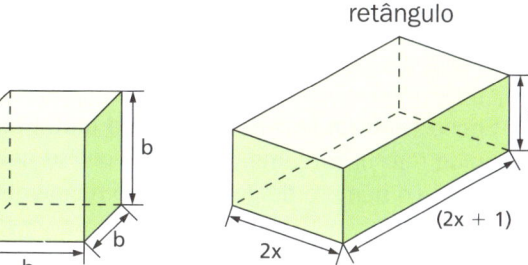

b) cubo

c) paralelepípedo retângulo

255. Calcule a medida da aresta de um cubo de 27 m³ de volume.

256. Calcule a diagonal, a área total e o volume de um paralelepípedo retângulo, sabendo que as suas dimensões são 5 cm, 7 cm e 9 cm.

257. Determine as medidas da aresta e da diagonal de um cubo cujo volume é 1 728 cm³.

258. Calcule o volume de um cubo cuja área total mede 600 cm².

259. Determine o volume de um cubo de área total 96 cm².

260. Quer-se confeccionar um cubo por meio de uma folha de zinco de 8,64 m². Qual será o comprimento da aresta do cubo? Qual será o volume do cubo?

261. Calcule a medida da diagonal, a área total e o volume de um cubo, cuja soma das medidas das arestas vale 30 cm.

262. Calcule a medida da diagonal, a área total e o volume de um cubo, sabendo que a diagonal de uma face mede $5\sqrt{2}$ cm.

263. Expresse a área total e o volume de um cubo:

a) em função da medida da diagonal da face (f);

b) em função da medida da sua diagonal (d).

264. Calcule as medidas da aresta e da diagonal de um cubo, sabendo que seu volume é oito vezes o volume de um outro cubo que tem 2 cm de aresta.

265. Se aumentamos a aresta de um cubo em $2\sqrt{5}$ cm, obtemos um outro cubo cuja diagonal mede 30 cm. Determine a área total e o volume do cubo primitivo.

266. Em quanto aumenta o volume de um cubo, em cm³, se a aresta de 1 metro é aumentada em 1 cm?

PRISMA

267. Determine o que ocorre com a área total e com o volume de um cubo quando:
 a) a aresta dobra;
 b) a aresta é reduzida a $\frac{1}{3}$;
 c) a aresta é reduzida à metade;
 d) sua aresta é multiplicada por k.

268. Enche-se um recipiente cúbico de metal com água. Dado que um galão do líquido tem um volume de 21 600 cm³ e sendo 120 cm a aresta do recipiente, calcule o número de galões que o recipiente pode conter.

269. Calcule o volume de um cubo, sabendo que a distância entre os centros de duas faces contíguas é de 5 cm.

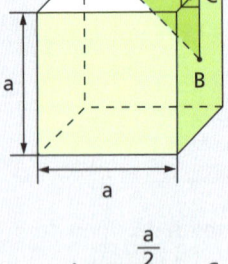

Solução

Sejam A e B os centros das duas faces contíguas e C ponto médio da aresta comum às faces consideradas.

Aplicando a relação de Pitágoras, vem:

$$5^2 = \left(\frac{a}{2}\right)^2 + \left(\frac{a}{2}\right)^2 \Rightarrow$$

$$\Rightarrow \frac{2a^2}{4} = 25 \Rightarrow a = 5\sqrt{2}$$

Volume:

$$V = a^3 \Rightarrow V = (5\sqrt{2})^3 \Rightarrow$$
$$\Rightarrow V = 250\sqrt{2}$$

Resposta: O volume do cubo é $250\sqrt{2}$ cm³.

270. O segmento de reta que liga um dos vértices de um cubo ao centro de uma das faces opostas mede 60 cm. Calcule o volume desse cubo.

271. Calcule o volume de um cubo, sabendo que, quando se aumenta sua aresta em 1 metro, a área lateral do cubo cresce 164 m².

272. A medida da superfície total de um cubo é 726 cm². Quanto devemos aumentar sua diagonal para que o volume aumente 1 413 cm³?

273. Calcule a aresta e a área total de um cubo de volume igual ao do ortoedro cujas dimensões são 8 cm, 27 cm e 125 cm.

274. Calcule o comprimento da aresta e a área total de um cubo equivalente a um paralelepípedo retângulo, cujas dimensões são 8 cm, 64 cm e 216 cm.

275. O volume de um paralelepípedo retângulo vale 270 dm³. Uma de suas arestas mede 5 dm e a razão entre as outras duas é $\frac{2}{3}$. Determine a área total desse paralelepípedo.

276. As dimensões de um paralelepípedo retângulo são proporcionais aos números 3, 6 e 9. Calcule essas dimensões, a área total e o volume do paralelepípedo, sabendo que a diagonal mede 63 cm.

277. As dimensões a, b e c de um ortoedro são proporcionais a 6, 3 e 2. Sabendo que a área total é 288 cm², calcule as dimensões, a diagonal e o volume do paralelepípedo.

278. A altura de um ortoedro mede 10 cm e as bases são quadrados de diagonal $5\sqrt{2}$ cm. Calcule a área da superfície lateral e o volume.

279. Determine a área de uma placa de metal necessária para a construção de um depósito em forma de ortoedro (aberto em cima), sabendo que o depósito tem 2 m de largura, 1,50 m de altura e 1,20 m de comprimento.

280. A área de um paralelepípedo reto-retângulo é 720 cm². Determine seu volume, sabendo que a soma de suas dimensões vale 34 cm e que a diagonal de uma das faces vale 20 cm.

Solução

Sendo x, y e z as dimensões, temos:
S = 720 $\Rightarrow$ xy + xz + yz = 360   (1)
x + y + z = 34   (2)
$x^2 + y^2 = f_1^2 \Rightarrow x^2 + y^2 = 400$ (3)
De (2) vem:
$(x + y + z)^2 = 34^2 \Rightarrow \underbrace{x^2 + y^2}_{400} + z^2 + \underbrace{2(xy + xz + yz)}_{360} = 1\,156$.

Com (3) e (1), temos:
$400 + z^2 + 720 = 1\,156 \Rightarrow z^2 = 36 \Rightarrow z = 6$.
Substituindo $z = 6$ em (2), ficamos com: $x + y = 28$.
$(x + y = 28, x^2 + y^2 = 400) \Rightarrow x = 16$ e $y = 12$ (ou $x = 12$ e $y = 16$).
Volume: $V = x \cdot y \cdot z \Rightarrow V = 12 \cdot 16 \cdot 6 \Rightarrow V = 1\,152$.
Resposta: O volume é 1 152 cm³.

PRISMA

281. Determine as dimensões e o volume de um ortoedro, sendo a soma de suas dimensões igual a 45 cm, a diagonal da base igual a 25 cm e a área total igual a 1 300 cm².

282. Determine o volume e a área total de um paralelepípedo retângulo, dada a soma de suas dimensões 43a, a diagonal 25a e a área de uma face 180a².

283. Calcule as dimensões de um ortoedro cuja diagonal mede 13 cm, de área total 192 cm², e sabendo que a área da seção por um plano que contém duas arestas opostas é 60 cm².

284. Determine o volume de um ortoedro de 90 cm² de superfície, supondo que quatro faces do ortoedro são retângulos congruentes e que cada uma das outras é um quadrado de área igual à metade da área do retângulo.

285. Um cubo e um ortoedro têm ambos soma das arestas igual a 72 cm. A dimensão menor do ortoedro é $\frac{2}{3}$ da aresta do cubo e a dimensão maior do ortoedro é $\frac{4}{3}$ da dimensão menor do ortoedro. Determine a relação entre os volumes de ambos os sólidos.

286. Uma banheira tem a forma de um ortoedro cujas dimensões são 1,20 m de comprimento, 0,90 m de largura e 0,50 m de altura. Quantos litros de água pode conter? Se toda a água da banheira for colocada em um depósito em forma de cubo de 3 m de aresta, que altura alcançará a água?

287. A altura h de um paralelepípedo retângulo mede 60 cm, sendo a sua base um quadrado. A diagonal do paralelepípedo forma um ângulo de 60° com o plano da base. Determine o volume do paralelepípedo retângulo.

Solução

Com os elementos caracterizados na figura ao lado, temos:

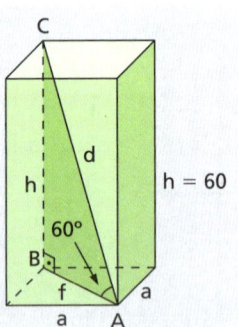

No triângulo ABC, vem

$\text{sen } 60° = \frac{h}{d} \Rightarrow \frac{\sqrt{3}}{2} = \frac{60}{d} \Rightarrow$

$\Rightarrow d = 40\sqrt{3}$

$\text{tg } 60° = \frac{h}{f} \Rightarrow \sqrt{3} = \frac{60}{f} \Rightarrow f = 20\sqrt{3}$

Na base, temos: $f = a\sqrt{2} \Rightarrow a\sqrt{2} = 20\sqrt{3} \Rightarrow a = 10\sqrt{6}$.

Volume: $V = B \cdot h \Rightarrow V = a^2 \cdot h \Rightarrow V = \left(10\sqrt{6}\right)^2 \cdot 60 = 36\,000$.

Resposta: O volume é 36 000 cm³.

288. Calcule a área total S de um paralelepípedo retângulo em função de seu volume V e do lado ℓ de sua base, sabendo que a base é um quadrado.

289. Calule as dimensões de um paralelepípedo retângulo, sabendo que a soma de duas delas é 25 m, o volume 900 m³ e a área total 600 m².

290. Determine o volume de um paralelepípedo retângulo, sabendo que duas dimensões têm igual medida e que a diagonal mede 9 cm, sendo 144 cm² sua área total.

291. A área da superfície total de um cubo é igual à de um ortoedro de área 216 cm². A altura do ortoedro é de 3 cm e uma das dimensões da base é $\frac{1}{3}$ da outra. Determine a relação entre os volumes de ambos os sólidos.

292. Calcule a área total de um paralelepípedo retângulo, com 192 cm³ de volume, diagonal medindo o triplo da diagonal de uma das faces de menor área, que é o triplo da menor dimensão do paralelepípedo.

Solução

Sendo x, y e z (com x > y > z) as medidas das dimensões, temos:
x · y · z = 192   (1)

$d = 3f \Rightarrow \sqrt{x^2 + y^2 + z^2} = 3\sqrt{y^2 + z^2}$ (2)

$f = 3z \Rightarrow \sqrt{y^2 + z^2} = 3z$ (3)

(3) $\Rightarrow y^2 + z^2 = 9z^2 \Rightarrow y^2 = 8z^2 \Rightarrow y = 2\sqrt{2}z$

(2) $\Rightarrow x^2 + y^2 + z^2 = 9(y^2 + z^2) \Rightarrow x^2 = 72z^2 \Rightarrow x = 6\sqrt{2}z$

Substituindo y e x em (1), temos:

$6\sqrt{2}z \cdot 2\sqrt{2}z \cdot z = 192 \Rightarrow 24z^3 = 192 \Rightarrow z = 2$

Temos, então: z = 2, y = $4\sqrt{2}$ e x = $12\sqrt{2}$

Área: $S = 2(xy + xz + yz) \Rightarrow S = 2(96 + 8\sqrt{2} + 24\sqrt{2}) \Rightarrow$
$\Rightarrow S = 64(3 + \sqrt{2})$

Resposta: A área total é $64(3 + \sqrt{2})$ cm².

293. Cinco cubos podem ser dispostos um sobre o outro, formando um ortoedro. Também podemos dispor 6 cubos iguais aos anteriores, pondo 3 sobre 3, obtendo um outro ortoedro. Determine a razão entre os volumes e a razão entre as áreas dos ortoedros obtidos.

294. Com seis cubos iguais, construímos um ortoedro, dispondo os cubos um sobre o outro de maneira que suas faces estejam exatamente superpostas. Determine a relação entre as áreas do ortoedro e de um cubo, sendo os volumes dos cubos os mesmos.

295. Dos ortoedros que podemos formar dispondo de oito cubos iguais, determine o ortoedro de menor superfície.

296. Sobre a base quadrada de um ortoedro, constrói-se exteriormente a ele um cubo que tem por base o quadrado cujos vértices são os pontos médios da base do ortoedro. Determine o volume e a área da superfície do sólido assim obtido, sabendo que a altura do ortoedro mede $\frac{2}{3}$ do lado da base e a soma de suas dimensões é de 16 cm.

297. Calcule as medidas x e y das arestas de dois cubos, conhecendo a soma $x + y = \ell$ (ℓ é dado) e a soma dos volumes v^3 (v é dado). Discuta.

Solução

$x + y = \ell$ (1) $x^3 + y^3 = v^3$ (2)

(2) $\Rightarrow (x + y) \cdot (x^2 - xy + y^2) = v^3 \Rightarrow x^2 - xy + y^2 = \dfrac{v^3}{\ell}$ (3)

(1) $\Rightarrow (x + y)^2 = \ell^2 \Rightarrow x^2 + 2xy + y^2 = \ell^2$ (4)

Fazendo (4) − (3), vem:

$3xy = \ell^2 - \dfrac{v^3}{\ell} \Rightarrow xy = \dfrac{\ell^3 - v^3}{3\ell}$ (com $\ell^3 - v^3 > 0$)

Sabendo a soma (S) e o produto (P) de x e y dados por (1) e (4), montamos a equação $z^2 - Sz + P = 0$, cujas raízes são x e y. Assim,

$z^2 - \ell z + \dfrac{\ell^3 - v^3}{3\ell} = 0 \Rightarrow 3\ell z^2 - 3\ell^2 z + \ell^3 - v^3 = 0$

Então, $x = z_1 = \dfrac{3\ell^2 + \sqrt{3\ell(4v^3 - \ell^3)}}{6\ell}$ e $y = z_2 = \dfrac{3\ell^2 - \sqrt{3\ell(4v^3 - \ell^3)}}{6\ell}$.

Discussão: 1) $3\ell(4v^3 - \ell^3) \geq 0 \Rightarrow 4v^3 - \ell^3 \geq 0 \Rightarrow \ell \leq v\sqrt[3]{4}$

2) $\ell^3 - v^3 > 0 \Rightarrow \ell > v$

Logo, $v < \ell \leq v\sqrt[3]{4}$.

298. Demonstre que:

a) em um cubo as arestas são igualmente inclinadas em relação a uma diagonal qualquer.

b) em um cubo as projeções das arestas sobre qualquer das diagonais são iguais à terça parte da diagonal.

299. Sabendo que as faces de um cubo são inscritíveis em círculos de $7{,}29\pi$ cm² de área, calcule:

a) a medida da sua diagonal;

b) a medida da sua área total;

c) a medida do seu volume.

300. Demonstre que, em todo paralelepípedo, a soma dos quadrados das áreas das seções, determinadas pelos seis planos diagonais, é igual ao dobro da soma dos quadrados das áreas das seis faces.

301. a) Entre todos os paralelepípedos retângulos de mesmo volume, qual o de menor superfície?

b) Entre todos os paralelepípedos retângulos de mesma superfície, qual o de maior volume?

IX. Área lateral e área total do prisma

155. A **área lateral** (A_ℓ) de um prisma é a soma das áreas das faces laterais.

Seja um prisma de aresta lateral medindo a e $\ell_1, \ell_2, \ldots \ell_n$ as medidas dos lados de uma seção reta. Cada face lateral é um paralelogramo de base a e altura igual a um lado da seção reta.

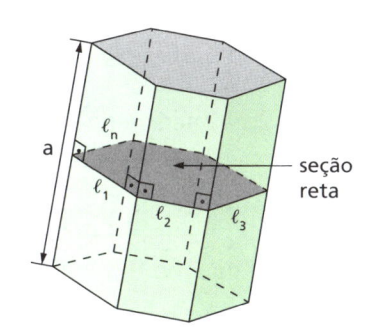

Assim,
$$A_\ell = a\ell_1 + a\ell_2 + \ldots + a\ell_n = \underbrace{(\ell_1 + \ell_2 + \ldots + \ell_n)}_{2p} \cdot a \Rightarrow$$

$$\Rightarrow \boxed{A_\ell = 2p \cdot a}$$

em que $2p$ é a medida do perímetro da seção reta e a é a medida da aresta lateral.

156. A **área total** de um prisma é a soma das áreas das faces laterais (A_ℓ) com as áreas das bases (duas bases).

Assim,

$$A_t = A_\ell + 2B \Rightarrow \boxed{A_t = 2p \cdot a + 2B}$$

em que B é a área de uma base.

PRISMA

157. No **prisma reto** a aresta lateral é igual à altura (a = h) e a base é seção reta. Então:

$A_\ell = 2p \cdot a \Rightarrow \boxed{A_\ell = 2ph}$

$A_t = A_\ell + 2B \Rightarrow \boxed{A_t = 2p \cdot h + 2B}$

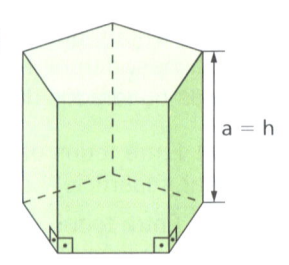

158. No **prisma regular**, a aresta lateral é igual à altura (a = h) e a base, que é seção reta, é um polígono regular.

Cálculo da área de base B

A área da base (B) é a soma de n triângulos de base ℓ (medida do lado) e altura m (medida do apótema). Então:

$$B = n \cdot \left(\frac{\ell \cdot m}{2}\right) \Rightarrow B = \frac{(n \cdot \ell)m}{2}$$

mas, $n\ell = 2p$ = medida do perímetro

Daí,

$B = \dfrac{2p \cdot m}{2} \Rightarrow \boxed{B = p \cdot m}$

Cálculo da área total: A_t

$A_\ell = 2p \cdot a \Rightarrow A_\ell = 2p \cdot h$

$A_t = A_\ell + 2B \Rightarrow A_t = 2p \cdot h + 2p \cdot m \Rightarrow A_t = 2p(h + m)$

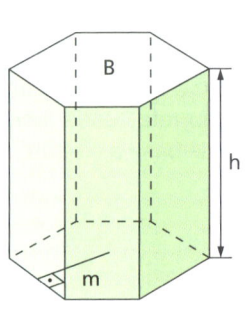

$$\boxed{A_t = 2p(h + m)}$$

X. Princípio de Cavalieri

159. Como introdução intuitiva, suponhamos a existência de uma coleção finita de chapas retangulares (paralelepípedos retângulos) de mesmas dimensões e, consequentemente, de mesmo volume. Imaginemos ainda a formação de dois sólidos com essa coleção de chapas, como indicam as figuras A e B abaixo.

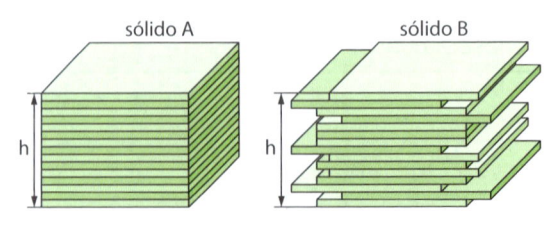

sólido A   sólido B

(pilhas de livros ou de folhas)

Tanto no caso A como no B, a parte de espaço ocupada (o "volume ocupado") pela coleção de chapas é o mesmo, isto é, os sólidos A e B têm o mesmo volume.

Agora, imaginemos esses sólidos com base num mesmo plano α e situados num mesmo semiespaço dos determinados por α.

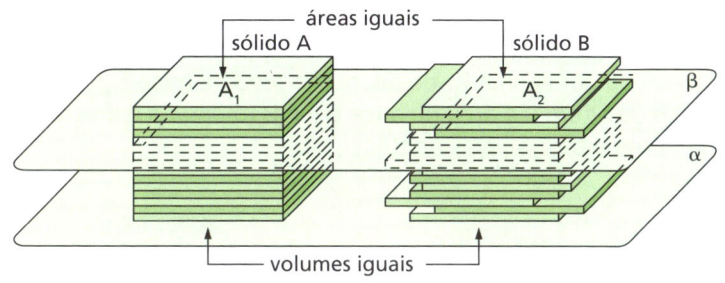

Qualquer plano β, secante aos sólidos A e B, paralelo a α, determina em A e em B superfícies de áreas iguais (superfícies equivalentes).

A mesma ideia pode ser estendida para duas pilhas com igual número de moedas congruentes.

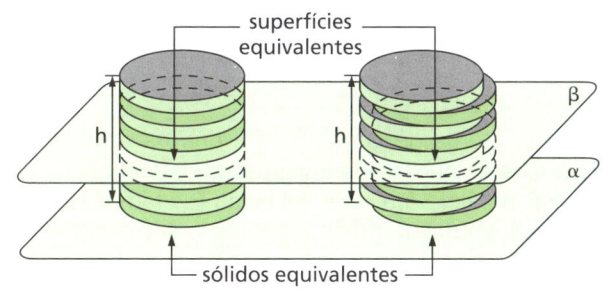

O fato que acabamos de caracterizar intuitivamente é formalizado pelo **princípio de Cavalieri** ou **postulado de Cavalieri** (Francesco Bonaventura Cavalieri, 1598-1647), que segue:

160. Dois sólidos, nos quais todo plano secante, paralelo a um dado plano, determina superfícies de áreas iguais (superfícies equivalentes), são sólidos de volumes iguais (sólidos equivalentes).

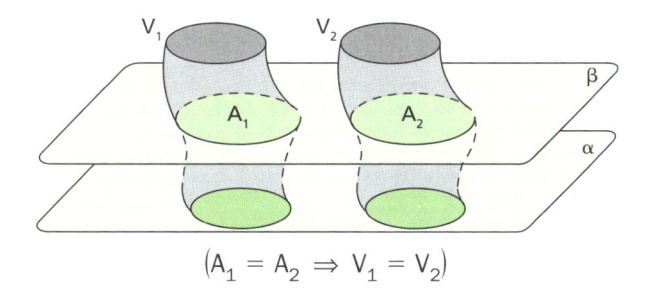

$$(A_1 = A_2 \Rightarrow V_1 = V_2)$$

PRISMA

A aplicação do princípio de Cavalieri, em geral, implica a colocação dos sólidos com base num mesmo plano, paralelo ao qual estão as seções de áreas iguais (o que é possível usando a congruência).

XI. Volume do prisma

161. Consideremos um prisma P_1 de altura h e área da base $B_1 = B$ e um paralelepípedo retângulo de altura h e área de base $B_2 = B$ (o prisma e o paralelepípedo têm alturas congruentes e bases equivalentes).

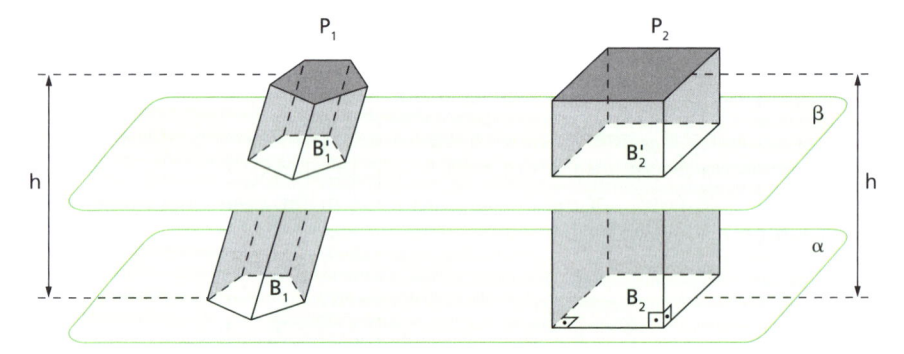

Suponhamos, sem perda de generalidade, que os dois sólidos têm as bases num mesmo plano α e estão num dos semiespaços determinados por α.

Qualquer plano β paralelo a α, que secciona P_1, também secciona P_2, e as seções (B'_1 e B'_2 respectivamente) têm áreas iguais, pois são congruentes às respectivas bases.

$$(B'_1 = B_1, B'_2 = B_2, B_1 = B_2 = B) \Rightarrow B'_1 = B'_2$$

Então, pelo princípio de Cavalieri, o prisma P_1 e o paralelepípedo P_2 têm volumes iguais.

$$V_{P_1} = V_{P_2}$$

Como $V_{P_2} = B_2 h$, ou seja, $V_{P_2} = B \cdot h$, vem $V_{P_1} = B \cdot h$; ou, resumidamente:

$$\boxed{V = B \cdot h}$$

162. Conclusão

> O volume de um prisma é o **produto** da **área da base** pela medida da **altura**.

163. Observação

Consideremos um prisma oblíquo de área da base B, altura h e aresta lateral a. Seja α o plano da base e S uma seção reta situada num plano γ que forma com α um diedro de medida θ.

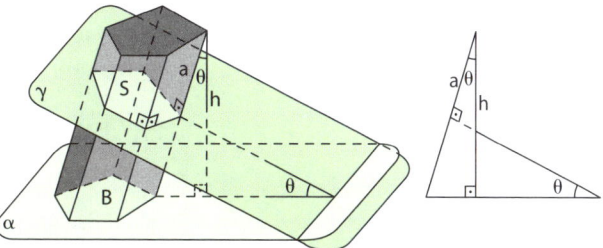

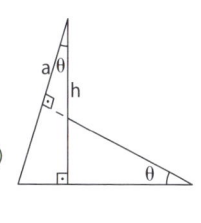

Notemos que S é a projeção ortogonal de B sobre o plano γ. Daí vem:

$S = B \cdot \cos \theta$.

O ângulo entre a e h também é θ (ângulos de lados respectivamente perpendiculares). Donde sai:

$h = a \cdot \cos \theta$.

Substituindo B e h na expressão do volume do prisma, vem:

$V = B \cdot h \Rightarrow V = \dfrac{S}{\cos \alpha} \cdot a \cos \alpha \Rightarrow \boxed{V = S \cdot a}$

Notando que a expressão também é válida para um prisma reto, em que B = S e $a = h$, temos:

> O volume de um prisma é o **produto** da área da **seção reta** pela medida da **aresta lateral**.

EXERCÍCIOS

302. Calcule a área lateral, a área total e o volume dos prismas, cujas medidas estão indicadas nas figuras abaixo.

a) Prisma reto (triangular) — 3,5 cm; 4 cm; 3 cm

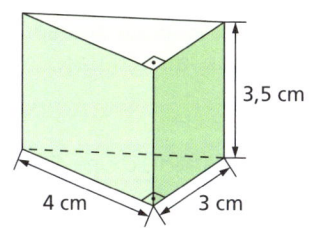

b) Prisma regular (hexagonal) — 2,5 cm; 1 cm

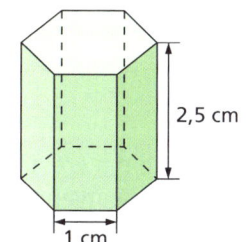

c) Prisma oblíquo (base quadrada) — 5 cm; 3 cm; 60°

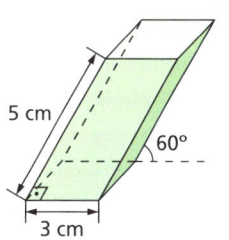

PRISMA

303. Represente através de expressões algébricas a área lateral, a área total e o volume dos prismas, cujas medidas estão indicadas nas figuras abaixo.

a) Prisma regular (triangular)

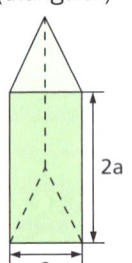

b) Prisma regular (hexagonal)

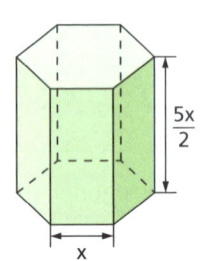

c) Prisma reto (triangular)

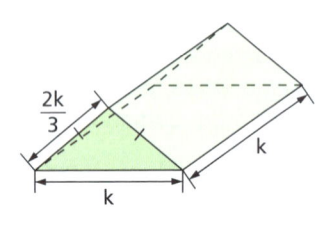

304. A base de um prisma de 10 cm de altura é um triângulo retângulo isósceles de 6 cm de hipotenusa. Calcule a área lateral e o volume do prisma.

305. Calcule o volume e a área total de um prisma, sendo sua seção reta um trapézio isósceles cujas bases medem 30 cm e 20 cm e cuja altura mede $10\sqrt{2}$ cm e a área lateral 640 cm².

306. Determine a área lateral e o volume de um prisma reto de 25 cm de altura, cuja base é um hexágono regular de apótema $4\sqrt{3}$ cm.

307. Determine a medida da aresta da base de um prisma triangular regular, sendo seu volume 8 m³ e sua altura 80 cm.

308. Um prisma reto tem por base um hexágono regular. Qual é o lado do hexágono e a altura do prisma, sabendo que o volume é de 4 m³ e a superfície lateral de 12 m²?

309. Num prisma oblíquo a aresta lateral mede 5 cm, a seção reta é um trapézio isósceles cuja altura mede 8 cm e as bases medem 7 cm e 19 cm, respectivamente. Calcule a área lateral desse prisma.

310. Determine a área total de um prisma triangular oblíquo, sendo a sua seção reta um triângulo equilátero de $16\sqrt{3}$ cm² de área e um dos lados da seção igual à aresta lateral do prisma.

311. Um prisma triangular regular tem a aresta da base medindo 10 dm. Em quanto se deve aumentar a altura, conservando-se a mesma base, para que a área lateral do novo prisma seja igual à área total do prisma dado?

Solução

Área de um triângulo equilátero de lado a:

$$A_\triangle = \frac{1}{2}a \cdot \frac{a\sqrt{3}}{2} \Rightarrow A_\triangle = \frac{a^2\sqrt{3}}{4}$$

Sejam A_{ℓ_1} e A_{t_1} as áreas lateral e total do prisma e A_{ℓ_2} a área lateral do novo prisma.

Sendo B a área da base, temos:

$$B = \frac{10^2\sqrt{3}}{4} = 25\sqrt{3}.$$

Supondo que a altura h do prisma teve um aumento x, vem:

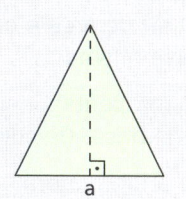

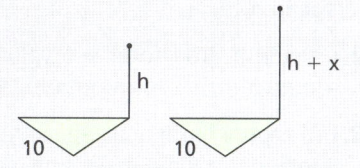

$A_{t_1} = A_{\ell_1} + 2B \Rightarrow A_{t_1} = 3(10 \cdot h) + 2 \cdot 25\sqrt{3} \Rightarrow A_{t_1} = 30h + 50\sqrt{3}$

$A_{\ell_2} = 3 \cdot (10 \cdot h_2) \Rightarrow A_{\ell_2} = 30 \cdot (h + x)$

$A_{t_1} = A_{\ell_2} \Rightarrow 30h + 50\sqrt{3} = 30(h + x) \Rightarrow 30x = 50\sqrt{3} \Rightarrow x = \frac{5\sqrt{3}}{3}$

Resposta: $\frac{5\sqrt{3}}{3}$ dm.

312. Um prisma tem por base um triângulo equilátero cujo lado é a e a altura desse prisma é igual ao dobro da altura do triângulo da base. Determine o seu volume.

313. A aresta da base de um prisma hexagonal regular é r e a aresta lateral é s. Sabendo que esse prisma é equivalente a um outro triangular regular, cuja aresta da base é s e cuja aresta lateral é r, calcule a relação entre r e s.

314. Calcule o volume de um prisma hexagonal regular com 3 m de altura, sabendo que, se a altura fosse de 5 m, o volume do prisma aumentaria em 6 m³.

315. A aresta da base de um prisma hexagonal regular mede 8 cm. Em quanto se deve diminuir a altura desse prisma de modo que se tenha um novo prisma com área total igual à área lateral do prisma dado?

316. Calcule o volume de um prisma triangular regular de $5\sqrt{3}$ cm de altura, sabendo que a área lateral excede a área da base em $56\sqrt{3}$ cm².

317. A altura de um prisma reto mede 15 cm e a base é um triângulo cujos lados medem 4 cm, 6 cm e 8 cm. Calcule a área lateral e o volume do sólido.

318. Calcule a medida da aresta lateral de um prisma cuja área lateral mede 72 dm², sendo os lados da seção reta respectivamente 3 dm, 4 dm e 5 dm.

PRISMA

319. A aresta lateral de um prisma reto mede 12 m; a base é um triângulo retângulo de 150 m² de área e cuja hipotenusa mede 25 m. Calcule a área total e o volume desse prisma.

320. Um prisma pentagonal regular tem 8 cm de altura, sendo 7 cm a medida da aresta da base. Calcule a área lateral desse prisma.

321. Calcule a área lateral do prisma oblíquo cuja seção reta é um triângulo equilátero de $4\sqrt{3}$ m² de área, sabendo que a aresta lateral é igual ao perímetro da seção reta.

322. Calcule a área total e o volume de um prisma hexagonal regular de 12 m de aresta lateral e 4 m de aresta da base.

323. Um prisma hexagonal regular tem a área da base igual a $96\sqrt{3}$ cm². Calcule a área lateral e o volume do prisma, sabendo que sua altura é igual ao apótema da base.

324. A seção reta de um prisma oblíquo é um losango, cujas diagonais são diretamente proporcionais a 3 e 4. Calcule a área lateral do prisma, sabendo que sua aresta lateral mede 10 cm e que a área de sua seção reta é igual a 54 cm².

Solução

Sendo B a área, ℓ o lado, d e D as diagonais do losango, temos:

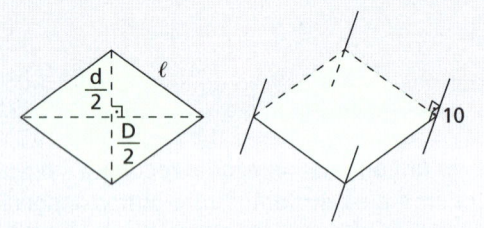

$$\left.\begin{array}{l}\dfrac{D}{4} = \dfrac{d}{3} = k \\ B = 54 \cdot B = \dfrac{D \cdot d}{2}\end{array}\right\} \Rightarrow \dfrac{4k \cdot 3k}{2} = 54 \Rightarrow k = 3$$

$$\ell^2 = \left(\dfrac{D}{2}\right)^2 + \left(\dfrac{d}{2}\right)^2 \Rightarrow \ell^2 = 4k^2 + \dfrac{9}{4}k^2 = \dfrac{25k^2}{4} \Rightarrow \ell = \dfrac{5k}{2}$$

$$\ell = \dfrac{5k}{2} \Rightarrow \ell = \dfrac{5 \cdot 3}{2} \Rightarrow \ell = \dfrac{15}{2}.$$

Sendo A_ℓ a área lateral, temos:

$$A_\ell = 4 \cdot (\ell \cdot a) \Rightarrow A_\ell = 4 \cdot \dfrac{15}{2} \cdot 10 \Rightarrow A_\ell = 300.$$

Resposta: 300 cm².

PRISMA

325. Um prisma reto tem por base um losango em que uma de suas diagonais vale $\frac{3}{4}$ da outra, e a soma de ambas é 14 cm. Calcule a área total e o volume desse prisma, sabendo que sua altura é igual ao semiperímetro da base.

326. Calcule a área lateral de um prisma oblíquo, sendo 8 cm a medida de sua aresta lateral, a seção reta do prisma um losango de 125 cm² de área e a razão das diagonais desse losango igual a $\frac{2}{5}$.

327. Determine a medida da aresta e a área total de um prisma reto que tem por base um triângulo equilátero, sendo a altura do prisma igual à medida do lado do triângulo equilátero, e o volume, $2\sqrt{3}$ cm³.

328. Calcule o volume e a área total de um prisma cuja base é um triângulo equilátero de 6 dm de perímetro, sendo a altura do prisma o dobro da altura da base.

329. Calcule o volume de um prisma triangular regular, sendo todas as suas arestas de mesma medida e sua área lateral 33 m².

330. Um prisma de 3 m de altura tem por base um quadrado inscrito em um círculo de 2 m de raio. Qual é o seu volume?

331. Um prisma reto tem por base um quadrado inscrito em um círculo de 8 cm de raio. Sabendo que o volume do prisma é de 768 cm³, determine a área total.

332. Calcule o volume de um prisma quadrangular regular cuja área total tem 144 m², sabendo que sua área lateral é igual ao dobro da área da base.

333. A base de um paralelepípedo oblíquo é um quadrado de lado a. Uma das arestas laterais é b e forma um ângulo de 60° com os lados adjacentes da base. Determine o volume do paralelepípedo.

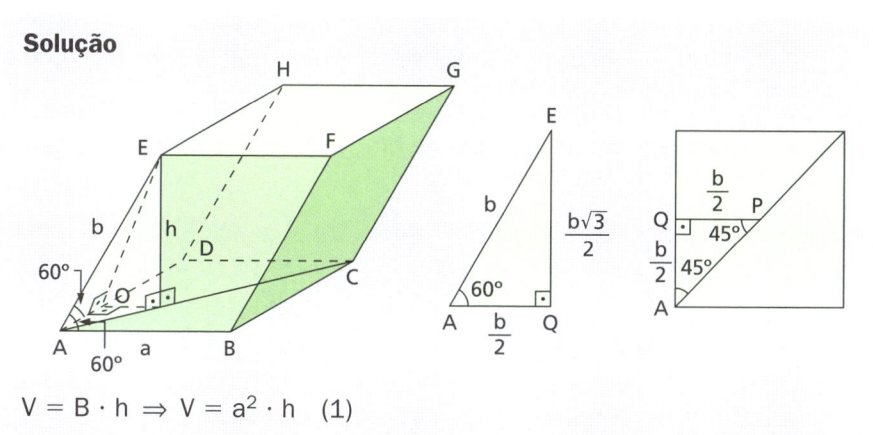

Solução

$V = B \cdot h \Rightarrow V = a^2 \cdot h$ (1)

A aresta lateral AE = b é igualmente inclinada em relação aos lados AB = a e AD = a da base. A altura EP = h tem extremidade P sobre a diagonal AC da base. Conduzindo PQ perpendicular ao lado AD com Q em AD, temos os triângulos retângulos AQE, AQP, EPQ (notemos que o plano (EQP) é perpendicular a AD).

No triângulo AQE, temos:

$$\cos 60° = \frac{AQ}{AE} \Rightarrow \frac{1}{2} = \frac{AQ}{b} \Rightarrow AQ = \frac{b}{2}$$

$$\text{sen } 60° = \frac{EQ}{AE} \Rightarrow \frac{\sqrt{3}}{2} = \frac{EQ}{b} \Rightarrow EQ = \frac{b\sqrt{3}}{2}.$$

O triângulo AQP é isósceles, então: $QP = AQ \Rightarrow QP = \frac{b}{2}$.

Aplicando a relação de Pitágoras no triângulo EPQ, vem:

$$(EP)^2 = (EQ)^2 - (QP)^2 \Rightarrow h^2 = \left(\frac{b\sqrt{3}}{2}\right)^2 - \left(\frac{b}{2}\right)^2 \Rightarrow h = \frac{b\sqrt{2}}{2}.$$

Substituindo em (1), temos:

$$V = a^2 \cdot \frac{b\sqrt{2}}{2} \Rightarrow V = \frac{a^2 b\sqrt{2}}{2}.$$

Resposta: O volume é $\frac{a^2 b\sqrt{2}}{2}$.

334. Determine o volume de um prisma triangular oblíquo, sendo a base um triângulo equilátero de lado a = 4 dm e a aresta lateral de 4 dm, que forma um ângulo de 60° com a base do prisma.

335. Calcule o volume de um paralelepípedo reto, que tem por altura 10 cm e por base um paralelogramo cujos lados medem 8 cm e 12 cm, sabendo que o ângulo entre esses lados vale 60°.

336. Qual é o volume de um prisma reto no qual a base é um octógono regular de 2 m de lado e a superfície lateral é 28 m²?

Solução

$V = B \cdot h$

$A_\ell = 28 \Rightarrow 8 \cdot 2h = 28 \Rightarrow h = \frac{7}{4}$

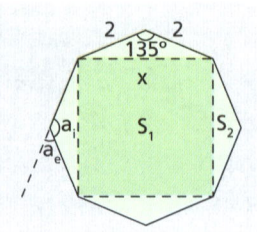

Cálculo da área da base:

$A_{octógono} = A_{quadrado} + 4A_{triângulo}$
$B = S_1 + 4S_2$

O ângulo externo a_e do octógono regular é $a_e = \dfrac{360°}{8} = 45°$.

Consequentemente, o ângulo interno a_i vale:
$a_i = 180° - a_e \Rightarrow a_e = 180° - 45° = 135°$.

O lado x é obtido pela lei dos cossenos:

$x^2 = 2^2 + 2^2 - 2 \cdot 2 \cdot 2 \cos 135° \Rightarrow x^2 = 4 + 4 + 8 \cdot \dfrac{\sqrt{2}}{2} \Rightarrow$

$\Rightarrow x^2 = 4(2 + \sqrt{2}) \Rightarrow S_1 = 4(2 + \sqrt{2})$

$S_2 = \dfrac{1}{2} \cdot 2 \cdot 2 \cdot \operatorname{sen} 135° \Rightarrow S_2 = \sqrt{2}$.

Substituindo, temos:
$B = S_1 + 4S_2 \Rightarrow B = 4(2 + \sqrt{2}) + 4\sqrt{2} \Rightarrow B = 8(\sqrt{2} + 1)$

Cálculo do volume:

$V = B \cdot h \Rightarrow V = 8(\sqrt{2} + 1) \cdot \dfrac{7}{4} \Rightarrow V = 14(\sqrt{2} + 1)$

Resposta: O volume é $14(\sqrt{2} + 1)$ m³.

337. Calcule o volume de um prisma regular cuja área lateral mede 240 m², sendo a base um dodecágono regular de 2 m de lado.

338. Um prisma regular hexagonal é cortado por um plano perpendicular a uma aresta de uma base, segundo um quadrado de diagonal $\sqrt{6}$ m. Calcule a área da base, a área lateral, a área total e o volume do prisma.

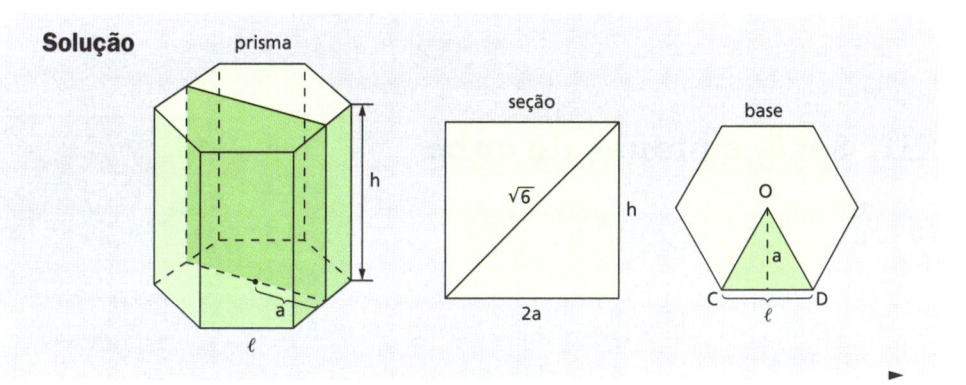

Solução

PRISMA

Cálculo dos elementos (indicados na figura):

Do quadrado vem: $2a = h = \dfrac{\sqrt{6}}{\sqrt{2}} \Rightarrow h = \sqrt{3}$ e $a = \dfrac{\sqrt{3}}{2}$.

Do triângulo equilátero OCD, vem: $\dfrac{\ell\sqrt{3}}{2} = a \Rightarrow \ell = 1$.

1º) Área da base: B

$B = 6 \cdot \dfrac{1}{2} \cdot \ell \cdot a \Rightarrow B = 6 \cdot \dfrac{1}{2} \cdot 1 \cdot \dfrac{\sqrt{3}}{2} \Rightarrow B = \dfrac{3\sqrt{3}}{2}$

2º) Área lateral: A_ℓ
$A_\ell = 6 \cdot \ell \cdot h \Rightarrow A_\ell = 6 \cdot 1 \cdot \sqrt{3} \Rightarrow A_\ell = 6\sqrt{3}$

3º) Área total: A_t
$A_t = A_\ell + 2B \Rightarrow A_t = 6\sqrt{3} + 2 \cdot \dfrac{3\sqrt{3}}{2} \Rightarrow A_t = 9\sqrt{3}$

4º) Volume
$V = B \cdot h \Rightarrow V = \dfrac{3\sqrt{3}}{2} \cdot \sqrt{3} \Rightarrow V = \dfrac{9}{2}$

Resposta: $B = \dfrac{3\sqrt{3}}{2}$ m²; $A_\ell = 6\sqrt{3}$ m²; $A_t = 9\sqrt{3}$ m² e $V = \dfrac{9}{2}$ m³.

339. Calcule o volume de um prisma hexagonal regular, sabendo que o plano que contém a menor diagonal da base e o centro do sólido produz uma seção quadrada de 2 m de lado.

340. Calcule o volume de um prisma hexagonal regular de área total igual a 12 dm², sendo 1 dm a altura do prisma.

341. Calcule o lado da base e a altura de um prisma hexagonal regular, sendo A sua área lateral e V o volume.

342. Calcule o perímetro da base de um prisma hexagonal regular, sabendo que o prisma é equivalente a um cubo de aresta a, cuja diagonal tem medida igual à altura do prisma.

XII. Seções planas do cubo

164. Seção hexagonal do cubo

Consideremos o cubo ABCDEFGH (vide figura) e sejam M, N, O, P, Q e R os respectivos pontos médios de $\overline{EH}$, $\overline{EF}$, $\overline{AF}$, $\overline{AB}$, $\overline{BC}$ e $\overline{CH}$.

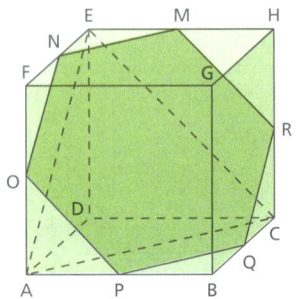

1º) Os pontos M, N, O, P, Q e R pertencem ao plano mediador da diagonal DG.

Demonstração:

Os segmentos DM e GM, DN e GN, DO e GO, DP e GP, DQ e GQ, DR e GR são congruentes entre si por serem hipotenusas de triângulos retângulos congruentes entre si.

Por exemplo:
△DME ≡ △GMH ⇒ DM ≡ GM.

Portanto, os pontos M, N, O, P, Q e R, sendo equidistantes de D e G, estão no plano mediador de DG.

Note-se que esse plano é perpendicular à **diagonal** do cubo pelo **centro** dele.

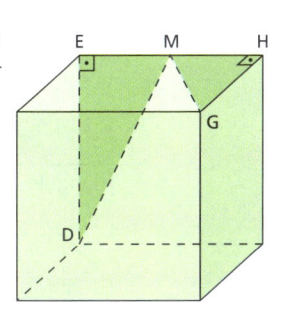

2º) MNOPQR é um hexágono regular.

Demonstração:

Os lados são congruentes, pois a medida deles é metade da medida da diagonal da face do cubo.

(Sendo a a aresta do cubo, temos MN = NO = OP = PQ = QR = RM = $\frac{1}{2} \cdot a\sqrt{2} = \frac{a\sqrt{2}}{2}$.)

Os ângulos internos do hexágono MNOPQR são todos congruentes entre si por serem congruentes ao ângulo externo do triângulo equilátero ACE (ângulos de lados respectivamente paralelos).

3º) Fixado um cubo, como ele possui quatro diagonais, os planos mediadores dessas diagonais determinam quatro hexágonos regulares como seção no cubo.

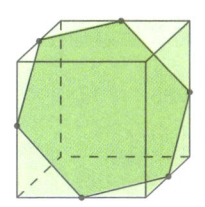

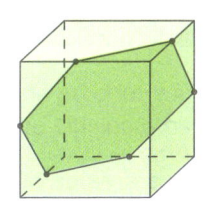

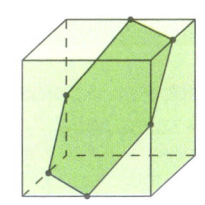

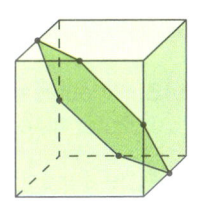

165. Outras seções planas do cubo

As seções planas de um cubo podem ser polígonos de 3, 4, 5 e 6 lados, isto é, triângulo, quadrilátero, pentágono e hexágono.

PRISMA

Vejamos isso nas figuras:

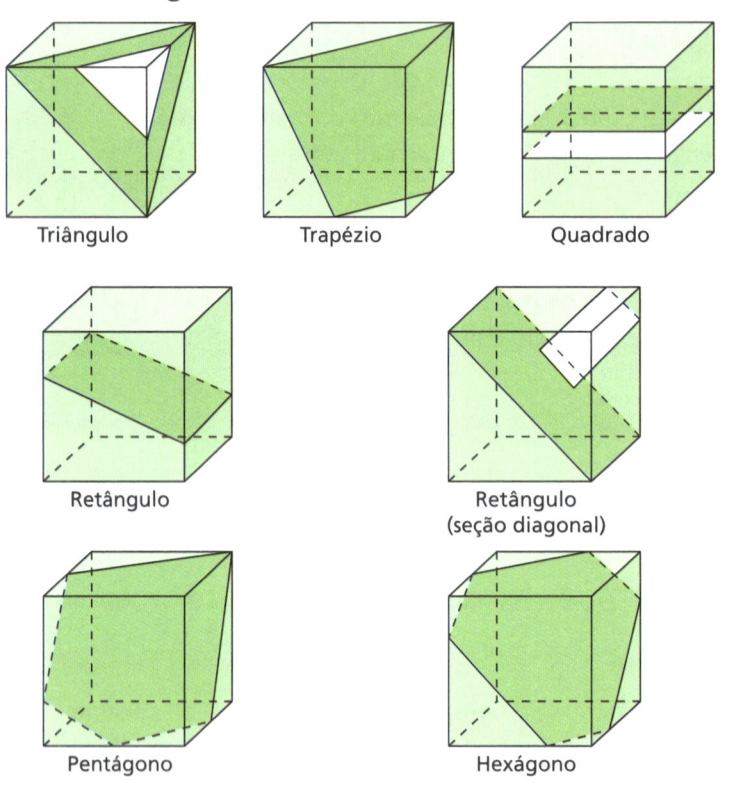

Triângulo — Trapézio — Quadrado

Retângulo — Retângulo (seção diagonal)

Pentágono — Hexágono

EXERCÍCIOS

343. Por duas arestas opostas e paralelas de um cubo de aresta a passa um plano. Determine a natureza do polígono da seção e calcule sua área.

344. Se a aresta de um cubo mede 6 m, calcule a área da sua seção diagonal.

345. Secciona-se um cubo de aresta a por um plano que contém duas arestas opostas, obtendo-se um retângulo cuja área mede S. Exprima a área total do sólido em função da área da seção diagonal.

346. Calcule a área do triângulo que se obtém unindo-se o centro de uma face de um cubo com as extremidades de uma aresta da face oposta, sabendo que a medida da aresta do cubo vale 5 cm.

Solução

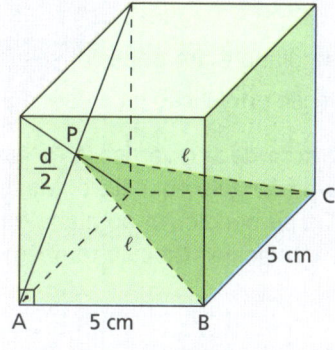

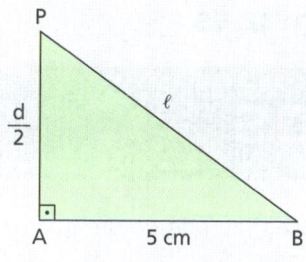

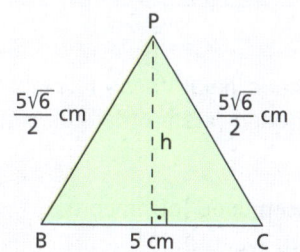

Cálculo dos elementos indicados na figura:

$d^2 = 5^2 \Rightarrow d = 5\sqrt{2}$.

Do triângulo ABP, em que P é o centro de uma das faces opostas a $\overline{BC}$:

$\ell^2 = \left(\dfrac{d}{2}\right)^2 + 5^2 \Rightarrow$

$\Rightarrow \ell^2 = \left(\dfrac{5\sqrt{2}}{2}\right)^2 + 5^2 \Rightarrow$

$\Rightarrow \ell^2 = \dfrac{50}{4} + 25 \Rightarrow$

$\Rightarrow \ell = \dfrac{5\sqrt{6}}{2}$.

Da seção BPC, temos:

$\left(\dfrac{5\sqrt{6}}{2}\right)^2 = h^2 + \left(\dfrac{5}{2}\right)^2 \Rightarrow$

$\Rightarrow \dfrac{150}{4} = h^2 + \dfrac{25}{4} \Rightarrow$

$\Rightarrow h = \dfrac{5\sqrt{5}}{2}$.

Cálculo da área do $\triangle BPC$:

$S = \dfrac{1}{2} \cdot 5 \cdot \dfrac{5\sqrt{2}}{2} \Rightarrow S = \dfrac{25\sqrt{5}}{4}$.

Resposta: A área da seção é $\dfrac{25\sqrt{5}}{4}$ cm².

347. A seção determinada por um plano em um cubo é um hexágono regular. Calcule a razão entre a área desse hexágono e a área do círculo circunscrito a ele.

348. Um cubo de área total igual a 31,74 cm² é cortado por um plano, de modo a se obter uma seção hexagonal regular. Calcule o lado do quadrado inscrito no triângulo equilátero de perímetro igual ao do hexágono obtido.

PRISMA

349. Seja dado um cubo ABCDEFGH cuja aresta mede *a*. Pela diagonal BE de uma das faces e o ponto médio P da aresta GH, paralela a essa face, faz-se passar um plano.

a) Demonstre que a seção do cubo por esse plano é um trapézio isósceles.

b) Calcule os lados do trapézio e a área da seção em função da aresta do cubo.

350. Pelas extremidades de três arestas que partem de um vértice A de um cubo traçamos um plano. Mostre que a seção é um triângulo equilátero. Mostre também que a diagonal do cubo que parte de A é perpendicular ao plano da seção e precise a posição do ponto onde ela é perpendicular. Calcule também a área do triângulo equilátero.

XIII. Problemas gerais sobre prismas

EXERCÍCIOS

351. Calcule os ângulos formados pelos pares de faces laterais de um prisma cuja seção reta é um triângulo de lados respectivamente iguais a 13 m, $13\sqrt{2}$ m e 13 m.

352. Calcule a medida do menor ângulo diedro formado pelas faces laterais de um prisma, sabendo que os lados da seção reta desse prisma triangular medem, respectivamente, 3 cm, $3\sqrt{3}$ cm e 6 cm.

353. Calcule a medida do ângulo que a diagonal de um cubo forma com:

a) as faces;   b) as arestas.

354. Calcule o ângulo que a diagonal de um prisma quadrangular regular de $64\sqrt{2}$ m³ de volume forma com as arestas laterais, sabendo que as arestas da base do prisma medem 4 m.

355. Dado um prisma hexagonal regular de 2 m de aresta da base e $2\sqrt{3}$ m de altura, considere duas diagonais paralelas de uma das bases e as diagonais da outra base paralelas àquelas. Calcule o volume de um dos prismas triangulares em que fica dividido o prisma hexagonal dado quando são traçados os quatro planos diagonais definidos por pares daquelas quatro diagonais das bases.

356. Calcule o volume de um prisma triangular oblíquo cujos lados da base medem 13a, 14a e 15a, uma aresta lateral mede 26a e sua projeção sobre o plano da base mede 10a.

357. Calcule o volume de um prisma quadrangular oblíquo, sendo 20 cm a medida de sua aresta lateral, sabendo que a seção reta é um paralelogramo em que dois lados consecutivos medem 9 cm e 12 cm e formam um ângulo de 30°.

358. A seção de um paralelepípedo oblíquo é um quadrilátero que tem um ângulo de 45° compreendido entre lados que medem 4 cm e 8 cm. O comprimento da aresta lateral é igual ao semiperímetro dessa seção. Calcule o volume do poliedro.

359. Calcule o volume de um prisma oblíquo, sabendo que a base é um hexágono regular de lado R = 2 cm e que a aresta L, inclinada 60° em relação ao plano da base, mede 5 cm.

360. Determine o volume e a área lateral de um prisma reto de 10 cm de altura e cuja base é um hexágono regular de apótema $3\sqrt{3}$ cm.

361. Qual é a altura de um prisma reto cuja base é um triângulo equilátero de lado a, para que o seu volume seja igual ao volume de um cubo de aresta a?

362. Se um cubo tem suas arestas aumentadas em 50%, em quanto aumentará seu volume?

363. Procura-se construir um cubo grande empilhando cubos pequenos e todos iguais. Quando se coloca um certo número de cubos pequenos em cada aresta, sobram cinco; se se tentasse acrescentar um cubo a mais em cada aresta, ficariam faltando trinta e dois. Quantos são os cubos pequenos?

364. Os pontos J e I são os pontos médios das arestas do cubo sugerido na figura.
   a) Calcule, em função da medida e da aresta do cubo, a distância de I a J.
   b) Determine a medida θ do ângulo $I\widehat{K}J$.

365. No cubo ao lado, faz-se um corte pelo plano que passa pelos vértices A, C e N, retirando-se o sólido (ABCN) assim obtido. Determine o volume do sólido restante em função de a, sabendo que a é a medida do lado.

366. Considere um cubo ABCDEFGH de lado 1 unidade de comprimento, como na figura. M e N são os pontos médios de $\overline{AB}$ e $\overline{CD}$, respectivamente. Para cada ponto P da reta AE, seja Q o ponto de interseção das retas PM e BF.
   a) Prove que o △PQN é isósceles.
   b) A que distância do ponto A deve estar o ponto P para que o △PQN seja retângulo?

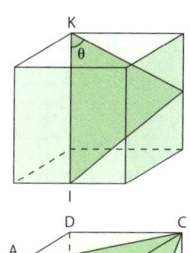

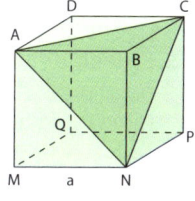

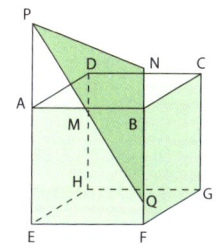

PRISMA

367. Uma caixa-d'água com a forma de um paralelepípedo reto de 1 m × 1 m de base e $\dfrac{\sqrt{3}}{2}$ m de altura está sobre uma laje horizontal com água até a altura h. Suponhamos que a caixa fosse erguida lateralmente, apoiada sobre uma das arestas da base (que é mantida fixa), sem agitar a água. Assim sendo, a água começaria a transbordar exatamente quando o ângulo da base da caixa com a laje medisse 30°. Calcule a altura h.

368. Calcule as dimensões de um paralelepípedo retângulo, sabendo que elas estão em progressão aritmética, que a área total é S e a diagonal é d. Discuta.

369. Mostre que a soma dos diedros formados pelas faces laterais de um prisma triangular com uma de suas bases está compreendida entre dois e quatro retos.

370. Prove que a soma dos diedros formados pelas faces laterais de um prisma convexo de n faces com uma de suas bases é superior a 2 retos e inferior a 2(n − 1) retos.

371. Prove que se a seção reta de um prisma é um polígono equilátero, a soma das distâncias de um ponto, tomado no interior do sólido às faces laterais e às bases, é constante.

372. Mostre que a soma das distâncias dos vértices de um paralelepípedo a um plano que não o intercepta é igual a 8 vezes a distância do ponto de concurso de suas diagonais a esse plano.

373. Prove que a soma dos quadrados das distâncias de um ponto qualquer aos oito vértices de um paralelepípedo é igual a oito vezes o quadrado da distância desse ponto ao ponto de concurso das diagonais, mais a metade da soma dos quadrados das diagonais.

374. Um cubo é seccionado por um plano que passa por uma de suas diagonais. Como deverá ser traçado esse plano para que a área da seção seja mínima?

375. É dado um cubo de aresta a. Secciona-se o cubo por um plano que forma um ângulo de 30° com uma das faces e passa por uma diagonal dessa face. Determine os volumes dos sólidos resultantes.

376. Na figura ao lado, os planos OAB e OAC formam entre si um ângulo de 30°. As retas OB e OC são perpendiculares à reta OA. O segmento OP, do plano OAB, é unitário e forma um ângulo α com OA (0 < α < 90°). Seja ORSTQP o prisma assim construído: T e S são as projeções ortogonais de P sobre OA e OB; Q e R são as projeções ortogonais de P e S sobre o plano OAC.
a) Determine o volume do prisma em função de α.
b) Qual o valor de tg α quando o volume do prisma é máximo?

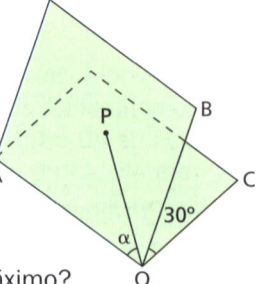

LEITURA

Cavalieri e os indivisíveis

Hygino H. Domingues

Ao início do século XVII, os métodos deixados pelos gregos para cálculos de áreas e volumes, apesar de sua beleza e rigor, mostravam-se cada vez menos adequados a um mundo em franco progresso científico, pois faltavam a eles operacionalidade e algoritmos para implementá-los. E como não havia ainda condições matemáticas de obter esses requisitos, os métodos então surgidos eram sempre passíveis de críticas — como o mais famoso deles, a geometria dos indivisíveis, de Bonaventura Cavalieri (1598-1647).

O milanês Cavalieri foi um dos matemáticos mais influentes de sua época. De família nobre, Cavalieri seguiu paralelamente a carreira religiosa e a atividade científica. Discípulo de Galileu Galilei (1564-1642), por indicação deste ocupou desde 1629 a cátedra de Matemática da Universidade de Bolonha, ao mesmo tempo que era o superior do monastério de São Jerônimo. Cavalieri foi também astrônomo, mas, se ainda é lembrado, isso se deve em grande parte ao **método dos indivisíveis** que desenvolveu a partir de 1626.

Cavalieri não definia, em suas obras sobre o assunto, o que vinham a ser os indivisíveis. Segundo ele, porém, uma figura plana seria formada por uma infinidade de cordas paralelas entre si e uma figura sólida por uma infinidade de seções planas paralelas entre si — a essas cordas e a essas seções chamava de *indivisíveis*. Num de seus livros "explicava" que um sólido é formado de indivisíveis, assim como um livro é composto de páginas. Do ponto de vista lógico, essas ideias envolviam uma dificuldade insuperável. Como uma figura de extensão finita poderia ser formada de uma infinidade de indivisíveis, tanto mais que estes não possuem espessura?

O **princípio de Cavalieri**, ainda bastante usado no ensino de geometria métrica no espaço, facilita bastante a aceitação da ideia de indivisível:

"Sejam dois sólidos A e B. Se todos os planos numa certa direção, ao interceptarem A e B, determinam seções (indivisíveis) de áreas iguais, então A e B têm mesmo volume" (Figura 1).

Bonaventura Cavalieri.

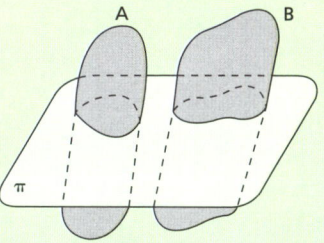

Figura 1

De alcance maior foram certos teoremas estabelecidos por Cavalieri relacionando os indivisíveis de um paralelogramo com aqueles dos triângulos determinados por uma de suas diagonais. Se a indica genericamente os primeiros e x os segundos (Figura 2), Cavalieri "provou" que

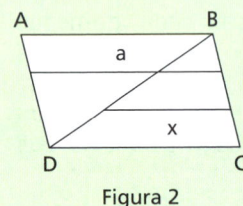

$$\Sigma a = 2\Sigma x; \quad \Sigma a^2 = 3\Sigma x^2; \quad \ldots \quad (*)$$

onde os somatórios não têm o sentido atual (são infinitos e correspondem à ideia de "integrar" os indivisíveis para formar as figuras). Se o paralelogramo é um retângulo de altura b, sua área Σa é igual ao produto de um divisível pelo "número" b de indivisíveis, isto é, $\Sigma a = ab$.

Figura 2

Usando então a primeira das relações de (*), obtém-se a área do triângulo: $\Sigma x = \frac{1}{2}\Sigma a = \frac{1}{2}ab$.

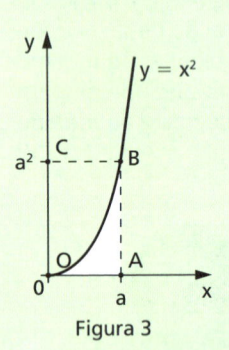

A segunda das relações de (*) permite calcular a área compreendida entre a curva $y = x^2$ e o eixo x, de 0 até a (Figura 3). Segundo as ideias de Cavalieri, essa área vale Σx^2, pois cada um de seus indivisíveis (ordenadas) vale x^2. Mas, pela relação citada:

$$\Sigma x^2 = \frac{1}{3}\Sigma a^2,$$

Figura 3

onde Σa^2 é a área do retângulo OABC.

Mas essa área é dada também por $a \cdot a^2 = a^3$ (base vezes altura). Logo, a área sombreada é $\frac{a^3}{3}$, resultado correto.

Foram tantas as críticas que Cavalieri recebeu pelo seu método, embora este funcionasse (como no exemplo anterior), que certa vez disse: "O rigor é algo que diz respeito à filosofia, e não à matemática".

CAPÍTULO IX
Pirâmide

I. Pirâmide ilimitada

166. Definição

Consideremos uma região poligonal plano-convexa (polígono plano-convexo) A_1 A_2 ... A_n de n lados e um ponto V fora de seu plano. Chama-se **pirâmide ilimitada convexa** ou **pirâmide convexa indefinida** (ou ângulo poliédrico ou ângulo sólido) à reunião das semirretas de origem em V e que passam pelos pontos da região poligonal (polígono) dada.

Se a região poligonal (polígono) A_1 A_2 ... A_n for côncava, a pirâmide ilimitada resulta côncava.

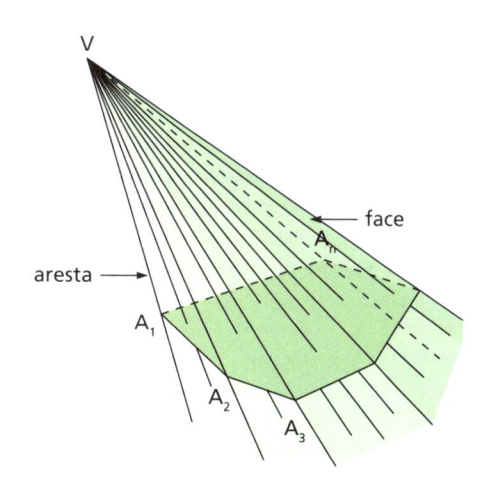

167. Elementos

Uma pirâmide ilimitada convexa possui: n arestas, n diedros e n faces (que são ângulos ou setores angulares planos).

PIRÂMIDE

168. Seção

É uma região poligonal plana (polígono plano) com um só vértice em cada aresta.

169. Superfície

A superfície de uma pirâmide ilimitada convexa é a reunião das faces dessa pirâmide. É uma superfície poliédrica convexa ilimitada.

II. Pirâmide

170. Definição

Consideremos um polígono convexo (região poligonal convexa) ABC... MN situado num plano α e um ponto V fora de α. Chama-se **pirâmide** (ou pirâmide convexa) à reunião dos segmentos com uma extremidade em V e a outra nos pontos do polígono.

V é o vértice, e o polígono ABC ... MN e a base da pirâmide.

Podemos também definir a pirâmide como segue:

Pirâmide convexa limitada ou **pirâmide convexa definida** ou **pirâmide convexa** é a parte da pirâmide ilimitada que contém o vértice quando se divide essa pirâmide pelo plano de uma seção, reunida com essa seção.

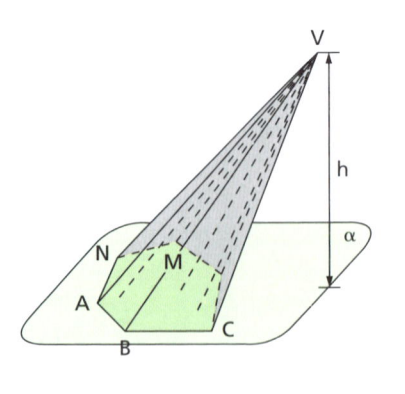

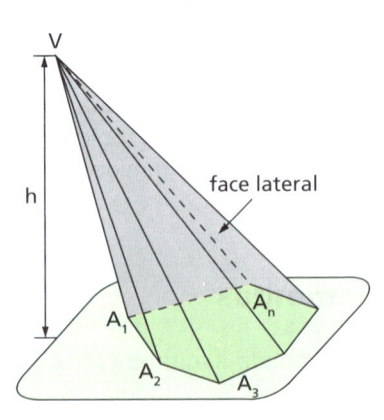

171. Elementos

Uma pirâmide possui:
1 base (a seção citada), n faces laterais (triângulos), $n + 1$ faces, n arestas laterais, $2n$ arestas, $2n$ diedros, $n + 1$ vértices, $n + 1$ ângulos poliédricos e n triedros.

Para uma pirâmide é válida a relação de Euler:
$V - A + F = (n + 1) - 2n + (n + 1) = 2 \Rightarrow$
$\Rightarrow V - A + F = 2$

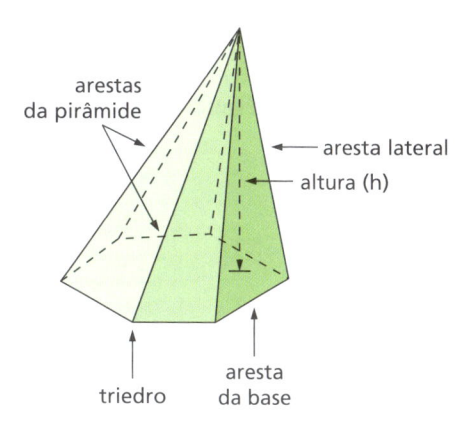

172. Altura

A **altura** de uma pirâmide é a distância h entre o vértice e o plano da base.

173. Superfícies

Superfície lateral é a reunião das faces laterais da pirâmide. A área dessa superfície é chamada área lateral e indicada por A_ℓ.

Superfície total é a reunião da superfície lateral com a superfície da base da pirâmide. A área dessa superfície é chamada área total e indicada por A_t.

174. Natureza

Uma pirâmide será triangular, quadrangular, pentagonal, etc., conforme a **base** for um triângulo, um quadrilátero, um pentágono, etc.

175. Pirâmide regular

Pirâmide regular é uma pirâmide cuja base é um polígono regular e a projeção ortogonal do vértice sobre o plano da base é o centro da base. Numa pirâmide regular as arestas laterais são congruentes e as faces laterais são triângulos isósceles congruentes.

Chama-se **apótema** de uma pirâmide regular à altura (relativa ao lado da base) de uma face lateral.

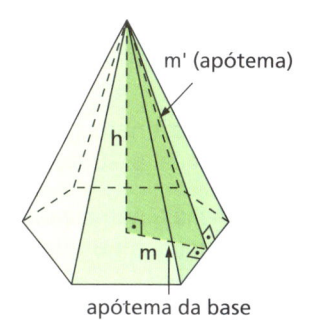

Pirâmide regular hexagonal

176. Tetraedro

Tetraedro é uma pirâmide triangular.

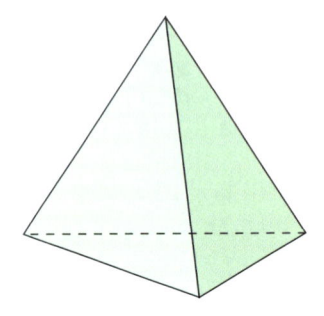

tetraedro regular

Tetraedro regular é um tetraedro que tem as seis arestas congruentes entre si.

177. Nota

É comum encontrarmos referências a **pirâmide reta** para diferenciar de **pirâmide oblíqua**. Deve-se, então, entender que a **pirâmide reta** é aquela cuja projeção ortogonal do vértice sobre o plano da base é o centro da base. Caso a base seja um polígono circunscritível, isto é, admita uma circunferência inscrita, o centro dessa circunferência (incentro do polígono), em geral, é adotado como o **centro da base**.

EXERCÍCIOS

377. Ache a natureza de uma pirâmide, sabendo que a soma dos ângulos das faces é igual a 20 retos.

378. Ache a natureza de uma pirâmide, sabendo que a soma dos ângulos das faces é igual a 56 retos.

379. Calcule o número de diagonais da base de uma pirâmide, sabendo que a soma dos ângulos internos de todas as suas faces é igual a 32 retos.

PIRÂMIDE

380. Determine a soma dos ângulos internos da base de uma pirâmide, sendo 24 retos a soma dos ângulos internos de todas as faces dessa pirâmide.

381. Prove que a soma dos ângulos de todas as faces de uma pirâmide de n faces laterais vale S = (n − 1) · 4r.

> **Solução**
> A soma dos ângulos (S) de todas as faces é a soma dos ângulos da base, que é (n − 2) · 2r, com a soma dos ângulos das faces laterais, que é n · 2r:
> S = (n − 2) · 2r + n · 2r = 2 · n · 2r − 4r = (n − 1) · 4r.

382. Calcule a soma dos ângulos das faces de uma pirâmide cuja base é um polígono convexo de n lados.

383. Ache a natureza de uma pirâmide que possui:
   a) 6 faces   b) 8 faces   c) 12 arestas   d) 20 arestas

III. Volume da pirâmide

178. Seção paralela à base de um tetraedro

Quando se secciona uma pirâmide triangular (**tetraedro**) por um plano paralelo à base:

1º)

> As arestas laterais e a altura ficam divididas na mesma razão.

De fato, as retas $\overleftrightarrow{A'H'}$ e $\overleftrightarrow{AH}$ são paralelas, pois são interseções de planos paralelos por um terceiro; logo, os triângulos VH'A' e VHA são semelhantes e portanto:

$$\frac{VA'}{VA} = \frac{VH'}{VH} = \frac{h'}{h}$$

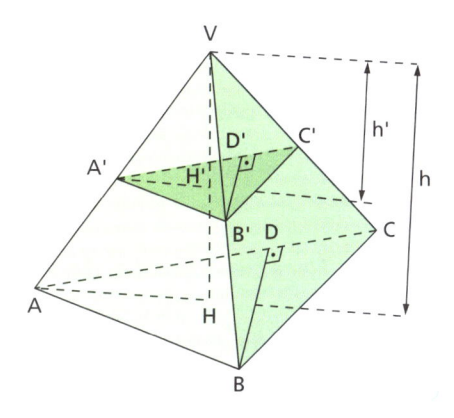

PIRÂMIDE

2º)

> A seção e a base são triângulos semelhantes.

De fato, os ângulos da seção ($\triangle A'B'C'$) e os ângulos da base ($\triangle ABC$), por terem lados respectivamente paralelos, são congruentes. Disso se conclui que a seção A'B'C' e a base ABC são triângulos semelhantes.

A razão de semelhança é $\dfrac{h'}{h}$, como segue:

$$\triangle VA'B' \sim \triangle VAB \Rightarrow \frac{VA'}{VA} = \frac{A'B'}{AB} \Rightarrow \frac{A'B'}{AB} = \frac{h'}{h} \Rightarrow$$

$$\Rightarrow \frac{A'B'}{AB} = \frac{A'C'}{AC} = \frac{B'C'}{BC} = \frac{h'}{h}$$

Portanto, os triângulos A'B'C' e ABC são semelhantes, sendo $\dfrac{h'}{h}$ a razão de semelhança.

3º)

> A razão entre as áreas da seção e da base é igual ao quadrado da razão de suas distâncias ao vértice.

De fato, sendo B'D' e BD duas respectivas alturas da seção e da base, vale:

$$\frac{A'B'}{AB} = \frac{B'D'}{BD} \Rightarrow \frac{B'D'}{BD} = \frac{h'}{h}$$

Logo, $\dfrac{\text{Área}(\triangle A'B'C')}{\text{Área}(\triangle ABC)} = \dfrac{\frac{1}{2}(A'C')}{\frac{1}{2}(AC)} \cdot \dfrac{(B'D')}{(BD)} = \dfrac{A'C'}{AC} \cdot \dfrac{B'D'}{BD} \Rightarrow$

$$\Rightarrow \frac{\text{Área}(\triangle A'B'C')}{\text{Área}(\triangle ABC)} = \frac{h'}{h} \cdot \frac{h'}{h} = \left(\frac{h'}{h}\right)^2$$

179. Equivalência de tetraedros

> Duas pirâmides triangulares (tetraedros) de bases de áreas iguais (bases equivalentes) e alturas congruentes têm volumes iguais (são equivalentes).

PIRÂMIDE

Sendo T_1 e T_2 os dois tetraedros, B_1 e B_2 as áreas das bases e H_1 e H_2 as alturas, temos, por hipótese:

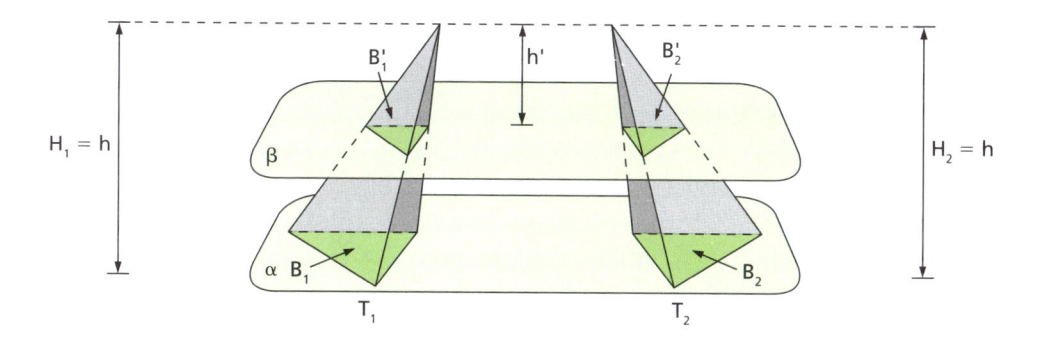

$B_1 = B_2$ e $H_1 = H_2 = h$.

Demonstração:
Podemos supor, sem perda de generalidade, que as bases equivalentes estão num plano α e que os vértices estão num mesmo semiespaço dos determinados por α.

Considerando qualquer plano secante β, paralelo a α, distando h' dos vértices e determinando em T_1 e T_2 seções de áreas B'_1 e B'_2, temos:

$$\left[\frac{B'_1}{B_1} = \left(\frac{h'}{h}\right)^2 \text{ e } \frac{B'_2}{B_2} = \left(\frac{h'}{h}\right)^2 \right] \Rightarrow \frac{B'_1}{B_1} = \frac{B'_2}{B_2}.$$

Como $B_1 = B_2$, da igualdade acima vem $B'_1 = B'_2$.

Se as seções têm áreas iguais ($B'_1 = B'_2$), pelo princípio de Cavalieri os sólidos T_1 e T_2 têm volumes iguais (são equivalentes), isto é, $V_{T_1} = V_{T_2}$.

180. Decomposição de um prisma triangular

Todo prisma triangular é soma de três pirâmides triangulares (tetraedros) equivalentes entre si (de volumes iguais).

PIRÂMIDE

Seja o prisma triangular ABCDEF.

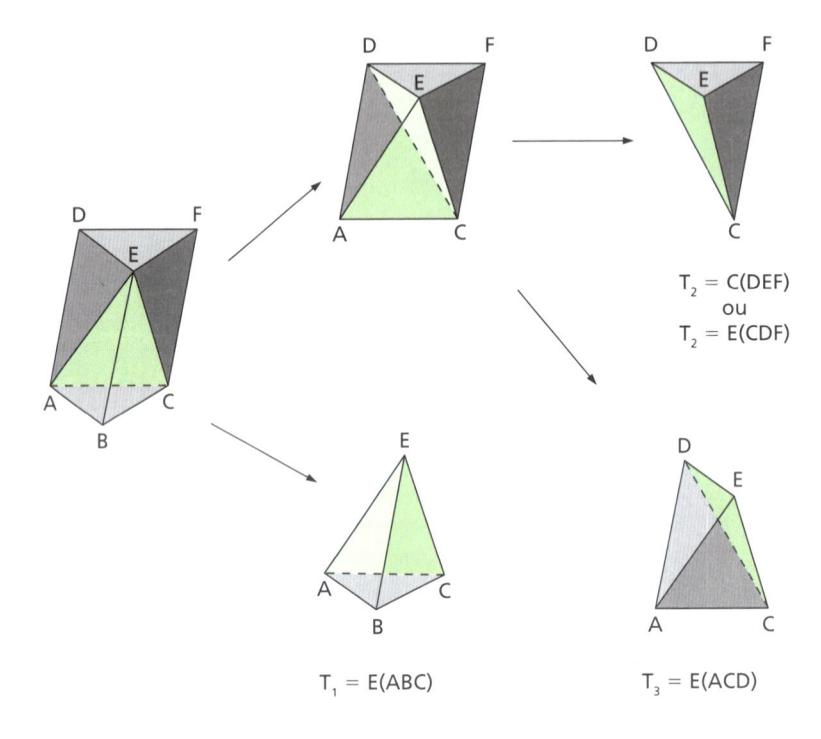

$T_2 = C(DEF)$
ou
$T_2 = E(CDF)$

$T_1 = E(ABC)$

$T_3 = E(ACD)$

Cortando esse prisma pelo plano (A, C, E), obtemos o tetraedro $T_1 = E(ABC)$ e a pirâmide quadrangular E(ACFD).

Cortando a pirâmide E(ACFD) pelo plano (C, D, E), obtemos o tetraedro $T_2 = C(DEF)$ [ou $T_2 = ECDF$] e $T_3 = E(ACD)$.

Temos, então:

Prisma ABCDEF = $T_1 + T_2 + T_3$ $\Rightarrow$ $V_{prisma} = V_{T_1} + V_{T_2} + V_{T_3}$.

As pirâmides $T_1 = E(ABC)$ e $T_2 = C(DEF)$ têm o mesmo volume, pois possuem as bases (ABC e DEF) congruentes e a mesma altura (a do prisma). Então, $V_{T_1} = V_{T_2}$. (1)

As pirâmides $T_2 = E(CDF)$ e $T_3 = E(ACD)$ têm o mesmo volume, pois têm as bases (CDF e ACD) congruentes (note que CD é diagonal do paralelogramo ACFD) e mesma altura (distância de E ao plano ACFD). Então, $V_{T_2} = V_{T_3}$. (2)

De (1) e (2) vem: $V_{T_1} = V_{T_2} = V_{T_3}$.

181. Volume do tetraedro

Seja B a área da base e h a medida da altura do prisma do item anterior. Notemos que B é a área da base e h é a medida da altura do tetraedro T_1.

Em vista do teorema anterior e fazendo $V_{T_1} = V_{T_2} = V_{T_3} = V_T$:

$$V_{T_1} + V_{T_2} + V_{T_3} = V_{prisma} \Rightarrow 3V_T = B \cdot h \Rightarrow \boxed{V_T = \frac{1}{3} B \cdot h}$$

182. Volume de uma pirâmide qualquer

Seja B a área da base e h a medida da altura de uma pirâmide qualquer. Esta pirâmide é soma de $(n - 2)$ tetraedros.

$$V = V_{T_1} + V_{T_2} + \ldots + V_{T_{n-2}} \Rightarrow$$

$$\Rightarrow V = \frac{1}{3} B_1 h + \frac{1}{3} B_2 h + \cdots + \frac{1}{3} B_{n-2} h \Rightarrow$$

$$\Rightarrow V = \frac{1}{3}(B_1 + B_2 + \cdots + B_{n-2}) h \Rightarrow$$

$$\Rightarrow \boxed{V = \frac{1}{3} B \cdot h}$$

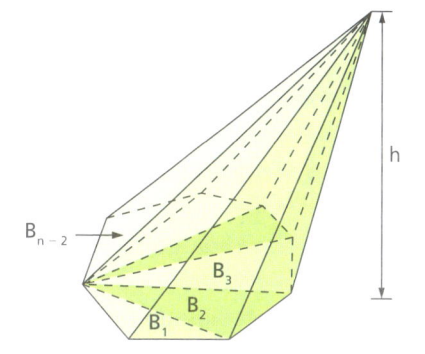

183. Conclusão

> O volume de uma pirâmide é um terço do produto da área da base pela medida da altura.

PIRÂMIDE

IV. Área lateral e área total da pirâmide

184. A área lateral de uma pirâmide é a soma das áreas das faces laterais.

A_ℓ = soma das áreas dos triângulos que são faces laterais.

185. A área total de uma pirâmide é a soma das áreas das faces laterais com a área da base.

$A_t = A_\ell + B$ em que B = área da base.

186. Pirâmide regular

Numa pirâmide regular, sendo:

2p = medida do perímetro da base

m = medida do apótema da base

m' = medida do apótema da pirâmide,

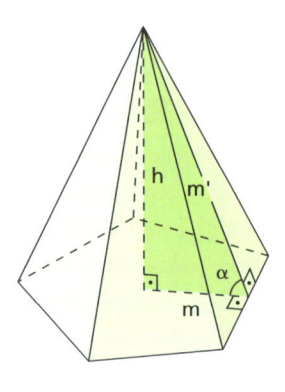

Temos:

Área lateral: $A_\ell = nA_\triangle = n \cdot \frac{1}{2} \ell m' \implies \boxed{A_\ell = pm'}$

(onde $2p = n\ell$)

Área total: $A_t = A_\ell + B \implies A_t = pm' + pm \implies \boxed{A_t = p(m + m')}$

Volume: $V = \frac{1}{3} B \cdot h \implies \boxed{V = \frac{1}{3} \cdot p \cdot m \cdot h}$

Relação: $m'^2 = h^2 + m^2$.

O ângulo α entre o apótema da base *m* e o apótema da pirâmide m' é o ângulo que a face lateral forma com a base.

Fundamentos de Matemática Elementar | 10

PIRÂMIDE

EXERCÍCIOS

384. Calcule a área lateral, a área total e o volume das pirâmides regulares, cujas medidas estão indicadas nas figuras abaixo.

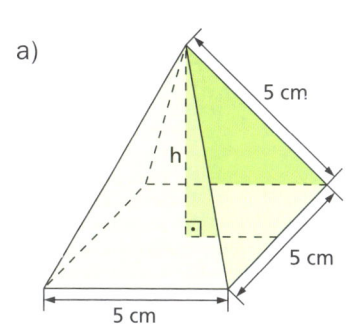

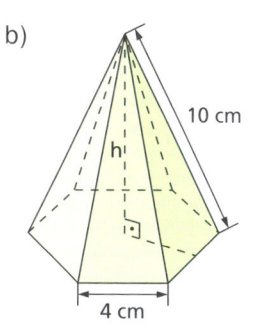

a) 5 cm, 5 cm, 5 cm

b) 10 cm, 4 cm

385. De um tetraedro regular de aresta a, calcule:

a) a área total (A_t)

b) a medida h da altura

c) o seu volume (V)

Solução

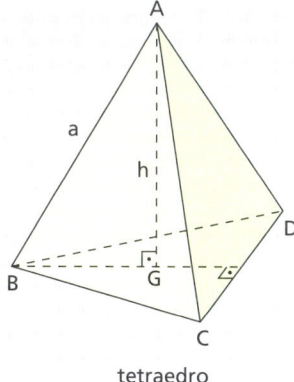

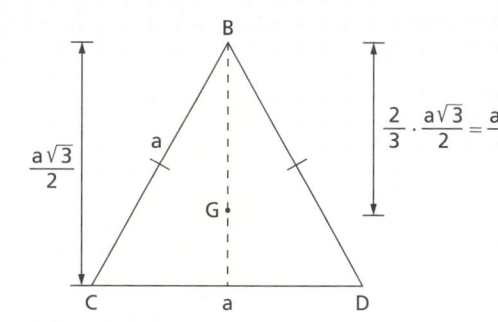

tetraedro

face (base)

$$\frac{2}{3} \cdot \frac{a\sqrt{3}}{2} = \frac{a\sqrt{3}}{3}$$

a) Área total: $A_t = 4 \cdot B \Rightarrow A_t = 4\left(\frac{1}{2} \cdot a \cdot \frac{a\sqrt{3}}{2}\right) \Rightarrow A_t = a^2\sqrt{3}$

PIRÂMIDE

b) Cálculo da altura:

$\triangle AGB \Rightarrow h^2 = a^2 - (BG)^2 \Rightarrow h^2 = a^2 - \left(\dfrac{a\sqrt{3}}{3}\right)^2 \Rightarrow h^2 = \dfrac{6a^2}{9} \Rightarrow$

$\Rightarrow \boxed{h = \dfrac{a\sqrt{6}}{3}}$ ou ainda $h = \dfrac{a\sqrt{2} \cdot \sqrt{3}}{3}$

c) Volume: $V = \dfrac{1}{3} B \cdot h$, em que $B = \dfrac{a^2\sqrt{3}}{4}$ e $h = \dfrac{a\sqrt{6}}{3}$, então

$V = \dfrac{1}{3} \cdot \dfrac{a^2 \cdot \sqrt{3}}{4} \cdot \dfrac{a\sqrt{2} \cdot \sqrt{3}}{3} \Rightarrow V = \dfrac{a^3\sqrt{2}}{12}$

Resposta: $A_t = a^2\sqrt{3}$, $h = \dfrac{a\sqrt{6}}{3}$ e $V = \dfrac{a^3\sqrt{2}}{12}$.

386. Sabendo que a aresta de um tetraedro regular mede 3 cm, calcule a medida de sua altura, sua área total e seu volume.

387. Determine a medida da aresta de um tetraedro regular, sabendo que sua superfície total mede $9\sqrt{3}$ cm².

388. Calcule a altura e o volume de um tetraedro regular de área total $12\sqrt{3}$ cm².

389. Determine a medida da aresta de um tetraedro regular, sabendo que seu volume mede $18\sqrt{2}$ m³.

390. Calcule a área total de um tetraedro regular cujo volume mede $144\sqrt{2}$ m³.

391. Determine a medida da aresta de um tetraedro regular, sabendo que, aumentada em 4 m, sua área aumenta em $40\sqrt{3}$ m².

392. Calcule a medida da altura de um tetraedro regular, sabendo que o perímetro da base mede 9 cm.

393. Calcule a aresta da base de uma pirâmide regular, sabendo que o apótema da pirâmide mede 6 cm e a aresta lateral 10 cm.

PIRÂMIDE

394. De uma pirâmide regular de base quadrada sabe-se que a área da base é 32 dm² e que o apótema da pirâmide mede 6 dm. Calcule:
a) a aresta da base (ℓ);
b) o apótema da base (m);
c) a altura da pirâmide (h);
d) a aresta lateral (a);
e) a área lateral (A_ℓ);
f) a área total (A_t).

Solução

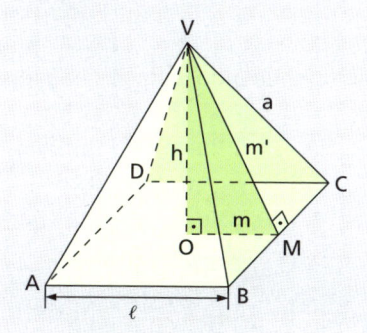

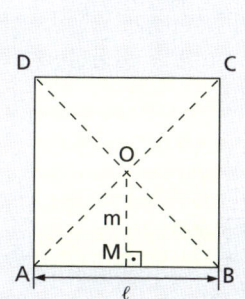

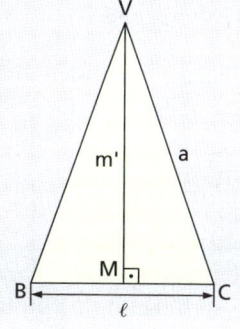

a) aresta da base
$\ell^2 = B \Rightarrow \ell^2 = 32 \Rightarrow \ell = \sqrt{32} \Rightarrow \ell = 4\sqrt{2}$ dm

b) apótema da base
$m = \dfrac{\ell}{2} \Rightarrow m = \dfrac{4\sqrt{2}}{2} \Rightarrow m = 2\sqrt{2}$ dm

c) altura da pirâmide
$\triangle$VOM: $h^2 = m'^2 - m^2 \Rightarrow h^2 = 6^2 - \left(2\sqrt{2}\right)^2 \Rightarrow h = 2\sqrt{7}$ dm

d) aresta lateral
$\triangle$VMC: $a^2 = (m')^2 + \left(\dfrac{\ell}{2}\right)^2 \Rightarrow a^2 = 6^2 + \left(\dfrac{4\sqrt{2}}{2}\right)^2 \Rightarrow a = 2\sqrt{11}$ dm

e) área lateral
$A_\ell = 4 \cdot \dfrac{1}{2} \ell \cdot m' \Rightarrow A_\ell = 4 \cdot \dfrac{1}{2} \cdot 4\sqrt{2} \cdot 6 \Rightarrow A_\ell = 48\sqrt{2}$ dm²

f) área total
$A_t = A_\ell + B \Rightarrow A_t = 48\sqrt{2} + 32 \Rightarrow A_t = 16\left(3\sqrt{2} + 2\right)$ dm²

395. A base de uma pirâmide de 6 cm de altura é um quadrado de 8 cm de perímetro. Calcule o volume.

396. Calcule a área lateral e a área total de uma pirâmide triangular regular cuja aresta lateral mede 82 cm e cuja aresta da base mede 36 cm.

PIRÂMIDE

397. Calcule a área lateral e a área total de uma pirâmide quadrangular regular, sendo 7 m a medida do seu apótema e 8 m o perímetro da base.

398. Determine a área lateral e a área total de uma pirâmide triangular regular de 7 cm de apótema, sendo 2 cm o raio do círculo circunscrito à base.

399. Calcule a medida da área lateral de uma pirâmide quadrangular regular, sabendo que a área da base mede 64 m² e que a altura da pirâmide é igual a uma das diagonais da base.

400. Calcule o volume de um tetraedro trirretangular, conhecendo os lados a, b, c, da face oposta ao triedro trirretangular.

Solução

Sejam x, y e z as medidas das arestas do triedro trirretângulo. O tetraedro é uma pirâmide de altura z cuja base é um triângulo retângulo de catetos x e y.

$$V = \frac{1}{3}B \cdot h \Rightarrow V = \frac{1}{3} \cdot \left(\frac{1}{2}xy\right) \cdot z \Rightarrow$$

$$\Rightarrow V = \frac{1}{6}xyz \quad (a)$$

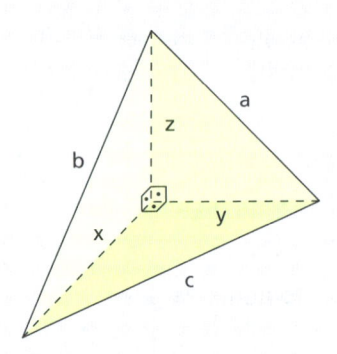

Cálculo de x, y e z:

$x^2 + y^2 = c^2$ (1) $\qquad x^2 + z^2 = b^2$ (2) $\qquad y^2 + z^2 = a^2$ (3)

(1) + (2) + (3) $\Rightarrow 2x^2 + 2y^2 + 2z^2 = a^2 + b^2 + c^2 \Rightarrow$

$$\Rightarrow x^2 + y^2 + z^2 = \frac{a^2 + b^2 + c^2}{2} \quad (4)$$

(4) − (1) $\Rightarrow z^2 = \dfrac{a^2 + b^2 - c^2}{2} \Rightarrow z = \sqrt{\dfrac{a^2 + b^2 - c^2}{2}}$

(4) − (2) $\Rightarrow y^2 = \dfrac{a^2 - b^2 + c^2}{2} \Rightarrow y = \sqrt{\dfrac{a^2 - b^2 + c^2}{2}}$

(4) − (1) $\Rightarrow x^2 = \dfrac{-a^2 + b^2 + c^2}{2} \Rightarrow x = \sqrt{\dfrac{-a^2 + b^2 + c^2}{2}}$

Substituindo em (a), vem:

$$V = \frac{1}{24}\sqrt{2(-a^2 + b^2 + c^2)(a^2 - b^2 + c^2)(a^2 + b^2 - c^2)}$$

401. Numa pirâmide triangular PABC, o triedro de vértice P é trirretângulo. O triângulo ABC da base é equilátero de lado 4 cm. Calcule o volume da pirâmide.

402. Uma pirâmide tem por base um retângulo cuja soma das dimensões vale 34 cm, sendo uma delas equivalente a $\frac{5}{12}$ da outra. Determine as dimensões da base e a área total da pirâmide, sabendo que a altura mede 5 cm e a sua projeção sobre a base é o ponto de interseção das diagonais da base.

403. Uma pirâmide tem por base um retângulo cujas dimensões medem 10 cm e 24 cm, respectivamente. As arestas laterais são iguais à diagonal da base. Calcule a área total da pirâmide.

404. Calcule a área da base de uma pirâmide quadrangular regular cujas faces laterais são triângulos equiláteros, sendo $81\sqrt{3}$ cm² a soma das áreas desses triângulos.

405. Calcule a área lateral de uma pirâmide quadrangular regular, sabendo que uma diagonal da base mede $3\sqrt{2}$ cm e que o apótema da pirâmide mede 5 cm.

406. Determine a área lateral de uma pirâmide quadrangular regular, sendo 144 cm² a área da base da pirâmide e 10 cm a medida da aresta lateral.

407. Determine a área da base, a área lateral e a área total de uma pirâmide triangular regular, sabendo que a altura e a aresta da base medem 10 cm cada uma.

408. Calcule a área lateral de uma pirâmide quadrangular regular, sabendo que a diagonal da base da pirâmide mede $8\sqrt{2}$ cm e a aresta lateral é igual à diagonal da base.

409. Sendo 192 m² a área total de uma pirâmide quadrangular regular e $3\sqrt{2}$ m o raio do círculo inscrito na base, calcule a altura da pirâmide.

410. Uma pirâmide regular hexagonal de 12 cm de altura tem aresta da base medindo $\frac{10\sqrt{3}}{3}$ cm. Calcule: apótema da base (m), apótema da pirâmide (m'), aresta lateral (a), área da base (B), área lateral (A_ℓ), área total (A_t) e volume (V).

PIRÂMIDE

Solução

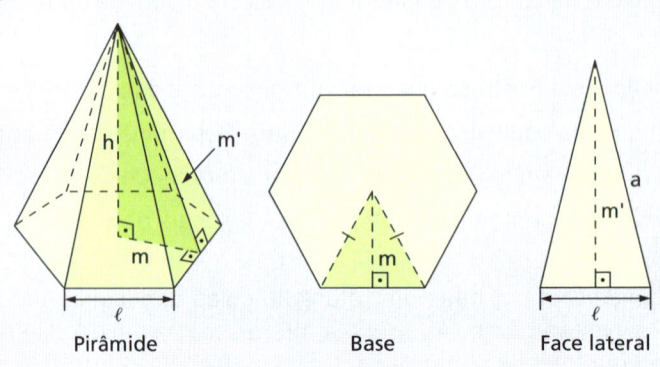

Pirâmide — Base — Face lateral

Apótema da base: $m = \dfrac{\ell\sqrt{3}}{2} \Rightarrow m = \dfrac{10\sqrt{3}}{3} \cdot \dfrac{\sqrt{3}}{2} \Rightarrow m = 5$ cm.

Apótema da pirâmide: $(m')^2 = h^2 + m^2 \Rightarrow (m')^2 = 12^2 + 5^2 \Rightarrow$

$\Rightarrow m' = 13$ cm.

Aresta lateral: $a^2 = (m')^2 + \left(\dfrac{\ell}{2}\right)^2 \Rightarrow$

$\Rightarrow a^2 = 13^2 + \left(\dfrac{5\sqrt{3}}{3}\right)^2 \Rightarrow a = \dfrac{2}{3}\sqrt{399}$ cm.

Área da base: $B = 6 \cdot \dfrac{1}{2}\ell m \Rightarrow B = 6 \cdot \dfrac{1}{2} \cdot \dfrac{10\sqrt{3}}{3} \cdot 5 \Rightarrow$

$\Rightarrow B = 50\sqrt{3}$ cm².

Área lateral: $A_\ell = 6 \cdot \dfrac{1}{2}\ell m' \Rightarrow A_\ell = 6 \cdot \dfrac{1}{2} \cdot \dfrac{10\sqrt{3}}{3} \cdot 13 \Rightarrow$

$\Rightarrow A_\ell = 130\sqrt{3}$ cm².

Área total: $A_t = A_\ell + B = 130\sqrt{3} + 50\sqrt{3} \Rightarrow A_t = 180\sqrt{3}$ cm².

Volume: $V = \dfrac{1}{3}B \cdot h \Rightarrow V = \dfrac{1}{3} \cdot 50\sqrt{3} \cdot 12 \Rightarrow V = 200\sqrt{3}$ cm³.

411. Calcule a área lateral e a área total de uma pirâmide regular hexagonal cujo apótema mede 4 cm e a aresta da base mede 2 cm.

412. Calcule a aresta lateral de uma pirâmide regular, sabendo que sua base é um hexágono de 6 cm de lado, sendo 10 cm a altura da pirâmide.

413. A base de uma pirâmide regular é um hexágono inscrito em um círculo de 12 cm de diâmetro. Calcule a altura da pirâmide, sabendo que a área da base é a décima parte da área lateral.

414. Calcule a área lateral e a área total de uma pirâmide regular hexagonal, sendo 3 cm sua altura e 10 cm a medida da aresta da base.

415. Calcule a área lateral e a área total de uma pirâmide regular hexagonal cujo apótema mede 20 cm, sendo 6 cm a medida do raio da base.

416. Uma pirâmide regular de base quadrada tem o lado da base medindo 8 cm e a área lateral igual a $\frac{3}{5}$ da área total. Calcule a altura e a área lateral dessa pirâmide.

417. A aresta lateral de uma pirâmide quadrangular regular mede 15 cm e a aresta da base 10 cm. Calcule o volume.

418. Calcule o volume de uma pirâmide de 12 cm de altura, sendo a base um losango cujas diagonais medem 6 cm e 10 cm.

419. Se a altura de uma pirâmide regular hexagonal tem medida igual à aresta da base, calcule o seu volume, sendo a a aresta da base.

420. Determine a razão entre os volumes de uma pirâmide hexagonal regular cuja aresta da base mede a, sendo a a medida de sua altura, e uma pirâmide cuja base é um triângulo equilátero de lado a e altura a.

421. Calcule a razão entre os volumes de duas pirâmides, P_1 e P_2, sabendo que os vértices são os mesmos e que a base de P_2 é um quadrado obtido ligando-se os pontos médios da base quadrada de P_1.

422. A área da base de uma pirâmide regular hexagonal é igual a $216\sqrt{3}$ m². Determine o volume da pirâmide, sabendo que sua altura mede 16 m.

423. Determine o volume de uma pirâmide triangular regular, sendo 2 m a medida da aresta da base e 3 m a medida de suas arestas laterais.

424. O volume de uma pirâmide triangular regular é $64\sqrt{3}$ cm³. Determine a medida da aresta lateral, sabendo que a altura é igual ao semiperímetro da base.

PIRÂMIDE

425. Uma pirâmide triangular tem como base um triângulo de lados 13, 14 e 15; as outras arestas medem $\frac{425}{8}$. Calcule o volume.

Solução

As arestas laterais sendo congruentes, a projeção ortogonal do vértice sobre o plano da base é o circuncentro O (centro da circunferência circunscrita) do triângulo ABC. A altura é VO.

$$V = \frac{1}{3} B \cdot h \quad (1)$$

Tomando a como unidade, vem:
Área da base:

$$\left.\begin{array}{l} B = \sqrt{p(p-a)(p-b)(p-c)} \\ a = 13, b = 14, c = 15 \end{array}\right\} \Rightarrow B = \sqrt{21 \cdot 8 \cdot 7 \cdot 6} \Rightarrow B = 84$$

Altura:

$$R = \frac{abc}{4B} \Rightarrow R = \frac{13 \cdot 14 \cdot 15}{4 \cdot 84} \Rightarrow R = \frac{65}{8}$$

$$\triangle VOA \Rightarrow h^2 = \left(\frac{425}{8}\right)^2 - \left(\frac{65}{8}\right)^2 \Rightarrow h = \frac{105}{2}$$

Substituindo em (1), vem:

$$V = \frac{1}{3} \cdot 84 \cdot \frac{105}{2} \Rightarrow V = 1\,470$$

Resposta: 1 470.

426. Calcule o volume de uma pirâmide triangular regular, sabendo que o apótema da base mede 4 cm e o apótema da pirâmide 5 cm.

427. Uma pirâmide triangular regular tem as medidas da altura e da aresta da base iguais a 6 cm. Calcule a área da base, a área lateral, a área total e o volume dessa pirâmide.

428. Calcule a área total e o volume de um octaedro regular de aresta a.

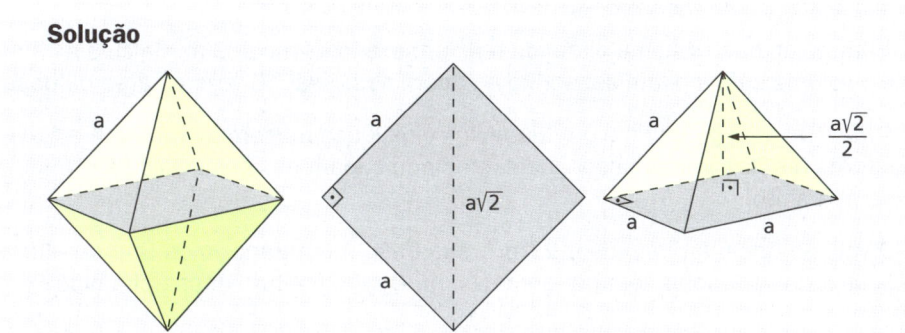

Solução

Área:
A área de uma face (S) é a área de um triângulo equilátero de lado a; portanto, $S = \dfrac{a^2\sqrt{3}}{4}$.

A superfície total é a reunião de 8 faces; então:

$A_t = 8 \cdot S \Rightarrow A_t = 8 \cdot \dfrac{a^2\sqrt{3}}{4} \Rightarrow A_t = 2a^2\sqrt{3}$.

Volume:
O octaedro regular é a reunião de 2 pirâmides de base quadrada de lado a e de altura igual à metade da diagonal do quadrado; então:

$V = 2\left(\dfrac{1}{3}B \cdot h\right) \Rightarrow V = 2\left(\dfrac{1}{3} \cdot a^2 \cdot \dfrac{a\sqrt{2}}{2}\right) \Rightarrow V = \dfrac{a^3\sqrt{2}}{3}$

429. Calcule a área total e o volume de um octaedro regular de 2 cm de aresta.

430. Calcule o volume da pirâmide quadrangular regular, sabendo que sua base é circunscrita a um círculo de 6 cm de raio e que a aresta lateral mede 12 cm.

431. Uma pirâmide regular de base quadrada tem lado da base medindo 6 cm e área lateral igual a $\dfrac{5}{8}$ da área total. Calcule a altura, a área lateral e o volume dessa pirâmide.

432. Calcule o volume de uma pirâmide hexagonal regular, sendo 24 cm o perímetro da base e 30 cm a soma dos comprimentos de todas as arestas laterais.

433. Calcule o volume de uma pirâmide regular hexagonal, sendo 6 cm a medida da aresta da base e 10 cm a medida da aresta lateral.

PIRÂMIDE

434. O volume de uma pirâmide regular hexagonal é $60\sqrt{3}$ m³, sendo 4 m o lado do hexágono. Calcule a aresta lateral e a altura da pirâmide.

435. A aresta da base de uma pirâmide regular hexagonal mede 3 m. Calcule a altura e o volume dessa pirâmide, sendo a superfície lateral 10 vezes a área da base.

436. A base de uma pirâmide é um triângulo cujos lados medem 13 m, 14 m e 15 m. As três arestas laterais são iguais, medindo cada uma 20 m. Calcule o volume da pirâmide.

437. O volume de uma pirâmide é 27 m³, sua base é um trapézio de 3 m de altura, seus lados paralelos têm por soma 17 m. Qual é a altura dessa pirâmide?

438. Determine o volume de uma pirâmide triangular cujas arestas laterais são de medidas iguais, sabendo que o triângulo da base tem os lados medindo 6 m, 8 m e 10 m e que sua maior face lateral é um triângulo equilátero.

439. A área lateral de uma pirâmide triangular regular é o quádruplo da área da base. Calcule o volume, sabendo que a aresta da base mede 3 cm.

440. Calcule as áreas lateral e total de uma pirâmide triangular regular, sabendo que sua altura mede 12 cm e que o perímetro da base mede 12 cm.

441. Determine a altura de uma pirâmide triangular regular, sabendo que a área total é $36\sqrt{3}$ cm² e o raio do círculo inscrito na base mede 2 cm.

442. Calcule a medida do diedro formado pelas faces laterais com a base de uma pirâmide regular, sabendo que o apótema da pirâmide mede o dobro do apótema da base.

443. Determine a medida da altura e da aresta lateral de uma pirâmide que tem por base um triângulo equilátero de lado 16 cm, sabendo que as faces laterais formam com o plano da base ângulos de 60°.

Solução

O apótema da base m é dado por

$$m = \frac{1}{3} \cdot \frac{\ell\sqrt{3}}{2} = \frac{\ell\sqrt{3}}{6}$$

em que $\ell = 16$. Portanto,

$$m = \frac{16\sqrt{3}}{6} = \frac{8\sqrt{3}}{3}$$

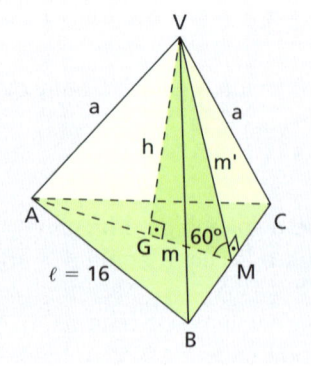

Cálculo da altura h:

No triângulo VGM, temos:

$\text{tg } 60° = \dfrac{h}{m} \Rightarrow h = m\sqrt{3} \Rightarrow h = \dfrac{8\sqrt{3}}{3} \cdot \sqrt{3} = 8$

Cálculo da aresta lateral a:

1º modo:
O apótema m' da pirâmide é dado por:

$(m')^2 = h^2 + m^2 \Rightarrow (m')^2 = 8^2 + \left(\dfrac{8\sqrt{3}}{3}\right)^2 \Rightarrow$

$\Rightarrow (m')^2 = 64 + \dfrac{192}{9} = \dfrac{768}{9}$

No $\triangle$VMC, vem:

$a^2 = (m')^2 + \left(\dfrac{\ell}{2}\right)^2 \Rightarrow a^2 = \dfrac{768}{9} + 8^2 \Rightarrow$

$\Rightarrow a^2 = \dfrac{768}{9} + 64 \Rightarrow a = \sqrt{\dfrac{1344}{9}} \Rightarrow a = \dfrac{8\sqrt{21}}{3}$

2º modo:
No $\triangle$VGA, temos:

$a^2 = h^2 + (AG)^2 \Rightarrow a^2 = 8^2 + \left(\dfrac{2}{3} \cdot \dfrac{16\sqrt{3}}{2}\right)^2 = \dfrac{8^2 \cdot 21}{9} \Rightarrow a = \dfrac{8\sqrt{21}}{3}$

Resposta: A altura mede 8 cm e a aresta lateral $\dfrac{8\sqrt{21}}{3}$ cm.

444. Uma pirâmide tem por base um triângulo equilátero de lado a. As faces laterais formam com o plano da base diedros de 60°. Calcule a altura, o comprimento das arestas e o volume da pirâmide.

445. Uma pirâmide tem por base um hexágono regular de lado a, e cada aresta lateral da pirâmide mede $2a$.
  a) Qual o ângulo que cada aresta lateral forma com o plano da base?
  b) Calcule, em função de a, a área lateral, a área total e o volume da pirâmide.

446. Uma pirâmide quadrangular regular tem 4 cm de aresta da base e $2\sqrt{5}$ cm de aresta lateral. Calcule o ângulo que a face lateral forma com a base.

PIRÂMIDE

447. As faces laterais de uma pirâmide quadrangular regular de 6 m de aresta da base formam 60° com o plano da base. Calcule o volume V e a área total dessa pirâmide.

448. Duas arestas opostas de uma pirâmide quadrangular regular medem 2 m e formam, no interior do sólido, um ângulo de 120°. Calcule o volume da pirâmide.

449. Determine o volume de uma pirâmide cuja aresta lateral forma um ângulo de 60° com a diagonal do retângulo da base, sendo 28 m o perímetro desse retângulo e $\frac{3}{4}$ a razão entre suas dimensões.

450. A base de uma pirâmide é um losango de lado 15 dm. A face lateral forma com a base um ângulo de 45°. A maior diagonal da base mede 24 dm. Determine o volume da pirâmide.

451. Calcule o volume de uma pirâmide triangular cuja base tem os lados medindo 12 cm, 15 cm e 9 cm, a aresta lateral 12,5 cm, e sabendo que a projeção do vértice da pirâmide coincide com o circuncentro da base.

452. Calcule a aresta da base de uma pirâmide regular hexagonal, sendo $30\sqrt{3}$ cm² a área lateral e $2\sqrt{7}$ cm a medida da aresta lateral.

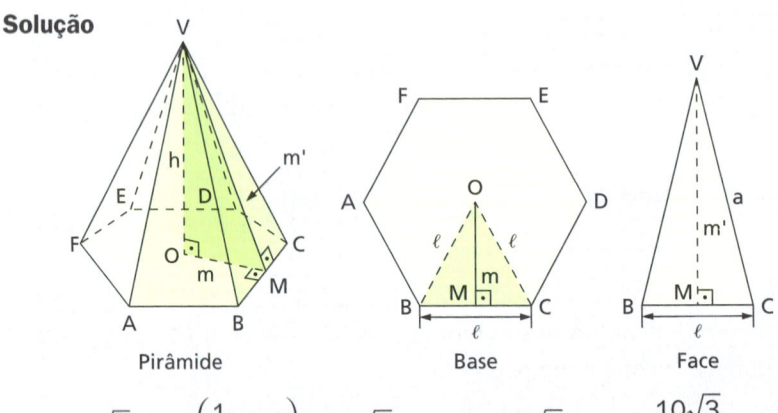

Solução

Pirâmide — Base — Face

$$A_\ell = 30\sqrt{3} \Rightarrow 6 \cdot \left(\frac{1}{2} \cdot \ell m'\right) = 30\sqrt{3} \Rightarrow \ell m' = 10\sqrt{3} \Rightarrow m' = \frac{10\sqrt{3}}{\ell}$$

$$\triangle VMC: (m')^2 + \left(\frac{\ell}{2}\right)^2 = a^2 \Rightarrow (m')^2 + \frac{\ell^2}{4} = \left(2\sqrt{7}\right)^2 \Rightarrow 4(m')^2 + \ell^2 = 112$$

$$4\left(\frac{10\sqrt{3}}{\ell}\right)^2 + \ell^2 = 112 \Rightarrow \frac{1200}{\ell^2} + \ell^2 = 112 \Rightarrow \ell^4 - 112\ell^2 + 1200 = 0$$

Resolvendo a equação acima, obtemos: $\ell = 2\sqrt{3}$ ou $\ell = 10$.

A solução $\ell - 10$ não convém, pois, sendo $\ell = 10$, o apótema $m' = \dfrac{10\sqrt{3}}{\ell}$ resulta $m' = \sqrt{3}$ e o apótema da base $m = \dfrac{\ell\sqrt{3}}{2}$ resulta $m = 5\sqrt{3}$ e, com isso, teremos a hipotenusa m' menor que o cateto m.

Resposta: A aresta da base mede $2\sqrt{3}$ cm.

453. Calcule o volume de uma pirâmide triangular regular, sendo 20 cm a medida de sua aresta lateral e $36\sqrt{3}$ cm o perímetro do triângulo da base.

454. Consideremos uma pirâmide de base quadrada, em que uma aresta lateral é perpendicular ao plano da base. A maior das arestas laterais mede 6 cm e forma um ângulo de 45° com a base. Calcule a área da base e o volume da pirâmide.

455. A água da chuva é recolhida em um pluviômetro em forma de pirâmide quadrangular regular. Sabendo que a água alcança uma altura de 9 cm e forma uma pequena pirâmide de 15 cm de aresta lateral e que essa água é vertida em um cubo de 10 cm de aresta, responda: que altura alcançará a água no cubo?

456. Calcule a superfície lateral, a superfície total e o volume de uma pirâmide que tem por vértice o centro da face de um cubo de aresta a e por base a face oposta.

457. Uma pirâmide regular tem a base coincidente com uma das faces de um cubo de aresta a e é exterior ao cubo. Calcule a altura da pirâmide em função da aresta a do cubo, sabendo que o volume do cubo somado com o volume da pirâmide é $3a^3$.

458. Um tetraedro regular SABC de aresta a é cortado por um plano que passa pelo vértice A e pelos pontos D e E situados respectivamente sobre as arestas SB e SC. Sabendo que $SD = SE = \dfrac{1}{4} SC$, ache o volume da pirâmide ASDE.

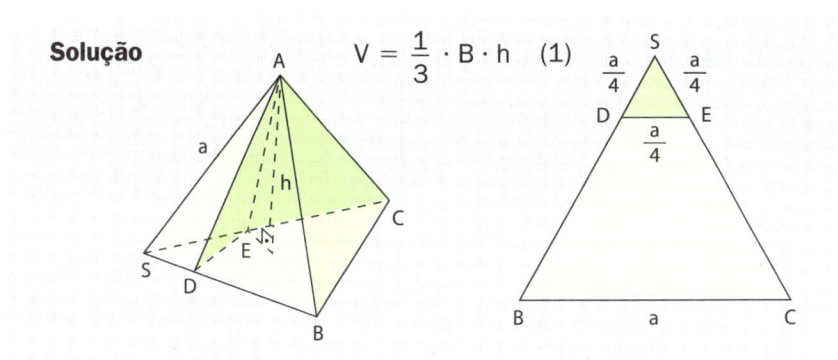

Solução

$V = \dfrac{1}{3} \cdot B \cdot h$ (1)

Área da base: $B = \frac{1}{2} \cdot \left(\frac{a}{4}\right) \cdot \left(\frac{a}{4}\right) \cdot \frac{\sqrt{3}}{2} \Rightarrow B = \frac{a^2\sqrt{3}}{64}$.

Altura: A altura de ASDE é a distância entre A e o plano SDE; então h é igual à altura do tetraedro regular de aresta a, isto é,

$h = \frac{a\sqrt{6}}{3} = \frac{a\sqrt{3} \cdot \sqrt{2}}{3}$.

Substituindo B e h em (1), vem:

$V = \frac{1}{3} \cdot \frac{a^2\sqrt{3}}{64} \cdot \frac{a\sqrt{2} \cdot \sqrt{3}}{3} \Rightarrow V = \frac{a^3\sqrt{2}}{192}$.

459. Uma pirâmide quadrangular regular tem as arestas laterais congruentes às arestas da base. Determine a área da seção obtida nesse poliedro por um plano que passa pelo vértice e pelos pontos médios de dois lados opostos da base, sendo a a medida das arestas laterais.

460. Os lados da base de uma pirâmide triangular são AB = 20 cm, BC = 12 cm e AC = 16 cm. As três arestas laterais são VA = VB = VC = $10\sqrt{2}$ cm. Faz-se passar um plano secante pelo vértice A e pelos pontos médios M e P das arestas VB e VC, respectivamente. Calcule os volumes das pirâmides de vértice A e de bases VMP e MPCB, respectivamente.

Solução

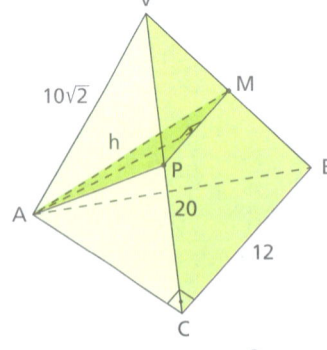

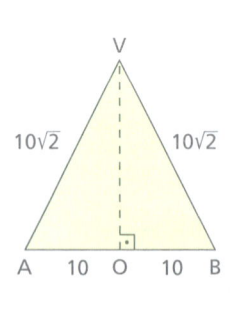

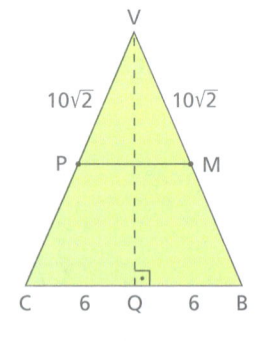

$(VO)^2 = \left(10\sqrt{2}\right)^2 - 10^2 \Rightarrow VO = 10$

$(VQ)^2 = \left(10\sqrt{2}\right)^2 - 6^2 \Rightarrow VQ = 2\sqrt{41}$

Chamemos de V_1, V_2 e V_3 os volumes das pirâmides VABC, AVMP e AMPCB, respectivamente.

Cálculo de V_1:

$$V = \frac{1}{3}(\text{Área } \triangle ABC) \cdot (VO) \Rightarrow V_1 = \frac{1}{3}\left(\frac{1}{2} \cdot 12 \cdot 16\right) \cdot 10 \Rightarrow$$

$$\Rightarrow V_1 = 320 \text{ cm}^3$$

Cálculo de h:

Distância de A ao plano VBC.

$$\text{Área } \triangle VBC = \frac{1}{2}(BC)(VQ) \Rightarrow \text{Área } \triangle VBC = \frac{1}{2} \cdot 12 \cdot 2\sqrt{41} = 12\sqrt{41} \text{ cm}^2$$

$$V_1 = \frac{1}{3}\left(\text{Área } \triangle VBC\right) \cdot h \Rightarrow \frac{1}{3} \cdot 12\sqrt{41} \cdot h = 320 \Rightarrow$$

$$\Rightarrow h = \frac{320}{4\sqrt{41}} \Rightarrow h = \frac{80}{\sqrt{41}} \text{ cm}$$

Cálculo de V_2:

$$\text{Área } \triangle VMP = \frac{1}{4}\left(\text{Área } \triangle VBC\right) \Rightarrow \text{Área } \triangle VMP = 3\sqrt{41} \text{ cm}^2$$

$$V_2 = \frac{1}{3}\left(\text{Área } \triangle VMP\right) \cdot h \Rightarrow V_2 = \frac{1}{3} \cdot 3\sqrt{41} \cdot \frac{80}{\sqrt{41}} \Rightarrow V_2 = 80 \text{ cm}^3$$

Cálculo de V_3:

$$V_3 = V_1 - V_2 \Rightarrow V_3 = 320 - 80 \Rightarrow V_3 = 240 \text{ cm}^3$$

Resposta: Os volumes são respectivamente 80 cm³ e 240 cm³.

461. Calcule a área da seção determinada em um tetraedro regular, por um plano que contém uma aresta do tetraedro e é perpendicular à aresta oposta, sabendo que a área total do tetraedro vale $64\sqrt{3}$ m².

462. Seja um triedro de vértice S, cujos ângulos das faces medem 60°. Tomamos SA = a e pelo ponto A traçamos um plano perpendicular a SA, que corta as outras arestas em B e C. Calcule as arestas do tetraedro SABC, sua área total e seu volume.

PIRÂMIDE

463. A base de uma pirâmide de vértice V é um hexágono regular ABCDEF, sendo AB = 6 cm. A aresta lateral VA é perpendicular ao plano da base e igual ao segmento AD. Prove que quatro faces laterais são triângulos retângulos e ache as suas áreas.

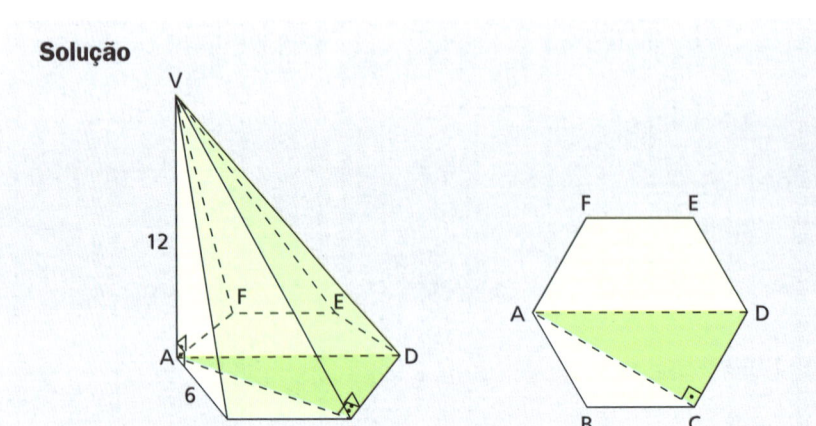

Solução

a) Prova de que quatro faces laterais são triângulos retângulos:

$$VA \perp \text{plano (ABCDEF)} \Rightarrow \begin{cases} VA \perp AB & \Rightarrow \triangle VAB \text{ é retângulo em A} \\ VA \perp AF & \Rightarrow \triangle VAF \text{ é retângulo em A} \\ VA \perp CD \end{cases}$$

C pertence à circunferência de diâmetro AD $\Rightarrow$ AC $\perp$ CD

$\Rightarrow$ CD $\perp$ plano (VAC) $\Rightarrow$ $\triangle$VCD é retângulo

Analogamente, $\triangle$VED é retângulo em E.

b) Cálculo das áreas:

1º) Os triângulos VAB e VAF têm área igual a $\frac{1}{2} \cdot 6 \cdot 12 = 36$ cm².

2º) Os triângulos VCD e VED têm áreas S iguais.

Cálculo de S:

$S = \frac{1}{2}(CD) \cdot (VC) \Rightarrow S = 3 \cdot (VC)$ (1)

$\triangle ACD \Rightarrow (AC)^2 = 12^2 - 6^2 \Rightarrow (AC)^2 = 108$

$\triangle VAC \Rightarrow (VC)^2 = (VA)^2 \Rightarrow (VC)^2 = 252 \Rightarrow VC = 6\sqrt{7}$

Substituindo em (1), vem:

$S = 3 \cdot 6\sqrt{7} \Rightarrow S = 18\sqrt{7}$ cm².

464. Calcule o volume de uma pirâmide regular de altura *h*, sabendo que essa pirâmide tem por base um polígono convexo cuja soma dos ângulos internos é nπ e a relação entre a superfície lateral e a área da base é *k*.

465. Se K é a medida da aresta de um tetraedro regular, calcule a altura do tetraedro em função de K.

466. A base de uma pirâmide reta de altura 3r é um hexágono regular inscrito numa circunferência de raio *r*. Determine o volume da pirâmide.

467. Seja ABCD um tetraedro regular. Do vértice A traça-se a altura AH. Seja M o ponto médio do segmento AH. Mostre que as semirretas MB, MC e MD são as arestas de um triedro trirretângulo.

468. A figura é a planificação de um poliedro convexo (A = B = C = D; E = F). Calcule seu volume.

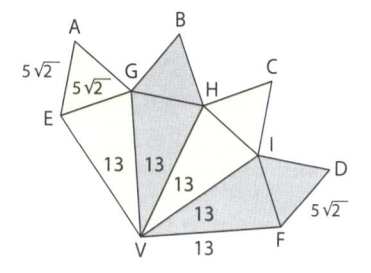

469. Seja ABCDEFGH um cubo no qual AB, AC, AD, EF, EG, EH são seis de suas 12 arestas, de sorte que A e E são vértices opostos. Calcule o volume do sólido BCDFGH em termos do comprimento ℓ das arestas do cubo.

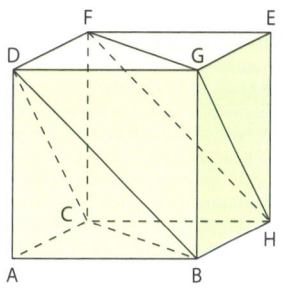

470. É possível construir uma pirâmide regular de 7 vértices com todas as arestas congruentes, isto é, da mesma medida? Justifique.

471. Calcule o volume de uma pirâmide P_1 quadrangular regular, dado o volume de uma pirâmide P_2 igual a 48 m³ e sabendo que a base de P_1 é formada pelos pontos médios das arestas da base de P_2, e cujo vértice é um ponto pertencente à altura de P_2, estando esse ponto situado a $\frac{1}{3}$ do vértice de P_2.

PIRÂMIDE

472. Na figura, a pirâmide regular de base ABCD e altura $\overline{VH}$ possui todas as arestas medindo 4 m. Sabendo que V_1 é ponto médio de $\overline{VH}$ e que M_1, M_2, M_3 e M_4 são pontos médios dos lados da base ABCD, forneça:
   a) o valor do lado M_1M_2;
   b) a área do polígono $M_1M_2M_3M_4$;
   c) o volume da pirâmide $V_1M_1M_2M_3M_4$.

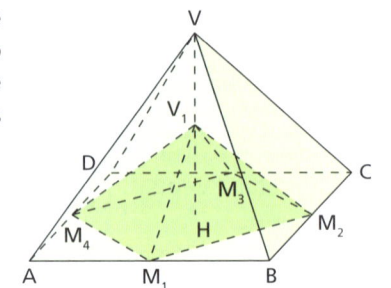

473. Na pirâmide ABCDE, a base é um retângulo de 6 m por 4 m. A aresta DE é a altura e mede 8 m. Prove que as quatro faces laterais são triângulos retângulos e calcule a área total da pirâmide.

474. Entre o volume V, a área lateral A, a área total S de uma pirâmide quadrangular regular existe a relação:
$36V^2 = S(S - A)(2A - S)$.

475. Prove que o volume de um tetraedro ABCD é a sexta parte do produto da menor distância entre duas arestas opostas AB, CD, pela área do paralelogramo cujos lados são iguais e paralelos a essas arestas.

476. Prove que o volume de um tetraedro é igual à terça parte do produto de uma aresta pela área do triângulo, projeção do sólido sobre um plano perpendicular a essa aresta.

477. Todo plano conduzido por uma aresta de um tetraedro e pelo ponto médio da aresta oposta divide o tetraedro em duas partes equivalentes.

478. Sejam a, b, c as arestas do triedro trirretângulo de um tetraedro e h a altura relativa ao vértice desse triedro. Demonstre que:
$$\frac{1}{h^2} = \frac{1}{a^2} + \frac{1}{b^2} + \frac{1}{c^2}.$$

479. Consideremos um triedro trirretângulo ABCD de vértice A, um ponto P interior, cujas distâncias às faces ABC, ABD, ACD são a, b, c, e pelo ponto P façamos passar um plano que corta as arestas AB, AC, AD em M, N, Q.

   a) Demonstre que e $\dfrac{a}{AQ} + \dfrac{b}{AN} + \dfrac{c}{AM} = 1$ e reciprocamente.

   b) Como deve ser escolhido esse plano para que o volume do tetraedro AMNQ seja mínimo?

480. Prove que o plano bissetor do ângulo diedro de um tetraedro divide a aresta oposta em segmentos proporcionais às áreas das faces do diedro.

PIRÂMIDE

481. Demonstre que os segmentos que unem os vértices de uma pirâmide triangular com os baricentros das faces opostas se interceptam em um ponto e se dividem por esse ponto na relação $\frac{1}{3}$.

482. Obtenha um ponto do interior de um tetraedro que, unido aos quatro vértices, determine quatro tetraedros equivalentes.

483. Consideremos um tetraedro ABCD e um ponto P em seu interior. Traçamos AP, BP, CP e DP, que cortam as faces opostas em M, N, R e Q. Demonstre que:
$$\frac{PM}{AM} + \frac{PN}{BN} + \frac{PR}{CR} + \frac{PQ}{DQ} = 1.$$

484. Mostre que, se dois tetraedros têm um triedro comum, seus volumes são proporcionais aos produtos das arestas desse triedro.

Solução

Sejam $S(A_1B_1C_1)$ e $S(A_2B_2C_2)$ os tetraedros com o triedro S comum.

C_1C_1' = altura relativa à face SA_1B_1
C_2C_2' = altura relativa à face SA_2B_2
H = altura de SA_1B_1 relativa a SA_1
h = altura de SA_2B_2 relativa a SA_2

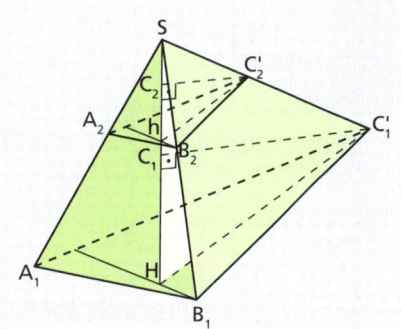

$$\frac{\text{Volume } S(A_1B_1C_1)}{\text{Volume } S(A B C)} = \frac{\frac{1}{3}(\text{Área } SA_1B_1) \cdot C_1C_1'}{\frac{1}{3}(\text{Área } SA_2B_2) \cdot C C'} \Rightarrow$$

$$\Rightarrow \frac{V_1}{V_2} = \frac{\frac{1}{3}(SA_1) \cdot H \cdot C_1C_1'}{\frac{2}{2}(SA_2) \cdot h \cdot C_2C_2'} \Rightarrow \frac{V_1}{V_2} = \frac{SA_1}{SA_2} \cdot \frac{H}{h} \cdot \frac{C_1C_1'}{C_2C_2'}$$

Por semelhança de triângulo: $\frac{H}{h} = \frac{SB_1}{SB_2}$ e $\frac{C_1C_1'}{C_2C_2'} = \frac{SC_1}{SC_2}$.

Substituindo $\frac{H}{h}$ e $\frac{C_1C_1'}{C_2C_2'}$, vem: $\frac{V_1}{V_2} = \frac{SA_1}{SA_2} \cdot \frac{SB_1}{SB_2} \cdot \frac{SC_1}{SC_2}$.

PIRÂMIDE

485. Seja uma pirâmide triangular regular ABCD e um ponto P situado na sua altura AH. Por esse ponto passamos um plano qualquer que intercepta as arestas do triedro de vértice A, sendo M, N, Q os pontos de interseção. Demonstre que:
$$\frac{1}{AM} + \frac{1}{AN} + \frac{1}{AQ} = k, \text{ sendo } k \text{ constante.}$$

486. A base de uma pirâmide é um paralelogramo. Determine o plano que a divide em dois sólidos de iguais volumes, sabendo que esse plano contém um dos lados da base.

487. Prove que, em todo tetraedro de arestas opostas ortogonais:
a) os produtos das arestas opostas estão na razão inversa das mais curtas distâncias entre essas arestas;
b) as somas dos quadrados das arestas opostas são iguais e a soma dos quadrados dos produtos das arestas opostas é igual a quatro vezes a soma dos quadrados das quatro faces;
c) a soma dos seis diedros e dos doze ângulos formados pela interseção de cada aresta com as duas faces que ela corta é igual a doze ângulos retos.

488. Mostre que a seção obtida da interseção de um plano com um tetraedro é um paralelogramo.

489. Prove que a soma dos volumes das pirâmides que têm por bases as faces laterais de um prisma e por vértice comum um ponto O qualquer interior a uma das bases é constante. Calcule o valor dessa constante, se o volume do prisma é V.

490. Consideremos um triedro de vértice P e sobre suas arestas os segmentos PA = a, PB = b, PC = c, de maneira que a área lateral da pirâmide PABC seja igual a $3d^2$. Determine as medidas de a, b, c, de modo que o volume dessa pirâmide seja máximo sabendo que BCP = α, CPA = β e APB = φ.

491. Em um tetraedro:
a) a soma dos quadrados de dois pares de arestas é igual à soma dos quadrados das arestas opostas do terceiro par mais quatro vezes o quadrado da distância entre os pontos médios destas duas últimas arestas;
b) a soma dos quadrados das seis arestas é igual ao quádruplo da soma dos quadrados dos três segmentos que unem os pontos médios das arestas opostas.

492. Se um tetraedro tiver três faces equivalentes, a reta que une o vértice comum a essas três faces ao ponto de concurso das medianas da face oposta estará igualmente inclinada sobre os planos dessas três faces e reciprocamente.

493. Seja um triedro de faces iguais, e consideremos os segmentos AM = AN = AP = a, todos partindo do vértice A. Qual deve ser o valor comum do ângulo dessas faces para que:
a) a superfície lateral do tetraedro AMNP, de base MNP, seja máxima?
b) o volume desse tetraedro seja máximo?

CAPÍTULO X
Cilindro

I. Preliminar: noções intuitivas de geração de superfícies cilíndricas

187. **Superfícies regradas desenvolvíveis cilíndricas** são superfícies geradas por uma reta *g* (geratriz) que se mantém paralela a uma reta dada *r* (direção) e percorre os pontos de uma linha dada *d* (diretriz).

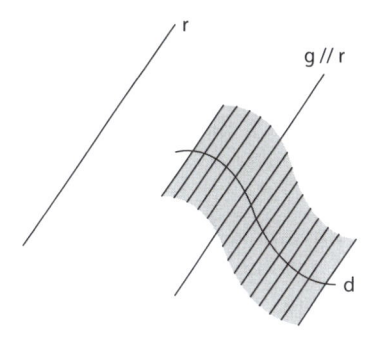

São superfícies **regradas** por serem geradas por **retas** e **desenvolvidas** por poderem ser aplicadas, estendidas ou desenvolvidas num plano (planificadas) sem dobras ou rupturas.

188. Como exemplos, temos:
- se a diretriz é uma **reta** não paralela a *r*, a superfície cilíndrica gerada é um **plano**.
- se a diretriz é um **segmento de reta** não paralelo a *r*, a superfície cilíndrica gerada é uma **faixa de plano**.
- se a diretriz é um **polígono** (linha poligonal fechada), cujo plano concorre com *r*, a superfície cilíndrica gerada é uma **superfície prismática ilimitada**.

CILINDRO

- se a diretriz é uma **circunferência** cujo plano concorre com r, a superfície cilíndrica gerada é uma superfície cilíndrica circular. E, ainda, se o plano da circunferência é **perpendicular** a r, temos uma **superfície cilíndrica circular reta**.

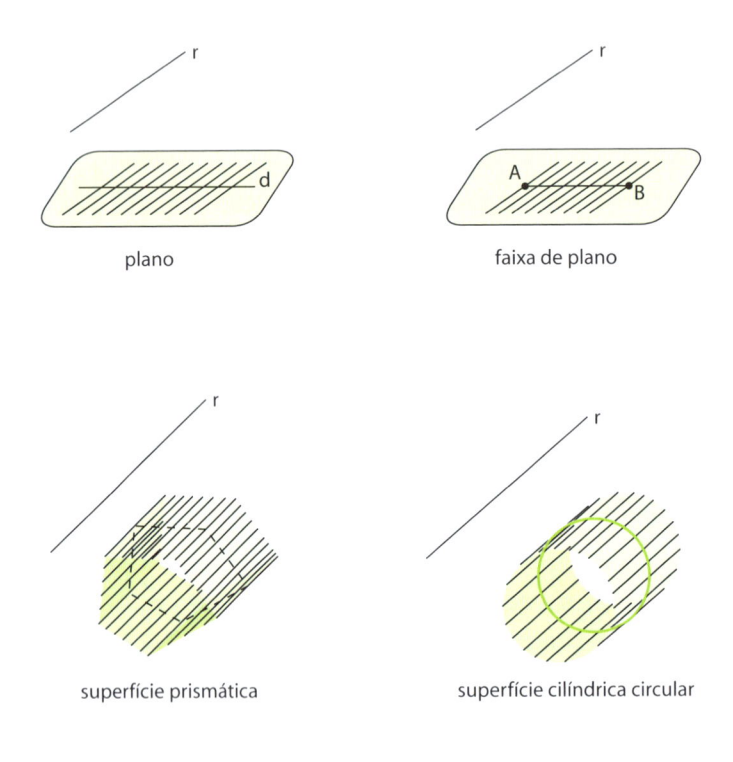

plano

faixa de plano

superfície prismática

superfície cilíndrica circular

189. **Superfície cilíndrica de rotação** ou **revolução** é uma superfície gerada pela rotação (ou revolução) de uma reta g (geratriz) em torno de uma reta e (eixo), fixa, sendo a reta g paralela e distinta da reta e.

Considera-se que cada ponto da geratriz descreve uma circunferência com centro no eixo e cujo plano é perpendicular ao eixo.

A superfície cilíndrica de revolução de eixo e, geratriz g e raio r é o lugar geométrico dos pontos que estão a uma distância dada (r) de uma reta dada (e).

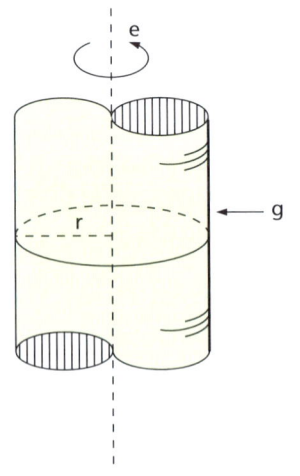

190. Consideremos um círculo (região circular) de centro O e raio *r* e uma reta s não paralela nem contida no plano do círculo.

Chama-se **cilindro circular ilimitado** ou **cilindro circular indefinido** à reunião das retas paralelas a s e que passam pelos pontos do círculo.

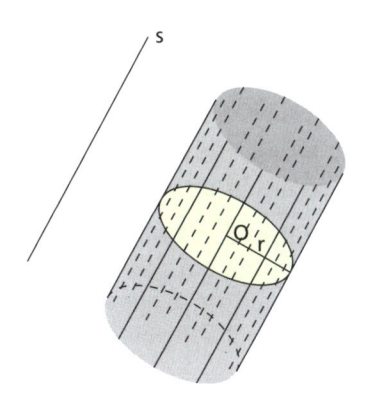

II. Cilindro

191. Definição

Consideremos um círculo (região circular) de centro O e raio *r*, situado num plano α, e um segmento de reta PQ, não nulo, não paralelo e não contido em α. Chama-se **cilindro circular** ou **cilindro** à reunião dos segmentos congruentes e paralelos a PQ, com uma extremidade nos pontos do círculo e situados num mesmo semiespaço dos determinados por α.

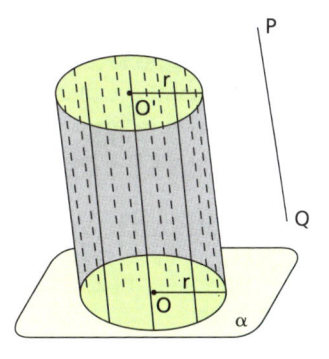

Podemos também definir o cilindro como segue.

192. Cilindro é a reunião da parte do cilindro circular ilimitado, compreendida entre as seções circulares formadas por dois planos paralelos e distintos.

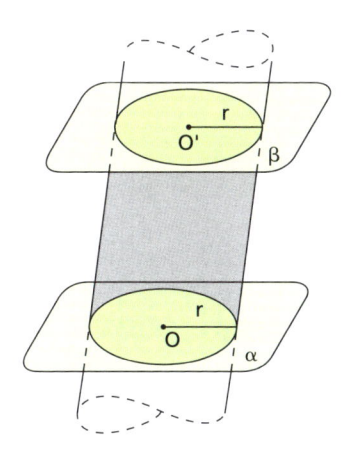

CILINDRO

193. Elementos

O cilindro possui:

2 bases: círculos congruentes situados em planos paralelos (as seções citadas no item 192).

Geratrizes: são os segmentos com uma extremidade em um ponto da circunferência de centro O e raio r e a outra no ponto correspondente da circunferência de centro O' e raio r.

r é o raio da base.

194.
A **altura** de um cilindro é a distância h entre os planos das bases.

195. Superfícies

Superfície lateral é a reunião das geratrizes. A **área** dessa superfície é chamada **área lateral** e indicada por A_ℓ.

Superfície total é a reunião da superfície lateral com os círculos das bases. A **área** dessa superfície é a **área total** e indicada por A_t.

196. Classificação

Se as geratrizes são oblíquas aos planos das bases, temos um **cilindro circular oblíquo**.

Se as geratrizes são perpendiculares aos planos das bases, temos um **cilindro circular reto**.

O **cilindro circular reto** é também chamado **cilindro de revolução**, pois é gerado pela rotação de um retângulo em torno de um eixo que contém um dos seus lados.

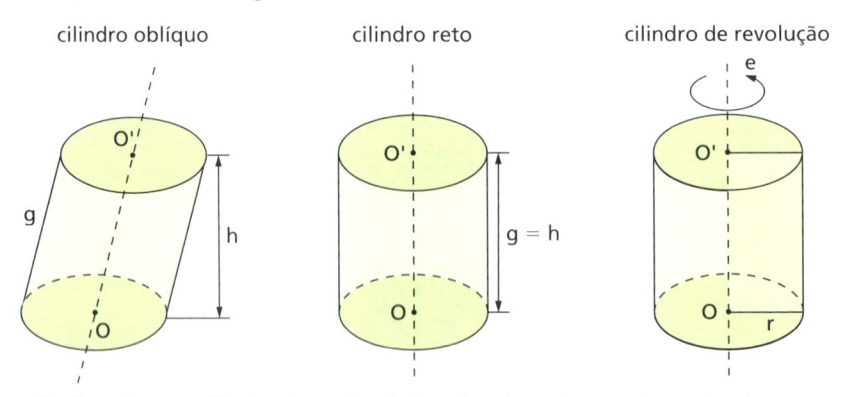

O **eixo** de um cilindro é a reta determinada pelos centros das bases.

197. Seção meridiana

Seção meridiana é a interseção do cilindro com um plano que contém a reta OO' determinada pelos centros das bases.

A seção meridiana de um cilindro oblíquo é um paralelogramo e a seção meridiana de um cilindro reto é um retângulo.

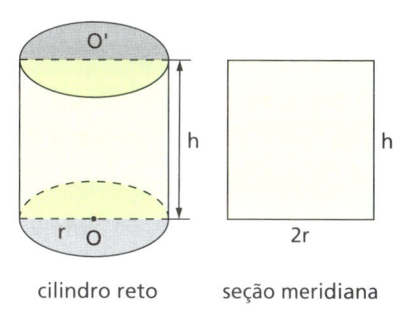

cilindro reto   seção meridiana

198. Cilindro equilátero

Cilindro equilátero é um cilindro cuja seção meridiana é um quadrado; portanto, apresenta:

g = h = 2r.

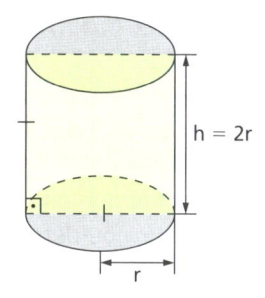

III. Áreas lateral e total

199. Área lateral

A superfície lateral de um cilindro circular reto ou cilindro de revolução é equivalente a um retângulo de dimensões $2\pi r$ (comprimento da circunferência da base) e h (altura do cilindro).

Isso significa que a superfície lateral de um cilindro de revolução desenvolvida num plano (planificada) é um retângulo de dimensões $2\pi r$ e h.

Portanto, a área lateral do cilindro é

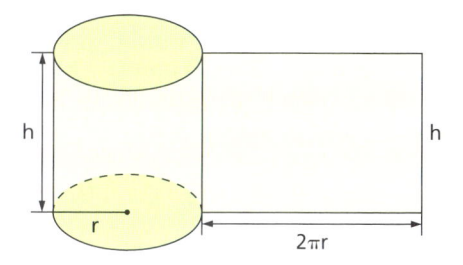

$$A_\ell = 2\pi r h$$

Nota: A dedução mais rigorosa desta fórmula encontra-se no final do capítulo XII, no item 230.

CILINDRO

200. Área total

A área total de um cilindro é a soma da área lateral (A_ℓ) com as áreas das duas bases ($B = \pi r^2$); logo:

$$A_t = A_\ell + 2B \Rightarrow A_t = 2\pi rh + 2\pi r^2 \Rightarrow$$

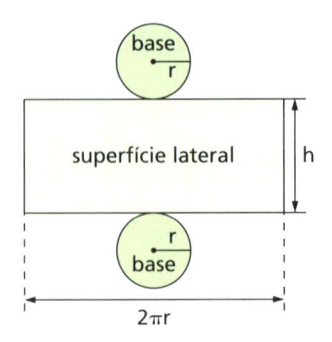

$$\Rightarrow \boxed{A_t = 2\pi r (h + r)}$$

IV. Volume do cilindro

201. Consideremos um cilindro de altura h e área da base $B_1 = B$ e um prisma de altura h e área da base $B_2 = B$ (o cilindro e o prisma têm alturas congruentes e bases equivalentes).

Suponhamos que os dois sólidos têm as bases num mesmo plano α e estão num dos semiespaços determinados por α.

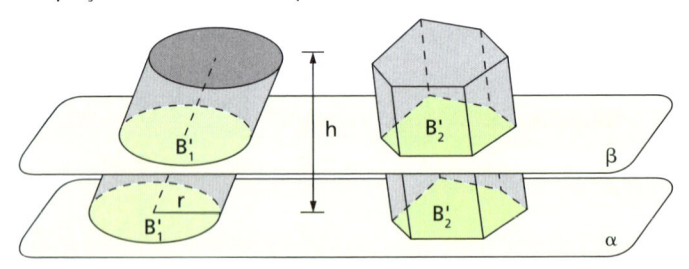

Qualquer plano β paralelo a α, que secciona o cilindro, também secciona o prisma e as seções (B'_1 e B'_2, respectivamente) têm áreas iguais, pois são congruentes às respectivas bases.

$$(B'_1 = B_1, B'_2 = B_2, B_1 = B_2 = B) \Rightarrow B'_1 = B'_2$$

Então, pelo princípio de Cavalieri, o cilindro e o prisma têm volumes iguais.

$$V_{cilindro} = V_{prisma}$$

Como $V_{prisma} = B_2 h$, ou seja, $V_{prisma} = B \cdot h$, vem que $V_{cilindro} = B \cdot h$; ou resumidamente:

$$\boxed{V = B \cdot h}$$

Conclusão:

> O volume de um cilindro é o produto da **área da base** pela medida da **altura**.

Se B = πr^2, temos: $V = \pi r^2 h$

EXERCÍCIOS

494. Calcule a área lateral, a área total e o volume dos sólidos cujas medidas estão indicadas nas figuras abaixo.

a) cilindro equilátero — 2 cm, 1 cm

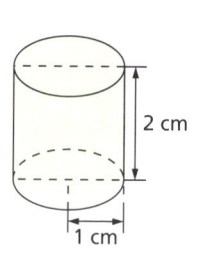

b) cilindro reto — 2,5 cm, r, 1 cm

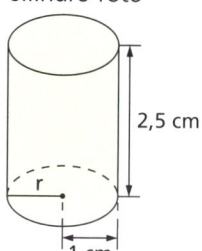

c) semicilindro reto — 15 mm, 8 mm

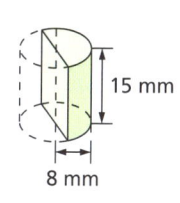

495. Represente através de expressões algébricas a área lateral, a área total e o volume dos cilindros cujas medidas estão indicadas nas figuras abaixo.

a) cilindro equilátero — 2x, x

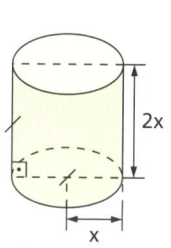

b) cilindro reto — $\dfrac{7r}{2}$, r

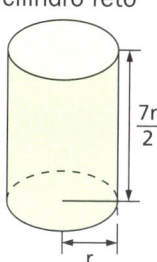

c) semicilindro reto — 2a, a

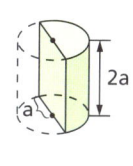

496. Calcule o volume do cilindro oblíquo da figura ao lado em função de g.

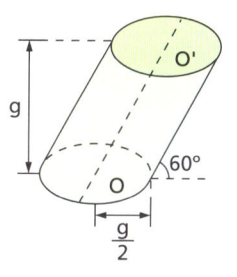

g, $\dfrac{g}{2}$, 60°

CILINDRO

497. A área lateral de um cilindro de revolução de 10 cm de raio é igual à reta da base. Calcule a altura do cilindro.

498. Calcule a medida da área lateral de um cilindro circular reto, sabendo que o raio da base mede 4 cm e a geratriz 10 cm.

499. O raio de um cilindro circular reto mede 3 cm e a altura 3 cm. Determine a área lateral desse cilindro.

500. Determine o raio de um círculo cuja área é igual à área lateral de um cilindro equilátero de raio r.

501. Demonstre que, se a altura de um cilindro reto é a metade do raio da base, a área lateral é igual à área da base.

502. Um cilindro tem 2,7 cm de altura e 0,4 cm de raio da base. Calcule a diferença entre a área lateral e a área da base.

503. Qual a altura de um reservatório cilíndrico, sendo 150 m o raio da base e 900π m² sua área lateral?

504. Constrói-se um depósito em forma cilíndrica de 8 m de altura e 2 m de diâmetro. Determine a superfície total do depósito.

505. Calcule a medida do raio da base de um cilindro equilátero, sabendo que sua área total mede 300π cm² e a geratriz 40 cm.

506. Determine a medida da geratriz de um cilindro reto, sendo 250π cm² a medida de sua área lateral e 10 cm o raio de sua base.

507. A área lateral de um cilindro de 1 m de altura é 16 m². Calcule o diâmetro da base do cilindro.

508. Calcule a área lateral, a área total e o volume de um cilindro equilátero de raio igual a r.

Solução

a) área lateral

$$\left. \begin{array}{l} A_\ell = 2\pi rh \\ h = 2r \end{array} \right\} \Rightarrow \begin{array}{l} A_\ell = 2\pi r \cdot 2r \\ A_\ell = 4\pi r^2 \end{array}$$

b) área total

$$\left. \begin{array}{l} A_t = A_\ell + 2B \\ B = \pi r^2 \end{array} \right\} \Rightarrow \begin{array}{l} A_t = 4\pi r^2 + 2\pi r^2 \\ A_t = 6\pi r^2 \end{array}$$

c) volume

$$V = \pi r^2 h \Rightarrow V = \pi r^2 \cdot 2r \Rightarrow V = 2\pi r^3$$

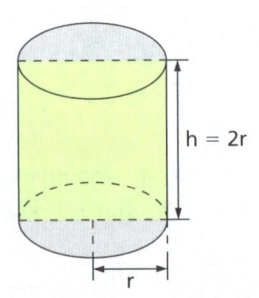

CILINDRO

509. Determine a área lateral de um cilindro equilátero, sendo 15 cm a medida de sua geratriz.

510. Calcule a área total de um cilindro que tem 24 cm de diâmetro da base e 38 cm de altura.

511. Determine a medida do raio de um círculo cuja área é igual à área total de um cilindro equilátero de raio r.

512. Determine a área lateral e o volume de um cilindro de altura 10 cm, sabendo que a área total excede em 50 cm² sua área lateral.

513. Quantos metros cúbicos de terra foram escavados para a construção de um poço que tem 10 m de diâmetro e 15 m de profundidade?

514. Um vaso cilíndrico tem 30 dm de diâmetro interior e 70 dm de profundidade. Quantos litros de água pode conter aproximadamente?

515. O raio interno de uma torre circular é de 120 cm, a espessura 50 cm e o volume 145π m³. Qual é a altura da torre?

516. Um pluviômetro cilíndrico tem um diâmetro de 30 cm. A água colhida pelo pluviômetro depois de um temporal é colocada em um recipiente também cilíndrico, cuja circunferência da base mede 20π cm. Que altura havia alcançado a água no pluviômetro, sabendo que no recipiente alcançou 180 mm?

517. Qual o valor aproximado da massa de mercúrio, em quilogramas, necessária para encher completamente um vaso cilíndrico de raio interno 6 cm e altura 18 cm, se a densidade do mercúrio é 13,6 g/cm³?

Solução

a) Volume

$V = \pi r^2 h$

$V = \pi \cdot 6^2 \cdot 18 = \pi \cdot 36 \cdot 18 = 648\pi$ cm³

b) Densidade

$d = \dfrac{m}{V} \Rightarrow 13,6 = \dfrac{m}{648\pi} \Rightarrow m = 8812,8\pi$

$m \cong 8812,8 \cdot 3,14 = 27\,672,192 \cong 27\,672,2$ g $\cong 27,672$ kg

518. Calcule a área lateral, a área total e o volume de um cilindro reto de 5 cm de raio, sabendo que a seção meridiana é equivalente à base.

CILINDRO

519. O que ocorre com o volume de um cilindro quando o diâmetro da base dobra? E quando quadruplica? E quando fica reduzido à metade?

520. Determine o volume de um cilindro de revolução de 10 cm de altura, sendo sua área lateral igual à área da base.

521. Determine o volume de um cilindro reto, sabendo que a área de sua base é igual à sua área lateral e a altura igual a 12 m.

522. O desenvolvimento da superfície lateral de um cilindro é um quadrado de lado a. Determine o volume do cilindro.

523. Determine a altura de um cilindro reto de raio da base r, sabendo que é equivalente a um paralelepípedo retângulo de dimensões a, b e c.

524. A altura de um cilindro reto é igual ao triplo do raio da base. Calcule a área lateral, sabendo que seu volume é $46\,875\pi$ cm^3.

525. Qual é a altura aproximada de um cilindro reto de 12,56 cm^2 de área da base, sendo a área lateral o dobro da área da base?

526. Determine a área lateral de um cilindro reto, sendo S a área de sua seção meridiana.

527. Determine a razão entre a área lateral e a área da seção meridiana de um cilindro reto.

528. Calcule a área lateral de um cilindro equilátero, sendo 289 cm^2 a área de sua seção meridiana.

529. Determine o volume de um cilindro reto de raio r, sabendo que sua área total é igual à área de um círculo de raio 5r.

530. Determine a área total de um cilindro, sabendo que a área lateral é igual a 80 cm^2 e a sua seção meridiana é um quadrado.

531. Determine a área total de um cilindro equilátero, sendo S a área de sua seção meridiana.

532. Qual a razão entre a área total e a área lateral de um cilindro equilátero?

533. Uma pipa cilíndrica tem profundidade de 4,80 dm. Determine a medida do seu diâmetro, sabendo que a sua capacidade é de 37 680 litros. (Adote $\pi = 3{,}14$.)

534. A altura de um cilindro é os $\dfrac{5}{3}$ do raio da base. Determine a área da base desse cilindro, sendo 64π cm^2 sua área lateral.

535. A área total de um cilindro de raio r e altura h é o triplo da área lateral de um outro cilindro de raio h e altura r. Calcule r em função de h.

CILINDRO

536. Se a altura de um cilindro reto é igual ao raio da base, então a superfície lateral é igual à metade da superfície total.

537. Calcule o raio da base de um cilindro reto em função do seu volume V e da sua área lateral A_ℓ.

538. Calcule a área lateral de um cilindro de revolução, conhecendo seu volume V e seu raio da base r.

539. Determine a área lateral, a área total e o volume de um cilindro equilátero de altura h.

540. Num cilindro de revolução com água colocamos uma pedra. Determine o volume dessa pedra, se em virtude de sua imersão total a água se elevou 35 cm, sendo 50 cm o raio da base do cilindro.

541. O desenvolvimento de uma superfície cilíndrica de revolução é um retângulo de 4 cm de altura e 7 cm de diagonal. Calcule a área lateral do cilindro.

542. Determine a área lateral de um cilindro reto de 30π cm² de área total, sendo o raio da base $\dfrac{3}{2}$ da medida da altura do cilindro.

Solução

Sendo r o raio da base e h a altura, temos:

$A_t = 30\pi \Rightarrow A_\ell + 2B = 30\pi \Rightarrow 2\pi rh + 2\pi r^2 = 30\pi \Rightarrow$

$\Rightarrow \left.\begin{array}{r} rh + r^2 = 15 \\ r = \dfrac{3}{2}h \end{array}\right\} \Rightarrow \dfrac{3}{2}h^2 + \dfrac{9}{4}h^2 = 15 \Rightarrow 15h^2 = 60 \Rightarrow h = 2$

Com h = 2 e r = $\dfrac{3}{2}$h, vem que r = 3.

Área lateral: $A_\ell = 2\pi rh \Rightarrow A_\ell = 2\pi \cdot 3 \cdot 2 \Rightarrow A_\ell = 12\pi$

Resposta: 12π cm².

543. Determine a medida da altura e do raio de um cilindro reto, sendo $\dfrac{9}{5}$ sua razão, nessa ordem, e 270π cm² a área lateral.

544. Calcule a área lateral de um cilindro, sabendo que a base está circunscrita a um hexágono regular de 30 cm de perímetro e cuja altura é o dobro do raio da base.

545. Determine a medida da altura de um cilindro de 30π m² de área lateral e 45π m³ de volume.

CILINDRO

546. Multiplica-se por *k* a altura e o raio de um cilindro de revolução. Como se modifica a sua área lateral?

547. Determine a área lateral de um cilindro, sendo 150π cm² sua área total e sabendo que sua altura mede o triplo do raio da base.

548. Calcule a área lateral de um cilindro reto, sendo 12 m² sua área total e o raio $\frac{1}{5}$ da altura.

549. Determine a medida da altura de um cilindro reto de raio da base igual a 5 cm, sendo sua área total igual a 50 vezes a área de um círculo cujo raio tem medida igual à altura do cilindro.

550. O volume de um cilindro de revolução é igual ao produto da área total pela quarta parte da média harmônica entre o raio e a altura.
(Nota: Média harmônica entre dois números é o inverso da média aritmética dos inversos desses números.)

551. Determine o raio da base de um cilindro equilátero, sabendo que a área lateral excede em 4π cm² a área da seção meridiana.

552. Quanto se deve aumentar o raio da base de um cilindro reto de raio *r* e geratriz *g*, de modo que a área lateral do segundo cilindro seja igual à área total do primeiro?

553. Com uma folha de zinco de 5 m de comprimento e 4 m de largura podemos construir dois cilindros, um segundo o comprimento e outro segundo a largura. Determine em qual dos casos o volume será maior.

554. Com uma prancha retangular de 8 cm de largura por 12 cm de comprimento podemos construir dois cilindros, um segundo o comprimento e outro segundo a largura. Determine em qual dos casos o volume será menor.

555. Um cilindro de revolução de raio da base *r* e um semicilindro de revolução de raio da base R são equivalentes e têm áreas laterais iguais. Calcule a relação entre *r* e R.

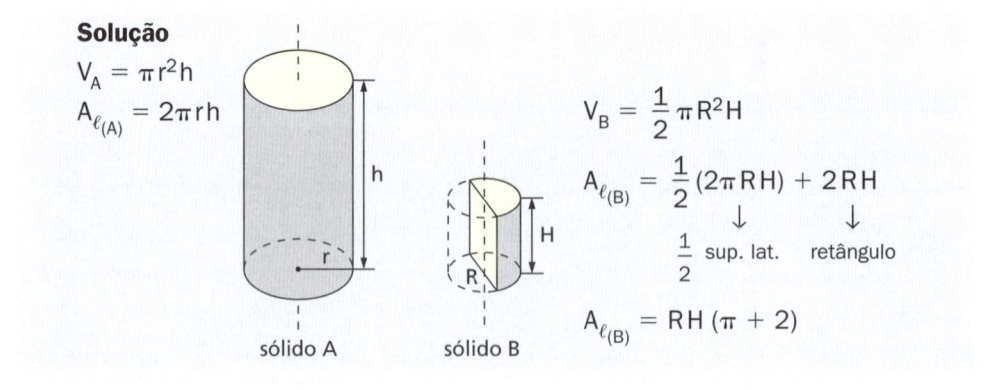

Solução

$V_A = \pi r^2 h$

$A_{\ell(A)} = 2\pi r h$

$V_B = \frac{1}{2}\pi R^2 H$

$A_{\ell(B)} = \frac{1}{2}(2\pi R H) + 2RH$

$\qquad\qquad\;\;\downarrow \qquad\qquad \downarrow$

$\qquad\quad\; \frac{1}{2}$ sup. lat.   retângulo

$A_{\ell(B)} = RH(\pi + 2)$

sólido A   sólido B

$$V_A = V_B \Rightarrow \pi r^2 h = \frac{1}{2}\pi R^2 H \Rightarrow 2r^2 h = R^2 H \quad (1)$$

$$A_{\ell(A)} = A_{\ell(B)} \Rightarrow 2\pi rh = RH(\pi + 2) \quad (2)$$

$$(1) \div (2) \Rightarrow \frac{2r^2 h}{2\pi rh} = \frac{R^2 H}{RH(\pi + 2)} \Rightarrow \frac{r}{\pi} = \frac{R}{\pi + 2} \Rightarrow \frac{r}{R} = \frac{\pi}{\pi + 2}$$

556. Um cilindro de revolução é dividido em dois semicilindros. Sendo 20π cm² sua área da base e 8 cm sua altura, determine a área total do semicilindro.

557. Determine a altura de um cilindro reto em função da altura h de um semicilindro, sabendo que as áreas laterais são iguais e as bases equivalentes.

558. Calcule a altura de um cilindro em função de sua área lateral A_ℓ e da área da base B.

559. Calcule o raio da base de um cilindro de área total πa^2 e altura h.

560. A geratriz de um cilindro oblíquo mede 8 cm e forma um ângulo de 45° com a base, que é um círculo de 3 cm de raio. Calcule o volume do cilindro.

561. Calcule o volume de um cilindro cujo raio da base mede 5 cm, sabendo que as geratrizes de 15 cm formam com o plano da base um ângulo de 60°.

562. Quanto se deve aumentar a geratriz de um cilindro reto para que a área total do novo cilindro seja o triplo da área lateral do primeiro?

563. Dois cilindros têm a mesma área lateral e raios de 9 cm e 12 cm. Calcule a relação entre seus volumes e a relação entre suas áreas totais, sabendo que a altura do primeiro é 10 cm.

564. A diferença entre a área da base e a área lateral de um cilindro de raio r e altura h é igual à área de um círculo de raio h. Calcule a medida de r em função de h.

Solução

Dado: h. Pede-se: r.

$B - A_\ell = A_{\text{círculo}} \Rightarrow \pi r^2 - 2\pi rh = \pi h^2 \Rightarrow r^2 - 2hr - h^2 = 0 \Rightarrow$

$$\Rightarrow r = \frac{2 \pm \sqrt{4h^2 + 4h^2}}{2} \Rightarrow \begin{cases} r = (1 + \sqrt{2})h \\ \text{ou} \\ r = (1 - \sqrt{2})h \quad \text{(esta não convém)} \end{cases}$$

Resposta: $r = (1 + \sqrt{2})h$.

CILINDRO

565. Com uma folha de cartolina em forma retangular, de base ℓ e altura h, construímos a superfície lateral de um cilindro de altura h e volume V. Calcule ℓ em função de h e V.

566. Determine a área total A_t de um cilindro reto, em função do seu volume V e da sua altura h.

567. Calcule o raio, a altura e a área total de um cilindro circular reto que tem volume igual ao de um cubo de aresta a e área lateral igual à área da superfície do cubo.

Solução

$V_{cilindro} = V_{cubo} \Rightarrow \pi r^2 h = a^3$ (1)

$A_{\ell cilindro} = A_{t cubo} \Rightarrow 2\pi r h = 6a^2 \Rightarrow \pi r h = 3a^2$ (2)

(1) ÷ (2) $\Rightarrow r = \dfrac{1}{3}a$

Substituindo em (2): $\pi \dfrac{1}{3} ah = 3a^2 \Rightarrow h = \dfrac{9}{\pi}a$.

Área total: $A_t = A_\ell + 2B$.

$A_t = 6a^2 + 2\pi \cdot \dfrac{1}{9}a^2 \Rightarrow A_t = \dfrac{54a^2 + 2\pi a^2}{9} \Rightarrow A_t = \dfrac{2}{9}(27 + \pi)a^2$

Resposta: $r = \dfrac{a}{3}$, $h = \dfrac{9a}{\pi}$, $A_t = \dfrac{2}{9}(27 + \pi)a^2$.

568. Determine a razão entre o volume de um cilindro reto e um prisma triangular regular, sendo a área lateral do cilindro igual à área lateral do prisma e o raio do cilindro o dobro da aresta da base do prisma.

569. Um prisma quadrangular regular e um cilindro circular reto têm mesma altura e mesmo volume. Sabendo que a área lateral do prisma é $\dfrac{2\sqrt{\pi}}{\pi}$ cm², calcule a área lateral do cilindro.

570. Determine a razão entre a área lateral de um cilindro reto e a área lateral de um semicilindro, sabendo que seus volumes e suas alturas são iguais.

571. Determine a relação entre os volumes de dois cilindros retos, sabendo que suas áreas laterais são iguais e seus raios são, respectivamente, R e r.

572. Dados dois cilindros com altura igual a 5 cm, a diferença entre os volumes é igual a 400π cm³ e a diferença entre os raios é igual a 8 cm. Determine o raio do cilindro de maior volume.

573. Dão-se as áreas totais 18π m² e 32π m² de dois cilindros. Cada um tem por raio e por altura, respectivamente, a altura e o raio do outro. Determine os dois volumes.

574. Calcule a altura de um cilindro circular reto em função de sua área total $2\pi S$ e sua área lateral $2\pi A$.

575. Calcule o volume de um cilindro de revolução de raio igual a 5 dm, sabendo que esse cilindro cortado por um plano paralelo ao eixo e a uma distância de 3 dm desse eixo apresenta uma seção retangular equivalente à base.

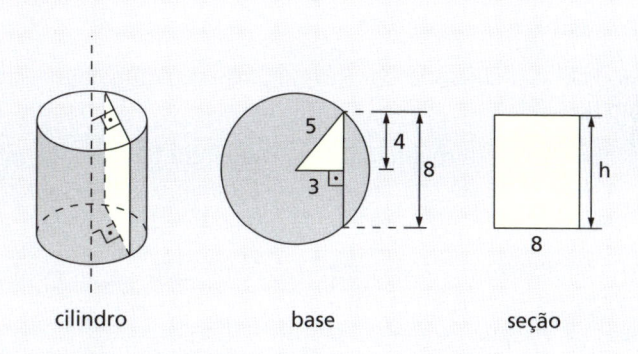

Solução

cilindro   base   seção

Área do retângulo = Área da base $\Rightarrow 8h = \pi 5^2 \Rightarrow h = \dfrac{25}{8}\pi$.

Volume: $V = B \cdot h \Rightarrow V = \pi 5^2 \cdot \dfrac{25}{8}\pi \Rightarrow V = \dfrac{625}{8}\pi^2$.

Resposta: $\dfrac{625}{8}\pi^2$ dm³.

576. Um cilindro equilátero de raio da base r é seccionado por um plano paralelo ao seu eixo e a uma distância d desse eixo. Calcule a medida da distância d, se a área da seção do plano com o cilindro é igual à área da base do cilindro.

577. Um plano secciona um cilindro paralelamente ao eixo e forma um arco de 60° com a base do cilindro. A altura do cilindro é de 20 cm. Determine a área da seção, se a distância do plano ao eixo é de 4 cm.

578. Dentre os cilindros de revolução de área total $2\pi a^2$, determine o raio da base e a altura daquele de maior volume.

CILINDRO

579. Dentre os cilindros de revolução abertos em uma das bases, de área total $2\pi a^2$, determine o raio da base e a altura daquele de volume máximo.

580. Dentre os cilindros de revolução equivalentes, determine o raio da base e a altura daquele de menor área total.

581. Determine o volume de um cilindro de revolução em função de sua área total $2\pi S$ e sua área lateral $2\pi A$.

582. Trace um plano paralelo à base de um cilindro de raio r e altura h, de modo que a base seja a média proporcional entre as duas partes em que fica dividida a superfície lateral.

583. Um suco de frutas é vendido em dois tipos de latas cilíndricas: uma de raio r cheia até a altura h e outra de raio $\frac{r}{2}$ e cheia até a altura $2h$. A primeira é vendida por R$ 3,00 e a segunda por R$ 1,60. Qual a embalagem mais vantajosa para o comprador?

584. Um cilindro circular reto tem raio da base R e altura H. A média harmônica entre R e H é 4. A área total do cilindro é 54π. Calcule o volume do cilindro e suas áreas da base e lateral.

585. Um produto é embalado em latas cilíndricas (cilindros de revolução). O raio da embalagem A é igual ao diâmetro de B e a altura de B é o dobro da altura de A. Assim,

Cilindro A $\begin{cases} \text{altura } h \\ \text{raio da base } 2R \end{cases}$

Cilindro B $\begin{cases} \text{altura } 2h \\ \text{raio da base } R \end{cases}$

a) As embalagens são feitas do mesmo material (mesma chapa). Qual delas gasta mais material para ser montada?
b) O preço do produto na embalagem A é R$ 780,00 e na embalagem B é R$ 400,00. Qual das opções é mais econômica para o consumidor, supondo-se as duas latas completamente cheias?

586. Três canos de forma cilíndrica e de mesmo raio r, dispostos como indica a figura, devem ser colocados dentro de outro cano cilíndrico de raio R, de modo a ficarem presos sem folga. Expresse o valor de R em termos de r para que isso seja possível.

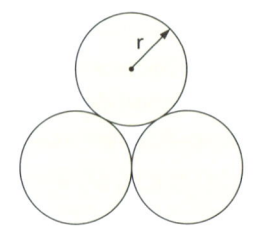

587. Começando com um cilindro de raio 1 e altura também 1, define-se o procedimento de colocar sobre um cilindro anterior um outro cilindro de igual altura e raio $\frac{2}{3}$ do raio do anterior. Embora a altura do sólido fictício resultante seja infinita, seu volume pode ser calculado. Faça esse cálculo.

588. Uma garrafa de vidro tem a forma de dois cilindros sobrepostos. Os cilindros têm a mesma altura 4 cm e raios das bases R e r, respectivamente.

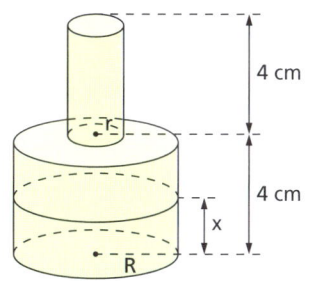

Se o volume V(x) de um líquido que atinge uma altura x da garrafa se expressa segundo o gráfico a seguir, quais os valores de R e de r?

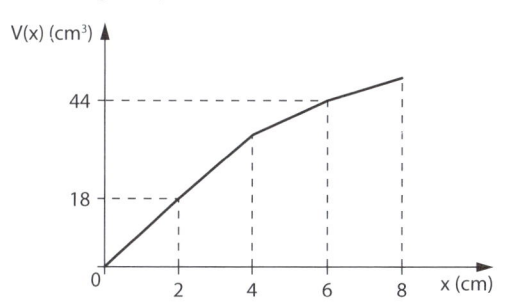

589. O sólido da figura foi obtido seccionando um cilindro circular reto de 10 cm de altura por um plano perpendicular às bases. Calcule o volume desse sólido.

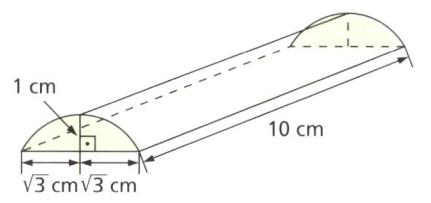

590. Um sólido S está localizado entre dois planos horizontais α e β cuja distância é 1 metro. Cortando o sólido por qualquer plano horizontal compreendido entre α e β obtém-se como seção um disco de raio 1 metro.
a) Pode-se garantir que o sólido S é um cilindro? Por quê?
b) Calcule o volume de S.

CAPÍTULO XI

Cone

I. Preliminar: noções intuitivas de geração de superfícies cônicas

202. **Superfícies regradas desenvolvíveis cônicas** são superfícies geradas por uma reta g (geratriz) que passa por um ponto dado V (vértice) e percorre os pontos de uma linha dada d (diretriz), com V fora de d.

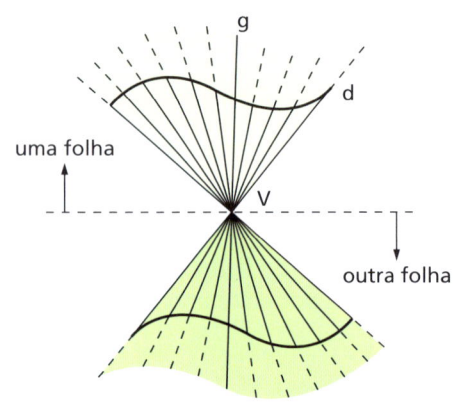

203. Como exemplos, temos:
- se a diretriz é uma **reta**, a superfície cônica gerada é um **plano**, menos a reta paralela à diretriz.
- se a diretriz é um **segmento de reta**, a superfície cônica gerada é a reunião de **dois ângulos** (setores angulares) opostos pelo vértice.
- se a diretriz é uma linha **poligonal fechada** (polígono) cujo plano não contém o vértice (V), a superfície cônica gerada é a reunião de **duas superfícies** de ângulos poliédricos (superfícies poliédricas ilimitadas ou superfícies de pirâmides ilimitadas) opostas pelo vértice.

- se a diretriz é uma **circunferência** cujo plano não contém o vértice, a superfície cônica gerada é uma superfície cônica **circular** (de duas folhas).
- se a diretriz é uma **circunferência** de centro O e a reta VO é **perpendicular** a seu plano, a superfície cônica é uma superfície cônica **circular reta** (de duas folhas).

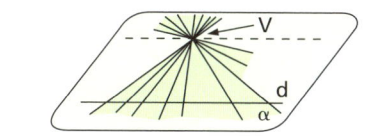

plano, menos a paralela a *d* por V

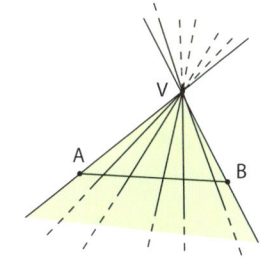

reunião de dois ângulos opostos pelo vértice

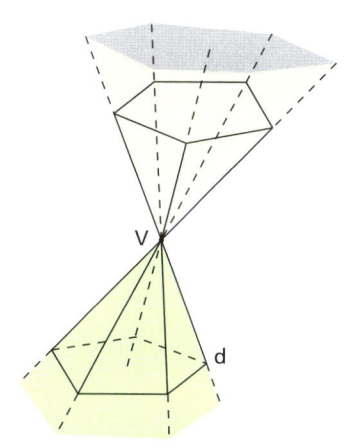

reunião de duas superfícies piramidais indefinidas (superfície de uma pirâmide ilimitada de segunda espécie)

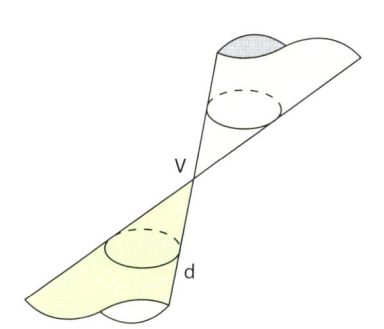

superfície cônica circular

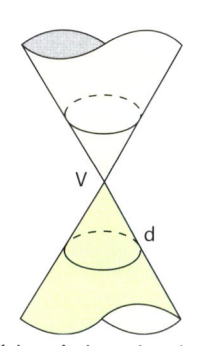

superfície cônica circular reta

CONE

204. **Superfície cônica de rotação ou revolução** é uma superfície gerada pela rotação (ou revolução) de uma reta g (geratriz) em torno de uma reta e (eixo), fixa, sendo a reta g oblíqua ao eixo e. O vértice (V) é a interseção das retas g e e.

Considera-se que cada ponto da geratriz (com exceção de V) descreve uma circunferência com centro no eixo e cujo plano é perpendicular ao eixo.

A superfície cônica de revolução acima citada é dita de segunda espécie. Ela possui duas folhas.

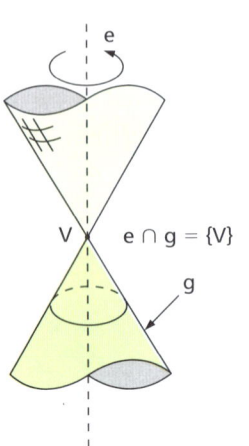

Se a geratriz é uma semirreta (Vg), oblíqua ao eixo (e) e de origem (V) nele, temos uma superfície cônica de primeira espécie. É a mais comum; possui uma folha.

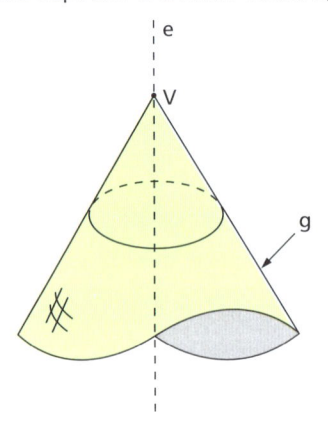

205. Cone circular ilimitado

Consideremos um círculo (região circular) de centro O e raio r e um ponto V fora de seu plano.

Chama-se **cone circular ilimitado** ou **cone circular indefinido** à reunião das semirretas de origem em V e que passam pelos pontos do círculo

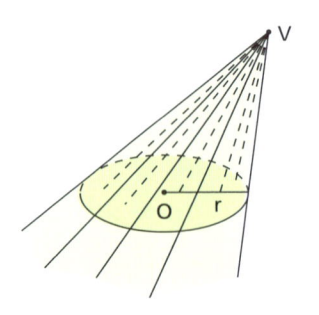

II. Cone

206. Definição

Consideremos um círculo (região circular) de centro O e raio *r* situado num plano α e um ponto V fora de α. Chama-se **cone circular** ou **cone** à reunião dos segmentos de reta com uma extremidade em V e a outra nos pontos do círculo.

Podemos também definir o cone como segue.

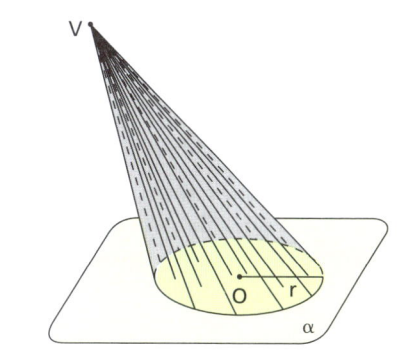

207.
Cone é a parte do cone ilimitado que contém o vértice quando se divide este cone pelo plano de uma seção circular, reunida com esta seção.

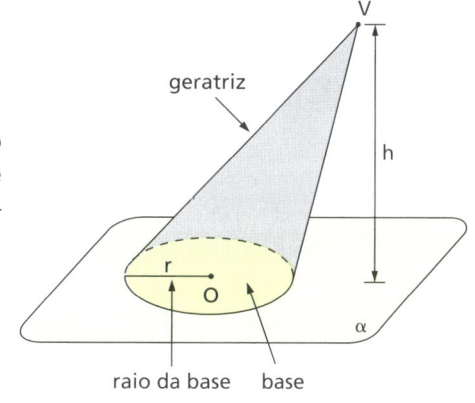

208. Elementos

O cone possui:
uma base: o círculo de centro O e raio *r* ou a seção citados acima.
geratrizes: são os segmentos com uma extremidade em V e a outra nos pontos da circunferência da base.
vértice: o ponto V citado acima.

209.
A **altura** de um cone é a distância entre o vértice e o plano da base.

210. Superfícies

Superfície lateral é a reunião das geratrizes. A área dessa superfície é chamada área lateral e indicada por A_ℓ.
Superfície total é a reunião da superfície lateral com o círculo da base. A área dessa superfície é chamada área total e indicada por A_t.

CONE

211. Classificação

Os cones podem ser classificados pela posição da reta VO em relação ao plano da base:

Se a reta VO é oblíqua ao plano da base, temos um **cone circular oblíquo**.

Se a reta VO é perpendicular ao plano da base, temos um **cone circular reto**.

O **cone circular reto** é também chamado **cone de revolução**, pois é gerado pela rotação de um triângulo retângulo em torno de um eixo que contém um de seus catetos.

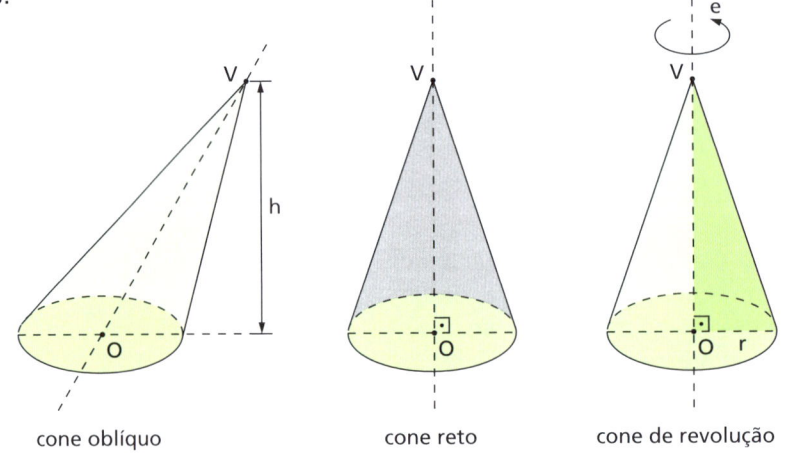

cone oblíquo   cone reto   cone de revolução

O **eixo** de um cone é a reta determinada pelo vértice e pelo centro da base.

A geratriz de um cone circular reto é também dita **apótema** do cone.

212. Seção meridiana

É a interseção do cone com um plano que contém a reta VO.

A seção meridiana de um cone circular reto ou cone de revolução é um triângulo isósceles.

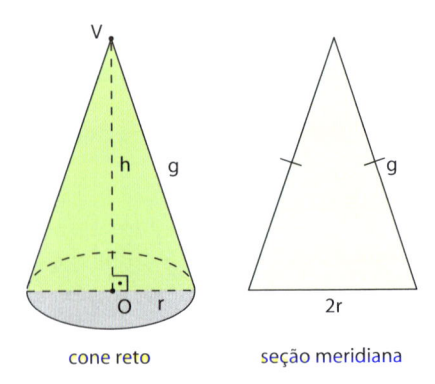

cone reto   seção meridiana

213. Cone equilátero

É um cone cuja seção meridiana é um triângulo equilátero.

$g = 2r$
$h = r\sqrt{3}$

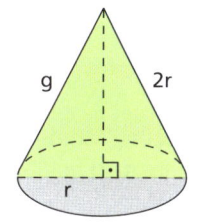

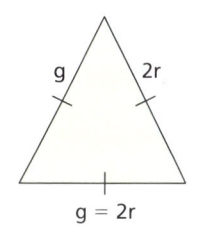

III. Áreas lateral e total

214. A superfície lateral de um cone circular reto ou cone de revolução de raio da base r e geratriz g é equivalente a um setor circular de raio g e comprimento do arco $2\pi r$.

Isso significa que a superfície lateral de um cone de revolução desenvolvida num plano (planificada) é um setor circular cujo raio é g (geratriz) e comprimento do arco $2\pi r$.

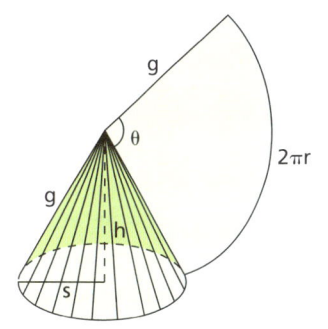

Sendo θ o ângulo do setor, este ângulo é dado por:

$$\theta = \frac{2\pi r}{g} \text{ rad} \quad \text{ou} \quad \theta = \frac{360 r}{g} \text{ graus}$$

215. A área lateral do cone pode então ser calculada como segue:

a) $\left. \begin{array}{ll} \text{comprimento} & \text{área do} \\ \text{do arco} & \text{setor} \\ 2\pi g \text{ ———————} \pi g^2 \\ 2\pi r \text{ ———————} A_\ell \end{array} \right\} \Rightarrow A_\ell = \frac{2\pi r \cdot \pi g^2}{2\pi g} \Rightarrow \boxed{A_\ell = \pi r g}$

b) A área de um setor circular é dada pela fórmula da área de um triângulo:

$A_{setor} = \frac{1}{2}$ (comprimento do arco) · (raio)

Assim, $A_\ell = \frac{1}{2} \cdot 2\pi r \cdot g \Rightarrow \boxed{A_\ell = \pi r g}$

Nota: A dedução mais rigorosa desta fórmula encontra-se no final do capítulo XII, no item 232.

CONE

216. Área total

A área total de um cone é a soma da área lateral (A_ℓ) com a área da base ($B = \pi r^2$); logo:

$$A_t = A_\ell + B \Rightarrow A_t = \pi r g + \pi r^2 \Rightarrow$$

$$\Rightarrow \boxed{A_t = \pi r (g + r)}$$

IV. Volume do cone

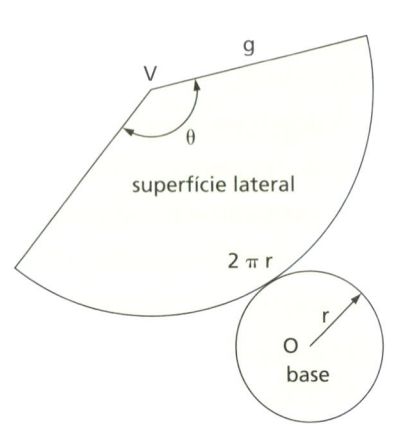

217. Consideremos um cone de altura $H_1 = h$ e área da base $B_1 = B$ e um tetraedro de altura $H_2 = h$ e área da base $B_2 = B$ (o cone e a pirâmide têm alturas congruentes e bases equivalentes).

Suponhamos que os dois sólidos têm as bases num mesmo plano α e que os vértices estão num mesmo semiespaço dos determinados por α.

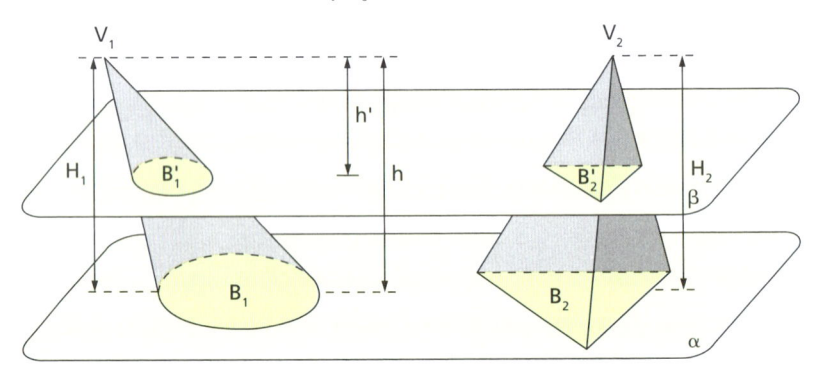

Qualquer plano secante β paralelo a α, distando h' dos vértices que seccionam o cone, também secciona o tetraedro, e sendo as áreas das seções B'_1, e B'_2, respectivamente, temos:

$$\left(\frac{B'_1}{B_1} = \left(\frac{h'}{h}\right)^2, \frac{B'_2}{B_2} = \left(\frac{h'}{h}\right)^2 \right) \Rightarrow \frac{B'_1}{B_1} = \frac{B'_2}{B_2}.$$

Como $B_1 = B_2 = B$, vem que $B'_1 = B'_2$.

Então, pelo princípio de Cavalieri, o cone e o tetraedro têm volumes iguais.

$$V_{cone} = V_{tetraedro}$$

Como $V_{tetraedro} = \frac{1}{3} B_2 h$, ou seja, $V_{tetraedro} = \frac{1}{3} B \cdot h$, vem que $V_{cone} = \frac{1}{3} Bh$; ou resumidamente:

$V = \frac{1}{3} Bh$.

Conclusão: O volume de um cone é **um terço** do produto da **área da base** pela medida da altura.

Se $B = \pi r^2$, temos: $V = \frac{1}{3} \pi r^2 h$

EXERCÍCIOS

591. Calcule a área lateral, a área total e o volume dos cones cujas medidas estão indicadas nas figuras abaixo.

a) cone equilátero

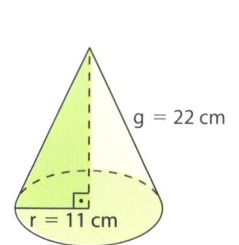

$g = 22$ cm
$r = 11$ cm

b) cone reto

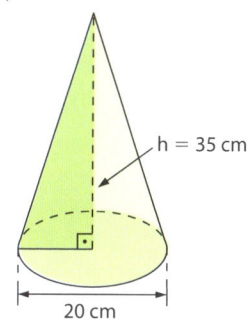

$h = 35$ cm
20 cm

c) semicone

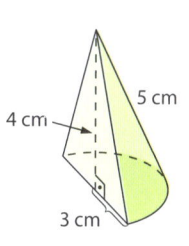

4 cm
5 cm
3 cm

592. Represente através de expressões algébricas a área lateral, a área total e o volume dos sólidos cujas medidas estão indicadas nas figuras abaixo.

a) cone reto

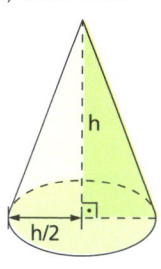

h
h/2

b) cone equilátero

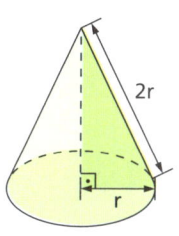

2r
r

c) semicone equilátero

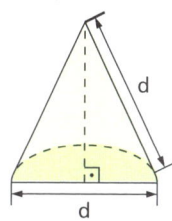

d
d

CONE

593. Determine a medida da altura de um cone cuja geratriz mede 10 cm, sendo 12 cm o diâmetro de sua base.

594. Determine a medida do diâmetro da base de um cone de revolução cuja geratriz mede 65 cm, sendo 56 cm a altura do cone.

595. Calcule a medida da altura de um cone de raio r, sabendo que sua base é equivalente à seção meridiana.

596. Determine a medida do raio da base de um cone de revolução cuja altura mede 3 cm e cujo volume é 9π cm³.

597. Determine a medida do raio da base de um cone de revolução de altura 3 cm, sendo 16π cm³ o seu volume.

598. Um cone equilátero tem raio da base r. Calcule:
a) a área lateral;
b) a medida em radianos do ângulo do setor circular equivalente à superfície lateral;
c) a área total;
d) o volume.

Solução

Notemos que $g = 2r$ e

$h = 2r\dfrac{\sqrt{3}}{2} = r\sqrt{3}$.

1º) Área lateral

$A_\ell = \pi r g \Rightarrow A_\ell = 2\pi r^2$

2º) Ângulo do setor circular

$\theta = \dfrac{2\pi r}{g} \Rightarrow \theta = \dfrac{2\pi r}{2r} \Rightarrow \theta = \pi$ rad

3º) Área total

$A_t = A_\ell + B \Rightarrow A_t = 2\pi r^2 + \pi r^2 \Rightarrow A_t = 3\pi r^2$

4º) Volume

$V = \dfrac{1}{3}\pi r^2 h \Rightarrow V = \dfrac{1}{3}\pi r^2 \cdot r\sqrt{3} \Rightarrow V = \dfrac{\sqrt{3}}{3}\pi r^3$

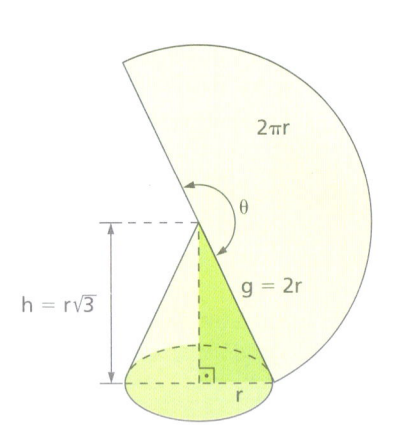

599. Calcule o raio e a altura de um cone de revolução cujo desenvolvimento é um semicírculo de raio *a*.

600. A geratriz de um cone mede 14 cm e a área da base 80π cm². Calcule a medida da altura do cone.

601. Determine a medida da área lateral de um cone equilátero, sendo 20 cm a medida da sua geratriz.

602. Determine a área total de um cone, cuja seção meridiana é um triângulo equilátero de 8 dm de lado.

603. Determine a medida da área lateral e da área total de um cone de revolução, sabendo que sua altura mede 12 cm e sua geratriz 13 cm.

604. Determine a medida da altura de um cone equilátero cuja área total mede 54π cm².

605. Calcule a área total e o volume de um cone equilátero, sabendo que a área lateral é igual a 24π cm².

606. Determine a área lateral de um cone cujo raio da base mede 5 cm, sendo 60° o ângulo que a geratriz forma com a base do cone.

607. Determine a área total de um cone cuja altura mede 12 cm e forma um ângulo de 45° com a geratriz.

608. O raio da base de um cone mede 12 cm. Sabendo que a altura forma um ângulo de 60° com a geratriz do cone, determine sua área lateral.

609. A geratriz de um cone de revolução forma com o eixo do cone um ângulo de 45°. Sendo A a área da seção meridiana do cone, calcule sua área total.

610. A planificação da superfície lateral de um cone de revolução é um setor circular de 90°. Calcule a razão entre o raio da base do cone e a geratriz do cone.

Solução

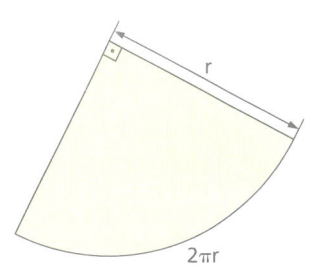

Ângulo do setor circular:

$$\theta = \frac{360\,r}{g} \text{ graus} = \frac{r}{g} \cdot 360°.$$

Razão entre o raio da base do cone e a geratriz:

$$\frac{r}{g} = \frac{\theta}{360} = \frac{90°}{360°} = \frac{1}{4}$$

Resposta: A razão entre o raio da base e a geratriz do cone é $\frac{1}{4}$.

CONE

611. Determine a razão entre o raio da base e a geratriz de um cone de revolução, sabendo que o desenvolvimento da superfície lateral do cone é um setor circular cujo ângulo mede 60°.

612. Determine a altura de um cone, sabendo que o desenvolvimento de sua superfície lateral é um setor circular de 135° e raio igual a 10 cm.

613. Determine o ângulo central de um setor circular obtido pelo desenvolvimento da superfície lateral de um cone cuja geratriz mede 18 cm e o raio da base 3 cm.

614. Determine a medida do ângulo do setor circular resultante do desenvolvimento sobre um plano da superfície lateral de um cone cuja altura e cujo raio estão na razão $\frac{3}{4}$.

615. A área da base de um cone de revolução é $\frac{1}{3}$ da área total. Calcule o ângulo do setor circular que é o desenvolvimento da superfície lateral do cone.

616. O diâmetro da base de um cone circular reto mede 3 m e a área da base é $\frac{2}{5}$ da área total. Calcule o ângulo do setor circular que é o desenvolvimento da superfície lateral do cone.

617. Determine a área total de um cone, sendo 40 cm o diâmetro de sua base e 420 cm² a área de sua seção meridiana.

618. Determine a superfície lateral de um cone cuja área da base mede $6{,}25\pi$ cm², sendo 4 cm a medida da sua altura.

619. Um cone tem 8 cm de altura e 15 cm de raio. Outro cone tem 15 cm de altura e 8 cm de raio. Quanto a área lateral do primeiro excede a área lateral do segundo?

620. Determine a medida da altura de um cone, sendo 42 cm o diâmetro da base e $1\,050\pi$ cm² sua área total.

621. A altura de um cone circular reto cujo raio da base mede r é πr. Sendo 3 cm a medida do apótema do hexágono regular inscrito na base, determine a área da seção meridiana do cone.

622. O que ocorre com o volume de um cone de revolução se duplicarmos sua altura? E se duplicarmos o raio de sua base?

623. As dimensões de um paralelepípedo retângulo são a, b e c. Qual é a altura de um cone equivalente se o raio da base do cone mede a?

624. O volume de um cilindro reto é $1\,225\pi$ cm³ e sua altura é 35 cm. Determine o volume de um cone de revolução, sendo sua base a mesma do cilindro e sua geratriz a geratriz do cilindro.

625. Determine o volume de um cone de revolução cuja seção meridiana é um triângulo isósceles de área 4,8 dm², sendo 3 dm a altura do cone.

626. Determine a área lateral de um cone, sendo 3 cm sua altura e 5 cm a soma da medida da geratriz com o raio da base.

627. Determine a geratriz do cone de revolução, sabendo que a área da base é equivalente à seção meridiana do cone e que a altura desse cone mede 9π cm.

628. O volume de um cone de revolução é 128π cm³, sendo 8 cm o lado do hexágono inscrito em sua base. Determine a relação entre a área total do cone e a área total de um cilindro que tenha o mesmo volume e a mesma base do cone. Calcule ainda a medida do ângulo do setor circular obtido do desenvolvimento da superfície lateral do cone.

Solução

r = raio da base comum

h_1 = altura do cone

h_2 = altura do cilindro

Dados: $r = 8 \quad V_{cone} = V_{cil.} = 128\pi$.

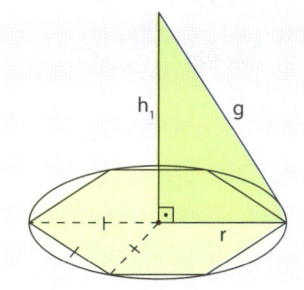

1º) Relação entre as áreas totais

$V_{cone} = 128\pi \Rightarrow \frac{1}{3}\pi \cdot 8^2 \cdot h_1 = 128\pi \Rightarrow h_1 = 6$

$\left(r = 8, h_1 = 6, g^2 = r^2 + h_1^2\right) \Rightarrow g^2 = 6^2 + 8^2 \Rightarrow g = 10$

$A_{t_{cone}} = \pi r g + \pi r^2 \Rightarrow A_{t_{cone}} = \pi \cdot 8^2 + \pi \cdot 8 \cdot 10 \Rightarrow A_{t_{cone}} = 144\pi$

$V_{t_{cil.}} = 128\pi \Rightarrow \pi r^2 h_2 = 128\pi \Rightarrow \pi \cdot 8^2 \cdot h_2 = 128\pi \Rightarrow h_2 = 2$

$A_{t_{cil.}} = 2\pi r h_2 + 2\pi r^2 \Rightarrow A_{t_{cil.}} = 2\pi \cdot 8 \cdot 2 + 2 \cdot \pi \cdot 8^2 \Rightarrow A_{t_{cil.}} = 160\pi$

$\dfrac{A_{t_{cone}}}{A_{t_{cil.}}} = \dfrac{144\pi}{160\pi} \Rightarrow \dfrac{A_{t_{cone}}}{A_{t_{cil.}}} = \dfrac{9}{10}$

2º) Ângulo do setor

$\left.\begin{array}{l} 2\pi \cdot g \longrightarrow 360° \\ 2\pi \cdot r \longrightarrow \alpha \end{array}\right\} \Rightarrow \left.\begin{array}{l} 2\pi \cdot 10 \longrightarrow 360° \\ 2\pi \cdot 8 \longrightarrow \alpha \end{array}\right\} \Rightarrow \alpha = 288°$

629. Com um setor circular de 120° e raio R, construímos um cone. Calcule a área total e o volume do cone.

CONE

630. Determine o ângulo central de um setor obtido pelo desenvolvimento da superfície lateral de um cone cujo raio da base mede 1 cm e cuja altura é 3 cm.

631. Um cone circular reto tem 24 cm de altura e 7 cm de raio. Calcule em radianos a medida do ângulo do setor circular que se obtém pelo desenvolvimento da superfície lateral do cone.

632. Um cone circular reto de altura h = 3 m tem área lateral igual a 6π m². Determine o ângulo que a geratriz g faz com a reta suporte da altura h.

633. Um cilindro e um cone têm mesmo volume e igual altura h. Determine o raio do cilindro em função do raio r da base do cone.

634. Calcule a altura, a área lateral e o volume de um cone de revolução de raio R e base equivalente à seção meridiana.

635. Determine a razão entre a base e a superfície lateral de um cone que tem altura igual ao diâmetro da base.

636. Sendo $\frac{7}{5}$ a razão entre a área lateral e a área da base de um cone, determine a medida do raio da base e da geratriz, sabendo que a altura do cone mede $4\sqrt{6}$ cm.

637. Um cilindro e um cone têm altura h e raio da base r. Sendo r o dobro de h, determine a razão entre a área lateral do cilindro e a área lateral do cone.

638. Determine o volume de um cone cujo raio da base mede r, sendo 3r a soma das medidas da geratriz com a altura do cone.

639. Calcule o raio da base de um cone de revolução, conhecendo sua área total πa^2 e sua geratriz g.

640. Determine o volume de um cone de revolução cuja área lateral é igual a A, sabendo que a geratriz do cone é igual a $\frac{4}{5}$ do diâmetro da base do cone.

641. Determine o volume de um cone de revolução, sendo 126π cm² sua área lateral e 200π cm² sua área total.

642. Calcule o volume de um cone equilátero em função de sua área total S.

643. O raio da base, a altura e a geratriz de um cone reto formam, nessa ordem, uma progressão aritmética. Determine esses elementos, sabendo que o volume do cone é 144π cm³.

644. Desenvolvendo a superfície lateral de um cone reto, obtém-se um setor circular de raio 10 cm e ângulo central 135°. Calcule o volume desse cone.

645. Um semicone reto tem altura igual ao raio e o volume é 576π cm³. Calcule a área lateral do semicone.

646. A geratriz de um cone de revolução mede 25 cm e a diagonal menor do hexágono regular inscrito na base do cone mede $7\sqrt{3}$ cm. Determine a área total e o volume do cone.

647. Determine o volume de um cone de revolução cuja área lateral é 60π cm², sendo 4,8 cm a distância do centro da base à geratriz do cone.

648. O diâmetro da base de um cone mede os $\dfrac{3}{5}$ da sua altura e a área lateral é 100 dm². Calcule a medida da geratriz do cone.

649. Demonstre que o volume de um cone é igual ao produto da sua área lateral pela terça parte da distância do centro de sua base à geratriz do cone.

650. Um sólido é formado pela superposição de um cone sobre um cilindro de raio da base r. Sendo a altura do sólido o triplo do raio r e a área lateral do sólido o quíntuplo da área da base do cilindro, calcule o volume do sólido em função de r.

651. Um semicone tem área lateral igual a $(\sqrt{2}\,\pi + 2)$ cm². Determine a medida da sua geratriz, sabendo que o raio da base tem medida igual à altura do semicone.

652. Determine a medida do raio da base e da geratriz de um cone, sendo h a medida de sua altura e π m² sua área total.

653. Calcule o volume de um cone de revolução, conhecendo a área lateral A e o apótema g.

654. Calcule o volume de um cone de revolução, conhecendo a área total S e a altura h.

655. Calcule o volume V de um cone de revolução em função de sua área lateral A e de sua área total S.

656. Determine o volume de um cone de revolução, conhecendo o raio da base r e sua área total S.

657. Mostre que, entre o volume V, a área lateral A e a área total S de um cone de revolução, tem-se:
$9\pi V^2 = S(S - A)(2A - S)$.

CONE

658. São dados um cone e um cilindro de revolução. Esses sólidos têm a mesma altura e são equivalentes. A área lateral do cilindro é igual à área total do cone. Exprima o volume do cone em função do seu raio R.

Solução

Elementos:
do cilindro: r, h \qquad do cone: R (dado), h, g

$V_{cil.} = V_{cone} \Rightarrow \pi r^2 h = \frac{1}{3}\pi R^2 h \Rightarrow r = \frac{R\sqrt{3}}{3}$

$A_{\ell_{cil.}} = A_{t_{cone}} \Rightarrow 2\pi r h = \pi R g + \pi R^2 \Rightarrow 2rh = Rg + R^2$

Substituindo r e considerando $g = \sqrt{h^2 + R^2}$, temos:

$\frac{2R\sqrt{3}}{3} h = R\sqrt{h^2+R^2} + R^2 \Rightarrow \frac{2\sqrt{3}}{3} h - R = \sqrt{h^2+R^2} \Rightarrow$

$\Rightarrow \frac{12}{9} h^2 - \frac{4\sqrt{3}}{3} hR + R^2 = h^2 + R^2 \Rightarrow \frac{h}{3}(h - 4\sqrt{3} R) = 0 \Rightarrow$

$\Rightarrow h = 4\sqrt{3} R$ ou $h = 0$ (não convém).

Calculando o volume do cone, vem:

$V_{cone} = \frac{1}{3}\pi R^2 h \Rightarrow V_{cone} = \frac{1}{3}\pi R^2 \cdot 4\sqrt{3} R \Rightarrow V_{cone} = \frac{4\sqrt{3}}{3}\pi R^3$.

Resposta: $V_{cone} = \frac{4\sqrt{3}}{3}\pi R^3$.

659. O raio da base, a altura e o apótema (geratriz) de um cone reto formam, nessa ordem, uma progressão aritmética. Determine esses elementos, sendo 37,68 cm³ o volume do cone. Adote $\pi = 3,14$.

660. Quanto se deve aumentar a altura e diminuir o raio da base de um cone de revolução para que seu volume permaneça constante?

661. Dado um cone circular reto e um cilindro circular reto de mesma altura e mesma base, mostre que a área lateral do cilindro é menor que 2 vezes a área lateral do cone.

662. Pediu-se para calcular o volume de um cone circular reto, sabendo-se que as dimensões da geratriz, do raio da base e da altura estão, nessa ordem, em progressão aritmética. Por engano, ao se calcular o volume do cone, usou-se a fórmula do volume do cilindro circular reto de mesmo raio e de mesma altura do cone. O erro obtido foi de 4π m³. Dê a altura e o raio do cone.

Solução

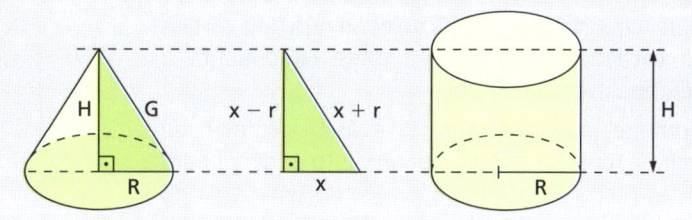

G, R e H em P. A. $\Rightarrow$ (G = x + r, R = x, H = x − r)

em que r é a razão (positiva) e x é o termo médio da P. A.

Do triângulo retângulo, temos:

$x^2 + (x - r)^2 = (x + r)^2 \Rightarrow x^2 - 4xr = 0 \Rightarrow x(x - 4r) = 0 \Rightarrow$

$\Rightarrow$ x = 4r ou x = 0 (não convém)

As dimensões são G = 5r, R = 4r e H = 3r.

erro = BH − $\frac{1}{3}$ BH = $\frac{2}{3}$ BH $\Rightarrow$ $\frac{2}{3}$ BH = 4π

Substituindo B = πR² = π(4r)² e H = 3r, vem:

$\frac{2}{3}\pi \cdot 16r^2 \cdot 3r = 4\pi \Rightarrow r^3 = \frac{1}{8} \Rightarrow r = \frac{1}{2}$.

Calculando a altura H e o raio:

H = 3r $\Rightarrow$ H = $\frac{3}{2}$ R = 4r $\Rightarrow$ R = 2

Respostas: H = $\frac{3}{2}$ m e R = 2 m.

663. No cálculo do volume de um cone reto, o calculista se enganou, trocando as medidas do raio e da altura. O volume do cone aumentou ou diminuiu? Discuta.

664. A base de um cone reto é equivalente à seção meridiana. Se o raio da base mede 1 m, calcule a altura do cone.

665. Um cone circular tem raio 2 m e altura 4 m. Qual é a área da seção transversal, feita por um plano, distante 1 m do seu vértice?

CONE

666. Dado um tetraedro regular de aresta L:

a) Determine, em função de L, o volume V do cone circular circunscrito, isto é, do cone que tem vértice num vértice do tetraedro e base circunscrita à face oposta do tetraedro.

b) Determine, em função de L, a área lateral A do cilindro circular reto circunscrito, isto é, do cilindro que tem uma base circunscrevendo uma face do tetraedro e altura igual à altura do tetraedro.

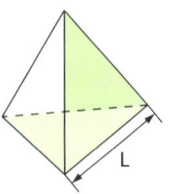

667. A geratriz de um cone reto forma um ângulo α com o plano da base. Sendo V o volume do cone, determine o raio da base e a altura do cone.

668. As figuras abaixo representam um cone de revolução, seus elementos e a planificação de sua superfície lateral.

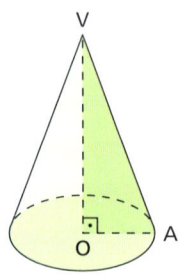

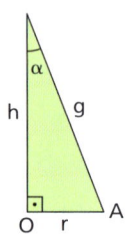

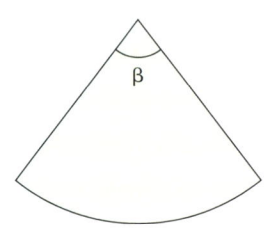

Expresse β em função de α.

CAPÍTULO XII
Esfera

I. Definições

218. Esfera

Consideremos um ponto O e um segmento de medida *r*. Chama-se **esfera** de **centro O** e **raio *r*** ao conjunto dos pontos P do espaço, tais que a distância $\overline{OP}$ seja menor ou igual a *r*.

A esfera é também o sólido de revolução gerado pela rotação de um semicírculo em torno de um eixo que contém o diâmetro.

219. Superfície

Chama-se **superfície** da esfera de centro O e raio *r* ao conjunto dos pontos P do espaço, tais que a distância OP seja igual a *r*.

A **superfície** de uma esfera é também a superfície de revolução gerada pela rotação de uma semicircunferência com extremidades no eixo.

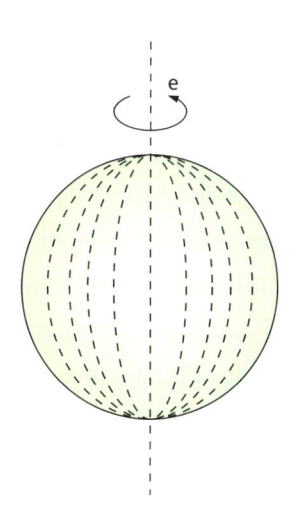

ESFERA

220. Seção

Toda seção plana de uma esfera é um círculo.

Se o plano secante passa pelo centro da esfera, temos como seção um **círculo máximo** da esfera.

Sendo r o raio da esfera, d a distância do plano secante ao centro e s o raio da seção, vale a relação:

$$s^2 = r^2 - d^2.$$

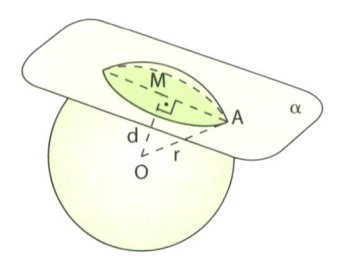

Teorema de Pitágoras no $\triangle OMA$:
$$r^2 = d^2 + s^2.$$

221. Elementos: polos — equador — paralelo — meridiano

Polos relativos a uma seção da esfera são as extremidades do diâmetro perpendicular ao plano dessa seção.

Considerando a superfície de uma esfera de eixo e, temos:

polos: são as interseções da superfície com o eixo.

equador: é a seção (circunferência) perpendicular ao eixo, pelo centro da superfície.

paralelo: é uma seção (circunferência) perpendicular ao eixo. É "paralela" ao equador.

meridiano: é uma seção (circunferência) cujo plano passa pelo eixo.

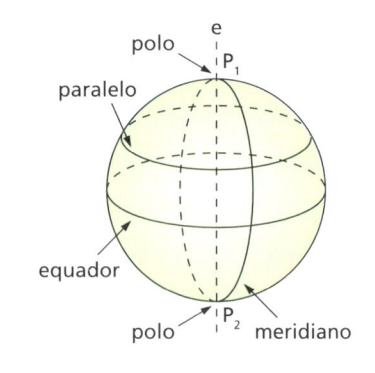

222. Distância polar

Distância polar é a distância de um ponto qualquer de um paralelo ao polo.

Um ponto A da superfície de uma esfera tem duas distâncias polares: $P_1 A$ e $P_2 A$.

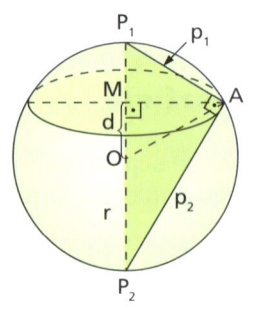

Sendo:

r o raio da esfera,

d a distância do plano de uma seção ao centro,

p_1 e p_2 as distâncias polares de um ponto A.

Usando relações métricas no $\triangle P_1 A P_2$, temos:

$(AP_1)^2 = (P_1P_2) \cdot (P_1M) \Rightarrow p_1^2 = 2r(r - d)$

$(AP_2)^2 = (P_1P_2) \cdot (P_2M) \Rightarrow p_2^2 = 2r(r + d)$

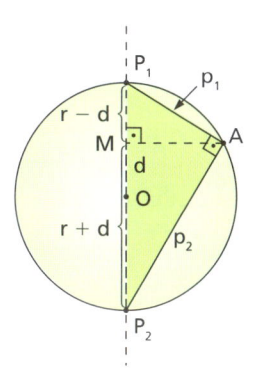

II. Área e volume

223. Área da esfera

A área da superfície de uma esfera de raio r é igual a $4\pi r^2$.

$$A = 4\pi r^2$$

A dedução dessa fórmula encontra-se no final deste capítulo, no item 231.

224. Volume da esfera

Consideremos um cilindro equilátero de raio da base r (a altura é 2r) e seja S o ponto médio do eixo do cilindro.

Tomemos dois cones tendo como bases as do cilindro e S como vértice comum (a reunião desses dois cones é um sólido chamado **clépsidra**).

Ao sólido que está dentro do cilindro e fora dos dois cones vamos chamar de sólido X (este sólido X é chamado **anticlépsidra**).

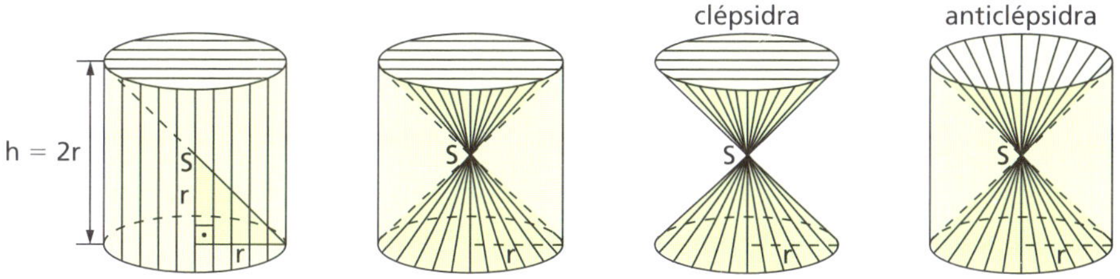

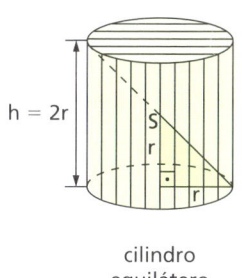

| cilindro equilátero | cilindro equilátero e os dois cones | clépsidra — reunião dos dois cones | anticlépsidra — sólido X, cilindro menos os dois cones |

ESFERA

Consideremos agora uma esfera de raio *r* e o sólido X descrito na página anterior.

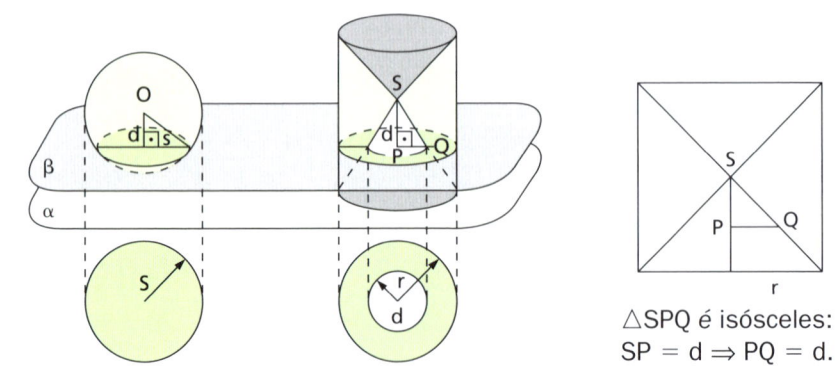

△SPQ é isósceles:
SP = d ⇒ PQ = d.

Suponhamos que a esfera seja tangente a um plano α, que o cilindro (que originou o sólido X) tenha base em α e que os dois sólidos, esfera e sólido X, estejam num mesmo semiespaço dos determinados por α.

Qualquer plano secante β, paralelo a α, distando *d* do centro da esfera (e do vértice do sólido X), também secciona o sólido X. Temos:

Área da seção na esfera = $\pi s^2 = \pi(r^2 - d^2)$
(círculo)

Área da seção no sólido X = $\pi r^2 - \pi d^2 = \pi(r^2 - d^2)$
(coroa circular)

As áreas das seções na esfera e no sólido X são iguais; então, pelo princípio de Cavalieri, a esfera e o sólido X têm volumes iguais.

$V_{esfera} = V_{sólido \, X}$

Mas:

$V_{sólido \, X} = V_{cilindro} - 2V_{cone} = \pi r^2 \cdot 2r - 2 \cdot \left(\frac{1}{3}\pi r^2 \cdot r\right) =$

$= \pi r^2 \cdot 2r - \frac{2}{3}\pi r^3 = \frac{4}{3}\pi r^3$

ou seja: $V_{esfera} = \frac{4}{3}\pi r^3$.

Conclusão: O volume de uma esfera de raio *r* é $\frac{4}{3}\pi r^3$.

$$V = \frac{4}{3}\pi r^3$$

III. Fuso e cunha

225. Fuso esférico

É a interseção da **superfície** de uma esfera com um diedro (ou setor diedral) cuja aresta contém um diâmetro dessa superfície esférica.

O ângulo α, medida do diedro, medido na seção equatorial, é o que caracteriza o fuso.

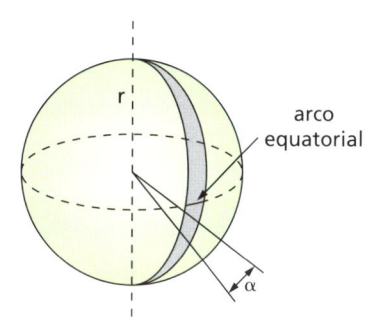

226. Área do fuso

Sendo α a medida do diedro, temos:
a) com α em graus

$$\left.\begin{array}{l} 360° \longrightarrow 4\pi r^2 \\ \alpha° \longrightarrow A_{fuso} \end{array}\right\} \Rightarrow \boxed{A_{fuso} = \frac{\pi r^2 \alpha}{90}}$$

b) com α em radianos

$$\left.\begin{array}{l} 2\pi \longrightarrow 4\pi r^2 \\ \alpha \longrightarrow A_{fuso} \end{array}\right\} \Rightarrow \boxed{A_{fuso} = 2r^2 \alpha}$$

227. Cunha esférica

É a interseção de uma esfera com um diedro (ou setor diedral) cuja aresta contém o diâmetro da esfera.

A cunha é caracterizada pelo raio da esfera e pela medida do diedro.

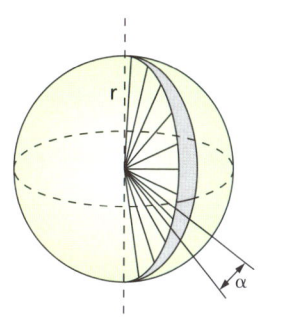

228. Volume da cunha

Sendo α a medida do diedro, temos:
a) com α em graus:

$$\left.\begin{array}{l} 360° \longrightarrow \frac{4}{3}\pi r^3 \\ \alpha° \longrightarrow V_{cunha} \end{array}\right\} \Rightarrow \boxed{V_{cunha} = \frac{\pi r^3 \alpha}{270}}$$

ESFERA

b) com α em radianos:

$$\left.\begin{array}{l} 2\pi \longrightarrow \dfrac{4}{3}\pi r^3 \\ \alpha° \longrightarrow V_{cunha} \end{array}\right\} \Rightarrow \boxed{V_{cunha} = \dfrac{2r^3\alpha}{3}}$$

EXERCÍCIOS

669. Calcule a área e o volume das esferas, cujas medidas estão indicadas abaixo.

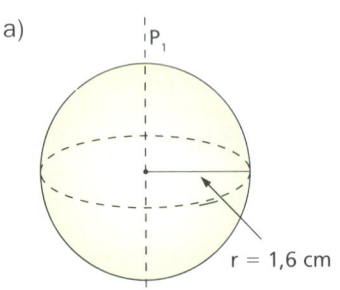

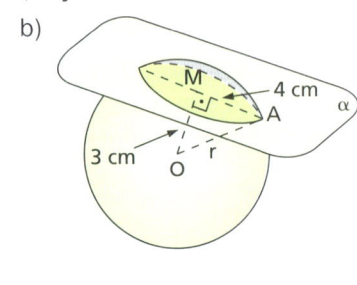

a) r = 1,6 cm

b) 3 cm, 4 cm

670. Represente, nas esferas abaixo, através de expressões algébricas:

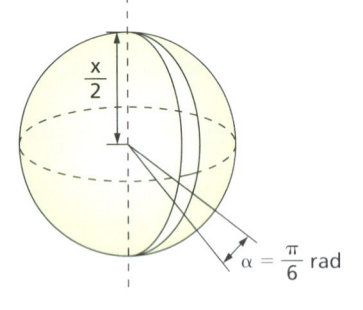

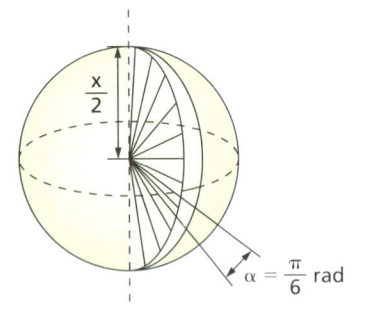

a) a área do fuso

b) a área total e o volume da cunha

$\alpha = \dfrac{\pi}{6}$ rad

$\alpha = \dfrac{\pi}{6}$ rad

671. Obtenha o raio de uma esfera, sabendo que um plano determina na esfera um círculo de raio 20 cm, sendo 21 cm a distância do plano ao centro da esfera.

672. O raio de uma esfera mede 53 cm. Um plano que secciona essa esfera determina nela um círculo de raio 45 cm. Obtenha a distância do plano ao centro da esfera.

673. Um plano secciona uma esfera de 34 cm de diâmetro. Determine o raio da seção obtida, sendo 8 cm a distância do plano ao centro da esfera.

674. Determine o diâmetro de um círculo cuja área é igual à superfície de uma esfera de raio r.

675. Determine o raio de uma esfera de superfície 36π cm².

676. Determine a área do círculo da esfera cujas distâncias polares são de 5 cm e 3 cm.

Solução

Sendo r o raio da seção e d o diâmetro da esfera, vem:

$d^2 = 5^2 + 3^2 \Rightarrow d = \sqrt{34}$.

Relações métricas (ah = bc) no $\triangle P_1AP_2$, retângulo em A:

$d \cdot r = 5 \cdot 3 \Rightarrow \sqrt{34} \cdot r = 15 \Rightarrow$
$\Rightarrow r = \dfrac{15}{\sqrt{34}}$

Área da seção: S.

$S = \pi r^2 \Rightarrow S = \pi \left(\dfrac{15}{\sqrt{34}}\right)^2 \Rightarrow S = \dfrac{225\pi}{34}$

Resposta: A área do círculo é $\dfrac{225\pi}{34}$ cm².

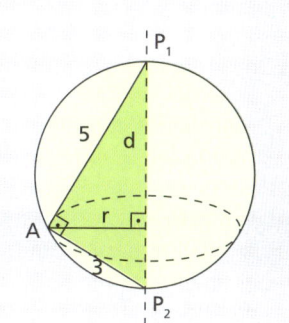

677. Calcule a área de uma seção plana feita a uma distância de 12 cm do centro de uma esfera de 37 cm de raio.

678. A seção plana de uma esfera feita a 35 cm do centro tem 144π cm² de área. Calcule a área do círculo máximo dessa esfera.

679. Calcule a distância de uma seção plana de uma esfera ao centro da esfera, sabendo que o círculo máximo tem área igual ao quádruplo da área determinada pela seção plana e que o raio da esfera mede 17 cm.

680. O raio de uma esfera mede 41 cm. Determine a razão entre as áreas das seções obtidas por dois planos, sendo de 40 cm e 16 cm as respectivas distâncias desses planos ao centro da esfera.

681. Determine a área e o volume de uma esfera de 58 cm de diâmetro.

682. Determine a área de uma esfera, sendo $2\,304\pi$ cm³ o seu volume.

ESFERA

683. Calcule a distância polar de um círculo máximo de uma esfera de 34 cm de diâmetro.

684. Determine a superfície de uma esfera, sendo 26π cm o comprimento da circunferência do círculo máximo.

685. Determine o raio de uma esfera, sendo 288π cm³ o seu volume.

686. Uma esfera oca tem 1 dm de raio exterior e 1 cm de espessura. Determine o volume da parte oca da esfera.

687. Determine o volume de uma esfera de 100π cm² de superfície.

688. Determine a medida do raio de uma esfera, sabendo que seu volume e sua superfície são expressos pelo mesmo número.

689. Um plano secciona uma esfera determinando um círculo de raio igual à distância m do plano ao centro da esfera. Obtenha a superfície e o volume da esfera em função de m.

690. Determine a medida da superfície e do volume de uma esfera, sabendo que o seu raio mede $\frac{1}{5}$ do raio de outra esfera cujo volume é $4\,500\pi$ cm³.

691. A cúpula de uma igreja é uma semiesfera apoiada sobre um quadrado de 12 m de lado (isto é, o círculo base da semiesfera está inscrito nesse quadrado). Determine a superfície da cúpula.

692. Determine a medida do raio de uma esfera, sabendo que o raio de um círculo menor mede 5 cm e que sua distância polar mede 13 cm.

693. Determine a distância polar de um círculo menor de uma esfera, sendo 10 cm o raio da esfera e 6 cm a distância do círculo ao centro da esfera.

694. Os polos de um círculo menor de uma esfera distam, respectivamente, 5 cm e 10 cm do plano do círculo. Determine o raio desse círculo.

695. Uma bola de ouro de raio r se funde, transformando-se em um cilindro de raio r. Determine a altura do cilindro.

696. Um cone é equivalente a um hemisfério de 25 cm de diâmetro. Determine a área lateral do cone, sabendo que as bases do cone e do hemisfério são coincidentes.

697. Duas esferas de metal de raios 2r e 3r se fundem para formar uma esfera maior. Determine o raio dessa nova esfera.

ESFERA

698. Um sólido é formado por dois cones retos de volumes iguais, tendo como base comum um círculo de 6 cm de raio. A área do sólido é igual à superfície de uma esfera de raio 6 cm. Determine a relação entre os volumes do sólido e da esfera.

699. Os raios de duas esferas concêntricas medem, respectivamente, 15 cm e 8 cm. Calcule a área da seção feita na esfera de raio maior por um plano tangente à outra esfera.

700. Determine o diâmetro de uma esfera obtida da fusão de duas esferas de 10 cm de diâmetro.

701. Sabendo que o diâmetro de uma esfera é os $\frac{3}{5}$ do diâmetro de uma outra esfera, calcule a razão entre as áreas dessas duas esferas.

702. O que ocorre com o volume de uma esfera quando duplicamos a medida de seu raio? E quando triplicamos a medida do seu raio?

703. O que ocorre com o volume de uma esfera quando o raio aumenta 100%? E quando aumenta 300%? E quando diminui 50%?

704. O que ocorre com a superfície de uma esfera quando o raio aumenta 200%? E quando aumenta 150%? E quando diminui 25%?

705. O raio de uma esfera mede 16 cm. De um ponto P situado a 41 cm do centro da esfera traçam-se tangentes à esfera. Determine o comprimento dos segmentos com extremidades em P e nos pontos de tangência com a esfera, bem como a distância do centro da esfera ao plano do círculo de contato e o raio desse círculo.

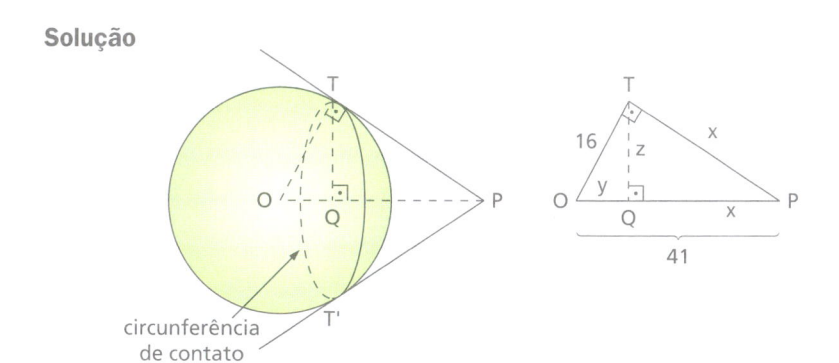

Solução

Sejam x, y e z, respectivamente, o comprimento do segmento PT, a distância OQ do centro da esfera ao plano do círculo e o raio do círculo de tangência.

ESFERA

Aplicando relações métricas (Pitágoras, $b^2 = a \cdot m$, $ah = bc$) no triângulo PTO retângulo em T, vem:

$x^2 = 41^2 - 16^2 \Rightarrow x^2 = 1425 \Rightarrow x = 5\sqrt{57}$

$41 \cdot y = 16^2 \Rightarrow y = \dfrac{256}{41}$

$41 \cdot z = 16 \cdot x \Rightarrow 41 \cdot z = 16 \cdot 5\sqrt{57} \Rightarrow z = \dfrac{80\sqrt{57}}{41}$

Resposta: Na ordem pedida: $5\sqrt{57}$ cm, $\dfrac{256}{41}$ cm e $\dfrac{80\sqrt{57}}{41}$ cm.

706. Supondo a Terra esférica e o metro a décima milionésima parte do quarto do meridiano, determine a superfície da Terra em km².

707. Determine a superfície de uma esfera de 5 cm de raio. Em quanto aumenta a superfície, ao aumentar o raio em 1 cm?

708. A área de uma seção plana de uma esfera é 144π cm². Calcule a superfície da esfera, sabendo que a distância ao centro da esfera é 5 cm.

709. Uma esfera tem 25π cm² de superfície. Em quanto devemos aumentar o raio, para que a área passe a ser 64π cm²?

710. Determine a área de um círculo obtido da seção plana de uma esfera, sendo o raio da esfera r e 15 cm a distância desse plano ao centro da esfera.

711. Determine a superfície de uma esfera em função do comprimento da circunferência c do círculo máximo da esfera.

712. Determine a superfície de uma esfera em função da área A do círculo máximo da esfera.

713. O círculo máximo de uma esfera tem um triângulo equilátero inscrito. Determine a superfície da esfera em função da medida a do lado desse triângulo.

714. A área obtida da seção plana em uma esfera é A. Sendo r o raio da esfera, determine a distância do plano ao centro da esfera.

715. Determine o volume de uma esfera em função do comprimento da circunferência C do círculo máximo da esfera.

716. Uma esfera tem 1 m de raio. Qual será o raio de uma esfera cujo volume é $\dfrac{1}{5}$ do volume da primeira esfera?

717. Determine a razão entre as áreas de um cubo e uma esfera, sabendo que seus volumes são iguais.

718. Um cubo de chumbo de aresta a foi transformado numa esfera. Determine a superfície da esfera em função de a.

719. Calcule em cm³ o volume de uma esfera, sabendo que o diâmetro perpendicular a um círculo menor de 10 cm de raio é dividido por esse círculo em dois segmentos de razão $\frac{2}{5}$.

720. Uma esfera, um cilindro e um cone têm o mesmo volume e o mesmo raio. Calcule a razão entre a altura do cilindro e a do cone.

721. Determine a diferença entre a área da maior e da menor das seções obtidas por um ponto P, a uma distância d do centro da esfera.

722. A superfície de uma esfera mede 144π cm² e é igual à área total de um cilindro que tem o mesmo raio da esfera. Determine a relação entre os volumes de ambos os sólidos.

723. Uma esfera é equivalente a um cilindro reto cuja área total é igual a 42π cm². Sendo 3 cm o raio do cilindro, determine:
a) o raio da esfera;
b) a relação entre a área da esfera e a área total de um cone reto que tenha a mesma base e a mesma altura do cilindro dado.

724. Fabricou-se uma caldeira de tal maneira que as bases de dois hemisférios coincidissem com as bases de um cilindro. Sendo o diâmetro do cilindro os $\frac{3}{5}$ de sua altura e a superfície da caldeira equivalente a uma esfera de raio R, determine a relação entre o volume da caldeira e o volume da efera de raio R.

725. Duas esferas tangentes entre si tangenciam internamente uma outra esfera. Sendo 10 cm o diâmetro da esfera maior, determine a relação entre os volumes das esferas tangentes internamente, sabendo que sua soma é $\frac{2}{3}$ do volume da esfera maior.

726. Um cubo e uma esfera têm igual superfície. Qual dos sólidos tem maior volume?

727. A área total de um cubo e a área de uma superfície esférica são iguais. Qual a razão entre o raio da superfície esférica e a medida de uma aresta do cubo?

ESFERA

728. A área da superfície de uma esfera e a área total de um cone reto são iguais. Determine o raio da esfera, sabendo que o volume do cone é 12π dm³ e o raio da base é 3 dm.

729. Determine o ângulo do fuso de uma esfera, sendo 324π cm² a área da esfera e 54π cm² a área do fuso.

730. Qual é a área de um fuso de 28° pertencente a uma esfera de 4π m² de superfície?

731. Determine a área de um fuso de 45° em uma esfera de 10 cm de raio.

732. Um fuso de 10° de uma esfera de 1 cm de raio é equivalente a uma seção plana da esfera. Determine a distância da seção ao centro da esfera.

733. Determine a área de um fuso, cujo ângulo mede 30°, em uma esfera de 18 cm de raio.

734. Determine a distância de uma seção plana de uma esfera ao centro dessa esfera, sabendo que o raio da esfera mede 12 cm e que a área do fuso de 60° é equivalente à área dessa seção.

735. Calcule a área total e o volume de uma cunha esférica de 30°, sendo r o raio da esfera.

736. Determine o volume de uma cunha, cujo ângulo mede 60°, em uma esfera cujo volume mede 288π m³.

737. Qual é o volume de uma cunha de 30°, pertencente a uma esfera de 972π m³ de volume?

738. Determine as medidas dos raios de duas esferas, sabendo que sua soma vale 20 cm e que o fuso de 60° na primeira é equivalente ao fuso de 30° na segunda.

739. Um fuso de 60° de uma esfera é equivalente a um fuso de 30° de uma outra esfera. Determine os raios dessas esferas, sendo 24 cm sua soma.

740. Determine o raio de uma cunha esférica de 45°, sabendo que é equivalente a um hemisfério de 10 cm de diâmetro.

741. Quantos brigadeiros (bolinhas de chocolate) de raio 0,5 cm podemos fazer a partir de um brigadeiro de raio 1,0 cm?

742. Um observador (O), do ponto mais alto de um farol, vê a linha do horizonte (L) a uma distância d. Sejam h e R a altura do farol e o raio da Terra, respectivamente.

a) Como R é muito maior que h, pode-se admitir que 2 R + h = 2R. Assim, prove, usando a aproximação indicada, que d = $\sqrt{2Rh}$.

b) O raio da Terra tem, aproximadamente, 6 300 km. Usando a fórmula do item a, calcule a distância (d) do horizonte, quando o observador está a uma altura h = 35 m.

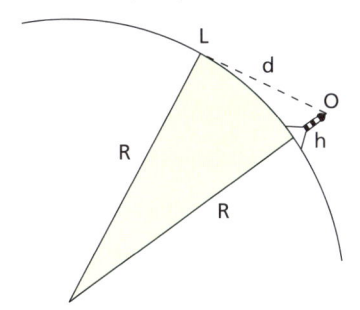

743. Uma esfera de raio 5 cm, ao ser seccionada por um plano distante 3 cm do seu centro, determina uma área S. Então, calcule o valor de $\dfrac{S}{4\pi}$.

744. Um plano intercepta uma esfera perpendicularmente a um de seus diâmetros num ponto P distinto do centro e interior a esse diâmetro.

a) Prove que a interseção é um círculo.

b) Determine (em função do raio r da esfera) a distância do ponto P ao centro, a fim de que o círculo interseção tenha área igual à metade da de um círculo máximo da esfera.

IV. Dedução das fórmulas das áreas do cilindro, do cone e da esfera

Colocamos no final deste capítulo a dedução das expressões das áreas laterais do cilindro e do cone e da área da superfície esférica. É a melhor maneira que encontramos para justificar as expressões já incluídas nos itens 199, 214 e 223.

229. Noção intuitiva

Se considerarmos uma superfície limitada de área A e sobre ela formarmos um sólido de altura x de bases "paralelas", teremos, indicando com V, o volume do sólido ("prismas" reunidos com "cilindros") de base A e altura x.

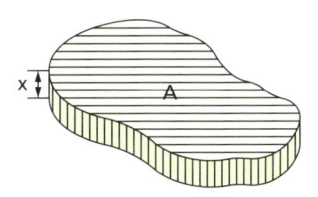

$V = Ax \Rightarrow A = \dfrac{V}{x}$

Esta última igualdade é verificada para qualquer x.

Intuitivamente, uma superfície é imaginada como uma "placa sólida" de "espessura infinitamente pequena".

ESFERA

Por isso, se uma "placa sólida" de volume V_p e espessura x for tal que a expressão (função) $\dfrac{V_p}{x}$ tem sentido (é definida) para x → 0, então:

$\dfrac{V_p}{x}$ (para x → 0) será definida como a **área da placa**.

Assim agindo, poderemos deduzir as expressões das áreas: lateral do cilindro, superfície esférica, lateral do cone. Nestes casos, o artifício que acima procuramos generalizar é mais real e simples, como veremos a seguir.

230. Área lateral do cilindro de revolução

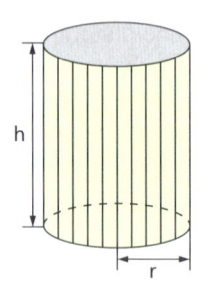

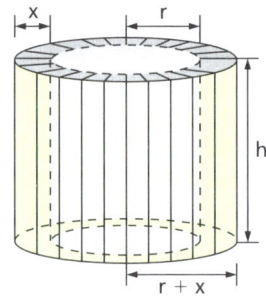

$V_p = \pi(r + x)^2 h - \pi r^2 h \Rightarrow \dfrac{V_p}{x} = \pi h(2r + x)$

Então, para x = 0, vem:

$A_L = \pi h(2r + 0) \Rightarrow \boxed{A\ell = 2\pi rh}$

231. Área da superfície esférica

$V_p = \dfrac{4}{3}\pi(r + x)^3 - \dfrac{4}{3}\pi r^3 \Rightarrow$

$\Rightarrow V_p = \dfrac{4}{3}\pi[(r + x)^3 - r^3] \Rightarrow$

$\Rightarrow V_p = \dfrac{4}{3}\pi[3r^2 x + 3rx^2 + x^3] \Rightarrow$

$\Rightarrow \dfrac{V_p}{x} = \dfrac{4}{3}\pi(3r^2 + 3rx + x^2)$

Então, para x = 0, vem:

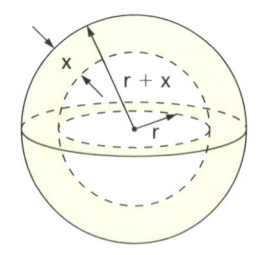

$A = \dfrac{4}{3}\pi\left[3r^2 + 3r \cdot 0 + 0^2\right] \Rightarrow \boxed{A = 4\pi r^2}$

232. Área lateral do cone de revolução

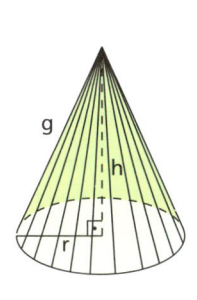

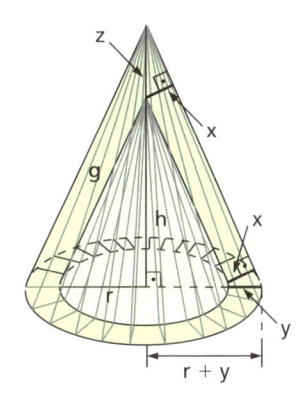

Por semelhança entre triângulos, calculamos y e z em função de x.

$$\frac{z}{x} = \frac{g}{r} \Rightarrow z = \frac{g}{r}x \qquad \frac{y}{x} = \frac{g}{h} \Rightarrow y = \frac{g}{h}x$$

Segue-se:

$$V_p = \frac{1}{3}\pi(r+y)^2 \cdot (h+z) - \frac{1}{3}\pi r^2 h.$$

Substituindo y e z, temos:

$$V_p = \frac{1}{3}\pi\left[\left(r + \frac{g}{h}x\right)^2 \cdot \left(h + \frac{g}{r}x\right) - r^2 h\right] \Rightarrow$$

$$\Rightarrow V_p = \frac{1}{3}\pi\left[rgx + 2rgx + \frac{2g^2}{h}x^2 + \frac{g^2}{h}x^2 + \frac{g^3}{h^2 r}x^3\right] \Rightarrow$$

$$\Rightarrow \frac{V_p}{x} = \frac{1}{3}\pi\left[3rg + \frac{3g^2}{h}x + \frac{g^3}{h^2 r}x^2\right]$$

Então, para $x = 0$, vem:

$$A_L = \frac{1}{3}\pi\left[3rg - \frac{3g^2}{h}0 + \frac{g^3}{h^2 r}0^2\right] \Rightarrow \boxed{A_\ell = \pi rg}$$

LEITURA

Lobachevski e as geometrias não euclidianas

Hygino H. Domingues

E tudo começou com Euclides (c. 300 a.C.)... Em sua obra-prima *Os elementos* a geometria foi construída sobre cinco postulados. Um deles, em especial, certamente não traduzia nenhuma experiência concreta. Além disso Euclides só o enunciou depois de provar o máximo possível de teoremas sem usá-lo. Ei-lo:

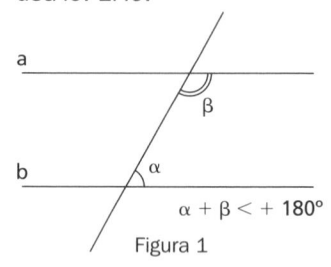

Postulado V: "Se num plano duas retas *a* e *b* são interceptadas por uma transversal *c* de modo a formar um par de ângulos colaterais internos de soma menor que 180°, então essas retas, prolongadas indefinidamente, se cortam (Figura 1) do lado em que estão os ângulos considerados".

$\alpha + \beta < +180°$

Figura 1

Na verdade Euclides trabalhava, em sua geometria, como em particular no postulado V, com segmentos de reta que prolongava num ou noutro sentido, conforme necessitasse, ao invés de retas infinitas acabadas, como se faz hoje. E o que esse postulado afirma equivale, na versão moderna da geometria euclidiana, a admitir que por um ponto fora de uma reta não há mais que uma paralela à reta. Entre as implicações importantes do postulado V está o teorema que assegura ser a soma dos ângulos internos de um triângulo igual a um ângulo raso.

Desde os tempos de Euclides dezenas de matemáticos tentaram provar esse postulado, a partir dos outros quatro, achando que se tratasse na verdade de mais um teorema. Um deles foi Nicolai I. Lobachevski (1792-1856), um russo natural da atual cidade de Gorki cuja vida acadêmica sempre esteve vinculada à Universidade de Kazan, desde seu ingresso como aluno em 1807 até seu afastamento do cargo de reitor, que ocupou de 1827 a 1846. Diga-se de passagem que o fato de Lobachevski ter alcançado a reitoria da Universidade de Kazan não foi um prêmio a seus méritos científicos. Estes jamais foram reconhecidos devidamente durante sua vida. Pelo contrário, uma versão de suas ideias geométricas, datando de 1829-30, chegou a ser recusada para publicação pela Academia de Ciências de S. Petersburgo.

Numa certa altura de suas tentativas de provar o postulado V, Lobachevski passou a admitir que isso poderia ser impossível. Admitir essa impossibilidade acarreta que se pode tomar como postulado a existência de mais de uma paralela a uma reta por um ponto fora dela. E foi o que ele acabou fazendo, resultando daí uma nova geometria de resultados surpreendentes. Por exemplo, nessa geometria (hoje conhecida por *geometria hiperbólica*) a soma dos ângulos internos de um triângulo vale menos que 180°.

Cabe então a pergunta: tamanha liberdade é válida em matemática? Não é difícil nos convencermos de que sim. Primeiro notemos que a geometria considerada por Euclides ao chegar ao postulado V referia-se a um plano. Ademais, o conceito de reta é primitivo: não se define, é tão somente caracterizado por alguns postulados ou axiomas. Assim, pode-se pensar: e se em vez do plano considerássemos outra superfície, não poderia haver nesta algum ente que fizesse o papel análogo ao da reta no plano, perante o mesmo conjunto de postulados?

Tanto isso é possível que em 1868 o matemático italiano Eugênio Beltrami (1835-1900) descobriu um modelo para a geometria hiperbólica, a *pseudoesfera*, superfície que lembra dois chifres infinitamente longos ligados por seus extremos (Figura 2). Nessa superfície, por um ponto fora de uma "reta" há mais do que uma paralela a essa reta.

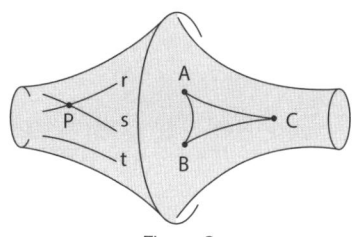

Figura 2

Claro que "reta" nesse caso indica o ente da pseudoesfera cuja ideia corresponde à de reta de um plano. Na Figura 2 pode-se visualizar como isso ocorre, bem como que a soma dos ângulos internos de um "triângulo" vale menos que um ângulo raso. A partir desse modelo, a geometria que o próprio Lobachevski chamava de *imaginária* passou a ser matematicamente *real*.

As geometrias não euclidianas, objeto das pesquisas de Lobachevski, eram um verdadeiro tabu em sua época, daí a marginalização científica de que foi vítima o geômetra russo (agravada pelo fato de trabalhar num local muito distante dos grandes centros da Europa ocidental). Mas isso não impediu que se tornasse público que foi ele o primeiro a publicar um trabalho sobre geometrias não euclidianas (1826). E ganhou, assim, a primazia de ter acabado com o mito da verdade absoluta na matemática.

CAPÍTULO XIII
Sólidos semelhantes – Troncos

I. Seção de uma pirâmide por um plano paralelo à base

233. **Seccionando uma pirâmide por um plano paralelo à base, separamos essa pirâmide em dois sólidos:**

• o sólido que contém o vértice que é uma **nova pirâmide** e
• o sólido que contém a base da pirâmide dada que é um **tronco de pirâmide** de bases paralelas.

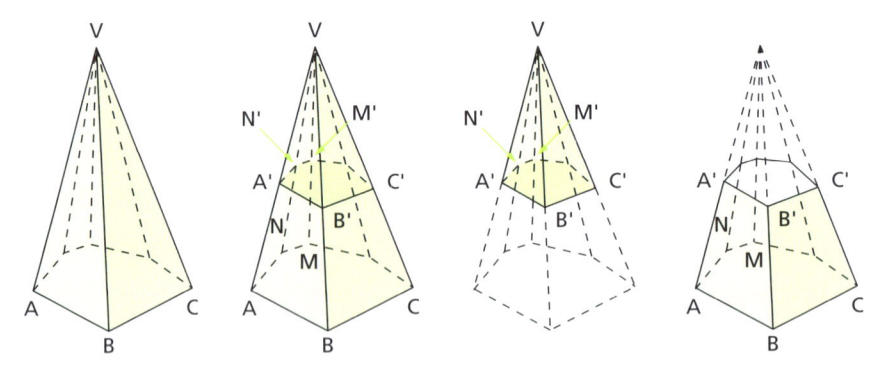

A nova pirâmide e a pirâmide primitiva têm a mesma natureza, os ângulos ordenadamente congruentes e os elementos lineares homólogos (arestas das bases, arestas laterais, alturas, ...) são proporcionais. Dizemos que elas são **semelhantes**.

234. Razão de semelhança

É a razão entre dois elementos lineares homólogos. Representaremos por k. Assim:

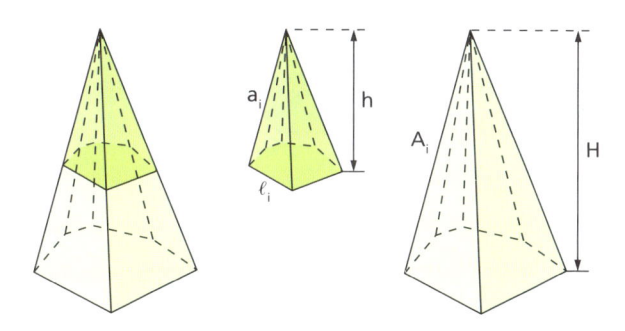

$$\frac{a_i}{A_i} = \frac{\ell_i}{L_i} = \frac{h}{H} = k$$

(razão de semelhança)

235. Propriedades

Considerando duas pirâmides semelhantes, temos:
1º)

A razão entre as **áreas das bases** é igual ao **quadrado** da razão de semelhança.

De fato, as bases são polígonos semelhantes e a razão entre suas áreas é o quadrado da razão de semelhança.

$$\frac{b}{B} = k^2$$

SÓLIDOS SEMELHANTES — TRONCOS

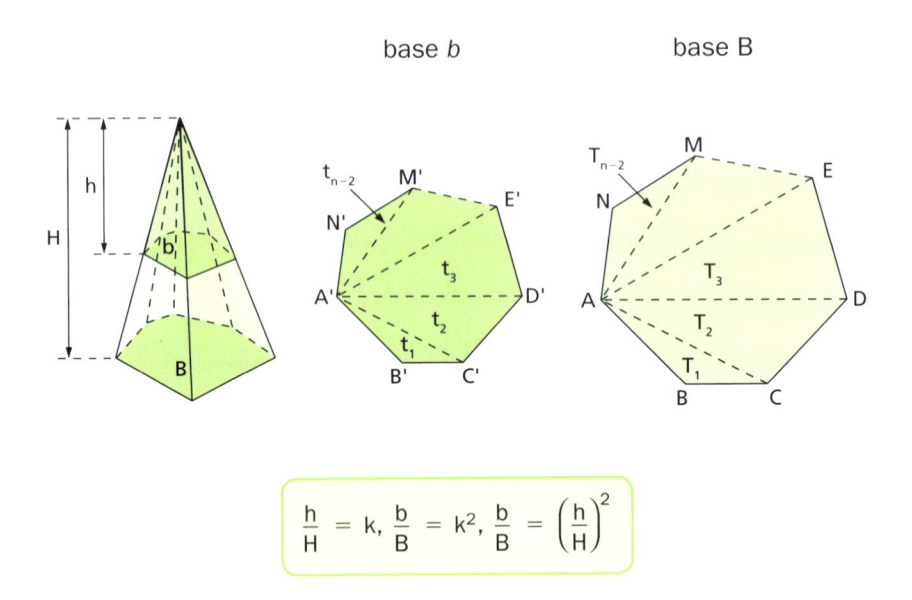

base b   base B

$$\frac{h}{H} = k, \quad \frac{b}{B} = k^2, \quad \frac{b}{B} = \left(\frac{h}{H}\right)^2$$

A propriedade acima é da Geometria Plana, porém sua demonstração acompanha os itens da propriedade que segue. Basta fazer a analogia.

2º)

A razão entre as **áreas laterais** é igual ao **quadrado** da razão de semelhança.

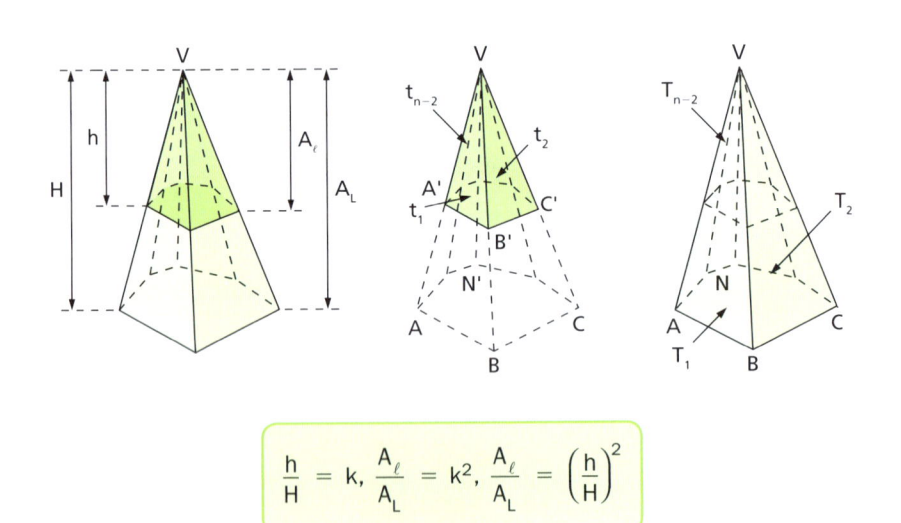

$$\frac{h}{H} = k, \quad \frac{A_\ell}{A_L} = k^2, \quad \frac{A_\ell}{A_L} = \left(\frac{h}{H}\right)^2$$

SÓLIDOS SEMELHANTES — TRONCOS

Sendo:

Área lateral de V(ABC ... MN) = A_L

Área lateral de V(A'B'C' ... M'N') = A_ℓ

Temos: Pirâmide V(ABC ... MN) ~ Pirâmide V(A'B'C' ... M'N') $\Rightarrow$
$\Rightarrow$ ($\triangle$VAB ~ $\triangle$VA'B', $\triangle$VBC ~ $\triangle$VB'C', ... $\triangle$VMN ~ $\triangle$VM'N', $\triangle$VNA ~ $\triangle$VN'A') $\Rightarrow$

$$\Rightarrow \frac{VA'}{VA} = \frac{VB'}{VB} = ... = \frac{VN'}{VN} = \frac{A'B'}{AB} = \frac{B'C'}{BC} = ... = \frac{N'A'}{NA} = \frac{h}{H} = k$$

(razão de semelhança)

Considerando:

Área do $\triangle$VA'B' = t_1 Área do $\triangle$VAB = T_1

Área do $\triangle$VB'C' = t_2 Area do $\triangle$VBC = T_2

⋮   ⋮

Área do $\triangle$VN'A' = t_{n-2} Área do $\triangle$VNA = T_{n-2}

Temos: $\frac{t_1}{T_1} = \frac{t_2}{T_2} = ... = \frac{t_{n-2}}{T_{n-2}} = k^2$.

Fazendo a razão entre as áreas laterais, vem:

$$\frac{A_\ell}{A_L} = \frac{t_1 + t_2 + ... + t_{n-2}}{T_1 + T_2 + ... + T_{n-2}} \Rightarrow \frac{A_\ell}{A_L} = \frac{k^2 T_1 + k^2 T_2 + ... + k^2 T_{n-2}}{T_1 + T_2 + ... + T_{n-2}} = k^2$$

$$\boxed{\frac{A_\ell}{A_L} = k^2}$$

3º)

A razão entre as **áreas totais** é igual ao **quadrado** da razão de semelhança.

Temos: $\frac{b}{B} = k^2 \Rightarrow b = k^2 B$ $\frac{A_\ell}{A_L} = k^2 \Rightarrow A_\ell = k^2 A_L$.

SÓLIDOS SEMELHANTES — TRONCOS

Fazendo a razão entre as áreas totais, vem:

$$\frac{A_t}{A_T} = \frac{A_\ell + b}{A_L + B} \Rightarrow \frac{A_t}{A_T} = \frac{k^2 \cdot A_L + k^2 B}{A_L + B} \Rightarrow \frac{A_t}{A_T} = k^2$$

$$\boxed{\frac{A_t}{A_T} = k^2}$$

4º)

> A razão entre os **volumes** é igual ao **cubo** da razão de semelhança.

Temos: $\frac{h}{H} = k$ e $\frac{b}{B} = k^2$

Fazendo a razão entre os volumes, vem:

$$\frac{v}{V} = \frac{\frac{1}{3}bh}{\frac{1}{3}BH} \Rightarrow \frac{v}{V} = \left(\frac{b}{B}\right) \cdot \left(\frac{h}{H}\right) \Rightarrow \frac{v}{V} = k^2 \cdot k = k^3$$

$$\boxed{\frac{v}{V} = k^3}$$

Devemos notar ainda que:

$$\frac{v}{V} = k^3 \Rightarrow \frac{v}{V} = k^2 \cdot k \Rightarrow \frac{v}{V} = \frac{b\sqrt{b}}{B\sqrt{B}}$$

236. Observações

1ª) As propriedades acima são facilmente adaptadas para **cones** semelhantes.

2ª) Elas podem ser generalizadas para duas superfícies ou dois sólidos semelhantes quaisquer:
- A razão entre as **áreas** de duas superfícies semelhantes é igual ao **quadrado** da razão de semelhança.
- A razão entre os **volumes** de dois sólidos semelhantes é igual ao **cubo** da razão de semelhança.

237. Exemplo de aplicação

A que distância do vértice se deve passar um plano paralelo à base de uma pirâmide (ou cone) para que:

a) a razão entre as áreas das bases da nova pirâmide (cone) e da pirâmide (cone) dada seja $\dfrac{a}{b}$?

Solução

$$\left.\begin{array}{l}\dfrac{B_1}{B_2} = \left(\dfrac{x}{H}\right)^2 \\ \dfrac{B_1}{B_2} = \dfrac{a}{b}\end{array}\right\} \Rightarrow$$

$$\Rightarrow \dfrac{x}{H} = \dfrac{\sqrt{a}}{\sqrt{b}} \Rightarrow$$

$$\Rightarrow x = \dfrac{H\sqrt{a}}{\sqrt{b}} \text{ (resposta)}$$

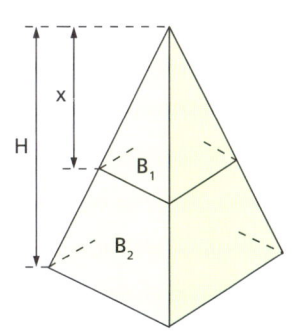

b) a razão entre os volumes do tronco obtido e da pirâmide (cone) primitiva seja $\dfrac{p}{q}$?

Solução

Observando a figura, vemos que $V_2 - V_1$ é o volume do tronco, e pelo enunciado temos:

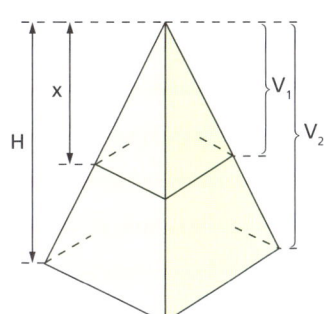

$$\dfrac{V_2 - V_1}{V_2} = \dfrac{p}{q}.$$

Daí vem que:

$$qV_2 - qV_1 = pV_2 \Rightarrow qV_1 = (q - p)V_2 \Rightarrow \dfrac{V_1}{V_2} = \dfrac{q - p}{q}$$

$$\left.\begin{array}{l}\dfrac{V_1}{V_2} = \dfrac{q - p}{q} \\ \dfrac{V_1}{V_2} = \left(\dfrac{x}{H}\right)^3\end{array}\right\} \Rightarrow \dfrac{x}{H} = \sqrt[3]{\dfrac{q - p}{q}} \Rightarrow x = H\sqrt[3]{\dfrac{q - p}{q}} \text{ (resposta)}$$

SÓLIDOS SEMELHANTES — TRONCOS

c) a razão entre as áreas laterais da nova pirâmide (cone) e do tronco obtido seja $\dfrac{m}{n}$?

Solução

Observando a figura, vemos que $A_{\ell_2} - A_{\ell_1}$ é a área lateral do tronco, e pelo enunciado temos:

$$\dfrac{A_{\ell_1}}{A_{\ell_2} - A_{\ell_1}} = \dfrac{m}{n}.$$

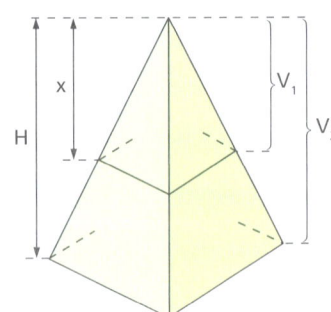

Daí vem que:

$nA_{\ell_1} = mA_{\ell_2} - mA_{\ell_1} \Rightarrow$

$\Rightarrow (m + n)A_{\ell_1} = mA_{\ell_2} \Rightarrow$

$\Rightarrow \dfrac{A_{\ell_1}}{A_{\ell_2}} = \dfrac{m}{m + n}$

$\left. \begin{array}{l} \dfrac{A_{\ell_1}}{A_{\ell_2}} = \dfrac{n}{m+n} \\[6pt] \dfrac{A_{\ell_1}}{A_{\ell_2}} = \left(\dfrac{x}{H}\right)^2 \end{array} \right\} \Rightarrow \dfrac{x}{H} = \sqrt{\dfrac{m}{m+n}} \Rightarrow x = H\sqrt{\dfrac{m}{m+n}}$ (resposta)

d) a razão entre os volumes do tronco obtido e da nova pirâmide (cone) seja $\dfrac{r}{s}$?

Solução

Observando a figura, vemos que $V_2 - V_1$ é o volume do tronco, e pelo enunciado temos:

$$\dfrac{V_2 - V_1}{V_1} = \dfrac{r}{s}.$$

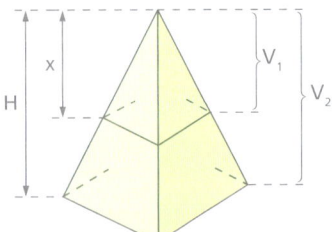

Daí vem que:

$\dfrac{V_1}{V_2} = \dfrac{s}{r + s}$

$\left. \begin{array}{l} \dfrac{V_1}{V_2} = \dfrac{s}{r+s} \\[6pt] \dfrac{V_1}{V_2} = \left(\dfrac{x}{H}\right)^3 \end{array} \right\} \Rightarrow \dfrac{x}{H} = \sqrt[3]{\dfrac{s}{r+s}} \Rightarrow x = H \cdot \sqrt[3]{\dfrac{s}{r+s}}$ (resposta)

SÓLIDOS SEMELHANTES — TRONCOS

EXERCÍCIOS

745. Considere as pirâmides quadrangulares regulares semelhantes, cujas medidas estão indicadas abaixo.

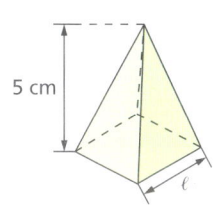

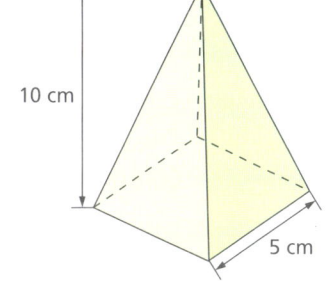

a) Calcule a razão de semelhança.
b) Calcule a medida do lado da base da pirâmide menor.
c) Calcule as áreas das bases das pirâmides. Qual a razão entre as áreas obtidas?
d) Calcule os volumes das pirâmides. Qual a razão entre os volumes obtidos?
e) Considere as razões obtidas nos itens c e d. Existe alguma relação entre cada uma dessas razões e a razão de semelhança? Justifique.

746. Determine a aresta de um cubo, sabendo que seu volume é o dobro do volume de um outro cubo de aresta A.

747. Sabendo que a altura de uma pirâmide é 20 cm e sua base é um quadrado de lado 12 cm, calcule a medida da altura e do lado da base de uma pirâmide semelhante de 120 cm³ de volume.

748. Determine o volume de uma pirâmide de 8 cm de altura, sabendo que o plano formado pelos pontos médios de suas arestas laterais determina na pirâmide uma seção de 3 cm² de superfície.

749. Seccionando uma pirâmide por um plano paralelo à base e que divide sua altura em dois segmentos de medidas iguais, obtemos uma pirâmide menor. Determine a razão entre o volume da primeira pirâmide e o volume da pirâmide menor obtida.

750. A que distância do vértice devemos cortar um cone de revolução, por um plano paralelo à base, de modo que o volume do cone destacado seja $\frac{1}{8}$ do volume do primeiro cone?

751. Uma das arestas de um tetraedro de volume $80\sqrt{3}$ cm³ mede 10 cm. Determine o volume de um tetraedro semelhante, sabendo que a aresta homóloga mede 5 cm.

752. Uma pirâmide de 8 m de altura tem a aresta lateral medindo 9 m. Determine o comprimento da aresta lateral homóloga de uma outra pirâmide, sabendo que é semelhante à primeira e que sua altura mede 10 m.

SÓLIDOS SEMELHANTES — TRONCOS

753. Um cilindro tem 2 m de altura e 1 m de raio. Determine as dimensões de um cilindro semelhante, cuja superfície lateral seja $\frac{1}{4}$ da superfície lateral do primeiro.

754. A base de uma pirâmide tem 225 m² de área. A $\frac{2}{3}$ do vértice corta-se a pirâmide por um plano paralelo à base. Ache a área da seção.

755. Um plano paralelo à base de um cone secciona-o, determinando dois cones C_1 e C_2 cujos volumes estão na razão $\frac{2}{3}$. Sendo 9 cm a medida da geratriz do cone maior, determine a geratriz do cone menor.

756. Em um cone de 10 cm de altura traça-se uma seção paralela à base que dista 4 cm do vértice do cone. Qual a razão entre a área da seção e a área da base do cone?

757. A altura e o raio da base de um cone de revolução medem respectivamente 4 m e 3 m. Que dimensões tem um cone semelhante de volume igual ao triplo do primeiro?

758. Uma pirâmide tem altura h e área da base B. A que distância do vértice deve ser conduzido um plano paralelo à base para que a área da seção seja b?

759. Uma caixa em forma de paralelepípedo retângulo tem 40 cm, 30 cm e 20 cm de dimensões. Determine as dimensões de uma caixa semelhante à primeira, de modo que sua capacidade seja o quádruplo da primeira.

760. O plano que dista 3 m da base de uma pirâmide secciona-a segundo um polígono de 8 m² de área. Calcule o volume da pirâmide, sabendo que sua base tem área igual a 18 m².

761. Uma pirâmide de 10 m de altura tem por base um hexágono regular. A 4 m do vértice, traça-se um plano que secciona a pirâmide paralelamente à base. Sendo 8 m² a área da seção, determine o volume da pirâmide.

762. Duas pirâmides de alturas iguais têm suas bases sobre um mesmo plano. Um plano secciona as duas pirâmides paralelamente às bases, determinando na primeira pirâmide uma seção de área 144 cm². Obtenha a área determinada pelo plano na segunda pirâmide, sabendo que as áreas das bases das pirâmides são respectivamente 225 cm² e 900 cm².

763. Determine a medida da altura e do lado da base de uma pirâmide regular hexagonal, sabendo que seu volume é $\frac{8}{27}$ do volume de uma pirâmide semelhante cuja altura mede 10 cm e cujo lado da base mede 4 cm.

764. Dois poliedros semelhantes P_1 e P_2 têm áreas iguais a 8 cm² e 12 cm², respectivamente. Determine o volume de P_1, sendo 36 cm³ o volume de P_2.

765. A aresta lateral PA de uma pirâmide mede 4 m. Que comprimento devemos tomar sobre essa aresta, a partir do vértice, para que um plano paralelo à base divida a pirâmide em dois sólidos equivalentes?

II. Tronco de pirâmide de bases paralelas

238. Volume

Dedução da fórmula que dá o volume do tronco de pirâmide de bases paralelas.
Dados:
área B da base maior,
área b da base menor e
h a medida da altura do tronco.

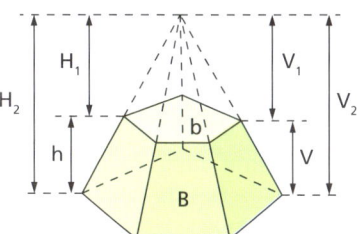

Solução

Sejam V o volume procurado,
H_2 a altura da pirâmide original,
H_1 a altura da pirâmide nova,
V_2 o volume da pirâmide original e
V_1 o volume da pirâmide nova.

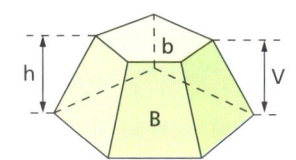

Assim:

$$\left. \begin{array}{l} V = V_2 - V_1 = \frac{1}{3}BH_2 - \frac{1}{3}bH_1 \\ H_2 = H_1 + h \end{array} \right\} \Rightarrow V = \frac{1}{3}B(H_1 + h) - \frac{1}{3}bH_1 \Rightarrow$$

$$\Rightarrow V = \frac{1}{3}\left[Bh + (B - b) \cdot H_1\right] \quad (1)$$

Cálculo de H_1 em função dos dados:

$$\frac{B}{b} = \left(\frac{H_2}{H_1}\right)^2 \Rightarrow \frac{H_2}{H_1} = \frac{\sqrt{B}}{\sqrt{b}} \Rightarrow \frac{H_1 + h}{H_1} = \frac{\sqrt{B}}{\sqrt{b}} \Rightarrow H_1 = \frac{h\sqrt{b}}{\sqrt{B} - \sqrt{b}} \quad (2)$$

Substituindo H_1 (2) em (1):

$$V = \frac{1}{3}\left[Bh + (B - b)\frac{h\sqrt{b}}{\sqrt{B} - \sqrt{b}}\right] \Rightarrow V = \frac{h}{3}\left[B + (B - b) \cdot \frac{\sqrt{b}}{\sqrt{B} - \sqrt{b}}\right]$$

Considerando que:

$$B - b = \left(\sqrt{B}\right)^2 - \left(\sqrt{b}\right)^2 = \left(\sqrt{B} + \sqrt{b}\right)\left(\sqrt{B} - \sqrt{b}\right) \text{ e substituindo } B - b \text{ na}$$

expressão acima, temos:

SÓLIDOS SEMELHANTES — TRONCOS

$$V = \frac{h}{3}\left[B + \left(\sqrt{B} + \sqrt{b}\right) \cdot \sqrt{b}\right] = \frac{h}{3}\left[B + \sqrt{B \cdot b} + b\right]$$

$$\boxed{V = \frac{h}{3}\left[B + \sqrt{B \cdot b} + b\right]}$$

239. Área lateral e área total

Tronco de pirâmide qualquer

A_ℓ = soma das áreas das faces laterais (trapézios)
$A_t = A_\ell + B + b$

Tronco de pirâmide regular

Tronco de pirâmide regular é o tronco de bases paralelas obtido de uma pirâmide regular.

Num tronco piramidal regular:

a) as arestas laterais são congruentes entre si;
b) as bases são polígonos regulares semelhantes;
c) as faces laterais são trapézios isósceles congruentes entre si.

A altura de um desses trapézios chama-se **apótema** do tronco.

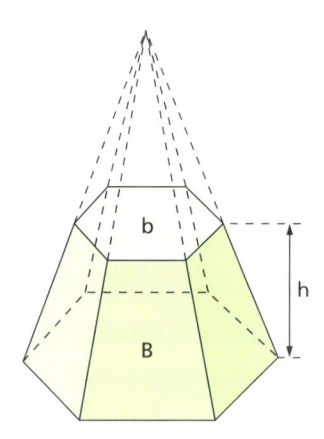

Área lateral e área total de um tronco de pirâmide regular

Dedução das fórmulas que dão a **área lateral** e a **área total** de um tronco de pirâmide regular de bases paralelas.
Dados:

perímetro da base maior = 2P
perímetro da base menor = 2p
apótema da base maior = M
apótema da base menor = m
apótema do tronco = m'
Pede-se: A_ℓ e A_t do tronco.

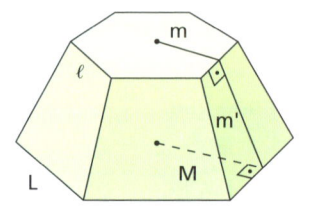

Solução

Sejam ℓ e L as respectivas medidas dos lados das bases (que supomos terem n lados).

Área lateral

$$A_\ell = n \cdot A_{trapézio} \Rightarrow A_\ell = n \cdot \left(\frac{L + \ell}{2}\right)m' = \frac{nLm'}{2} + \frac{n\ell m'}{2} \Rightarrow$$

$$\Rightarrow A_\ell = Pm' + pm' \Rightarrow A_\ell = (P + p)m'$$

$$\boxed{A_\ell = (P + p)m'}$$

Área total

$A_t = A_\ell + B + b$, em que $B = P \cdot M$, $b = p \cdot m$

Logo: $\boxed{A_t = (P + p)m' + PM + pm}$

EXERCÍCIOS

766. Calcule a área total dos troncos de pirâmides cujas medidas estão indicadas nas figuras abaixo.

a) quadrangular regular

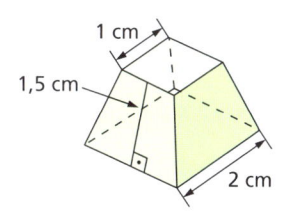

b) hexagonal regular

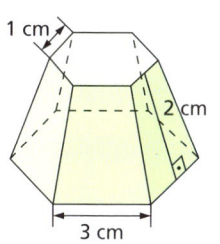

767. As bases de um tronco de pirâmide são dois pentágonos regulares cujos lados medem 5 dm e 3 dm, respectivamente. Sendo essas bases paralelas e a medida do apótema do tronco de pirâmide 10 dm, determine a área lateral desse tronco.

768. Determine a medida do apótema de um tronco de pirâmide regular cujas bases são triângulos equiláteros de lados 8 cm e 12 cm, respectivamente, e a área lateral do tronco mede 180 cm².

SÓLIDOS SEMELHANTES — TRONCOS

769. Determine a superfície total de um tronco de pirâmide de bases paralelas, sendo as bases quadrados de lados 20 cm e 8 cm respectivamente, e a altura do tronco igual ao lado da base menor.

770. Um tronco de pirâmide regular tem para bases paralelas dois quadrados cujos lados medem 16 cm e 6 cm, respectivamente; o apótema do tronco mede 13 cm. Determine a área total desse tronco.

771. Determine o volume de um tronco de pirâmide de $279\sqrt{3}$ cm² de superfície total, sendo as bases hexágonos regulares de 9 cm e 3 cm de lado, respectivamente.

772. Um tronco de pirâmide tem por volume $98\sqrt{3}$ cm³ e por bases dois triângulos equiláteros de 10 cm e 6 cm de lado, respectivamente. Determine a altura do tronco.

773. Um tronco de pirâmide de 6 m de altura tem por base inferior um pentágono de área 20 m². Um lado desse pentágono mede 4 m, sendo 3 m a medida do seu homólogo na base superior. Determine o volume do tronco de pirâmide.

774. Calcule o volume de um tronco de pirâmide de 4 dm de altura e cujas bases têm área 36 dm² e 144 dm².

775. Um tronco de pirâmide regular tem como bases triângulos equiláteros cujos lados medem, respectivamente, 2 cm e 8 cm. A aresta lateral mede 5 cm. Calcule a área lateral, a área total e o volume desse tronco.

Solução

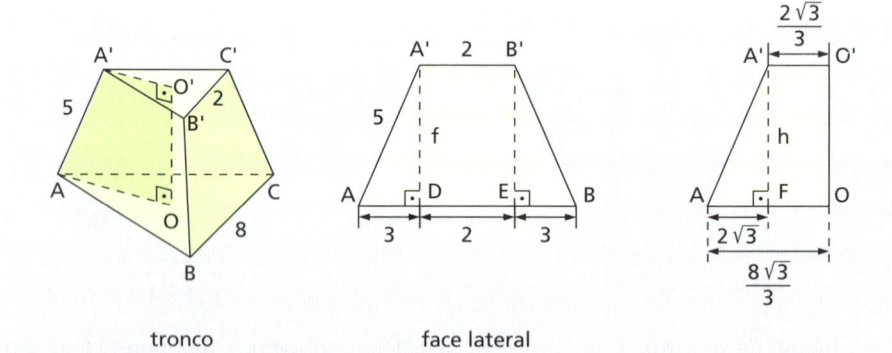

a) Área lateral
Cálculo da altura da face
no $\triangle ADA'$: $f^2 = 5^2 - 3^2 \Rightarrow f = 4$ cm.

A área lateral é igual a três vezes a área de uma face lateral, ou seja:

$A_\ell = 3 \cdot A_{trapézio} \Rightarrow A = 3 \cdot \left(\dfrac{2+8}{2} \cdot 4\right) \Rightarrow A = 60 \text{ cm}^2$.

b) Área total

$A_t = A_\ell + B + b \Rightarrow A_t = 60 + \dfrac{8^2\sqrt{3}}{4} + \dfrac{2^2\sqrt{3}}{4} \Rightarrow A_t = (60 + 17\sqrt{3}) \text{ cm}^2$

c) Volume

Cálculo da altura do tronco

no $\triangle AFA'$: $h^2 = 5^2 - (2\sqrt{3})^2 \Rightarrow h^2 = 13 \Rightarrow h = \sqrt{13}$.

$V = \dfrac{h}{3}\left[B + \sqrt{B \cdot b} + b\right] = \dfrac{\sqrt{13}}{3}\left[\dfrac{64\sqrt{3}}{4} + \dfrac{8 \cdot 2\sqrt{3}}{4} + \dfrac{4\sqrt{3}}{4}\right] =$

$= \dfrac{\sqrt{13}}{3} \cdot 21\sqrt{3} = 7\sqrt{39} \text{ cm}^3$

776. Determine o volume de um tronco de pirâmide cujas bases são triângulos equiláteros, sabendo que a área da base maior é 24 cm² e que a razão de semelhança entre os lados das bases é $\dfrac{2}{3}$, sendo 6 cm a altura do tronco de pirâmide.

777. Qual o volume de um tronco de pirâmide regular hexagonal, de aresta lateral 5 m, cujas áreas das bases medem, respectivamente, $54\sqrt{3}$ m² e $6\sqrt{3}$ m²?

778. O apótema de uma pirâmide triangular regular mede 39 cm e o apótema da base, 15 cm. Calcule a área total e o volume do tronco que se obtém cortando a pirâmide, a 24 cm do vértice, por um plano paralelo à base.

779. Determine a medida da altura de um tronco de pirâmide regular, sabendo que seu volume é $342\sqrt{3}$ cm³, sendo as bases hexágonos cujos lados medem 4 cm e 6 cm, respectivamente.

780. Dadas as medidas B, B', h das áreas das bases e da altura, respectivamente, de um tronco de pirâmide, determine a altura da pirâmide da qual se obteve o tronco.

781. Dados os lados a e b das bases quadradas de um tronco de pirâmide, determine a altura do tronco, considerado regular, de modo que a área lateral seja igual à soma das áreas das bases.

SÓLIDOS SEMELHANTES — TRONCOS

782. Calcule o erro que se comete tomando para volume de um tronco de pirâmide o produto da semissoma das áreas das bases pela altura.

783. Determine o volume de um tronco de pirâmide regular, sabendo que as bases são quadrados de diagonais $4\sqrt{2}$ cm e $8\sqrt{2}$ cm, respectivamente, e que a aresta lateral forma com a diagonal da base maior um ângulo de 45°.

784. O volume de um tronco de pirâmide hexagonal regular de bases paralelas é igual a 40 m³. Sua altura mede 3 m e a área da base maior 20 m². Calcule a relação que existe entre os lados dos hexágonos das bases.

785. Determine a área lateral de um tronco de pirâmide triangular regular, sendo 4 dm o lado da base menor e sabendo que uma aresta lateral forma um ângulo de 60° com um lado da base maior, dado o apótema do tronco igual a 1 dm.

786. Determine a área total de um tronco de pirâmide regular, sendo as bases paralelas hexagonais, em que o lado da maior base mede 10 cm e a altura do tronco é igual ao apótema da maior base, sabendo ainda que as faces laterais do tronco formam com a base maior um ângulo diedro de 60°.

787. O volume de um tronco de pirâmide regular é 109 dm³; as bases são triângulos equiláteros de 5 dm e de 7 dm de lado. Calcule a altura.

788. O apótema de um tronco de pirâmide regular mede 10 dm, as bases são quadrados de lados, respectivamente, 8 dm e 20 dm. Calcule o volume.

Solução

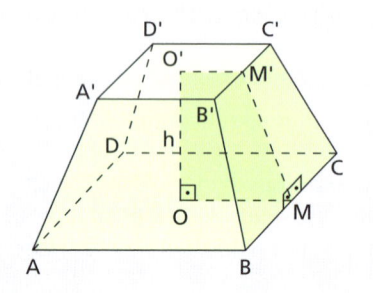

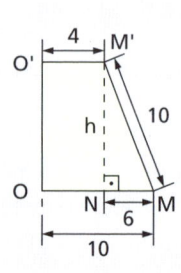

a) Cálculo da altura

no $\triangle MNM'$: $h^2 = 10^2 - 6^2 \Rightarrow h = 8$ dm.

b) Cálculo do volume

$$V = \frac{h}{3}\left[B + \sqrt{Bb} + b\right]$$

Substituindo $h = 8$, $B = 400$ e $b = 64$ na fórmula, vem:

$$V = \frac{8}{3}\left[400 + \sqrt{400 \cdot 64} + 64\right] = \frac{8}{3}[400 + 20 \cdot 8 + 64] = 1664 \text{ dm}^3.$$

SÓLIDOS SEMELHANTES — TRONCOS

789. As bases de um tronco de pirâmide regular são quadrados cujas diagonais medem $4\sqrt{2}$ cm e $10\sqrt{2}$ cm, respectivamente. Determine o volume do tronco, sendo 5 cm a medida da aresta lateral.

790. O apótema de um tronco de pirâmide regular tem 5 cm; as bases são quadrados de 4 cm e 10 cm. Calcule o volume.

791. Determine a área total de um tronco de pirâmide quadrangular regular, sendo 8 cm e 6 cm as medidas dos lados das bases inferior e superior, sabendo que as faces laterais formam um ângulo de 60° com a base maior do tronco de pirâmide.

792. A aresta lateral de um tronco de pirâmide triangular regular mede 4 m e forma um ângulo de 60° com a base maior. O raio do círculo circunscrito à maior base mede 4 m. Encontre o volume do tronco de pirâmide.

793. Um tronco de pirâmide tem por bases dois octógonos regulares cujos lados medem 4 cm e 2 cm, respectivamente. A altura do tronco é de 12 cm. Determine o volume do tronco de pirâmide, bem como o volume da pirâmide total na qual está contido o tronco.

794. Considere o triedro trirretângulo, cujas arestas são os semieixos Ox, Oy e Oz. Sobre Ox marque um ponto A, tal que OA = 3 m; sobre Oy marque B, tal que OB = 4 m e sobre Oz marque C, tal que OC = h.

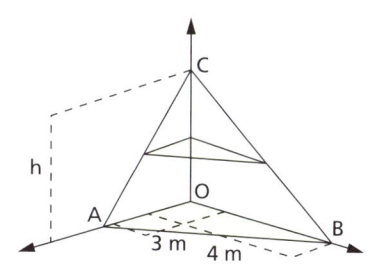

a) Seccionando a pirâmide OABC por um plano paralelo à base OAB que passe pelo ponto médio de OC, calcule as áreas das bases do tronco de pirâmide resultante.

b) Determine o volume do tronco de pirâmide, se a área do triângulo ABC for igual a 12 m².

SÓLIDOS SEMELHANTES — TRONCOS

III. Tronco de cone de bases paralelas

240. Volume

Dedução da fórmula que dá o volume do tronco do cone de bases paralelas.

Dados:

R = raio da base maior

r = raio da base menor

h = altura

Pede-se: V = volume do tronco.

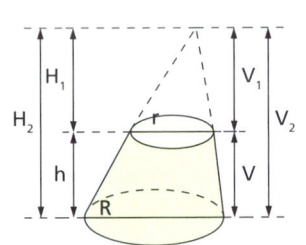

Solução

$$V = V_2 - V_1 = \frac{1}{3}\pi R^2 H_2 - \frac{1}{3}\pi r^2 H_1 \left.\right\} \Rightarrow$$
$$H_2 = H_1 + h$$

$$\Rightarrow V = \frac{\pi}{3}\left[R^2(H_1 + h) - r^2 H_1\right] \Rightarrow V = \frac{\pi}{3}\left[R^2 h + (R^2 - r^2)H_1\right] \quad (1)$$

Cálculo de H_1 em função dos dados:

$$\frac{H_2}{H_1} = \frac{R}{r} \Rightarrow \frac{H_1 + h}{H_1} = \frac{R}{r} \Rightarrow H_1 = \frac{hr}{R - r}.$$

Substituindo H_1 de (2) em (1):

$$V = \frac{\pi}{3}\left[R^2 h + (R^2 - r^2)\frac{hr}{R - r}\right] = \frac{\pi h}{3}\left[R^2 + (R + r)(R - r)\frac{r}{R - r}\right]$$

$$\boxed{V = \frac{\pi h}{3}\left[R^2 + Rr + r^2\right]}$$

241. Área lateral e área total

Dedução das fórmulas que dão a área lateral e a área total de um tronco de cone reto de bases paralelas.

Dados:

R = raio da base maior
r = raio da base menor
g = geratriz do tronco

Pedem-se: A_ℓ e A_t do tronco.

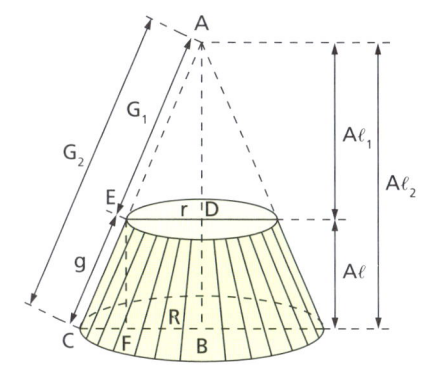

Solução

Área lateral

Sejam A_ℓ, A_{ℓ_1} e A_{ℓ_2} as áreas laterais, respectivamente, do tronco, do cone destacado e do cone primitivo.

Então:

$$A_\ell = A_{\ell_2} - A_{\ell_1} = \pi R G_2 - \pi r G_1 =$$
$$= \pi R(G_1 + g) - \pi r G_1 = \pi[Rg + (R - r)G_1] \quad (1)$$

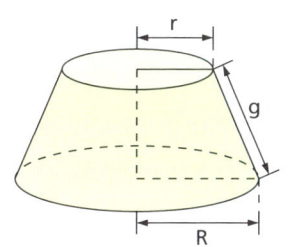

Cálculo de G_1 em função dos dados:

$$\triangle ADE \sim \triangle EFC \Rightarrow \frac{AE}{EC} = \frac{DE}{FC} \Rightarrow \frac{G_1}{g} = \frac{r}{R-r} \Rightarrow G_1 = \frac{rg}{R-r} \quad (2)$$

Substituindo G_1 de (2) em (1), temos:

$$A_\ell = \pi\left[R \cdot g + (R - r) \cdot \frac{rg}{R-r}\right] = \pi[Rg + rg]$$

$$\boxed{A_\ell = \pi(R + r)g}$$

SÓLIDOS SEMELHANTES — TRONCOS

Observação:

A dedução feita justifica a propriedade:

A superfície lateral de um tronco de cone reto de raios R e r e geratriz g é equivalente a um trapézio de bases 2πR e 2πr e altura g.

$$A_\ell = \frac{2\pi R + 2\pi r}{2} g$$

$$\boxed{A_\ell = \pi(R + r)g}$$

Área total

$$A_t = A_\ell + B + b = \pi(R + r)g + \pi R^2 + \pi r^2$$

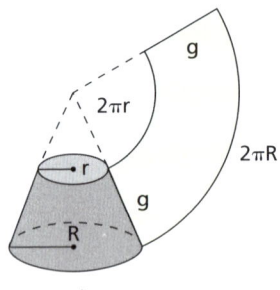

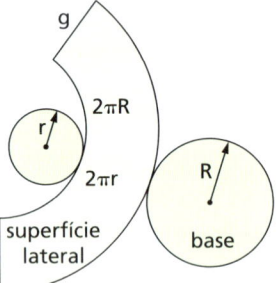

$$\boxed{A_t = \pi[R(g + R) + r(g + r)]}$$

EXERCÍCIOS

795. Calcule o volume dos troncos de cones, cujas medidas estão indicadas nas figuras abaixo.

a) cone reto

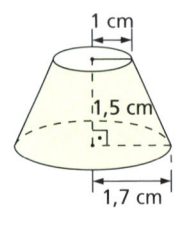

b) cone reto

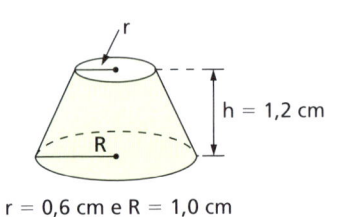

r = 0,6 cm e R = 1,0 cm

796. A geratriz de um tronco de cone reto mede 4 dm e os raios das bases, respectivamente, 3 dm e 2 dm. Calcule a área total e o volume.

797. Determine a medida da altura, o volume e as áreas das bases de um tronco de cone, sabendo que sua geratriz mede 12,5 cm e os raios das bases menor e maior estão na razão $\frac{2}{3}$, sendo 50 cm a sua soma.

798. Determine o volume de um tronco de cone, sabendo que sua área total é 120π cm², sendo 4 cm e 7 cm as medidas dos raios das bases, respectivamente.

799. Represente, por meio de uma expressão algébrica, a área total do tronco de cone reto obtido a partir da planificação a seguir.

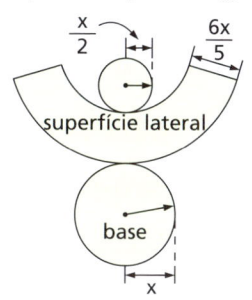

800. Determine os raios, a altura e o apótema de um tronco de cone, sendo o raio maior o dobro do menor, a altura, o dobro do raio maior e o volume $\dfrac{224\pi}{3}$ dm³.

801. Determine o volume de um tronco de cone, sendo 10 cm e 30 cm as medidas respectivas dos raios das bases e 29 cm a medida de sua geratriz.

802. Determine a altura de um tronco de cone, sabendo que os raios das bases medem, respectivamente, 3 m e 2 m, sendo 20π m³ o seu volume.

803. Determine a área lateral e a área total de um tronco de cone, sabendo que os raios de suas bases medem 11 cm e 5 cm e que a altura do tronco mede 8 cm.

804. Determine a área lateral de um tronco de cone cuja altura mede 8 cm, sendo os raios das bases 4 cm e 10 cm, respectivamente.

805. Os raios das bases de um tronco de cone de revolução medem 6 m e 4 m. Calcule a altura para que a área total seja o dobro da área lateral.

806. A área lateral de um tronco de cone vale 560π cm². O raio da base maior e a geratriz têm medidas iguais. O raio da base menor vale 8 cm e a altura do tronco mede 16 cm. Determine a geratriz.

807. Os diâmetros das bases de um tronco de cone de revolução são, respectivamente, 22 m e 4 m. Qual o diâmetro de um cilindro de mesma altura do tronco e de mesmo volume?

808. Os raios das bases de um tronco de cone medem, respectivamente, 4 cm e 6 cm. Calcule a altura desse tronco, sabendo que a área lateral é igual à soma das áreas das bases.

809. A medida do raio da base menor de um tronco de cone é 10 cm e a geratriz forma com a altura um ângulo de 45°. Determine a medida do raio da base maior, sabendo que o volume do tronco de cone é 399π cm³.

810. O plano que contém uma das bases de um cilindro equilátero contém uma das bases de um tronco de cone. Sabendo que as outras duas bases, do cilindro e do tronco, são comuns, calcule a relação entre os volumes do cilindro e do tronco de cone, sabendo que as bases comuns têm raios 10 cm, sendo 30 cm a medida da geratriz do tronco de cone.

SÓLIDOS SEMELHANTES — TRONCOS

811. Um tronco de cone reto tem bases circulares de raios R e r. Qual a altura para que a superfície lateral seja igual à soma das superfícies das bases?

812. A altura de um tronco de cone mede 1 m. O diâmetro da base maior é duas vezes o diâmetro da base menor. A geratriz forma um ângulo de 45° com o plano da base maior. Determine o volume do tronco de cone.

813. Os raios das bases de um tronco de cone medem 20 cm e 10 cm, sendo que a geratriz forma com o plano da base maior um ângulo de 45°. Determine o volume do tronco de cone.

814. Determine o apótema de um tronco de cone de bases paralelas, sabendo que a soma de suas circunferências equivale à circunferência de um círculo de raio R e que a superfície lateral equivale à superfície desse círculo.

815. Um cilindro e um tronco de cone (circulares retos) têm uma base comum e mesma altura. O volume do tronco é a metade do volume do cilindro. Determine a razão entre o raio da base maior e o raio da base menor do tronco.

816. Prove que, se a altura de um tronco de cone é igual a quatro vezes a diferença dos raios das bases, o volume desse tronco é igual à diferença dos volumes de duas esferas cujos raios são os raios das bases do tronco de cone.

817. Numa seção plana feita a uma distância de 2 m do centro de uma esfera, está inscrito um triângulo equilátero de área $3\sqrt{3}$ m². Determine o volume do tronco de cone circular cujas bases são a seção referida e a seção diametral que lhe é paralela.

818. Em um tronco de cone de revolução, os raios das bases e a altura medem, respectivamente, r, $2r$, $4r$.
a) Ache a área lateral do tronco.
b) A que distância x da base maior se deve fixar um ponto V, sobre o eixo do cone, de modo que sejam iguais as áreas laterais dos dois cones, tendo V por vértice e por bases as do tronco.

819. Sobre base comum foram construídos dois cones retos (um dentro do outro). O raio da base é R. Um plano paralelo à base, que passa pelo vértice do cone menor, intercepta o cone maior segundo um círculo de raio r. A altura do cone menor é h. Ache o volume do sólido compreendido entre as superfícies laterais desses dois cones.

820. Dois troncos de cone, T_1 e T_2, têm uma base comum de raio igual a 8 cm, sendo as outras bases círculos concêntricos. Sabendo que o raio da base maior de T_1 é igual a 14 cm e o volume de T_1 é o triplo do volume de T_2, determine a razão entre as áreas das bases não comuns dos troncos T_2 e T_1, nessa ordem.

821. Mostre que, sendo a geratriz de um tronco de cone a soma dos raios das bases do tronco, a metade da altura do tronco é média geométrica entre os raios das bases, e o volume do tronco é igual ao produto de sua área total pela sexta parte da altura.

822. Determine as medidas dos raios das bases de um tronco de cone de revolução, sendo h a medida de sua altura, g a medida de sua geratriz e $\dfrac{a^2 h \pi}{3}$ o seu volume. Discuta.

IV. Problemas gerais sobre sólidos semelhantes e troncos

EXERCÍCIOS

823. O raio de um cilindro mede 10 cm e a altura 20 cm. Determine as dimensões de um cilindro semelhante ao primeiro, sabendo que o volume do segundo cilindro é o triplo do volume do primeiro.

824. A área determinada pela seção plana paralela à base de uma pirâmide de 15 cm de altura é igual a $\frac{3}{5}$ da área da base. Calcule a distância da base da pirâmide à seção plana.

825. Secciona-se uma pirâmide PABCDE por um plano paralelo à base, determinando o pentágono MNORS. Sendo PA e PM, respectivamente, 15 m e 10 m e a superfície ABCDE, 375 cm², calcule a área do pentágono MNQRS.

826. Determine o volume de um cone cuja superfície lateral é igual a $\frac{3}{4}$ da superfície de um cone semelhante de altura 21 cm e raio da base 20 cm.

827. Um plano paralelo à base de um cone secciona-o a uma distância d do vértice do cone. Sendo g a geratriz do cone e r o raio da base do cone, determine a área da seção, sendo A a área da base do cone.

828. Duas pirâmides têm alturas iguais a 14 m cada uma. A primeira tem por base um quadrado de lado 9 m e a segunda um hexágono de 7 m de lado. Um plano secciona as duas pirâmides a 6 m do vértice. Obtenha a relação entre as áreas das seções determinadas na primeira e na segunda pirâmide.

829. Determine a distância do vértice de um cone a um ponto de sua geratriz, sabendo que um plano contendo esse ponto e paralelo à base do cone secciona-o, dividindo a superfície lateral do cone em duas superfícies equivalentes, e que a geratriz do cone mede 36 cm.

830. Dado um cone circular reto, a que distância do vértice se deve traçar um plano paralelo à base de modo que o volume do tronco, assim determinado, seja metade do volume do cone dado?

831. A que distância do vértice devemos traçar um plano paralelo à base de um cone cujo raio da base mede 7 cm e altura 24 cm, de modo que o cone fique dividido em dois sólidos equivalentes?

SÓLIDOS SEMELHANTES — TRONCOS

832. A que distâncias das bases de um cone de 12 m de altura devemos passar dois planos paralelos à base para que o sólido fique dividido em três partes equivalentes?

Solução

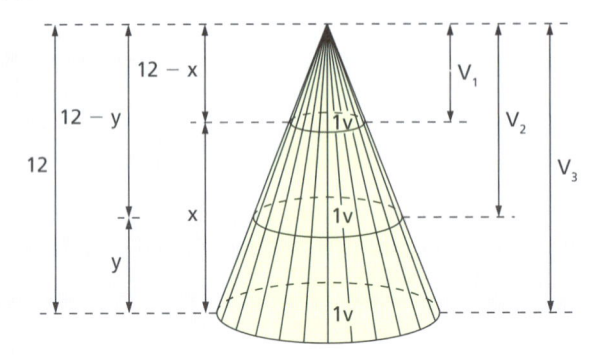

$$\left. \begin{array}{l} \dfrac{V_1}{V_3} = \dfrac{1}{3} \\[2mm] \dfrac{V_1}{V_3} = \left(\dfrac{12-x}{12}\right)^3 \end{array} \right\} \Rightarrow \dfrac{12-x}{12} = \dfrac{1}{\sqrt[3]{3}} \Rightarrow 12-x = 4\sqrt[3]{9} \Rightarrow x = 4\left(3-\sqrt[3]{9}\right)$$

$$\left. \begin{array}{l} \dfrac{V_2}{V_3} = \dfrac{2}{3} \\[2mm] \dfrac{V_2}{V_3} = \left(\dfrac{12-y}{12}\right)^3 \end{array} \right\} \Rightarrow \dfrac{12-y}{12} = \dfrac{\sqrt[3]{2}}{\sqrt[3]{3}} \Rightarrow 12-y = 4\sqrt[3]{18} \Rightarrow y = 4\left(3-\sqrt[3]{18}\right)$$

Resposta: $4\left(3-\sqrt[3]{9}\right)$ m e $\left(3-\sqrt[3]{18}\right)$ m.

833. Corte uma pirâmide de altura h por um plano paralelo à base, de modo que o volume da pirâmide menor seja $\dfrac{1}{8}$ do volume do tronco.

834. Num cone de revolução, a geratriz tem g cm e a área da base B cm². Calcule a área de uma seção feita a t cm do vértice.

835. Um ângulo poliédrico PABCD é seccionado por um plano perpendicular à aresta PA, obtendo-se por seção um losango ABCD de 10 cm de lado. Sabendo que o diedro da aresta PA do ângulo poliédrico dado mede 60° e que o segmento PA mede 10 cm, calcule a distância do vértice P do ângulo poliédrico ao vértice C do losango-seção.

836. Um plano paralelo à base de um cone secciona-o, determinando dois cones, C_1 e C_2. Sendo g e R, respectivamente, a geratriz e o raio da base de C_1, determine a distância do vértice do cone C_1 à base do cone menor C_2, sabendo que a área lateral de C_1 é igual à área total do cone menor C_2.

SÓLIDOS SEMELHANTES — TRONCOS

837. Sabendo que o semiperímetro da seção meridiana de um cone de revolução mede $(6 + 3\sqrt{2})$ cm e que essa seção é um triângulo retângulo isósceles, determine a que distância do vértice devemos traçar um plano paralelo à base do cone para que a área lateral do novo cone seja a quinta parte da área lateral do cone maior.

838. Um plano paralelo à base de um cone, de geratriz g e raio de base r, secciona-o. Sabendo que a área da base do cone obtido é média geométrica entre as duas partes em que fica dividida a superfície lateral do cone, determine a distância do vértice do cone a esse plano.

839. Determine a distância do vértice de um cone a um plano que o secciona paralelamente à base, sabendo que o raio do cone mede r, sua geratriz g e que a seção obtida é equivalente à área lateral do tronco de cone formado.

840. Consideremos um cone de revolução de geratriz g e raio da base r. Determine a distância do vértice do cone a um plano que o secciona paralelamente à sua base de modo que os dois sólidos obtidos tenham superfícies totais equivalentes.

841. A altura de um cone de revolução e o raio da base medem 1 cm e 5 cm, respectivamente. A que distância do vértice devemos traçar um plano paralelo à base do cone de modo que o volume do tronco de cone seja média geométrica entre o cone dado e o cone menor formado?

842. Um cone tem 320π m² de área total e 12 m de altura. Calcule o volume e a área lateral do tronco obtido pela seção desse cone por um plano paralelo à base e distante 9 m dessa base.

843. O volume de uma pirâmide é V e a aresta lateral é ℓ. Ache um ponto da aresta, tal que o plano paralelo à base, passando por ele, determine uma pirâmide de volume V'.

844. Uma pirâmide tem o volume V = 15 dm³ e uma de suas arestas (laterais) mede 32 cm. Pelo ponto A (dessa aresta lateral), à distância de 4 cm do vértice da pirâmide, conduz-se o plano paralelo à base (da pirâmide). Calcule o volume de cada um dos sólidos obtidos por esse plano.

845. A geratriz de um cone mede 4 m. A que distâncias do vértice se devem traçar, sobre a geratriz, planos paralelos à base do cone de modo que ele fique dividido em 3 sólidos de volumes 2 m³, 3 m³ e 5 m³?

846. Uma pirâmide triangular regular tem de aresta lateral 10 dm e para apótema da base 3 dm. Corta-se essa pirâmide por um plano paralelo à base e cuja distância ao vértice é 4 dm. Calcule o volume do tronco de pirâmide obtido.

847. Dada uma pirâmide de 12 metros de altura, a que distância do vértice devemos passar dois planos paralelos à base para obter três volumes iguais?

SÓLIDOS SEMELHANTES — TRONCOS

848. Corta-se um tronco de pirâmide de bases paralelas por um plano paralelo às bases e cuja relação das distâncias a essas bases é m : n. Ache a área da seção, conhecendo as áreas B e b do tronco.

Solução

$$\frac{H_2 - H_1}{H_3 - H_2} = \frac{m}{n} \quad (1)$$

$$\frac{H_1}{H_2} = \frac{\sqrt{b}}{\sqrt{x}} \Rightarrow H_1 = \frac{\sqrt{b}}{\sqrt{x}} H_2$$

$$\frac{H_3}{H_2} = \frac{\sqrt{B}}{\sqrt{x}} \Rightarrow H_3 = \frac{\sqrt{B}}{\sqrt{x}} H_2$$

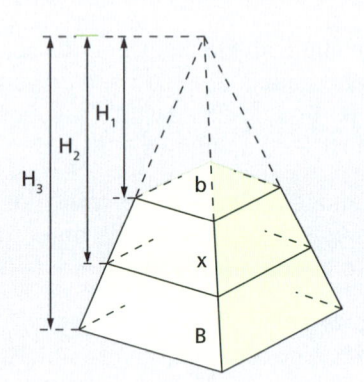

Substituindo H_1 e H_3 em (1):

$$\frac{H_2 - \frac{\sqrt{b}}{\sqrt{x}} H_2}{\frac{\sqrt{B}}{\sqrt{x}} H_2 - H_2} = \frac{m}{n} \Rightarrow \frac{\sqrt{x} - \sqrt{b}}{\sqrt{B} - \sqrt{x}} = \frac{m}{n} \Rightarrow$$

$$\Rightarrow n\sqrt{x} - n\sqrt{b} = m\sqrt{B} - m\sqrt{x} \Rightarrow (m + n)\sqrt{x} = m\sqrt{B} + n\sqrt{b} \Rightarrow$$

$$\Rightarrow \sqrt{x} = \frac{m\sqrt{B} + n\sqrt{b}}{m + n} \Rightarrow x = \left(\frac{m\sqrt{B} + n\sqrt{b}}{m + n}\right)^2$$

Resposta: $\left(\dfrac{m\sqrt{B} + n\sqrt{b}}{m + n}\right)^2$.

849. A que distância do vértice de uma pirâmide estão situadas duas seções feitas por planos paralelos à base da pirâmide, cujas áreas são 49 m² e 64 m², respectivamente, e sendo 30 m a distância entre elas?

850. A altura de uma pirâmide é dividida em seis partes iguais e pelos pontos de divisão são traçados planos paralelos à base. Sabendo que a área da base é 360, determine a soma das áreas das cinco seções da pirâmide pelos referidos planos.

851. Como deve ser dividida a altura de uma pirâmide, paralelamente à base, para obter duas partes de volumes iguais? Generalize para n partes equivalentes.

852. A aresta lateral PA de uma pirâmide mede 12 m. Que comprimento devemos tomar sobre essa aresta, a partir do vértice, para que um plano paralelo à base divida a pirâmide em dois sólidos cujos volumes são proporcionais a 3 e 4?

853. A que distâncias do vértice se devem traçar, sobre a altura de um cone, planos paralelos à sua base, de modo que ele fique dividido em 3 sólidos de volumes iguais, sendo 21 m a medida da sua altura?

854. A aresta lateral PA de uma pirâmide mede 20 m. Que comprimento devemos tomar sobre essa aresta, a partir do vértice, para que dois planos paralelos à base dividam a pirâmide em três sólidos cujos volumes são proporcionais a 4, 5 e 6?

855. Dois planos paralelos à base de uma pirâmide dividem-na em três sólidos, que, considerados a partir do vértice da pirâmide, têm volumes diretamente proporcionais aos números 27, 98 e 91. Calcule as distâncias dos dois planos secantes ao da base, sabendo que a altura da pirâmide é igual a 12 cm.

856. É dado o cone circular reto cujo raio da base tem comprimento r e cuja geratriz faz com o plano da base um ângulo de 60°. Determine a que distância do vértice deve ser traçado um plano paralelo à base para que a área total do tronco de cone, assim determinado, seja igual a $\frac{7}{8}$ da superfície total do cone.

857. A área lateral de uma pirâmide regular de base quadrada é 240 m². O comprimento do lado da base é $\frac{3}{2}$ da altura. Conduz-se um plano paralelo ao plano da base; a seção está a $\frac{1}{4}$ da altura, a partir do vértice. Qual a área da seção?

858. A que distância do vértice de um cone circular reto de raio R e geratriz g se deve passar um plano paralelo à base, de modo que a área da seção seja igual à da superfície lateral do cone?

859. Um cone circular tem raio 2 m e altura 4 m. Qual é a área da seção transversal, feita por um plano, distante 1 m do seu vértice?

860. Dado um tronco de cone reto, cuja altura é igual a 3 m e cujas bases têm raios 4 m e 1 m, respectivamente, divida esse tronco de cone por um plano paralelo às bases, de maneira que o volume da parte adjacente à base maior seja equivalente a 8 vezes o volume da outra parte.

861. Conhecidos os raios r e R das bases de um tronco de cone de bases paralelas, determine o raio de uma seção paralela às bases, tal que divida o tronco em duas partes cujos volumes estão na razão a : b.

862. Secciona-se um tronco de pirâmide de bases paralelas por um plano paralelo às bases, de modo que a razão entre os volumes dos sólidos obtidos é $\frac{p}{q}$. Ache a área da seção, conhecendo as áreas B e b das bases do tronco.

863. Consideremos a pirâmide regular SABC de altura H, tendo por base o triângulo equilátero ABC de lado a. Seja r o raio do círculo inscrito nesse triângulo. A que distância x do vértice devemos seccionar a pirâmide por um plano paralelo à base, de modo que a área da seção A'B'C' seja igual à área do círculo inscrito em ABC?

SÓLIDOS SEMELHANTES — TRONCOS

864. A geratriz AB de um tronco de cone mede 13 m e os raios das bases 3 m e 8 m, respectivamente. A partir do ponto B, pertencente à base maior, que comprimento devemos tomar sobre AB para que um plano paralelo às bases seccione esse tronco, determinando, na parte superior do tronco dado, outro tronco de cone de volume $\dfrac{1612\pi}{27}$ m³?

865. Determine a relação entre os volumes de dois troncos de pirâmides de igual altura obtidos da seção por um plano paralelo às bases de um tronco de pirâmide de bases paralelas, sendo a e b as áreas das bases do tronco de pirâmide primitivo.

866. As bases de um tronco de pirâmide são quadrados de lados 24 cm e 12 cm, sendo a altura do tronco 36 cm. Um plano intercepta o tronco de pirâmide no ponto de interseção de suas diagonais, paralelamente às bases. Calcule o volume dos dois sólidos obtidos.

867. Um plano secciona uma pirâmide onde uma de suas arestas mede 12 cm. Sendo esse plano paralelo à base da pirâmide e $\dfrac{3}{5}$ a razão entre os volumes da pirâmide menor e do tronco de pirâmide, determine as medidas dos segmentos em que a aresta fica dividida por esse plano.

868. Dois planos paralelos às bases de um tronco de cone de raios r e R seccionam o tronco, dividindo-o em três sólidos de volumes iguais. Determine a relação entre as áreas das seções.

V. Tronco de prisma triangular

242. Conceito

Consideremos:
- um prisma ilimitado;
- dois planos, não paralelos, secantes a esse prisma;
- a interseção desses dois planos externa ao prisma ilimitado.

Nessas condições, o sólido que é a reunião das duas seções com a parte do prisma ilimitado compreendida entre os dois planos é chamado **tronco de prisma**.

As seções são as **bases** do tronco de prisma.

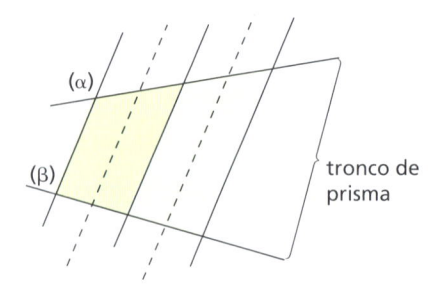

243. Volume de um tronco de prisma triangular

São dados:
- a área de uma seção reta = S;
- as medidas *a*, *b* e *c* das arestas laterais.

1º) Tronco de prisma triangular com uma base perpendicular às arestas laterais

Essa base é seção reta e tem área S.

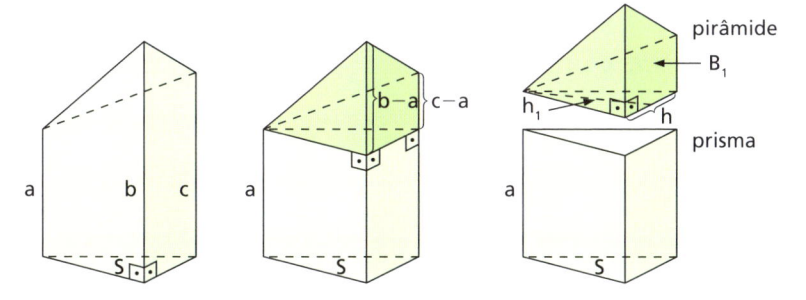

Com a decomposição indicada na figura, temos:
Volume do tronco = Volume do prisma + Volume da pirâmide
ou seja:

$$V = S \cdot a + \frac{1}{3} B_1 \cdot h_1$$

sendo:

$$B_1 = \text{Área do trapézio} = \frac{(c-a)+(b-a)}{2} h, \text{ temos:}$$

$$V = S \cdot a + \frac{1}{3} \cdot \frac{(c-a)+(b-a)}{2} \cdot h \cdot h_1$$

e considerando que $S = \frac{h \cdot h_1}{2}$, vem:

$$V = S \cdot a + \frac{1}{3}(b+c-2a)\frac{h \cdot h_1}{2} = S \cdot a + \frac{1}{3}(b+c-2a) \cdot S = S\left(\frac{a+b+c}{3}\right)$$

$$\boxed{V = S\left(\frac{a+b+c}{3}\right)}$$

SÓLIDOS SEMELHANTES — TRONCOS

2º) Tronco de prisma triangular qualquer

O plano de uma seção reta (de área S) divide o tronco de prisma em dois do tipo considerado anteriormente.

$$V = V_I + V_{II}$$

$$V = S \cdot \frac{x_1 + y_1 + z_1}{3} + S \cdot \frac{x_2 + y_2 + z_2}{3} \Rightarrow$$

$$\Rightarrow \boxed{V = S \cdot \left(\frac{a + b + c}{3}\right)}$$

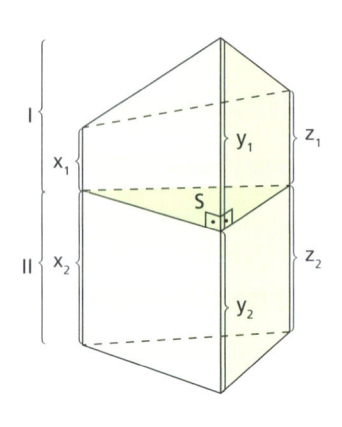

Conclusão

O volume de um tronco de prisma **triangular** é o produto da **área da seção reta** pela **média aritmética das arestas laterais**.

VI. Tronco de cilindro

244. Conceito

Consideremos:
- um cilindro circular ilimitado;
- dois planos não paralelos, secantes a esse cilindro;
- a interseção desses dois planos externa ao cilindro ilimitado.

Nessas condições, o sólido que é a reunião das duas seções com a parte do cilindro ilimitado compreendidas entre os dois planos é chamado **tronco de cilindro circular**.

O segmento com extremidades nos centros das secções é o **eixo**.

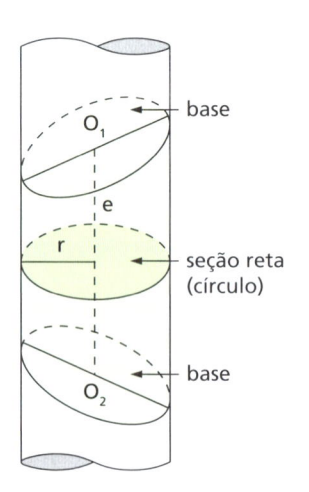

245. Volume e área lateral

Dado um tronco de cilindro circular de raio r e eixo e, podemos obter um cilindro circular reto que lhe é equivalente e tem mesma área lateral.

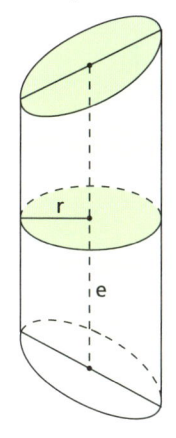

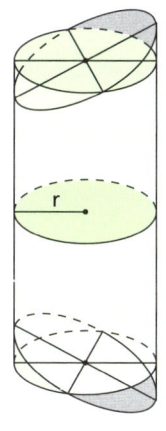

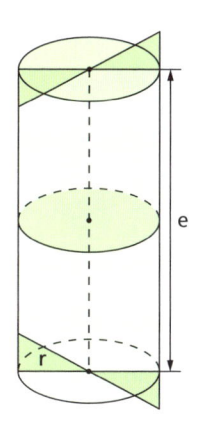

Assim, temos para o tronco do cilindro:

$V = V_{cilindro} \Rightarrow V = \pi r^2 \cdot e$

$A_{\ell} = A_{\ell \text{ cilindro}} \Rightarrow A_{\ell} = 2\pi r \cdot e$

EXERCÍCIOS

869. Um prisma triangular regular é seccionado por um plano não paralelo à sua base, obtendo-se um tronco de prisma cujas arestas laterais medem 3 cm, 5 cm e 7 cm, respectivamente. Sendo 5 cm a medida da aresta da base, determine o volume desse tronco de prisma.

870. Calcule o volume dos troncos cujas medidas estão indicadas nas figuras abaixo.

a) tronco de prisma triangular

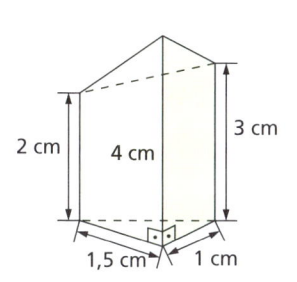

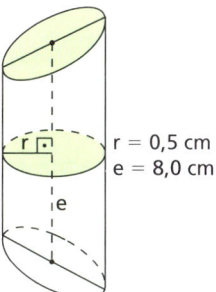

b) tronco de cilindro

$r = 0{,}5$ cm
$e = 8{,}0$ cm

SÓLIDOS SEMELHANTES — TRONCOS

871. Represente através de expressões algébricas o volume dos troncos cujas medidas estão indicadas nas figuras abaixo.

a) tronco de prisma triangular

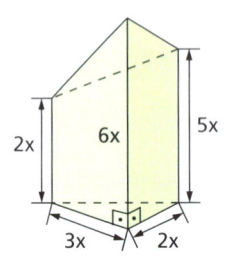

b) tronco de cilindro

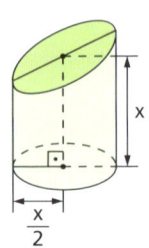

872. Determine o volume de um tronco de prisma, sabendo que sua base é um triângulo equilátero de lado 10 cm e a soma das arestas laterais é 24 cm.

873. As medidas das geratrizes maior e menor de um tronco de cilindro de revolução são, respectivamente, 10 cm e 8 cm. Determine a medida do raio da seção reta, sabendo que a área lateral do tronco de cilindro mede 54π cm².

874. A seção reta de um tronco do prisma triangular de volume V cm³ tem área de B cm². Duas arestas laterais são *a* e *b*. Determine a outra.

875. Calcule a medida da área lateral e do volume de um tronco de cilindro de revolução cuja área da base mede 36π cm², sendo seu eixo igual ao diâmetro da base.

876. Demonstre que o volume de um tronco de prisma triangular é igual ao produto da área da seção reta pela distância dos centros de gravidade das duas bases.

877. Um cilindro circular reto é cortado por um plano não paralelo à sua base, resultando no sólido ilustrado na figura. Calcule o volume desse sólido em termos do raio da base *r*, da altura máxima AB = a e da altura mínima CD = b.

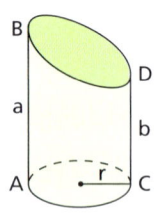

878. Uma seção plana que contém o eixo de um tronco de cilindro é um trapézio cujas bases menor e maior medem, respectivamente, *h* cm e H cm. Duplicando a base menor, o volume sofre um acréscimo de $\frac{1}{3}$ em relação ao seu volume original. Determine H em função de *h*.

879. Na figura abaixo representamos: dois planos, α e β, cuja interseção é a reta *r* e cujo ângulo entre eles é 45°; uma reta s perpendicular ao plano α, tal que a distância entre as retas *r* e s é igual a 40 cm; e um cilindro de raio 5 cm, cujo eixo é a reta s. Determine o volume do tronco de cilindro, limitado pelos planos α e β.

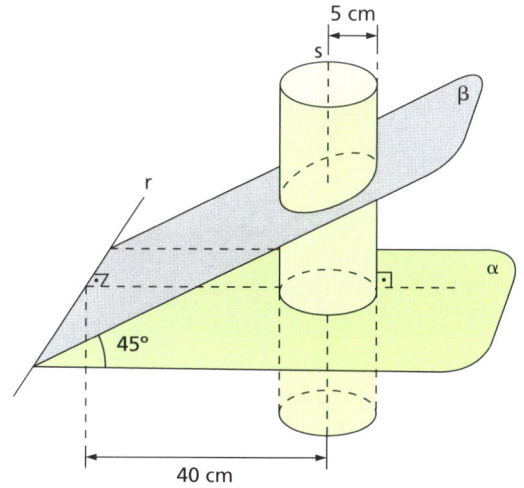

CAPÍTULO XIV

Inscrição e circunscrição de sólidos

Neste capítulo apresentaremos sob forma de problemas a inscrição e a circunscrição dos sólidos mais comuns: prisma, pirâmide, poliedros em geral, cilindro, cone e esfera.

I. Esfera e cubo

246. Esfera inscrita em cubo

Cálculo do raio (r) da esfera inscrita num cubo de aresta *a*.

Solução

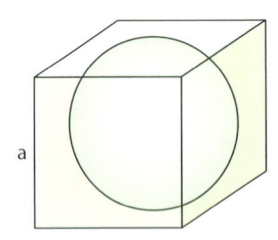

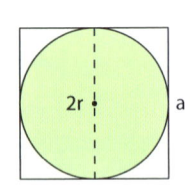

O diâmetro da esfera é igual à aresta do cubo.

$2r = a \Rightarrow r = \dfrac{a}{2}$

247. Esfera circunscrita ao cubo

Cálculo do raio R da esfera circunscrita a um cubo de aresta a.

Solução

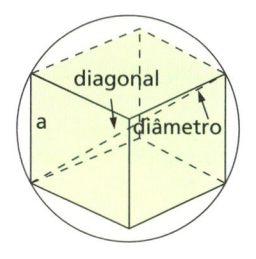

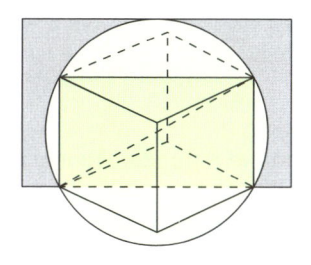

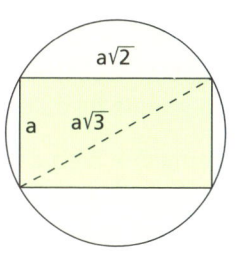

O diâmetro da esfera é igual à diagonal do cubo.

$$2R = a\sqrt{3} \Rightarrow R = \frac{a\sqrt{3}}{2}$$

EXERCÍCIOS

880. Determine o volume de uma esfera inscrita em um cubo de 1 dm de aresta.

881. Determine o volume de uma esfera circunscrita a um cubo de 12 cm de aresta.

882. Determine o volume de um cubo inscrito em uma esfera de 8 cm de raio.

883. Determine a área lateral e o volume de um cubo circunscrito a uma esfera de 25π cm² de superfície.

884. Determine o volume de uma esfera circunscrita a um cubo cuja área total mede 54 cm².

885. Determine o volume de um cubo inscrito em uma esfera cujo volume mede $2{,}304\pi$ cm³.

886. Determine a razão entre a área da esfera e a do cubo inscrito nessa esfera.

887. Calcule a razão entre os volumes de dois cubos, o primeiro inscrito e o segundo circunscrito a uma mesma esfera.

INSCRIÇÃO E CIRCUNSCRIÇÃO DE SÓLIDOS

888. Determine a razão entre o volume da esfera inscrita e da esfera circunscrita a um cubo de aresta a.

889. Calcule o volume de um cubo inscrito em uma esfera cujo raio mede r.

890. Determine o volume de um cubo inscrito em uma esfera em função da medida A da superfície da esfera.

891. Determine o volume de um cubo inscrito em uma esfera em função da medida V do volume da esfera.

892. Determine a área da superfície esférica circunscrita a um cubo, em função da medida A da área total do cubo.

893. Determine a distância do centro de uma esfera inscrita em um cubo a um dos vértices do cubo, sabendo que a superfície da esfera mede $54,76\pi$ cm².

894. Determine a diagonal de um cubo circunscrito a uma esfera na qual uma cunha de 60° tem área total igual a 60π cm².

895. Uma esfera está inscrita em um cubo. Calcule o volume do espaço compreendido entre a esfera e o cubo, sabendo que a área lateral do cubo mede 144π cm².

896. Cada vértice de um cubo é centro de uma esfera de raio igual a 4 cm; sendo 8 cm a medida da aresta do cubo, calcule o volume da parte do cubo exterior às esferas.

II. Esfera e octaedro regular

248. Esfera circunscrita ao octaedro regular

Cálculo do raio (R) da esfera circunscrita a um octaedro regular de aresta a.

Solução

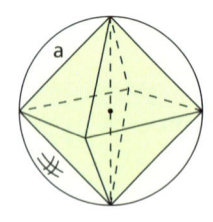

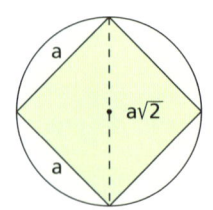

O diâmetro da esfera é igual à diagonal do octaedro (diagonal do quadrado).

$$2R = a\sqrt{2} \Rightarrow R = \frac{a\sqrt{2}}{2}$$

249. Esfera inscrita em um octaedro regular

Cálculo do raio (r) da esfera inscrita num octaedro regular de aresta a.

Solução

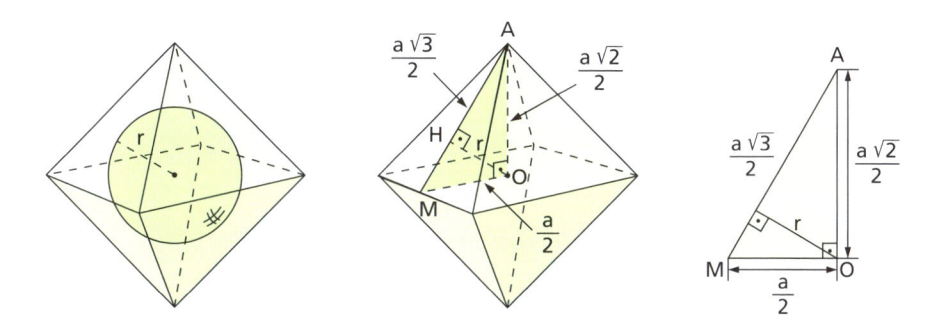

O raio da esfera inscrita é a altura OH do triângulo retângulo AOM.

Aplicando relações métricas no △AOM (hipotenusa × altura = produto dos catetos):

$$\frac{a\sqrt{3}}{2} \cdot r = \frac{a\sqrt{2}}{2} \cdot \frac{a}{2} \Rightarrow r = \frac{a\sqrt{6}}{6}$$

Nota: A distância entre duas faces paralelas do octaedro regular é 2r.

EXERCÍCIOS

897. Calcule o volume de um octaedro regular inscrito em uma esfera de volume igual a 36π cm³.

898. Determine o volume compreendido entre uma esfera de raio r e um octaedro regular inscrito nessa esfera.

899. Determine a área total do octaedro regular inscrito em uma esfera cujo círculo máximo tem 36π cm² de área.

900. Duas esferas são circunscrita e inscrita em um mesmo octaedro. Calcule a razão entre seus volumes.

INSCRIÇÃO E CIRCUNSCRIÇÃO DE SÓLIDOS

901. Calcule o perímetro P e a área S da seção produzida num octaedro regular circunscrito a uma esfera de $\sqrt{6}$ dm de diâmetro pelo plano que contém o centro dessa esfera e que é paralelo a uma das faces do octaedro.

902. Dada uma esfera de $6\sqrt{2}$ m de diâmetro, considere o octaedro regular nela inscrito, bem como o plano paralelo a duas faces opostas do octaedro, tal que suas distâncias a essas duas faces sejam diretamente proporcionais aos números 1 e 2. Calcule a área da seção que o plano considerado produz no octaedro regular.

III. Esfera e tetraedro regular

250. Propriedade

"Num tetraedro regular, a soma das distâncias de um ponto interior qualquer às quatro faces é igual à altura do tetraedro."

Demonstração:

Sendo I um ponto interior; x, y, z e t as respectivas distâncias às faces ABC, ABD, ACDt e BCD, devemos provar que:

x + y + z + t = h

em que h é a altura do tetraedro.

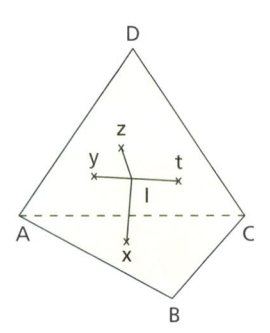

De fato, a soma dos volumes das pirâmides IABC, IABD, IACD e IBCD é igual ao volume de ABCD.

Sendo S a área de uma face do tetraedro, vem:

$\frac{1}{3}Sx + \frac{1}{3}Sy + \frac{1}{3}Sz + \frac{1}{3}St = \frac{1}{3}Sh$

Então:

x + y + z + t = h.

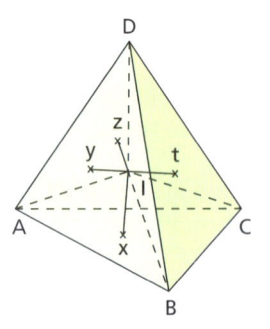

251. Esfera inscrita e esfera circunscrita ao tetraedro regular

Cálculo do raio da esfera inscrita (r) e da esfera circunscrita (R) a um tetraedro regular de aresta *a*.

Solução

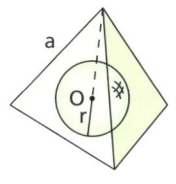

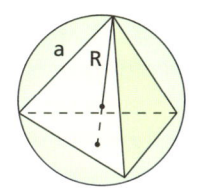

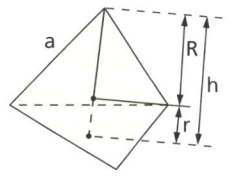

Sendo o centro (O) um ponto interior do tetraedro regular, para ele vale a propriedade acima, isto é:
x + y + z + t = h e, como x = y = z = t = r, vem:

$$4r = h \Rightarrow r = \frac{1}{4}h$$

e como R + r = h, então:

$$R = \frac{3}{4}h$$

Sendo $h = \frac{a\sqrt{6}}{3}$, temos: $r = \frac{a\sqrt{6}}{12}$ e $R = \frac{a\sqrt{6}}{4}$.

252. Esfera tangente às arestas

O raio da esfera tangente às arestas de um tetraedro regular é média geométrica (ou média proporcional) entre os raios das esferas inscrita e circunscrita ao mesmo tetraedro.

Solução

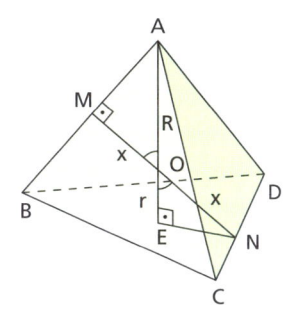

R, *r* e *x* são os respectivos raios das esferas circunscrita, inscrita e tangente.

$$\triangle AMO \sim \triangle NEO \Rightarrow \frac{x}{r} = \frac{R}{x} \Rightarrow$$
$$\Rightarrow x^2 = R \cdot r$$

INSCRIÇÃO E CIRCUNSCRIÇÃO DE SÓLIDOS

EXERCÍCIOS

903. Um tetraedro regular é inscrito numa esfera de 12 cm de diâmetro. Qual o volume do tetraedro?

904. Um tetraedro regular é circunscrito a uma esfera. Se a área da superfície da esfera é 3π m², calcule o volume do tetraedro.

905. Determine a área total e o volume de um tetraedro regular circunscrito a uma esfera de raio R.

906. Determine o volume da esfera inscrita num tetraedro regular de aresta a.

907. Calcule a área da superfície da esfera circunscrita a um tetraedro regular de aresta a.

908. Calcule as áreas e os volumes das esferas inscrita e circunscrita a um tetraedro regular de aresta a.

909. Determine a medida da aresta de um tetraedro regular em função do volume V da esfera circunscrita.

910. Em uma esfera inscreve-se um tetraedro regular e neste tetraedro regular inscreve-se uma nova esfera. Determine a relação entre as superfícies das esferas.

911. Em um tetraedro regular inscreve-se uma esfera e nesta esfera inscreve-se um novo tetraedro regular. Determine a relação entre os volumes dos dois tetraedros.

IV. Inscrição e circunscrição envolvendo poliedros regulares

253. Tetraedro regular e octaedro regular

Cálculo da aresta (x) do octaedro regular determinado pelos pontos médios das arestas de um tetraedro regular de aresta *a*.

Solução

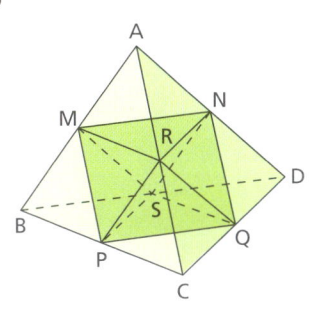

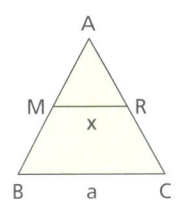

a = aresta do tetraedro
x = aresta do octaedro

M e R são pontos médios dos lados do △ABC: $x = \dfrac{a}{2}$.

254. Cubo e octaedro regular

Cálculo da aresta (x) do octaedro determinado pelos centros das faces de um cubo de aresta *a*.

Solução

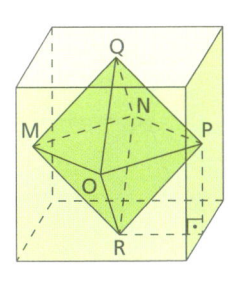

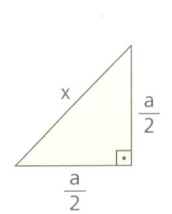

a = aresta do cubo
x = aresta do octaedro

$$x^2 = \left(\dfrac{a}{2}\right)^2 + \left(\dfrac{a}{2}\right)^2 \Rightarrow x = \dfrac{a\sqrt{2}}{2}$$

INSCRIÇÃO E CIRCUNSCRIÇÃO DE SÓLIDOS

255. Octaedro regular e cubo

Cálculo da aresta (x) do cubo determinado pelos centros das faces de um octaedro regular de aresta a.

Solução

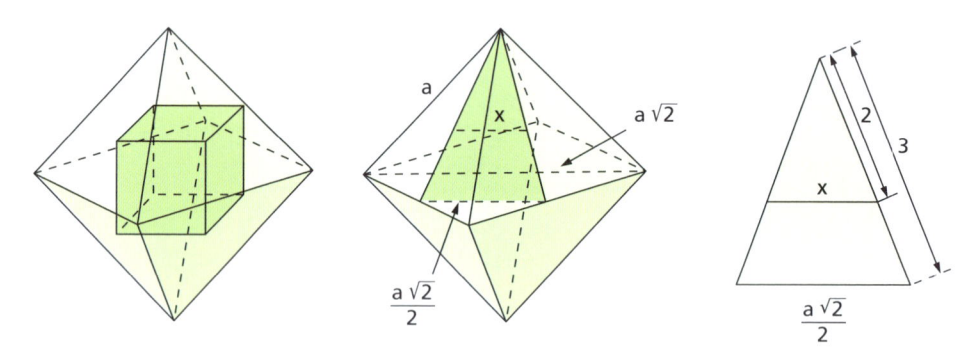

a = aresta do octaedro   x = aresta do cubo

Os centros das faces do octaedro são baricentros dessas faces, então:

$$x = \frac{2}{3} \cdot \frac{a\sqrt{2}}{2} \Rightarrow x = \frac{a\sqrt{2}}{3}$$

256. Cubo e tetraedro regular

Cálculo da aresta (x) do tetraedro regular com vértices nos vértices de um cubo de aresta a.

Solução

ACB_1D_1 é tetraedro regular

a = aresta do cubo

x = aresta do tetraedro

$x = a\sqrt{2}$

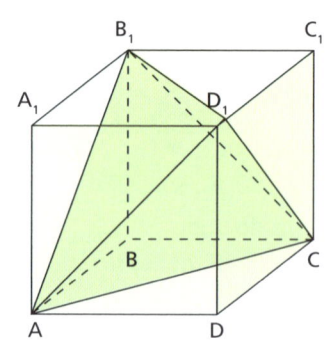

INSCRIÇÃO E CIRCUNSCRIÇÃO DE SÓLIDOS

EXERCÍCIOS

912. Dado um tetraedro regular de aresta a, determine:

a) a aresta do octaedro cujos vértices são pontos médios das arestas do tetraedro;

b) a aresta do cubo cujos vértices são centros das faces do octaedro obtido acima;

c) a aresta de um novo octaedro, cujos vértices são centros das faces do cubo obtido acima.

913. Determine o volume de um tetraedro inscrito num cubo de 3 m de aresta.

914. O segmento AB de medida 8 cm é uma das diagonais de um octaedro regular. Calcule a área total do hexaedro convexo, cujos vértices são os pontos médios das arestas do octaedro dado.

915. Calcule a razão entre as áreas totais A e B, respectivamente, de um cubo e do octaedro regular nele inscrito.

916. Escolha 4 dos vértices de um cubo, de modo a formar um tetraedro regular. Sendo V o volume do cubo, qual o volume desse tetraedro?

917. Dado um tetraedro regular, estude o poliedro P que tem como vértice os pontos médios das arestas do tetraedro. Se ℓ é o lado do tetraedro, calcule a área total e o volume de P.

918. Dado um cubo de aresta igual a ℓ, considera-se o octaedro que tem por vértices os centros das faces do cubo. Calcule a área da superfície esférica inscrita no octaedro.

919. Dados um cubo e um tetraedro regular nele inscrito, considere o plano que contém o centro do cubo e que é paralelo a uma das faces do tetraedro. Calcule a razão entre as áreas das seções que esse plano produz nos dois sólidos dados.

INSCRIÇÃO E CIRCUNSCRIÇÃO DE SÓLIDOS

V. Prisma e cilindro

257. Prisma inscrito em cilindro

Eles têm a mesma altura. Basta trabalhar nas bases.

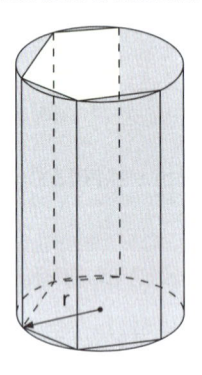

O raio da base do cilindro é o raio da circunferência circunscrita à base do prisma.

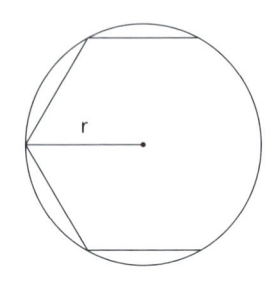

base

258. Cilindro inscrito em prisma

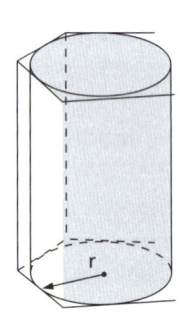

O raio da base do cilindro é o raio da circunferência inscrita na base do prisma.

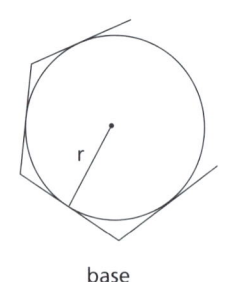

base

EXERCÍCIOS

920. Um prisma regular hexagonal está inscrito num cilindro equilátero. Qual é a razão entre as áreas laterais do prisma e do cilindro?

921. Determine o volume de um cilindro circunscrito ao cubo cujo volume é 343 cm³.

922. Em um prisma triangular regular se inscreve um cilindro. Que relação existe entre as áreas laterais desses dois sólidos?

923. Calcule o volume do sólido que se obtém quando de um cubo de aresta 5 cm retiramos um cilindro de diâmetro 3 cm.

924. Calcule o volume do cilindro inscrito num prisma reto, de altura 12,5 cm, cuja base é um losango de diagonais 8 cm e 6 cm.

925. Determine o volume de um cilindro de revolução circunscrito a um prisma triangular de 12 cm de altura, sendo a base do prisma um triângulo isósceles cujo ângulo do vértice mede 30°, sendo 5 cm a medida da base do triângulo.

926. Um cilindro de 30 cm de diâmetro está inscrito em um prisma quadrangular regular de 20 cm de altura. Determine a diferença entre a área lateral do prisma e a área lateral do cilindro.

927. Em um cilindro circular reto de raio R e altura h, inscreva um paralelogramo retângulo de base quadrada e calcule a área total desse paralelepípedo.

928. Consideremos um prisma hexagonal regular de altura h, cujo lado da base mede a, e um cilindro inscrito e circunscrito a esse prisma.
   a) Calcule a área lateral e o volume do prisma.
   b) Calcule a área lateral e o volume de cada um dos cilindros.
   c) Determine a razão entre as áreas laterais e os volumes dos dois cilindros.

VI. Pirâmide e cone

259. Pirâmide inscrita em cone

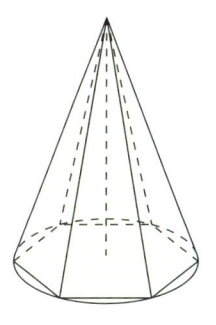

O raio da base do cone é o raio da circunferência circunscrita à base da pirâmide.

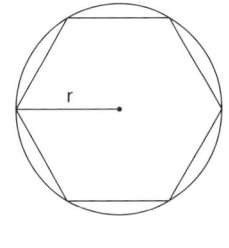

base

260. Cone inscrito em pirâmide regular

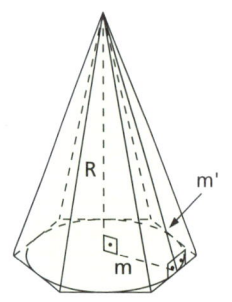

O raio da base do cone é o apótema da base da pirâmide. A geratriz do cone é o apótema da pirâmide.

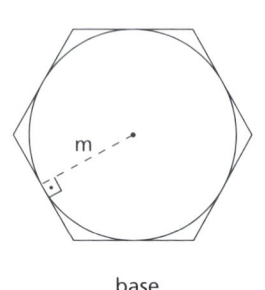

EXERCÍCIOS

929. A área total de um cone reto é 96π cm² e o raio da base mede 6 cm. Determine o volume do cone e da pirâmide de base quadrada inscrita no cone.

930. Uma pirâmide quadrangular regular está inscrita em um cone de revolução. O perímetro da base da pirâmide mede $20\sqrt{2}$ cm. Calcule a altura do cone, sabendo que a sua geratriz tem o mesmo comprimento da diagonal da base.

931. Determine a área lateral e o volume de um cone circunscrito a uma pirâmide, sabendo que a altura da pirâmide de base quadrada é o triplo do lado da base e que o lado da base mede a.

932. Um cone reto tem por base um círculo circunscrito a um hexágono regular. O apótema do cone mede $\dfrac{5}{3}$ do lado do hexágono regular e a soma da geratriz com esse lado é 16 m. Determine o apótema do cone e o lado do hexágono, bem como o volume da pirâmide que tem por base o hexágono regular e por vértice, o vértice do cone.

933. O raio de um cone é igual ao raio de uma esfera de 144π cm² de superfície, a geratriz mede $\dfrac{5}{3}$ do raio. Determine a razão entre os volumes de ambos os sólidos e o volume da pirâmide regular de base hexagonal inscrita no cone.

VII. Prisma e pirâmide

261. Prisma inscrito em pirâmide

Caso o prisma seja inscrito na pirâmide, destacar as semelhanças:

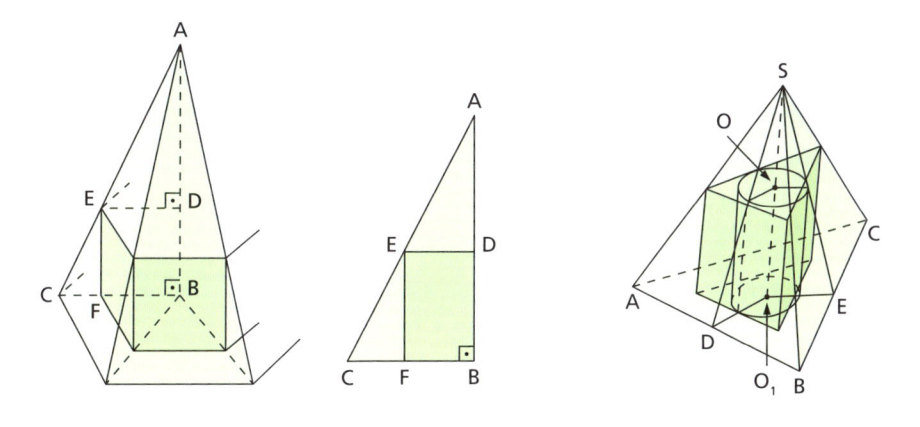

△ADE ~ △ABC;

△EFC ~ △ABC;

△ADE ~ △EFC.

Nota: Se tivermos **cilindro** inscrito **em pirâmide**, basta circunscrever ao cilindro um prisma.

EXERCÍCIOS

934. Uma pirâmide regular de base quadrada tem o lado da base igual a 1 e a altura igual a h. Seccione-a com um plano paralelo à base de modo que o prisma, que tem por bases a seção da pirâmide com o plano considerado e a projeção ortogonal dessa seção sobre a base da pirâmide, tenha superfície lateral $4S^2$. Obtenha a distância da seção ao vértice da pirâmide.

INSCRIÇÃO E CIRCUNSCRIÇÃO DE SÓLIDOS

Solução

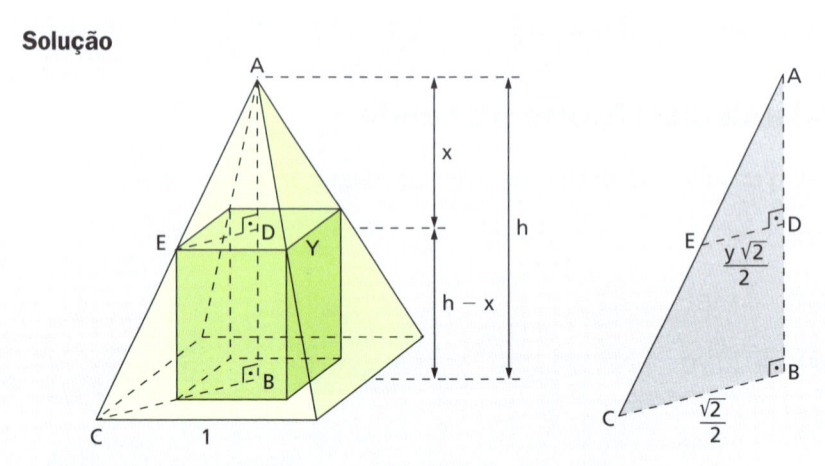

Sendo x a distância pedida e y a aresta da base do prisma, vem:

Área lateral $= 4S^2 \Rightarrow 4 \cdot y(h - x) = 4S^2 \Rightarrow y(h - x) = S^2$ (1)

Da semelhança: $\dfrac{x}{h} = \dfrac{y\dfrac{\sqrt{2}}{2}}{\dfrac{\sqrt{2}}{2}} \Rightarrow y = \dfrac{x}{h}$.

Em (1): $\dfrac{x}{h}(h - x) = S^2 \Rightarrow x^2 - hx + S^2h = 0 \Rightarrow x = \dfrac{h \pm \sqrt{h(h - 4S^2)}}{2}$

Condição: $h - 4S^2 \geq 0 \Rightarrow h \geq 4S^2$.

935. Determine o volume do octaedro cujos vértices são os pontos médios das faces do paralelepípedo retorretângulo de dimensões a, b, c.

936. Dada a medida ℓ da aresta de um cubo, determine a área lateral e o volume de uma pirâmide que tem para base uma face do cubo e para vértice o centro da face oposta.

937. Calcule o volume do cubo inscrito numa pirâmide quadrangular regular 6 m de altura e 3 m de aresta da base, sabendo que o cubo tem vértices sobre as arestas da pirâmide.

938. Dá-se a altura h de uma pirâmide regular de base quadrada e constrói-se sobre a base um cubo, de modo que a face oposta à base corte a pirâmide num quadrado de lado a. Calcule o lado da base da pirâmide.

939. Um prisma quadrangular regular de $12\sqrt{2}$ m² de área lateral está inscrito num octaedro regular de $32\sqrt{3}$ m² de área total. Calcule o volume do prisma, sabendo que seus vértices pertencem a arestas de octaedro.

940. Num paralelepípedo retângulo a, b, c, assinalemos os pontos médios de todas as arestas e unamos dois a dois aqueles pontos médios que pertencem a arestas concorrentes num mesmo vértice. Suprimindo os oito tetraedros que ficam assim determinados nos triedros do paralelepípedo, obtém-se um poliedro. Determine o volume desse poliedro em função de a, b, c.

941. Prove que o volume do tetraedro regular é a terça parte do paralelepípedo circunscrito.

942. Determine a razão entre o volume de um octaedro regular e o volume de um cilindro equilátero circunscrito a esse octaedro.

943. Um vaso cilíndrico cujo raio da base é r e cuja altura é 2r está cheio de água. Mergulha-se nesse vaso um tetraedro regular até que sua base fique inscrita na base do cilindro. Há transbordamento da água. Retirando-se o tetraedro do vaso, qual é a altura da coluna de água?

VIII. Cilindro e cone

262. Cilindro circular reto inscrito em cone reto

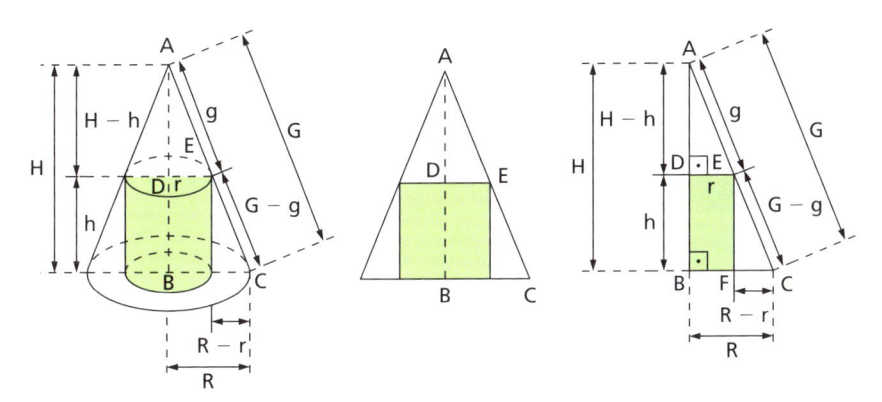

Usando os elementos indicados nas figuras, temos:

$$\triangle ADE \sim \triangle ABC \Rightarrow \frac{g}{G} = \frac{r}{R} = \frac{H-h}{H}$$

$$\triangle EFC \sim \triangle ABC \Rightarrow \frac{G-g}{G} = \frac{R-r}{R} = \frac{h}{H}$$

$$\triangle ADE \sim \triangle EFC \Rightarrow \frac{g}{G-g} = \frac{r}{R-r} = \frac{H-h}{h}$$

INSCRIÇÃO E CIRCUNSCRIÇÃO DE SÓLIDOS

Nota: Caso se tenha **prisma** inscrito em **cone**, basta circunscrever um cilindro ao prisma.

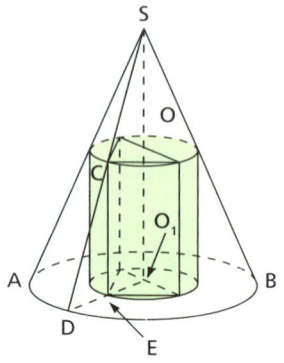

EXERCÍCIOS

944. Determine o volume do cilindro equilátero inscrito num cone de revolução, sendo 24 cm a altura do cone e 12 cm o raio da base do cone.

945. Calcule a razão entre o volume de um cone equilátero de raio R e o do cilindro de revolução nele inscrito cuja geratriz seja igual ao raio da base.

946. É dado um cone cujo raio da base é R e cuja altura é h. Inscreva um cilindro de modo que a área lateral deste seja igual à área lateral do cone parcial, determinado pela base superior do cilindro.

947. Em um cone de geratriz g e altura h, inscrevemos um cilindro determinando um cone menor cuja base coincide com uma base do cilindro. Obtenha a altura do cilindro, sabendo que a área lateral do cone menor é igual à área lateral do cilindro.

948. Inscreva um cilindro num cone dado de raio R e apótema G, de modo que a área lateral do cone que está acima do cilindro seja igual à área da coroa cujas circunferências são a base do cilindro e a do cone.

949. Um cilindro de revolução tem raio R e altura 2R. No seu interior constroem-se dois cones, cada um tendo por vértice o centro de uma das bases do cilindro e por base a base oposta do cilindro. Calcule a porção do volume do cilindro exterior aos dois cones.

INSCRIÇÃO E CIRCUNSCRIÇÃO DE SÓLIDOS

950. Em um cone de revolução inscrevemos um cilindro cuja altura é igual ao raio da base do cone. Determine o ângulo que o eixo do cone e sua geratriz formam, sabendo que a superfície total do cilindro e a área da base do cone estão entre si como $\frac{3}{2}$.

951. Um cone e um cilindro têm uma base comum, e o vértice do cone se encontra no centro da outra base do cilindro. Determine a medida do ângulo formado pelo eixo do cone e sua geratriz, sabendo que as superfícies totais do cilindro e do cone estão entre si como $\frac{7}{4}$.

952. Em um cone cuja geratriz g forma com o plano da base um ângulo α, inscrevemos um prisma regular quadrangular; sendo as arestas laterais do prisma congruentes, determine a superfície total do prisma.

953. Um cone de revolução tem o vértice no centro de uma face de um cubo de aresta a e a base circunscrita à face oposta do cubo. Determine a diferença entre o volume do cubo e o volume do cone.

IX. Cilindro e esfera

263. Cilindro circunscrito a uma esfera

O cilindro circunscrito a uma esfera é um cilindro equilátero cujo raio da base é igual ao raio da esfera.

$h = 2r$

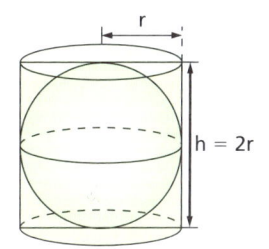

264. Cilindro inscrito numa esfera

O raio da base r e a altura h de um cilindro inscrito numa esfera de raio R guardam entre si a relação:

$(2r)^2 + h^2 = (2R)^2$.

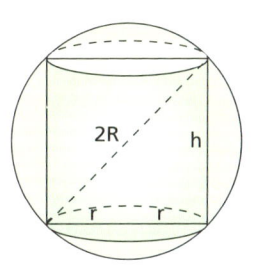

INSCRIÇÃO E CIRCUNSCRIÇÃO DE SÓLIDOS

Nota: Tendo a esfera e um prisma, basta considerar um cilindro inscrito ou circunscrito ao prisma.

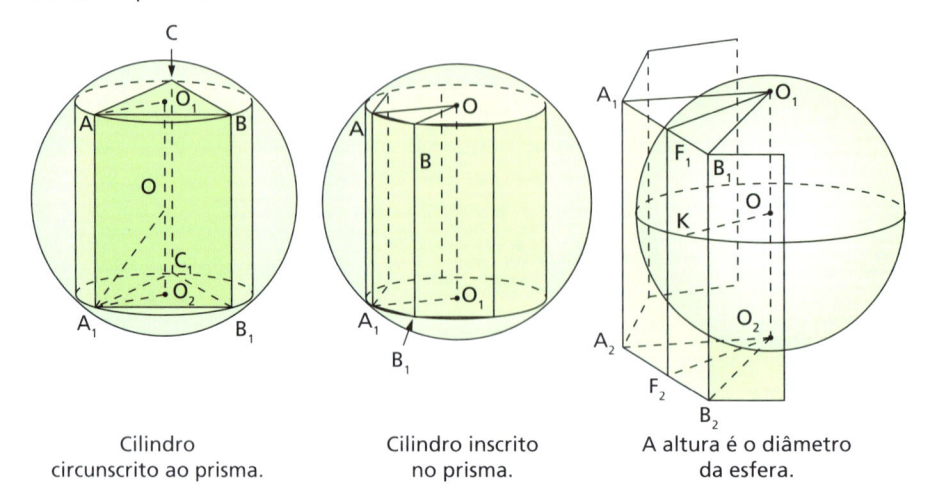

Cilindro circunscrito ao prisma.

Cilindro inscrito no prisma.

A altura é o diâmetro da esfera.

EXERCÍCIOS

954. Uma esfera está inscrita em um cilindro de 150π cm² de área total. Determine a área e o volume dessa esfera.

955. Determine a área total de um cilindro equilátero circunscrito a uma esfera de superfície 400π m².

956. Determine a área de uma esfera inscrita em um cilindro de revolução cuja seção meridiana tem 225 cm² de área.

957. Determine o volume da esfera inscrita no cilindro de volume 18 cm³.

958. Determine a razão entre os volumes de uma esfera e do cilindro equilátero nela inscrito.

959. Um cilindro está circunscrito a uma esfera. Determine as razões da superfície e do volume da esfera para a superfície e o volume do cilindro.

960. Determine a altura de um cilindro inscrito em uma esfera de raio r, sendo $2\pi a^2$ a área total do cilindro.

961. Determine a razão entre o volume de um cilindro equilátero circunscrito e o volume de um cilindro equilátero inscrito em uma esfera.

INSCRIÇÃO E CIRCUNSCRIÇÃO DE SÓLIDOS

962. Em uma esfera de raio r, inscrevemos um cilindro de modo que o raio da esfera seja igual ao diâmetro do cilindro. Calcule a área lateral, a área total e o volume do cilindro em função de r.

963. Determine o volume compreendido entre uma esfera e um cilindro, sabendo que o cilindro está circunscrito à esfera e que a área total do cilindro somada à área da esfera é 160π cm².

964. Determine o volume de um cilindro equilátero circunscrito a uma esfera, sabendo que o cilindro equilátero inscrito nessa mesma esfera tem volume igual a 250π cm³.

965. Em uma vasilha de forma cilíndrica colocamos uma esfera de raio R. Sabendo que o raio da base da vasilha mede r, responda: em quanto se elevará o nível da água contida na vasilha, sabendo que a esfera está totalmente submersa na água?

966. A área lateral de um cilindro reto é 48π cm² e sua altura é 8 cm. Sabendo que o cilindro está inscrito em uma esfera, determine o raio da esfera e a relação entre o volume do cilindro e o volume da esfera. Calcule ainda a relação entre o volume do cilindro equilátero inscrito nessa mesma esfera e o volume do cilindro considerado.

967. Inscreva um cilindro circular reto de área lateral πa^2 numa esfera de diâmetro d. Discuta.

968. Prove que a área total de um cilindro equilátero é igual à média aritmética das áreas das esferas inscrita e circunscrita ao cilindro.

969. Num cilindro de raio r inscreve-se uma esfera. Mostre que a razão entre o volume da esfera e o do cilindro é $\frac{2}{3}$.

970. Calcule a área total do prisma hexagonal regular de 8 m de altura, inscrito numa esfera de 10 m de diâmetro.

971. Em uma esfera de raio R, inscrevemos oito esferas iguais. Sabendo que cada esfera tangencia outras três e tangencia a esfera maior, determine os raios das esferas inscritas considerando que os seus centros são os vértices de um cubo.

972. Seis esferas de mesmo raio 4 cm têm por centros os centros das faces de um cubo e são tangentes exteriormente, cada uma, a outras quatro. Calcule o raio da esfera tangente exteriormente a essas seis esferas.

973. No interior de um cubo regular de aresta a, existem 9 esferas de mesmo raio r. O centro de uma dessas esferas coincide com o centro do cubo e cada uma das demais esferas tangencia a esfera do centro e três faces do cubo. Exprima a em função de r.

INSCRIÇÃO E CIRCUNSCRIÇÃO DE SÓLIDOS

974. Uma esfera de raio R está colocada em uma caixa cúbica, sendo tangente às paredes da caixa. Essa esfera é retirada da caixa e em seu lugar são colocadas 8 esferas iguais, tangentes entre si e também às paredes da caixa. Determine a relação entre o volume não ocupado pela esfera única e o volume não ocupado pelas 8 esferas.

975. Demonstre que a afirmativa abaixo é verdadeira:

Inscreve-se um cubo C em uma esfera E. Nesse cubo inscreve-se uma esfera E'. Inscreve-se um novo cubo C' na esfera E'. A área total do cubo C' é $\frac{2S}{3\pi}$, em que S é a área da esfera E.

976. Num cubo está inscrita uma esfera de raio R. Calcule a área lateral do cone reto cuja base está circunscrita a uma das faces do cubo e cujo vértice é o centro da esfera.

977. Em um prisma regular quadrangular inscrevemos uma esfera, de tal maneira que tangencia todas as faces do prisma. Nesse prisma circunscrevemos uma outra esfera. Determine a relação entre os volumes das duas esferas.

978. Tomam-se dois vértices opostos de um cubo e pelos pontos médios das seis arestas que não passam por esses vértices traça-se um plano secante que divide o cubo em dois sólidos e em cada um desses sólidos inscrevemos uma esfera. Dado que essas esferas tangenciam três faces do cubo e o plano secante, determine a relação entre o volume de cada esfera e o volume do cubo.

X. Esfera e cone reto

265. Esfera inscrita em cone reto

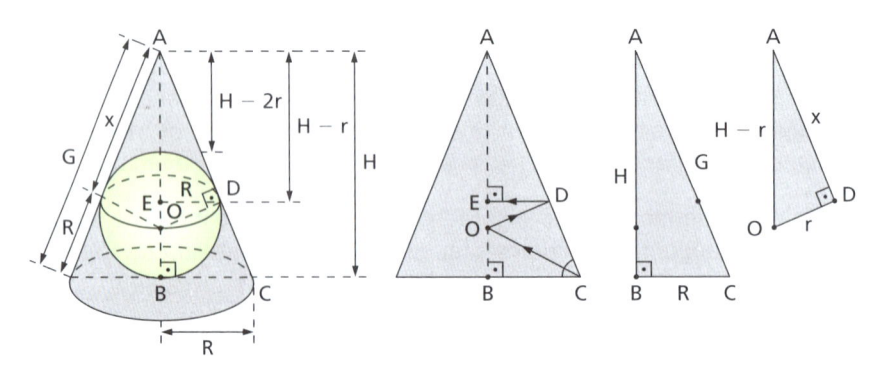

O é o centro da esfera inscrita (OC é bissetriz).
E é o centro da circunferência segundo a qual a superfície cônica tangencia a esfera.

INSCRIÇÃO E CIRCUNSCRIÇÃO DE SÓLIDOS

D é o ponto de tangência.

$$\triangle ADO \sim \triangle ABC \Rightarrow \frac{x}{H} = \frac{r}{R} = \frac{H-r}{G}$$

x é calculado no $\triangle ADO$ retângulo em D:

$$x^2 = (H-r)^2 - r^2 \Rightarrow x = \sqrt{H(H-2r)}.$$

Nota: Caso se tenha **esfera** inscrita em **pirâmide**, basta considerar um cone inscrito na pirâmide e a esfera inscrita no cone.

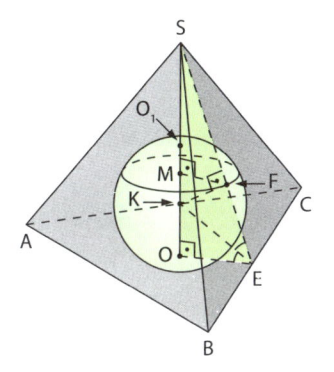

Note a analogia com o caso acima. 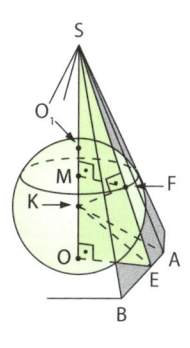   Note os pontos K, F e M.

EXERCÍCIOS

979. Quando um cone está circunscrito a uma esfera de raio a, o raio r e a altura h do cone estão ligados ao raio da esfera pela relação:

$$\frac{1}{a^2} - \frac{1}{r^2} = \frac{2}{ah}.$$

Solução

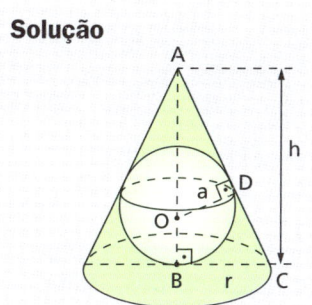

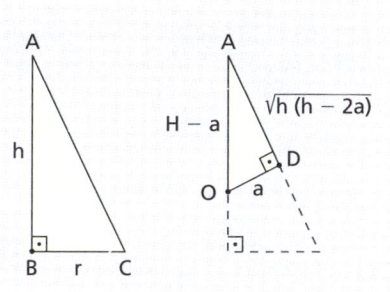

INSCRIÇÃO E CIRCUNSCRIÇÃO DE SÓLIDOS

$$\triangle ADO \sim \triangle ABC \Rightarrow \frac{\sqrt{h(h-2a)}}{h} = \frac{a}{r} \Rightarrow \frac{h-2a}{h} = \frac{a^2}{r^2}$$

Dividindo por a^2: $\dfrac{h-2a}{a^2h} = \dfrac{1}{r^2} \Rightarrow \dfrac{h}{a^2h} - \dfrac{2a}{a^2h} = \dfrac{1}{r^2} \Rightarrow$

$$\Rightarrow \frac{1}{a^2} - \frac{1}{r^2} = \frac{2}{ah}$$

980. Num cone circular reto de 18 m de altura, inscreve-se uma esfera de 5 m de raio. Calcule o diâmetro da base e a geratriz do cone.

981. Numa esfera de 6 cm de raio circunscreve-se um cone reto de raio 12 cm. Calcule a altura e a geratriz do cone.

982. Calcule o diâmetro da esfera inscrita em um cone de revolução cujo raio da base mede 12 cm e a geratriz 20 cm.

983. Determine o volume de uma esfera inscrita em um cone de 15 cm de apótema e 18 cm de diâmetro da base.

984. Determine a área da esfera inscrita em um cone equilátero cuja área lateral mede 50π cm².

985. Determine o volume de uma esfera inscrita em um cone de revolução cujo raio da base mede 6 cm e cuja área total mede 96π cm².

986. Uma esfera é inscrita num cone reto, com os elementos:

r — raio da esfera; G — geratriz;
R — raio da base do cone; H — altura.

Resolva os problemas:
a) dados G e R, calcule H e r;   c) dados H e R, calcule G e r;
b) dados G e H, calcule R e r;   d) dados H e r, calcule G e R.

987. Determine o volume e a área lateral de um cone em função da altura h do cone e do raio r de uma esfera inscrita nesse cone.

988. Em uma cavidade cônica, cuja abertura tem um raio de 8 cm e profundidade de $\dfrac{32}{3}$ cm, deixa-se cair uma esfera de 6 cm de raio. Ache a distância do vértice da cavidade cônica ao centro da esfera.

989. Uma esfera é colocada no interior de um vaso cônico com $\sqrt{55}$ cm de geratriz e $\sqrt{30}$ cm de altura. Sabendo que os pontos de tangência das geratrizes com a superfície esférica estão a 3 cm do vértice, calcule o raio da esfera.

990. Determine o ângulo do vértice de um cone, sabendo que a razão entre a superfície da esfera inscrita e a área total do cone é igual a $\frac{4}{9}$.

991. Determine a altura e o raio da base de um cone de revolução em função do raio da esfera inscrita r e do raio da esfera circunscrita R, sabendo que a geratriz do cone mede 5r.

992. Determine o volume de um cone, sabendo que uma esfera de raio r inscrita no cone tangencia-o internamente num ponto P de sua geratriz a uma distância d do vértice do cone.

993. Determine a área de uma semiesfera inscrita em um cone equilátero, sabendo que a base do cone contém o círculo maior da semiesfera e que o raio da base do cone mede 36 m.

994. Em um cone inscrevemos uma semiesfera de tal modo que o círculo maior dessa semiesfera está contido na base do cone. Determine o ângulo do vértice do cone, sabendo que a superfície do cone e a superfície da esfera estão entre si como $\frac{18}{5}$.

995. Determine o volume de uma esfera inscrita em um cone de revolução, sabendo que a base do cone está inscrita numa face de um cubo de aresta 3 a e o vértice do cone está no centro da face oposta.

996. Prove que a razão entre o volume de qualquer cone (circular reto) e o volume da esfera inscrita é superior ou igual a dois.

997. Uma esfera de raio R é tangente às três faces de um triedro, cada uma das quais mede 60°. Ache a distância do vértice do triedro ao centro da esfera.

998. Em uma pirâmide triangular PABC, as arestas PA, PC e PB são duas a duas perpendiculares. Sabendo que as arestas AB e BC medem 10 cm e a aresta BP mede 6 cm, determine o raio da esfera inscrita nessa pirâmide.

999. Determine a relação entre o volume de uma pirâmide regular hexagonal e o volume de uma esfera inscrita nessa pirâmide, sabendo que a base da pirâmide e cada face lateral estão inscritas em circunferências de raio r.

1000. Determine o raio de uma esfera inscrita em uma pirâmide regular hexagonal, sabendo que a aresta da base dessa pirâmide mede 2 e a aresta lateral mede 6.

1001. Em uma pirâmide regular hexagonal, cujo ângulo diedro da base mede α, inscrevemos uma esfera de raio r. Determine a relação entre o volume da esfera e o volume da pirâmide.

266. Esfera circunscrita a um cone reto

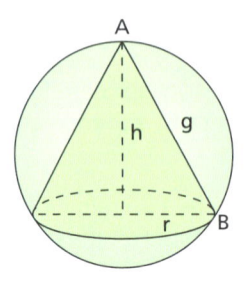

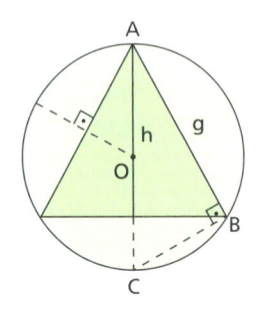

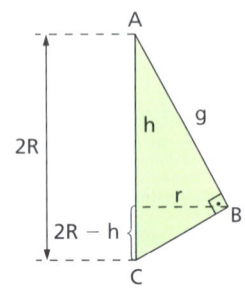

Do triângulo retângulo ABC vem:

$g^2 = 2R \cdot h$ $\qquad r^2 = h(2R - h)$

Nota: Caso se tenha **esfera circunscrita** a pirâmide, basta considerar um cone circunscrito a pirâmide e trabalhar com o cone e a esfera.

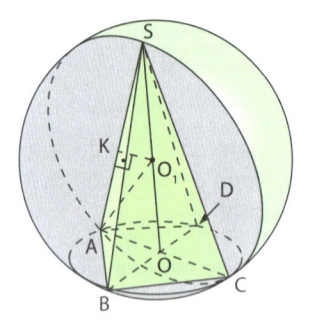

Note a analogia com o caso acima.

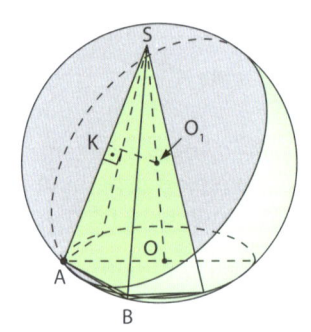

Note os pontos K e O_1.

EXERCÍCIOS

1002. Calcule a geratriz de um cone reto de raio 6, inscrito numa esfera de diâmetro 12,5.

Solução

Do triângulo retângulo ABC vem:

$g^2 = \dfrac{25}{2} \cdot h$ (1)

INSCRIÇÃO E CIRCUNSCRIÇÃO DE SÓLIDOS

$6^2 = h\left(\dfrac{25}{2} - h\right) \Rightarrow$

$\Rightarrow 2h^2 - 25h + 72 = 0 \Rightarrow$

$\Rightarrow h_1 = 8 \text{ e } h_2 = \dfrac{9}{2}$

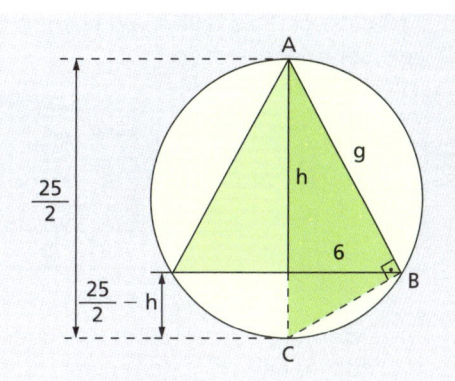

Substituindo h_1 e h_2 em (1), temos:

$g_1^2 = \dfrac{25}{2} \cdot 8 \Rightarrow g_1 = 10$ $\qquad g_2^2 = \dfrac{25}{2} \cdot \dfrac{9}{2} \Rightarrow g_2 = \dfrac{15}{2} = 7{,}5$

Resposta: A geratriz mede 10 ou 7,5.

1003. Determine a altura de um cone reto inscrito em uma esfera de raio igual a 18 cm, sendo a área lateral do cone o dobro da área da base.

1004. Determine o volume de uma esfera circunscrita a um cone de revolução cujo raio da base mede 10 cm e cuja altura mede 20 cm.

1005. Calcule o volume da esfera circunscrita ao cone equilátero cujo raio da base é igual a $2\sqrt{3}$ cm.

1006. Sendo h e g os comprimentos, respectivamente, da altura e da geratriz de um cone, calcule o volume da esfera circunscrita a esse cone.

1007. Determine o volume e a área lateral de um cone em função de sua altura h e do raio R da esfera circunscrita ao cone.

1008. Calcule o raio da base de um cone circular reto, circunscrito a uma esfera de raio unitário, sabendo que o diâmetro da esfera é igual ao segmento maior da seção áurea da altura daquele cone.

1009. Dado num plano π um triângulo equilátero ABC de lado ℓ, sobre a perpendicular em A ao plano π toma-se um ponto D, tal que $AD = 2\ell$. Determine a posição do centro e calcule o raio da esfera circunscrita ao tetraedro ABCD.

1010. Demonstre que o raio da esfera tangente às seis arestas de um tetraedro regular é média proporcional entre o raio da esfera inscrita e o raio da esfera circunscrita ao mesmo tetraedro.

INSCRIÇÃO E CIRCUNSCRIÇÃO DE SÓLIDOS

1011. Dada a superfície esférica de centro C e raio R, considere um plano passando pelo centro.

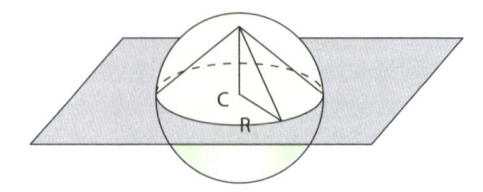

a) Determine a razão entre o volume da esfera e o volume do cone circular reto inscrito na semiesfera como na figura acima.
b) Determine a razão entre a área da superfície esférica e a área lateral do mesmo cone.

XI. Esfera, cilindro equilátero e cone equilátero

267. Cilindro equilátero circunscrito a uma esfera

Dada uma esfera de raio r, calcular a área da base (B), área lateral (A_ℓ), área total (A_t) e o volume do cilindro equilátero circunscrito.

Solução

Elementos:

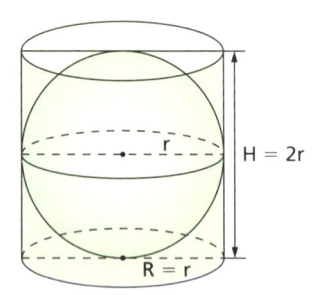

Seja R o raio da base e H a altura do cilindro. Então:

$R = r$ e $H = 2r$.

Área da base: $B = \pi r^2$

Área lateral: $A_\ell = 2\pi r \cdot 2r \Rightarrow$

$\Rightarrow A_\ell = 4\pi r^2$

Área total: $A_t = A_\ell + 2B \Rightarrow$

$\Rightarrow A_t = 6\pi r^2$

Volume: $V = B \cdot H \Rightarrow V = \pi r^2 \cdot 2r \Rightarrow V = 2\pi r^3$

268. Cone equilátero circunscrito a uma esfera

Calcular a área da base (B), área lateral (A_ℓ), área total (A_t) e volume do cone equilátero circunscrito.

Solução

Seja x a altura e y o raio da base do cone.

O é baricentro $\Rightarrow x = 3r$

$\triangle ABC \Rightarrow (2y)^2 = y^2 + 9r^2 \Rightarrow$

$\Rightarrow y^2 = 3r^2$

Área da base: $B = \pi y^2 \Rightarrow$

$\Rightarrow B = 3\pi r^2$

Área lateral: $A_\ell = \pi y \cdot 2y = 2\pi y^2 \Rightarrow A_\ell = 6\pi r^2$

Área total: $A_t = A_\ell + B \Rightarrow A_t = 6\pi r^2 + 3\pi r^2 \Rightarrow A_t = 9\pi r^2$

Volume: $V = \dfrac{1}{3} B \cdot x \Rightarrow V = \dfrac{1}{3} \cdot 3\pi r^2 \cdot 3r \Rightarrow V = 3\pi r^3$

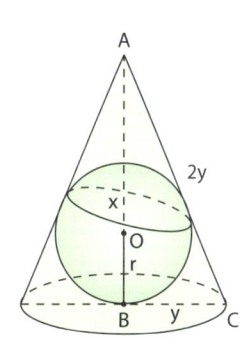

269. Relações envolvendo cilindro equilátero e cone equilátero circunscritos à mesma esfera

a) Entre as áreas totais calculadas e a área da superfície esférica

$A_{t_{cil.}} = 6\pi r^2 \qquad A_{t_{cone}} = 9\pi r^2 \qquad A_{esf.} = 4\pi r^2$

Observemos que: $\boxed{A_{t_{cil.}}^2 = A_{t_{cone}} \cdot A_{esf.}}$

b) Entre os volumes calculados e o volume da esfera

$V_{cil.} = 2\pi r^3 \qquad V_{cone} = 3\pi r^3 \qquad V_{esf.} = \dfrac{4}{3}\pi r^3$

Observemos que: $\boxed{V_{cil.}^2 = V_{cone} \cdot V_{esf.}}$

INSCRIÇÃO E CIRCUNSCRIÇÃO DE SÓLIDOS

270. Relações envolvendo cilindro equilátero e esfera inscrita

Considerando o cilindro equilátero circunscrito e a esfera, temos:

a) A área lateral do cilindro é igual à área da superfície esférica.

b) $\left. \begin{array}{l} \dfrac{A_{esf.}}{A_{t_{cil.}}} = \dfrac{4\pi r^2}{6\pi r^2} = \dfrac{2}{3} \\ \\ \dfrac{V_{esf.}}{V_{cil.}} = \dfrac{\frac{4}{3}\pi r^3}{2\pi r^3} = \dfrac{2}{3} \end{array} \right\} \Rightarrow \dfrac{A_{esf.}}{A_{t_{cil.}}} = \dfrac{V_{esf.}}{V_{cil.}} = \dfrac{2}{3}$

EXERCÍCIOS

1012. Determine a razão entre o volume de um cone equilátero inscrito em uma esfera e o volume do cilindro equilátero circunscrito à mesma esfera.

1013. Dada uma esfera de raio R:
a) calcule B, A_ℓ, A_t e V do cilindro equilátero inscrito na esfera;
b) calcule B, A_ℓ, A_t e V do cone equilátero inscrito na esfera;
c) estabeleça uma relação (a melhor) entre o volume do cilindro, do cone e dessa esfera acima.

1014. Prove que a área total de um cone equilátero inscrito em uma esfera é igual a $\dfrac{1}{4}$ da área total do cone equilátero circunscrito à mesma esfera.

XII. Esfera e tronco de cone

271. Esfera circunscrita a tronco de cone reto de bases paralelas

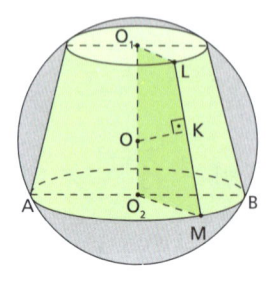

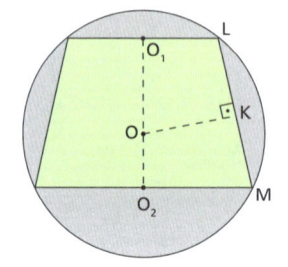

OK é mediatriz da geratriz LM.

Os problemas recaem em circunferência circunscrita a trapézio isósceles.

272. Esfera inscrita em tronco de cone reto de bases paralelas

Condição para o tronco de cone ser circunscritível a uma esfera.

g = R + r

Sendo x o raio da esfera, do triângulo retângulo AOB vem:

x² = R · r.

Essa conclusão também pode sair do △DEF.

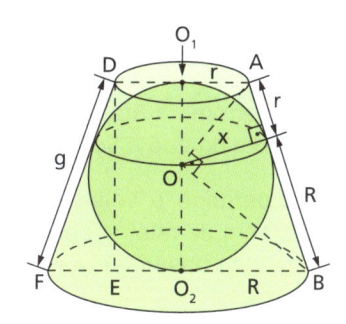

Nota: Em problemas que envolvem circunscrição ou inscrição de esfera em tronco de pirâmide, deve-se primeiro considerar um tronco de cone inscrito ou circunscrito ao tronco de pirâmide e depois trabalhar com o tronco de cone e a esfera.

EXERCÍCIOS

1015. Num tronco de cone de revolução é inscrita uma esfera. Sendo o raio da esfera de 2 cm, quais devem ser os raios das bases do tronco para que o volume do tronco de cone seja o dobro do volume da esfera?

Solução

Do triângulo AOB vem:

$R \cdot r = 4$ (1)

$V_{tronco} = 2 \cdot V_{esfera} \Rightarrow$

$\Rightarrow \dfrac{\pi 4}{3}(R^2 + R \cdot r + r^2) =$

$= 2 \cdot \dfrac{4}{3}\pi \cdot 2^3 \Rightarrow$

$\Rightarrow R^2 + Rr + r^2 = 16 \Rightarrow R^2 + r^2 = 12$ (2)

De (1) e (2) vem:

$\left.\begin{array}{l} R^2 + r^2 + 2Rr = 20 \Rightarrow R + r = 2\sqrt{5} \\ R^2 + r^2 - 2Rr = 4 \Rightarrow R - r = 2 \end{array}\right\} \Rightarrow R = \sqrt{5} + 1 \text{ e } r = \sqrt{5} - 1$

Resposta: $\sqrt{5} + 1$ e $\sqrt{5} - 1$.

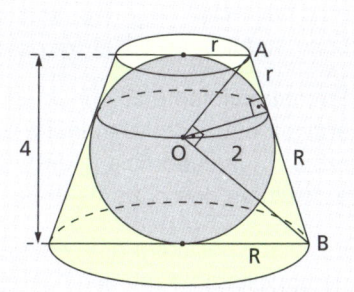

INSCRIÇÃO E CIRCUNSCRIÇÃO DE SÓLIDOS

1016. Calcule o volume da esfera inscrita num tronco de cone circular reto cujos raios das bases medem 1 m e 4 m, respectivamente.

1017. Que relação deve existir entre os raios das bases e a altura de um tronco de cone reto para que o mesmo seja circunscritível a uma esfera?

1018. Determine a área de um tronco de cone circunscrito a uma esfera de raio R, sabendo que o volume do tronco é igual ao triplo do volume da esfera.

1019. Determine o volume de um tronco de cone circunscrito a uma esfera de 10 cm de raio, sabendo que o raio da base maior do tronco é o quádruplo do raio da base menor.

1020. Determine a área total e o volume de um tronco de cone em função de sua altura h e da sua geratriz g, sabendo que o tronco circunscreve uma esfera de raio r.

XIII. Exercícios gerais sobre inscrição e circunscrição de sólidos

1021. Determine o volume de uma pirâmide hexagonal regular inscrita em um cone equilátero de volume $\dfrac{9\sqrt{3}\pi}{8}$.

1022. Exprima, por uma igualdade, que "o volume do cilindro equilátero é igual à soma dos volumes da esfera e do cone nele inscritos".

1023. Qual a relação entre os volumes da esfera inscrita em um cilindro equilátero e do cone cuja base é a base do cilindro, sendo o vértice do cone o centro da base superior do cilindro?

1024. Em um recipiente cilíndrico de 20 cm de altura colocamos duas esferas, uma sobre a outra, de tal maneira que essas esferas tangenciem as bases do cilindro e a sua superfície lateral. Determine a diferença entre o volume do cilindro e o volume das duas esferas.

1025. Um plano secciona uma esfera de raio r, determinando um círculo que é base de um cilindro e um cone de revolução inscritos nessa esfera. Sabendo que o cilindro e o cone estão situados num mesmo semiespaço em relação ao plano e que os volumes do cilindro e do cone são iguais, determine a distância do centro da esfera ao plano.

1026. Em um cilindro de 288π cm³ de volume e raio 6 cm estão contidos dois cilindros de mesma altura que o cilindro dado e de diâmetros iguais ao raio da base do cilindro dado. Calcule a relação entre as áreas laterais dos dois cilindros e do cilindro dado.

1027. É dado um cone circular reto de altura 8 dm, cortado por um plano paralelo à base, a uma distância 3 dm do vértice. Inscrevendo no tronco de cone que resulta um tronco de pirâmide hexagonal e sabendo que o raio da base menor do tronco de cone é 1 dm, calcule o volume do tronco de pirâmide inscrito.

1028. Um cone equilátero está inscrito numa esfera de raio igual a 4 m. Determine a que distância do centro da esfera deve-se traçar um plano paralelo à base do cone, para que a diferença das seções (na esfera e no cone) seja igual à área da base do cone.

1029. Determine o volume de um cone reto, sabendo que seu vértice coincide com o centro de uma esfera, sua base é circunscrita à base de um cubo inscrito nessa mesma esfera e que o raio da esfera mede *r*.

1030. Um cone é circunscrito a duas esferas de raio 2 e 1. Sabendo que essas duas esferas são tangentes exteriormente, determine o volume do sólido compreendido entre o cone e essas duas esferas.

1031. O vértice de um cone de revolução com o centro de uma esfera e a base é a seção feita nessa esfera por um plano distante 4 cm do centro. Sendo o volume desse cone 12π cm³, calcule a área e o volume da esfera.

1032. Determine o volume de um cone de revolução, sabendo que seu vértice coincide com o centro da base de um outro cone de raio R e que sua base coincide com a seção determinada por um plano que secciona esse outro cone a uma distância $\frac{h}{3}$ do vértice.

1033. Uma esfera de raio *r* circunscreve um cone equilátero. Um plano que secciona a esfera e o cone paralelamente à base do cone determina duas seções de tal modo que a diferença entre as áreas dessas seções é equivalente à área da base do cone. Determine a distância da base do cone ao plano seção.

1034. Uma esfera está inscrita em um cone de altura *h* e raio da base *r*. Obtenha a distância do vértice do cone ao plano que secciona esse cone e a esfera determinando duas seções cuja soma das áreas é $\frac{13\pi r^2}{36}$, sendo esse plano paralelo à base do cone.

1035. Sabendo que as bases de dois cones coincidem e que os vértices estão situados em semiespaços opostos em relação a essas bases, determine o volume da esfera inscrita nesse sólido, sendo 3 cm o raio da base comum e 5 cm as medidas das geratrizes dos cones.

1036. Determine o volume do espaço limitado pelos troncos de pirâmide quadrangular e cone, sabendo que a base menor do tronco de cone está apoiada na base menor do tronco de pirâmide e que a base maior do tronco de cone está apoiada na base maior do tronco de pirâmide, sendo 10 cm e 6 cm as arestas da base maior e menor, respectivamente, do tronco de pirâmide, 3 cm e 1 cm os raios das bases e 12 cm a altura do tronco de cone.

CAPÍTULO XV
Superfícies e sólidos de revolução

I. Superfícies de revolução

273. Definição

Consideremos um semiplano de origem e (eixo) e nele uma linha g (geratriz); girando esse semiplano em torno de e, a linha g gera uma superfície, que é chamada superfície de revolução.

Salvo aviso em contrário, considera-se revolução completa (de 360° em torno do eixo).

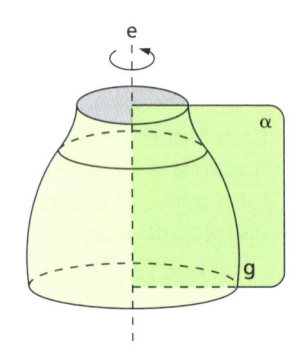

Exemplos

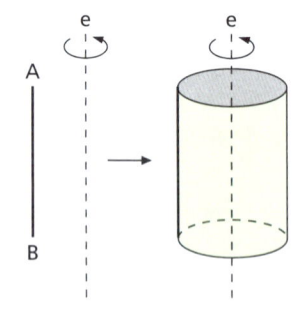

O segmento AB gera a superfície lateral de um cilindro.

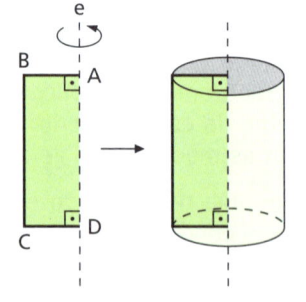

A poligonal ABCD gera a superfície total de um cilindro.

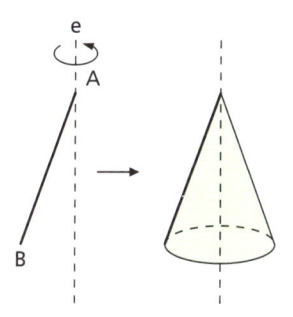

O segmento AB gera a superfície lateral de um cone.

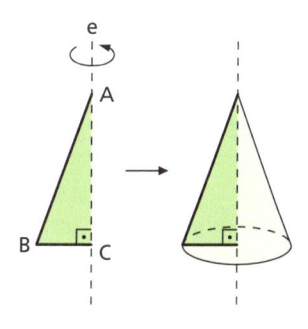

A poligonal ABC gera a superfície total de um cone.

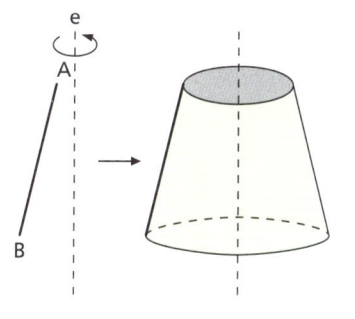

O segmento AB gera a superfície lateral de um tronco de cone.

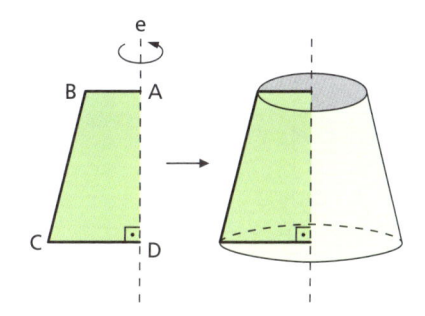

A poligonal ABCD gera a superfície total de um tronco de cone.

274. Área

O cálculo da área de uma superfície de revolução pode ser feito de dois modos:

1º modo:

Usando as expressões de área lateral e de área total que conhecemos (do cilindro, do cone, do tronco de cone, etc.).

2º modo:

Usando a fórmula $A = 2\pi \ell d$,

em que:
  A é a área da superfície gerada.
  ℓ é o comprimento da geratriz.
  d é a distância do centro de gravidade da geratriz ao eixo.

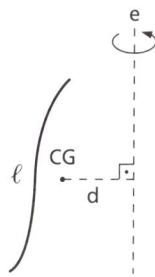

II. Sólidos de revolução

275. Definição

Consideremos um semiplano de origem e (eixo) e nele uma superfície S; girando o semiplano em torno de e, a superfície S gera um sólido chamado sólido de revolução.

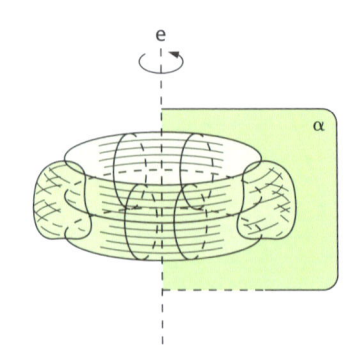

Exemplos:

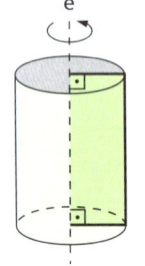

Retângulo gerando cilindro de revolução.

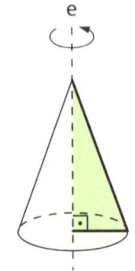

Triângulo retângulo gerando cone de revolução.

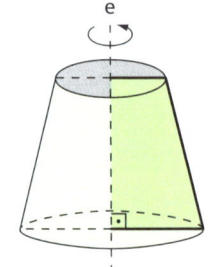

Trapézio retângulo gerando tronco de revolução.

Outros exemplos de sólidos de revolução, assim como de superfícies de revolução, aparecerão no próximo capítulo.

276. Volume

O cálculo do volume de um sólido de revolução pode ser feito de dois modos.

1º modo:

Usando as expressões dos volumes dos sólidos (cilindro, cone, tronco de cone, etc.).

2º modo:

Usando a fórmula

$V = 2\pi Sd$,

em que:

V é o volume do sólido gerado;
S é a área da superfície geradora;
d é a distância do centro de gravidade da superfície ao eixo.

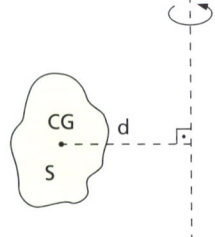

Observação

As fórmulas $A = 2\pi\ell d$ e $V = 2\pi Sd$, fórmulas de Pappus-Guldin (Pappus — matemático grego do início do século IX; Guldin — padre Guldin, matemático suíço do século XI), só devem ser aplicadas quando o centro de gravidade da geratriz for de fácil determinação e o d não apresentar dúvidas; caso contrário, usam-se os primeiros modos para obter área e volume de sólidos de revolução.

277. Exemplos de utilização das fórmulas $A = 2\pi \leqslant d$ e $V = 2\pi Sd$:

a) Área lateral do cilindro de revolução (raio r, altura h).

$$\left. \begin{array}{l} A = 2\pi\ell d \\ \ell = h \text{ e } d = r \end{array} \right\} \Rightarrow$$

$\Rightarrow A_\ell = 2\pi hr \Rightarrow$

$\Rightarrow A_\ell = 2\pi rh$

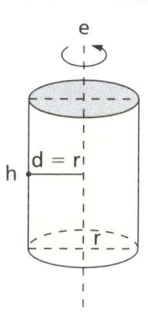

b) Volume do cilindro de revolução (raio r, altura h).

$$\left. \begin{array}{l} V = 2\pi Sd \\ S = r \cdot h \text{ e } d = \dfrac{1}{2}r \end{array} \right\} \Rightarrow$$

$\Rightarrow V = 2\pi \cdot r \cdot h \cdot \dfrac{1}{2}r \Rightarrow$

$\Rightarrow V = \pi r^2 h$

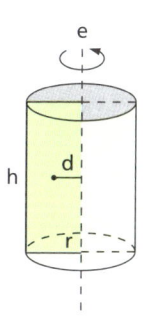

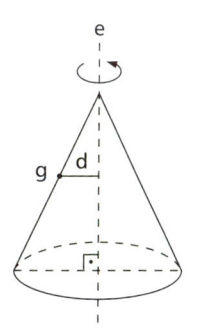

c) Área lateral de um cone de revolução (raio r, geratriz g).

$$\left. \begin{array}{l} A = 2\pi\ell d \\ \ell = g \text{ e } d = \dfrac{1}{2}r \end{array} \right\} \Rightarrow$$

$\Rightarrow A_\ell = 2\pi \cdot g \cdot \dfrac{1}{2}r \Rightarrow$

$\Rightarrow A_\ell = \pi rg$

SUPERFÍCIES E SÓLIDOS DE REVOLUÇÃO

d) Volume de um cone de revolução (raio r, altura h).

$V = 2\pi Sd$

$\left. S = \dfrac{1}{2}rh \text{ e } d = \dfrac{1}{3}r \right\} \Rightarrow$

$\Rightarrow V = 2\pi \cdot \dfrac{1}{2}rh \cdot \dfrac{1}{3}r \Rightarrow$

$\Rightarrow V = \dfrac{1}{3}\pi r^2 h$

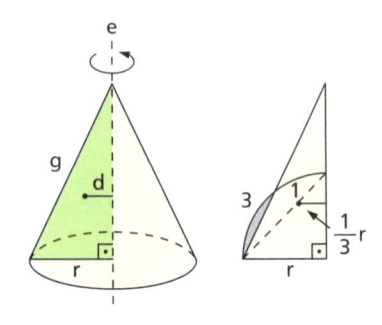

e) Área lateral do tronco de cone de revolução (raios R e r, geratriz g).

$A = 2\pi \ell d$

$A_\ell = 2\pi g \cdot \dfrac{R + r}{2} \Rightarrow$

$\Rightarrow A_\ell = \pi(R + r)g$

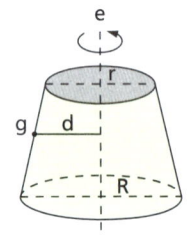

Nota: O volume de um tronco de cone de revolução não é calculado por $V = 2\pi Sd$, em vista do exposto na observação sobre a utilização dessa fórmula.

f) Determinação do centro de gravidade de uma semicircunferência.

$A = 2\pi \ell d$

Com $A = 4\pi r^2$, $\ell = \pi r$, obtemos d.

$4\pi r^2 = 2\pi \cdot \pi r d \Rightarrow$

$\Rightarrow d = \dfrac{2}{\pi}r$

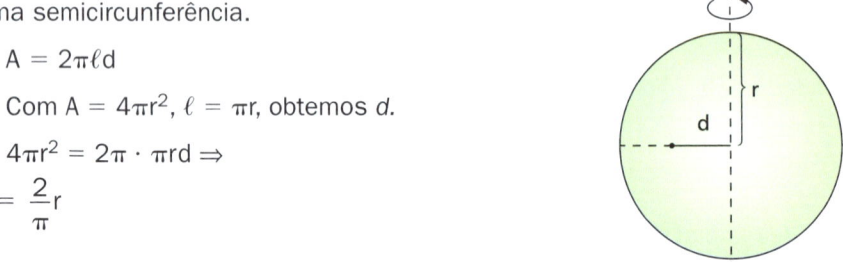

g) Determinação do centro de gravidade de um semicírculo.

$V = 2\pi Sd$

$\dfrac{4}{3}\pi r^3 = 2\pi \cdot \dfrac{\pi r^2}{2} \cdot d \Rightarrow$

$\Rightarrow d = \dfrac{4}{3\pi}r$

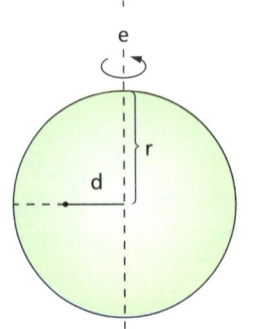

EXERCÍCIOS

1037. Dado um triângulo retângulo de catetos b e c e hipotenusa a,
  a) calcule os volumes dos sólidos gerados quando o triângulo gira em torno de b (V_b), em torno de c (V_c) e em torno de a (V_a);
  b) prove que $\dfrac{a}{V_a} = \dfrac{b}{V_b} + \dfrac{c}{V_c}$;
  c) supondo que $b > c$, compare V_a, V_b e V_c.

Solução

a)

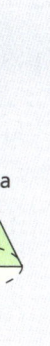

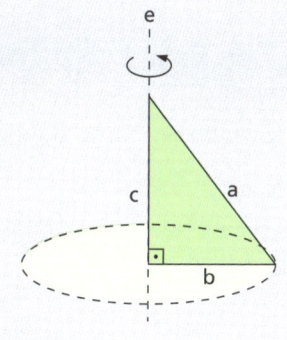

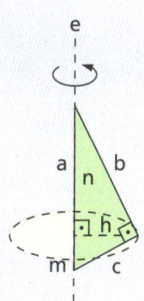

$V_b = \dfrac{1}{3}\pi c^2 b$

$V_c = \dfrac{1}{3}\pi b^2 c$

$V_a = \dfrac{1}{3}\pi h^2 n + \dfrac{1}{3}\pi h^2 m \Rightarrow$

$\Rightarrow V_a = \dfrac{1}{3}\pi h^2 (n + m) \Rightarrow$

$\Rightarrow V_a = \dfrac{1}{3}\pi h^2 a$

Sendo $bc = ah \Rightarrow h = \dfrac{bc}{a}$.

Substituindo em h, vem:

$V_a = \dfrac{1}{3}\pi \cdot \left(\dfrac{bc}{a}\right)^2 \cdot a \Rightarrow V_a = \dfrac{1}{3}\pi \dfrac{b^2 c^2}{a}$

b) Tese: $\dfrac{a}{V_a} = \dfrac{b}{V_b} + \dfrac{c}{V_c}$.

Demonstração:

2º membro $= \dfrac{b}{V_b} + \dfrac{c}{V_c} = \dfrac{b}{\frac{1}{3}\pi c^2 b} + \dfrac{c}{\frac{1}{3}\pi b^2 c} =$

$= \dfrac{b^2 + c^2}{\frac{1}{3}\pi b^2 c^2} = \dfrac{a^2}{\frac{1}{3}\pi b^2 c^2} = \dfrac{a}{\frac{1}{3}\pi \frac{b^2 c^2}{a}} = \dfrac{a}{V_a} = $ 1º membro

c) $b > c \Rightarrow a > b > c$

Estabelecendo a razão $\dfrac{V_b}{V_c}$, temos:

$\dfrac{V_b}{V_c} = \dfrac{\frac{1}{3}\pi c^2 b}{\frac{1}{3}\pi b^2 c} = \dfrac{c}{b} < 1 \Rightarrow V_b < V_c$

O triângulo retângulo, girando em torno do menor cateto, gera o sólido de volume maior.

Estabelecendo a razão $\dfrac{V_a}{V_b}$, temos:

$\dfrac{V_a}{V_b} = \dfrac{\frac{1}{3}\pi \frac{b^2 c^2}{a}}{\frac{1}{3}\pi c^2 b} = \dfrac{b}{a} < 1 \Rightarrow V_a < V_b$

O triângulo retângulo, girando em torno da hipotenusa, gera o sólido de volume menor.

1038. Um triângulo escaleno de lados 13 cm, 14 cm e 15 cm gira 360° em torno do lado de 14 cm. Determine a área e o volume do sólido obtido.

1039. Seja um triângulo de base *a* e altura *h*. Giramos o triângulo em torno de um eixo paralelo à base e que contém o baricentro do triângulo. Qual é o volume do sólido gerado?

1040. Determine o volume de um sólido gerado por um triângulo de base *a* e altura *h*, sabendo que esse triângulo gira 360° em torno de sua base.

1041. Um triângulo isósceles ABC gira ao redor de uma reta paralela à base BC e passando pelo seu vértice A. Determine o volume do sólido gerado, sabendo que a base mede 3 cm e os lados congruentes medem 4 cm.

1042. Um triângulo isósceles tem os lados congruentes medindo 20 cm cada um, e o ângulo do vértice 120°. Determine a área e o volume do sólido gerado por esse triângulo quando gira em torno de sua base.

1043. Determine a área e o volume do sólido gerado por um triângulo isósceles que gira em torno da base que mede 10 cm, sendo 120° a medida do ângulo do vértice do triângulo.

1044. Um triângulo retângulo isósceles, girando em torno de um dos catetos, gera um sólido cujo volume é $\dfrac{\pi}{3}$ m³. Calcule a hipotenusa.

1045. Calcule o volume do sólido gerado por um triângulo retângulo isósceles, cujos catetos medem 3 m, ao girar em torno da paralela à hipotenusa traçada pelo vértice do ângulo reto.

1046. A hipotenusa de um triângulo retângulo mede 20 cm e um cateto mede $\dfrac{3}{4}$ do outro cateto. Determine o volume do sólido obtido ao girar 360° o triângulo ao redor de sua hipotenusa.

1047. Calcule o volume do sólido gerado pela rotação de um triângulo retângulo em torno da hipotenusa, sabendo que um dos ângulos do triângulo é de 60° e que a hipotenusa tem medida 2a.

1048. Calcule a área e o volume gerados pela rotação da figura dada, em torno do eixo indicado XY.

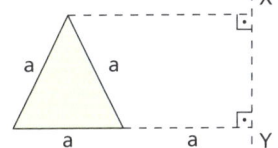

Solução

1º modo: calculando diretamente.

a) Área

$S_{ABC} = S_{AB} + S_{AC} + S_{BC}$
  ↓   ↓   ↓   ↓
gerada   (lateral)   (lateral)   (coroa)
por ABC   (tronco)   (tronco)

Fórmulas $\begin{cases} \text{tronco de cone: } A_\ell = \pi(R + r)g \\ \text{coroa circular: } A = \pi(R^2 - r^2) \end{cases}$

$S_{ABC} = \pi\left(2a + \dfrac{3a}{2}\right)a + \pi\left(\dfrac{3a}{2} + a\right)a + \pi[(2a)^2 - a^2] \Rightarrow$

$\Rightarrow S_{ABC} = \dfrac{7}{2}\pi a^2 + \dfrac{5}{2}\pi a^2 + 3\pi a^2 \Rightarrow S_{ABC} = 9\pi a^2$

b) Volume

V_{ABC} = V_{XABY} − V_{XACY}
↓ ↓ ↓
gerado tronco tronco
por   de cone de cone
ABC

Fórmula: $V = \dfrac{\pi h}{3}(R^2 + Rr + r^2)$.

$V_{ABC} = \dfrac{\pi}{3} \cdot \dfrac{a\sqrt{3}}{2}\left[(2a)^2 + (2a)\cdot\left(\dfrac{3a}{2}\right) + \left(\dfrac{3a}{2}\right)^2\right] -$

$-\dfrac{\pi}{3} \cdot \dfrac{a\sqrt{3}}{2}\left[\left(\dfrac{3a}{2}\right)^2 + \left(\dfrac{3a}{2}\right)\cdot a + a^2\right]$

$V_{ABC} = \dfrac{\pi}{3} \cdot \dfrac{a\sqrt{3}}{2}\left[4a^2 + 3a^2 + \dfrac{9a^2}{4} - \dfrac{9a^2}{4} - \dfrac{3a^2}{2} - a^2\right] \Rightarrow$

$\Rightarrow V_{ABC} = \dfrac{\pi}{3} \cdot \dfrac{a\sqrt{3}}{2} \cdot \dfrac{9a^2}{2} \Rightarrow V_{ABC} = \dfrac{3\sqrt{3}}{4}\pi a^3$

2º modo: usando as fórmulas de Pappus-Guldin.

a) Área

$A = 2\pi \ell d$

com $\ell = 3a$ e $d = \dfrac{3a}{2}$, vem:

$A = 2\pi \cdot 3a \cdot \dfrac{3a}{2} \Rightarrow A = 9\pi a^2$.

b) Volume

$V = 2\pi S d$

com $S = \dfrac{1}{2}a \cdot \dfrac{a\sqrt{3}}{2} = \dfrac{a^2\sqrt{3}}{4}$

e $d = \dfrac{3a}{2}$, vem $V = 2\pi \cdot \dfrac{a^2\sqrt{3}}{4} \cdot \dfrac{3a}{2} \Rightarrow V = \dfrac{3\sqrt{3}}{4}\pi a^3$.

1049. Calcule o volume e a área do sólido gerado por um triângulo equilátero de lado *a* que gira ao redor de um dos seus lados.

1050. Determine o volume de um sólido gerado por um triângulo equilátero de lado *a*, quando gira em torno de um eixo paralelo a um de seus lados, sabendo que esse eixo passa pelo vértice oposto a esse lado.

1051. Calcule o volume do sólido gerado por um triângulo equilátero de lado a que gira em torno de um eixo que contém um vértice e é paralelo à altura relativa a outro vértice.

1052. Consideremos um triângulo equilátero ABC de lado 5 cm. Do ponto D, médio de AB, traçamos a perpendicular DE até AC. Executando uma revolução completa em torno de AC, calcule o volume do sólido gerado pela figura DECB.

1053. Determine o volume e a área de um sólido gerado quando um triângulo equilátero de lado a gira em torno de um eixo perpendicular a um dos seus lados e que passa pela extremidade desse lado.

1054. Determine o volume e a área de um sólido gerado por um triângulo equilátero ABC que faz uma rotação de 360° em torno de um eixo que é perpendicular à sua altura AM e passa pelo vértice A do triângulo, sabendo que a medida do lado do triângulo é igual a m.

1055. Seja ABC um triângulo equilátero de lado a. Prolonga-se a base BC até um ponto D, tal que CD = a. Pelo ponto D, levantamos uma perpendicular ao segmento BD e fazemos girar o triângulo em torno de DE, que é perpendicular a BD. Determine o volume e a área do sólido gerado.

1056. Determine a área total e o volume do sólido gerado por um quadrado de lado a, sabendo que faz uma rotação de 360° em torno de um de seus lados.

1057. Calcule o volume e a área do sólido gerado pela rotação de um quadrado de lado a, em torno de um eixo que passa por um de seus vértices e é paralelo a uma de suas diagonais.

1058. Um quadrado de lado igual a m gira em torno de um eixo que passa pela extremidade de uma diagonal e é perpendicular a essa diagonal. Determine a área e o volume do sólido gerado.

1059. Determine o volume do sólido gerado por um retângulo que gira 360° em torno de uma reta r paralela aos maiores lados do retângulo, distando 6 cm do lado mais próximo, sendo 10 cm e 15 cm as medidas do comprimento e da altura do retângulo.

1060. Girando um retângulo de 8 cm por 12 cm ao redor de cada um de seus lados, obtemos dois cilindros. Determine o volume e a superfície total dos dois cilindros.

1061. Um paralelogramo de lados 27 cm e 12 cm e ângulo entre os lados de 60° gira em torno de um eixo que contém o seu maior lado. Determine a área e o volume do sólido obtido.

1062. Prove que as áreas laterais dos cilindros gerados por um mesmo retângulo que gira ao redor de cada lado são iguais.

SUPERFÍCIES E SÓLIDOS DE REVOLUÇÃO

1063. Um retângulo de 4 cm de comprimento e 3 cm de largura gira ao redor de um eixo, situado no seu plano, paralelo ao maior lado e à distância de 1 cm desse lado. Calcule o volume do sólido gerado pela revolução desse retângulo.

1064. As diagonais de um losango de 5 cm de lado estão na razão 1 : 2. Ache o volume do sólido que se obtém quando o losango dá um giro de 360° em torno de um de seus lados.

1065. Um losango de lado 36 cm e ângulo agudo 60° gira em torno de um eixo passando por um vértice e perpendicular à sua maior diagonal. Encontre a área e o volume do sólido obtido.

1066. Um trapézio ABCD retângulo em B tem por bases AB = 24 cm e CD = 13 cm e por altura BC = 16 cm. Qual é o volume do sólido que se obtém quando este gira em torno de AB?

1067. Um trapézio retângulo gira em torno do segmento adjacente aos ângulos retos. Sendo 68 cm² a área do trapézio e as bases 10 cm e 7 cm, determine o volume do sólido obtido.

1068. Determine o volume do sólido obtido quando giramos um trapézio isósceles de altura h, em torno da base maior, sendo a medida dessa base igual a m e 45° o ângulo agudo do trapézio.

1069. Determine a medida do sólido obtido pela rotação de um hexágono regular, de lado 8 cm, em torno de um de seus lados.

1070. Sabendo que OABCD é um semi-hexágono regular de $\dfrac{10}{\sqrt{\pi}}$ m de lado, calcule a área da superfície gerada pela poligonal ABCD em rotação completa em torno do diâmetro AOB.

1071. Prove que um triângulo que gira 360° em torno de cada um de seus lados, gera três sólidos de volumes inversamente proporcionais aos lados do triângulo.

1072. Conhecendo a área A do triângulo gerador de um cone e a área total B do cone, calcule o apótema e o raio da base.

1073. Demonstre que, se fizermos girar um triângulo qualquer em torno de um de seus lados, o volume do sólido obtido será igual ao produto da área do triângulo pelo círculo descrito pelo ponto de interseção das medianas.

1074. Mostre que, quando um triângulo retângulo isósceles gira ao redor de uma reta conduzida pelo vértice do ângulo reto, paralelamente à hipotenusa ele gera um volume equivalente à esfera que teria a hipotenusa por diâmetro.

1075. Prove que as áreas laterais dos cones gerados por um mesmo triângulo retângulo que gira em torno de cada cateto são inversamente proporcionais aos catetos fixos.

1076. Os volumes dos cones gerados por um triângulo retângulo que gira em torno de cada cateto são inversamente proporcionais aos catetos fixos?

1077. Representando por V_a, V_b e V_c os volumes dos sólidos gerados por um triângulo retângulo ABC quando gira respectivamente em torno da hipotenusa a e dos catetos b e c, verifique a identidade:

$$\frac{1}{V_a^2} = \frac{1}{V_b^2} + \frac{1}{V_c^2}.$$

1078. Um triângulo equilátero ABC tem lado a; por um ponto P da base BC traçam-se as paralelas PR e PS, respectivamente, aos lados AB e AC, que concorrem com AC e AB, respectivamente em R e S. Determine a distância x = PB, de modo que o volume do sólido gerado pelo paralelogramo PRAS seja $\frac{2}{3}$ do volume do sólido gerado pelo triângulo ABC, quando a figura girar ao redor de BC.

1079. Seja dado um paralelogramo ABCD de lado AD = a e AB = b. Mostre que, se girarmos sucessivamente em 360° o paralelogramo em torno de AD e de AB, obteremos os volumes V_a e V_b que estão na razão $\frac{b}{a}$.

Solução

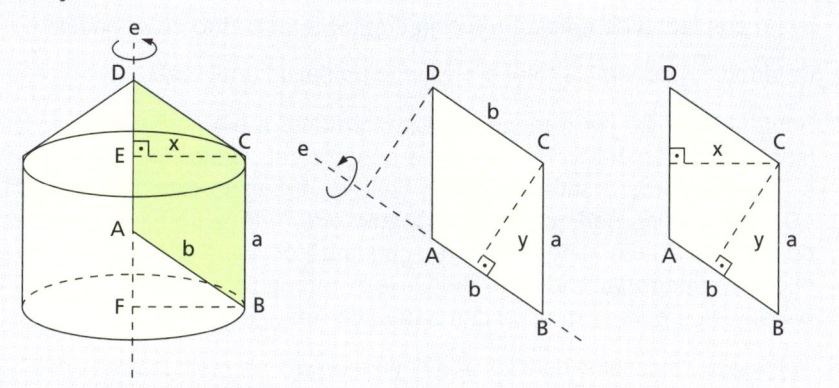

O sólido gerado por ABCD é equivalente ao gerado por FBCE (girando em torno de AD).

$V_a = \pi x^2 a \qquad V_b = \pi y^2 b$

Área de ABCD = $ax = by \Rightarrow \frac{x}{y} = \frac{b}{a}$.

Estabelecendo a razão, vem:

$$\frac{V_a}{V_b} = \frac{\pi x^2 a}{\pi y^2 b} = \left(\frac{x}{y}\right)^2 \cdot \frac{a}{b} \Rightarrow \frac{V_a}{V_b} = \frac{b^2}{a^2} \cdot \frac{a}{b} \Rightarrow \frac{V_a}{V_b} = \frac{b}{a}.$$

1080. Mostre que os volumes dos cilindros gerados por um retângulo que gira em torno de cada lado são inversamente proporcionais aos lados fixos.

1081. Prove que o volume de um cilindro circular reto é igual ao produto da área do retângulo gerador pelo comprimento da circunferência que descreve o ponto de concurso das diagonais do retângulo.

1082. O volume de um cilindro circular gerado por um retângulo, de área A cm², é de B cm³. Calcule o raio.

1083. Calcule as dimensões de um retângulo, sabendo que, se o fizermos girar sucessivamente em torno de dois lados adjacentes, os volumes dos cilindros gerados serão, respectivamente, V e V'.

1084. Mostre que o volume do sólido gerado por um retângulo girando em torno de um eixo de seu plano, paralelo a um de seus lados, e externo ao retângulo, é igual ao produto da área do retângulo pelo comprimento da circunferência descrita pelo centro do retângulo.

1085. Sendo a o lado de um losango e θ um de seus ângulos, exprima em função de a e θ o volume do sólido que se obtém girando o losango em torno de um de seus lados.

1086. Um retângulo de dimensões a e b gira em torno de uma reta de seu plano, paralela aos lados de medida b e cuja distância ao centro do retângulo é $d > \dfrac{a}{2}$. Determine a superfície total e o volume do sólido anular gerado pelo retângulo.

1087. Sobre a base de um retângulo e exteriormente a ele constrói-se um triângulo isósceles cuja base coincide com a base do retângulo. Sendo um pentágono a figura formada e sabendo que a base do triângulo excede a sua altura em 19 cm e que os perímetros do triângulo e do retângulo são respectivamente de 50 cm e 70 cm, determine a relação entre os volumes do cone e do cilindro obtidos quando giramos o triângulo e o retângulo ao redor de um eixo que passa pelos pontos médios das bases do retângulo.

1088. Um trapézio isósceles está inscrito em um círculo e suas bases se encontram em semiplanos opostos em relação ao centro do círculo. Sendo as bases 12 cm e 16 cm e o raio do círculo 10 cm, determine o volume do sólido obtido pela rotação completa do trapézio ao redor da base maior e o volume do cilindro obtido quando giramos ao redor de um lado um quadrado que tenha a mesma área do trapézio.

1089. Consideremos um semicírculo AC de centro O e de diâmetro AC = 2a. Prolongamos OA até um ponto B, tal que OA = AB; e pelo vértice B traçamos a tangente BM ao semicírculo. Determine a medida de BM e o ângulo $M\hat{B}C$ compreendido entre a tangente e o diâmetro prolongado. Depois calcule a área e o volume do sólido obtido quando efetuamos uma rotação em torno de BO da figura BMO.

1090. Num círculo de centro O e raio *r*, traçam-se dois diâmetros perpendiculares AB e CD; traça-se BC e prolonga-se até interceptar em E a tangente ao círculo por A. Gira-se o triângulo ABE em torno de AB. Calcule o volume e a área gerada pela superfície CEA compreendida entre as retas AE, EC e o arco AC.

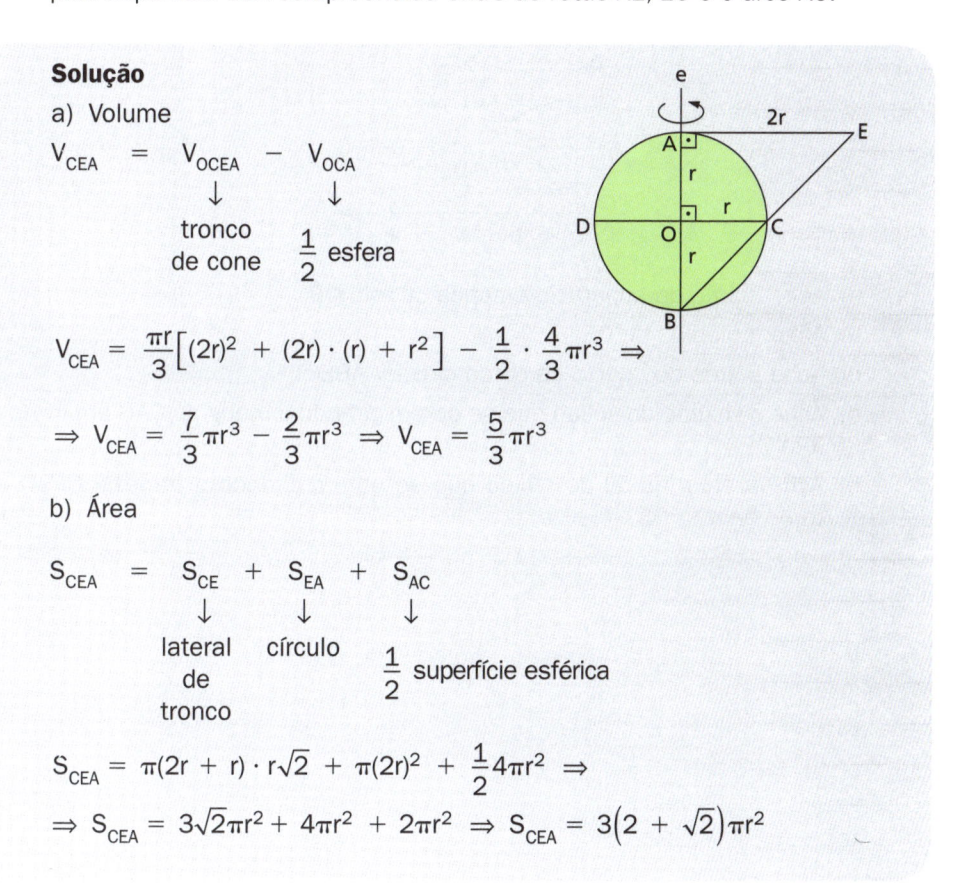

Solução

a) Volume

$$V_{CEA} = \underset{\underset{\text{tronco de cone}}{\downarrow}}{V_{OCEA}} - \underset{\underset{\frac{1}{2}\text{ esfera}}{\downarrow}}{V_{OCA}}$$

$$V_{CEA} = \frac{\pi r}{3}\left[(2r)^2 + (2r) \cdot (r) + r^2\right] - \frac{1}{2} \cdot \frac{4}{3}\pi r^3 \Rightarrow$$

$$\Rightarrow V_{CEA} = \frac{7}{3}\pi r^3 - \frac{2}{3}\pi r^3 \Rightarrow V_{CEA} = \frac{5}{3}\pi r^3$$

b) Área

$$S_{CEA} = \underset{\underset{\text{lateral de tronco}}{\downarrow}}{S_{CE}} + \underset{\underset{\text{círculo}}{\downarrow}}{S_{EA}} + \underset{\underset{\frac{1}{2}\text{ superfície esférica}}{\downarrow}}{S_{AC}}$$

$$S_{CEA} = \pi(2r + r) \cdot r\sqrt{2} + \pi(2r)^2 + \frac{1}{2}4\pi r^2 \Rightarrow$$

$$\Rightarrow S_{CEA} = 3\sqrt{2}\pi r^2 + 4\pi r^2 + 2\pi r^2 \Rightarrow S_{CEA} = 3(2 + \sqrt{2})\pi r^2$$

1091. A medida do raio de um círculo é 20 cm. Por um ponto P situado a 50 cm do centro traçam-se duas tangentes ao círculo. Sejam A e B os pontos de tangência e AB a corda obtida. Efetuando uma rotação do triângulo PAB em torno do diâmetro paralelo a AB, obtemos um sólido. Calcule o volume desse sólido.

1092. Consideremos um hexágono regular inscrito em um círculo de raio R. Efetuando uma rotação do círculo em torno de um diâmetro que passa pelos pontos médios de dois lados paralelos do hexágono, calcule a razão entre os volumes gerados pelo círculo e pelo hexágono.

SUPERFÍCIES E SÓLIDOS DE REVOLUÇÃO

1093. As questões abaixo (a, b, c, d, e) referem-se à figura seguinte, em que são dados OA = 1 cm e AG = 2 cm.

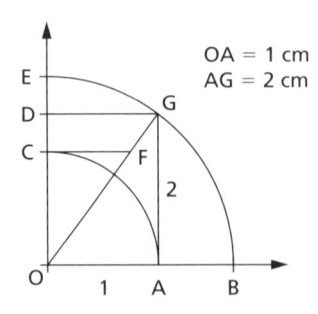

a) Ache a área da superfície esférica de raio OB.
b) Ache a medida de CF.
c) Ache a área do quarto da coroa circular ABEC.
d) Ache o volume do sólido que se obtém girando o triângulo OAG em torno da reta OE.
e) Ache a área lateral do sólido que se obtém girando o trapézio CFGD em torno da reta OE.

CAPÍTULO XVI
Superfícies e sólidos esféricos

I. Superfícies — Definições

278. Calota esférica

É a superfície de revolução cuja geratriz é um arco de circunferência e cujo eixo é uma reta tal que:
    a) passa pelo centro da circunferência que contém o arco;
    b) passa por um extremo do arco e não o intercepta em outro ponto;
    c) é coplanar com o arco.

279. Zona esférica

É a superfície de revolução cuja geratriz é um arco de circunferência e cujo eixo é uma reta tal que:
    a) passa pelo centro da circunferência que contém o arco;
    b) não passa por nenhum extremo do arco nem intercepta o arco em outro ponto;
    c) é coplanar com o arco.

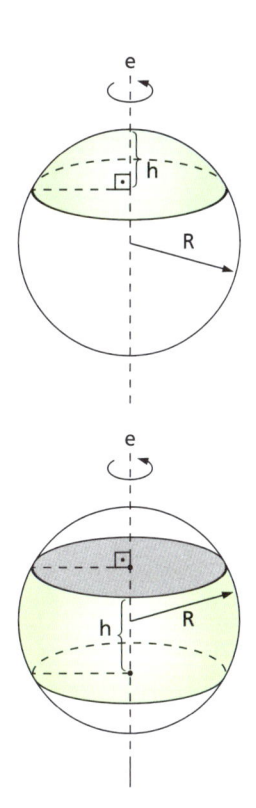

280. Outra definição para calota e zona esférica

Seccionando uma superfície esférica por dois planos paralelos entre si, dividimos essa superfície em três partes; a que está entre os dois planos, reunida às duas circunferências-seção, é chamada **zona esférica,** e cada uma das outras duas, reunidas à respectiva circunferência-seção, é chamada **calota esférica.**

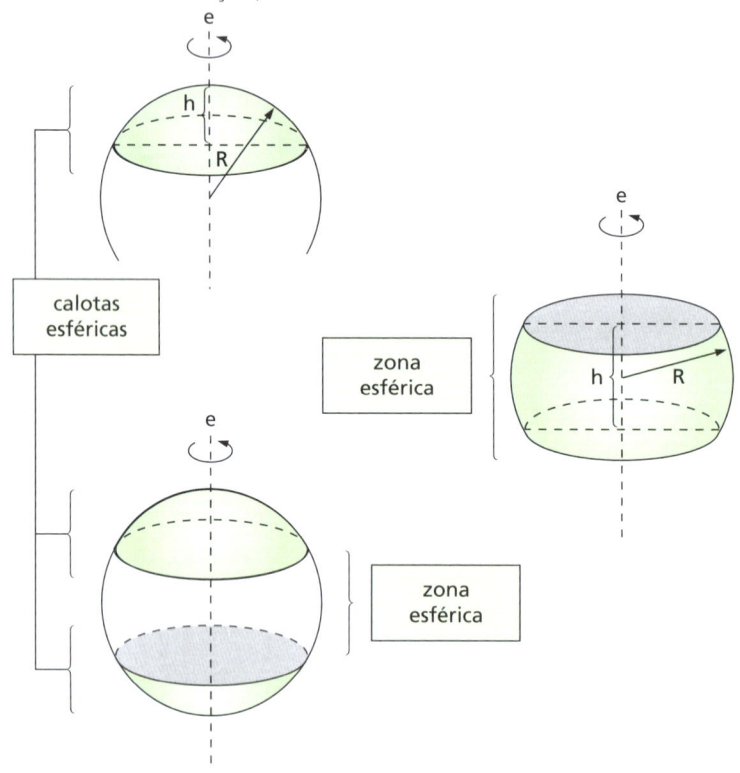

II. Áreas das superfícies esféricas

281. Área da calota e área da zona esférica

$$A = 2\pi Rh$$

Veja a dedução no item 296.

em que:

R é o raio da circunferência que contém o arco (é o raio da **superfície esférica**);

h é a projeção do arco sobre o eixo.

$A_{calota} = 2\pi Rh_{calota} \quad A_{zona} = 2\pi Rh_{zona}$

282. Área da superfície da esfera

A superfície da esfera pode ser entendida, por extensão, como uma calota (ou zona) esférica de altura igual ao diâmetro (h = 2R). Daí, a área da superfície esférica é:

$$A = 2\pi R \cdot \underbrace{2R}_{h} \Rightarrow \boxed{A = 4\pi R^2}$$

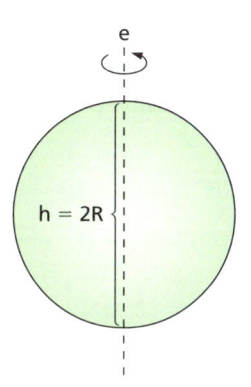

EXERCÍCIOS

1094. Determine a área de uma calota esférica de 75 cm de altura de uma esfera de 70 cm de raio.

1095. Determine a área de uma esfera em que uma zona de 10 cm de altura tem área de 120π cm².

1096. Determine o volume de uma esfera, sabendo que uma calota dessa esfera tem 47 cm de altura e 198π cm² de área.

1097. Determine a altura de uma zona esférica, sabendo que sua área é igual ao quíntuplo da área do círculo máximo da esfera na qual está contida.

1098. Qual é a fração da área da superfície da Terra suposta esférica (raio = = 6 300 km) observada por um cosmonauta que se acha à altura de 300 km?

Solução

Sejam:

x = 300 a altitude;

R = 6 300 o raio da Terra;

h a altura da calota visível.

O problema pede: $\dfrac{A_{calota}}{A_{sup.\,esf.}}$

$$\dfrac{A_{calota}}{A_{sup.\,esf.}} = \dfrac{2\pi Rh}{4\pi R^2} = \dfrac{h}{2R}$$

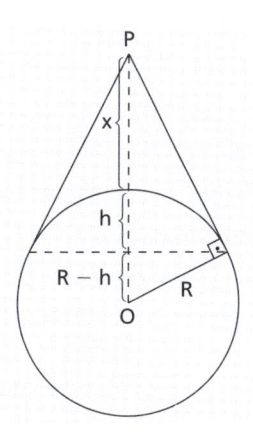

> Calculando h, no triângulo retângulo PTO, temos:
>
> $R^2 = (R - h)(x + R) \Rightarrow h = \dfrac{Rx}{x + R}$
>
> $\Rightarrow \dfrac{h}{2R} = \dfrac{x}{2(x + R)}.$
>
> Substituindo x e R, vem: $\dfrac{h}{2R} = \dfrac{300}{2(300 + 6\,300)} \Rightarrow \dfrac{h}{2R} = \dfrac{1}{44}.$
>
> Resposta: $\dfrac{1}{44}$ da superfície da Terra.

1099. Determine a altura a que deve se elevar um astronauta para ver $\dfrac{1}{36}$ da superfície da Terra.

1100. Admitindo a Terra como esférica, determine a altura e a área da calota esférica observada por um astronauta que sobrevoa a Terra, no instante em que ele se encontra na altitude de 9 vezes o raio terrestre. Adote o raio da Terra como unidade de medida.

1101. Um ponto luminoso está situado a 2 m de distância de uma esfera de raio igual a 4 m. Qual o valor da área da porção iluminada da esfera?

1102. Determine a que distância x da superfície de uma esfera de raio R deve ficar um ponto M, a fim de que a calota visível desse ponto seja uma fração dada $\dfrac{1}{m}$ da superfície da esfera.

1103. Uma esfera é seccionada por um plano a 3 cm do centro da esfera. Sabendo que as áreas das calotas determinadas estão entre si como $\dfrac{3}{5}$, calcule o volume da esfera.

1104. Consideremos duas esferas concêntricas. A esfera exterior é seccionada por um plano tangente à interior, determinando uma calota esférica de 100π cm² de área. Calcule o raio da esfera exterior, sendo 3 cm a medida do raio da esfera interior.

1105. Seccionando uma esfera por um plano, obtemos duas calotas cujas áreas estão na razão $\dfrac{2}{5}$. Calcule a superfície da esfera, sendo 4 cm a medida da corda do arco gerador da menor calota.

1106. Um arco de 60°, pertencente a uma circunferência de raio 10 cm, gira em torno de um diâmetro que passa por uma de suas extremidades. Determine a área da calota gerada.

1107. Calcule a razão entre as duas calotas esféricas em que uma superfície esférica é dividida por um plano que passa por uma face do cubo inscrito.

1108. Corta-se uma esfera de raio R por um plano a. A diferença das áreas das calotas obtidas é igual à área da seção determinada pelo plano. Qual a distância do plano ao centro da esfera?

1109. Dada uma circunferência de raio R e diâmetro CB, uma corda AC é tal que, girando a figura em torno de AB, a área da calota gerada por AC e a área lateral do cone de geratriz $\overline{AC}$ estão na razão M : (m/n > 1). Calcule a projeção de $\overline{AC}$ sobre $\overline{BC}$.

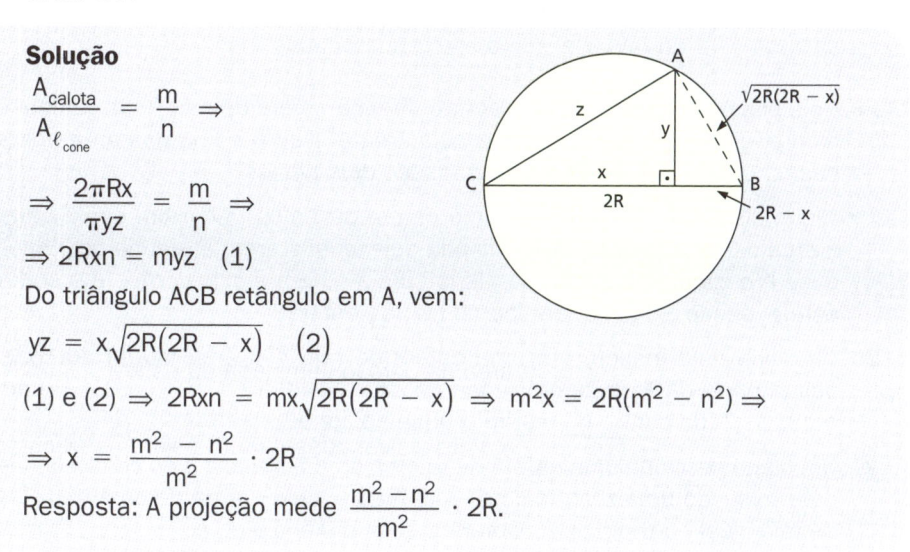

Solução

$$\frac{A_{calota}}{A_{\ell_{cone}}} = \frac{m}{n} \Rightarrow$$

$$\Rightarrow \frac{2\pi Rx}{\pi yz} = \frac{m}{n} \Rightarrow$$

$$\Rightarrow 2Rxn = myz \quad (1)$$

Do triângulo ACB retângulo em A, vem:

$$yz = x\sqrt{2R(2R - x)} \quad (2)$$

(1) e (2) $\Rightarrow 2Rxn = mx\sqrt{2R(2R - x)} \Rightarrow m^2x = 2R(m^2 - n^2) \Rightarrow$

$$\Rightarrow x = \frac{m^2 - n^2}{m^2} \cdot 2R$$

Resposta: A projeção mede $\frac{m^2 - n^2}{m^2} \cdot 2R$.

1110. Determine a distância de um plano secante ao centro de uma esfera, sabendo que a maior calota determinada por esse plano tem área igual à média geométrica entre a área da menor calota e a área da esfera na qual estão contidas as calotas.

1111. A geratriz de um cone forma com o eixo um ângulo de 30°, sendo esse cone circunscrito a uma esfera de raio 12 cm. Obtenha a área da menor calota determinada pelo círculo de contato das duas superfícies.

1112. Determine o raio da esfera na qual seja possível destacar uma calota de altura igual a 2 m e cuja área seja igual ao triplo da área lateral do cone, tendo o vértice no centro da esfera e por base a base da calota.

1113. Determine a medida da área de uma zona cujos raios das bases medem 3 cm e 5 cm, respectivamente, sendo 8 cm a medida da altura da zona.

1114. Uma zona esférica de 5 cm de altura é equivalente a um fuso esférico de 45° da mesma esfera. Determine o volume e a área da esfera.

SUPERFÍCIES E SÓLIDOS ESFÉRICOS

1115. Determine o raio de uma esfera, sabendo que a diferença entre a sua área e a de uma zona sua de 5 cm de altura é igual à área de um fuso de 60° da mesma esfera.

1116. A soma das áreas de um fuso de 60° e de uma zona esférica de 8 cm de altura é igual a $\frac{3}{2}$ da área da esfera. Determine o volume da esfera.

1117. Uma zona esférica e um fuso de uma mesma esfera têm áreas iguais. A altura da zona é $\frac{1}{n}$ do raio. Calcule o arco equatorial do fuso.

1118. Dois planos equidistantes do centro de uma esfera de raio R seccionam essa esfera, determinando uma zona cuja área é igual à soma das áreas de suas bases. Obtenha a distância entre esses dois planos.

1119. A que distância do centro de uma esfera devemos traçar um plano para que a área da zona (calota) determinada seja igual à área lateral de um cone cuja base é o círculo da seção do plano com a esfera e cujo vértice é o centro da esfera, sendo 10 cm a medida do raio da esfera?

1120. Um cone está inscrito em uma esfera de raio r. A área lateral do cone é a quinta parte da área de uma zona de altura igual à altura do cone. Determine a distância do centro da esfera à base do cone.

1121. Um plano secciona uma esfera de raio r a uma distância d do centro da esfera, determinando uma zona (calota) cuja área é igual à área de uma outra esfera de raio igual ao triplo de d. Obtenha essa distância d.

1122. Dois planos seccionam uma esfera, sendo que o primeiro passa pelo centro da esfera e o segundo a uma distância d do centro da esfera. Sabendo que a área da zona esférica determinada por esses dois planos é igual à soma das áreas do círculo máximo da esfera com a área da seção à distância d do centro da esfera, obtenha d.

1123. É dado um semicírculo $\overset{\frown}{AB}$ de raio R e um ponto P no prolongamento do diâmetro. Calcule $\overline{OP}$, de modo que a tangente $\overline{PC}$ possa gerar em torno do diâmetro uma área igual à área gerada pelo arco $\overset{\frown}{AC}$ em torno do mesmo diâmetro.

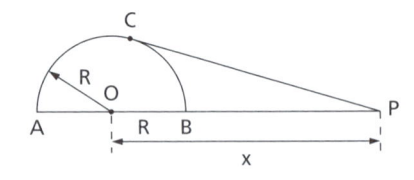

1124. Seja uma esfera de raio R cortada por um feixe de N planos que tem uma reta comum, determinando nesta N + 1 sólidos. Sendo S a superfície total desses sólidos, prove que:

$$\frac{S}{2\pi R^2} - 2 \leq N.$$

III. Sólidos esféricos: definições e volumes

283. Segmento esférico de duas bases

Consideremos um segmento circular de duas bases e um eixo (reta) perpendicular a essas bases pelo centro e que divide o segmento em duas partes congruentes. Girando uma dessas partes em torno do eixo, obtém-se um sólido que é chamado **segmento esférico de duas bases**.

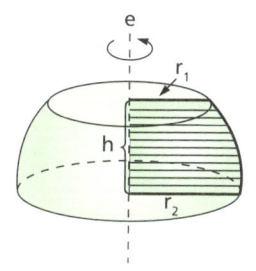

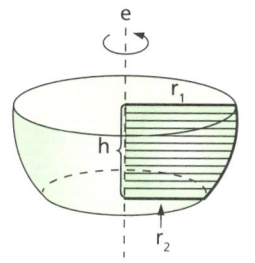

284. Volume

$$V = \frac{\pi h}{6}\left[3\left(r_1^2 + r_2^2\right) + h^2\right]$$

em que:
- r_1 é a medida do raio de uma base;
- r_2 é a medida do raio da outra base;
- h é a medida da altura (projeção do arco sobre o eixo).

Veja a dedução no item 293.

SUPERFÍCIES E SÓLIDOS ESFÉRICOS

285. Segmento esférico de uma base

Consideremos um segmento circular de uma base e um eixo (reta) perpendicular a ela pelo centro e que divide o segmento em duas partes congruentes. Girando uma dessas partes em torno do eixo, obtém-se um sólido que é chamado **segmento esférico de uma base**.

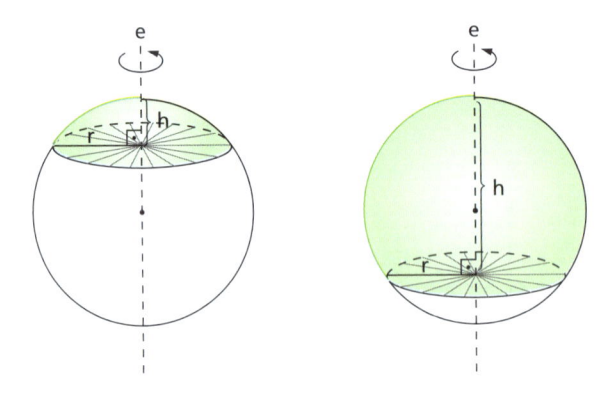

286. Volume

Decorre da fórmula do volume do segmento esférico de duas bases, fazendo: $r_1 = r$ e $r_2 = 0$.

$$V = \frac{\pi h}{6}\left[3(r^2 + 0) + h^2\right] \Rightarrow \boxed{V = \frac{\pi h}{6}\left[3r^2 + h^2\right]}$$

287. Outra definição para os segmentos esféricos

Seccionando uma esfera por dois planos paralelos entre si, dividimos a esfera em três partes; a que está compreendida entre os dois planos, reunida aos dois círculos-seção, é chamada **segmento esférico de duas bases**, e cada uma das outras duas, reunidas ao respectivo círculo-seção, é chamada **segmento esférico de uma base**.

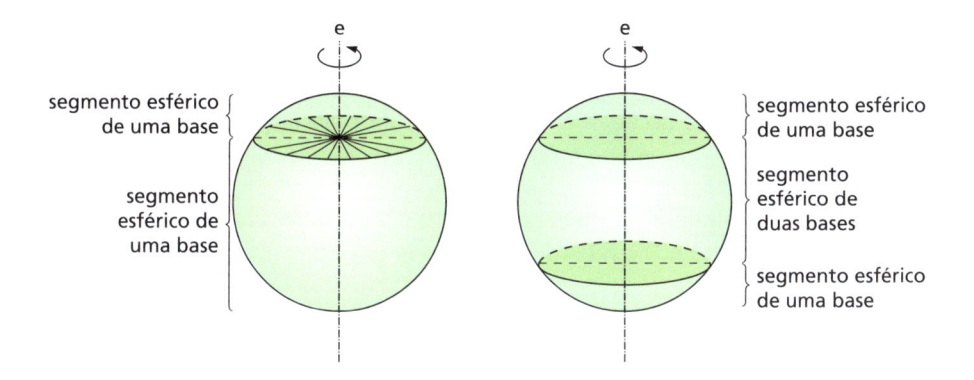

288. Volume da esfera

A esfera pode ser considerada, por extensão, um segmento esférico em que $r_1 = 0$, $r_2 = 0$ e $h = 2R$. Daí, o volume da esfera é:

$$V = \frac{\pi \overbrace{(2R)}^{h}}{6}[3(\underset{\downarrow}{\overset{r_1^2}{0}} + \underset{\downarrow}{\overset{r_2^2}{0}}) + \underbrace{(2R)^2}_{h}] \Rightarrow$$

$$\Rightarrow \boxed{V = \frac{4}{3}\pi R^3}$$

EXERCÍCIOS

1125. Determine o volume de um segmento esférico de uma base, sendo de 16π m² a área da base e 2 m a altura do segmento.

1126. O raio da base e a altura de um segmento esférico de uma base medem, respectivamente, 8 cm e 12 cm. Determine o volume do segmento esférico.

SUPERFÍCIES E SÓLIDOS ESFÉRICOS

1127. Determine o volume de um segmento esférico cuja calota tem 100π cm² de área, estando ambos situados em uma esfera de 20 cm de diâmetro.

1128. Determine o volume do segmento esférico obtido da seção de uma esfera de 10 cm de raio, por um plano, que passa a 2 cm do centro da esfera.

1129. Determine o volume de um segmento esférico de duas bases, sendo 4 cm a altura do segmento e 8 cm os diâmetros das bases.

1130. Uma esfera de 18 m de raio é seccionada por planos perpendiculares a um diâmetro, dividindo-o em partes proporcionais a 2, 3 e 4. Calcule as áreas totais e os volumes dos sólidos determinados.

Solução

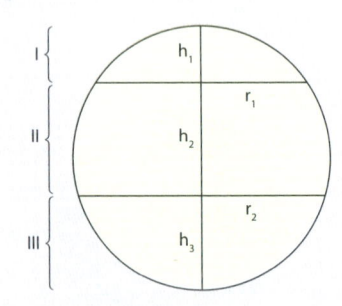

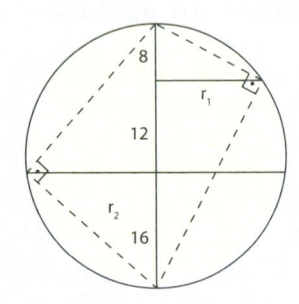

Os sólidos determinados são segmentos esféricos.

a) Cálculo dos elementos caracterizados na figura.

$R = 18$ $\quad\quad h_1 = 2k \quad\quad h_2 = 3k \quad\quad h_3 = 4k$

$h_1 + h_2 + h_3 = 36 \Rightarrow 9k = 36 \Rightarrow k = 4$

$h_1 = 8 \quad\quad\quad\quad h_2 = 12 \quad\quad\quad\quad h_3 = 16$

Dos triângulos retângulos vem:

$r_1^2 = 8 \cdot 28 \Rightarrow r_1^2 = 224 \quad\quad\quad r_2^2 = 16 \cdot 20 \Rightarrow r_2^2 = 320$

b) Cálculo das áreas e volumes.

Do segmento esférico I.

$A_t = A_{calota} + A_{círculo} \Rightarrow A_t = 2\pi R h_1 + \pi r_1^2 \Rightarrow$

$\Rightarrow A_t = 2\pi \cdot 18 \cdot 8 + \pi \cdot 224 \Rightarrow A_t = 512\pi$ m²

$V = \dfrac{\pi h_1}{6}[3r_1^2 + h_1^2] \Rightarrow V = \dfrac{\pi \cdot 8}{6}[3 \cdot 224 + 64] \Rightarrow V = \dfrac{2944}{3}\pi$ m²

Do segmento esférico II.

$A_t = A_{zona} + A_{círculo\ I} + A_{círculo\ II} \Rightarrow A_t = 2\pi Rh_2 + \pi r_1^2 + \pi r_2^2 \Rightarrow$

$\Rightarrow A_t = 2\pi \cdot 18 \cdot 12 + \pi \cdot 224 + \pi \cdot 320 \Rightarrow A_t = 976\pi \text{ m}^2$

$V = \dfrac{\pi h_2}{6}\left[3(r_1^2 + r_2^2) + h_2^2\right] \Rightarrow V = \dfrac{\pi 12}{6}\left[3(224 + 320) + 12^2\right] \Rightarrow$

$\Rightarrow V = 3552\pi \text{ m}^3$

Do segmento esférico III.

$A_t = A_{calota} + A_{círculo} \Rightarrow A_t = 2\pi Rh_3 + \pi r_2^2 \Rightarrow$

$\Rightarrow A_t = 2 \cdot \pi \cdot 18 \cdot 16 + \pi \cdot 320 \Rightarrow A_t = 896\pi \text{ m}^2$

$V = \dfrac{\pi h_3}{6}\left[3r_2^2 + h_3^2\right] \Rightarrow V = \dfrac{\pi 16}{6}\left[3 \cdot 320 + 16^2\right] \Rightarrow$

$\Rightarrow V = \dfrac{9728}{3}\pi \text{ m}^3$

1131. Determine o volume de um segmento esférico de duas bases, sabendo que está situado em uma semiesfera de 20 cm de raio e que as suas bases distam 3 cm e 6 cm, respectivamente, do centro da semiesfera.

1132. Determine o volume de um segmento esférico de duas bases, sendo 15 cm a medida do raio da esfera na qual está contido o segmento esférico e sabendo que as bases paralelas do segmento esférico distam cada uma 6 cm do centro da esfera.

1133. Dada uma esfera S de diâmetro AB = 2R, considera-se o cone C de altura AB e de raio R. Calcule o volume do sólido comum à esfera S e ao cone C.

Solução

O sólido comum é a reunião de um cone de raio x e altura $2R - y$, com um segmento esférico de raio x e altura y.

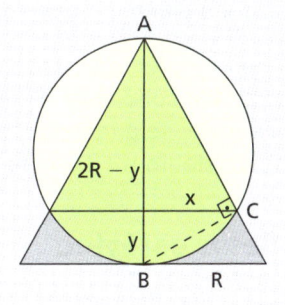

$V = \dfrac{1}{3}\pi x^2(2R - y) + \dfrac{\pi y}{6}\left[3x^2 + y^2\right]$

Cálculo de x e y.

Da semelhança: $\dfrac{x}{R} = \dfrac{2R - y}{2R} \Rightarrow x = \dfrac{2R - y}{2}$ (1)

Do triângulo ACB: $x^2 = y(2R - y)$ (2)

SUPERFÍCIES E SÓLIDOS ESFÉRICOS

De (1) e (2) saem: $x = \dfrac{4}{5}R \qquad y = \dfrac{2}{5}R$

Substituindo x e y em V, temos:

$$V = \dfrac{1}{3}\pi \cdot \dfrac{16}{25}R^2 \cdot 2x + \dfrac{\pi}{6} \cdot \dfrac{2}{5}R\left(3 \cdot \dfrac{16}{25}R^2 + \dfrac{4}{25}R^2\right) \Rightarrow$$

$$\Rightarrow V = \dfrac{12}{25}\pi R^3$$

1134. Seja dada uma esfera de raio R em um ponto P distante h > R do seu centro. Considere-se o cone indefinido, formado pela totalidade das retas tangentes à esfera, traçadas pelo ponto P. Calcule o volume do sólido, cujos pontos são internos ao cone e externos à esfera.

1135. Uma esfera de 30 m de diâmetro foi seccionada por dois planos paralelos do mesmo lado do centro e distantes deste centro 12 m e 8 m, respectivamente. Calcule a área da zona compreendida entre esses planos e o volume do segmento esférico compreendido entre esses dois planos.

1136. Obtenha a distância entre o centro de uma esfera e um plano que a secciona determinando um segmento esférico, de tal maneira que o volume do segmento esférico seja igual ao volume de um cone de revolução cuja base é a seção da esfera e cujo vértice é o centro da esfera, sendo r o raio da esfera.

1137. Seccionando um hemisfério de raio r, por um plano paralelo à base, obtemos um segmento esférico de uma base. Sendo o volume desse segmento igual ao volume de um cilindro cuja base é a seção e cuja altura é igual à distância entre o plano e a base do hemisfério, determine essa distância.

1138. Num segmento esférico de uma só base, de uma esfera e de raio R, está inscrito um cone, cujo vértice é um dos polos relativos a sua base. Qual a área da base, se a razão entre o volume do cone e o do segmento esférico é igual à constante K? (Discuta o problema.)

289. Setor esférico

É o sólido de revolução obtido pela rotação de um setor circular em torno de um eixo tal que:
a) passa pelo vértice do setor circular;
b) não intercepta o arco do setor circular ou o intercepta num extremo;
c) é coplanar com o setor circular.

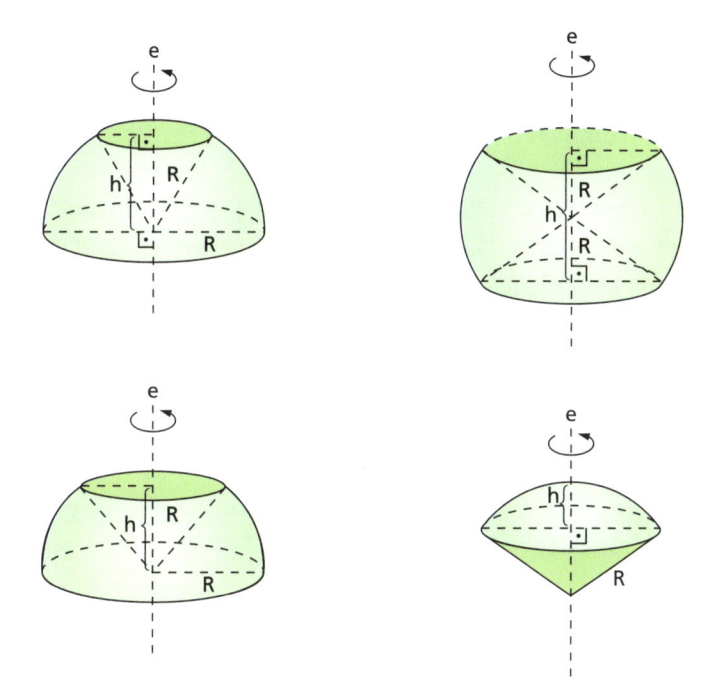

290. Volume do setor

$$V = \frac{2}{3}\pi R^2 h$$

em que: R é a medida do raio do setor (note que é o raio da esfera) e *h* é a medida da altura do setor (projeção do arco sobre o eixo).

　　Nota: A esfera pode ser considerada, por extensão, um setor esférico de altura h = 2R.

$$V = \frac{2}{3}\pi R^2 \cdot \underbrace{2R}_{h} \Rightarrow \boxed{V = \frac{4}{3}\pi R^3}$$

SUPERFÍCIES E SÓLIDOS ESFÉRICOS

291. Anel esférico

É um sólido de revolução que se obtém pela rotação de um segmento circular (de uma base) em torno de um eixo tal que:

a) passa pelo centro do círculo que define o segmento circular;
b) não intercepta o arco do segmento circular ou intercepta-o num dos extremos;
c) é coplanar com o segmento circular.

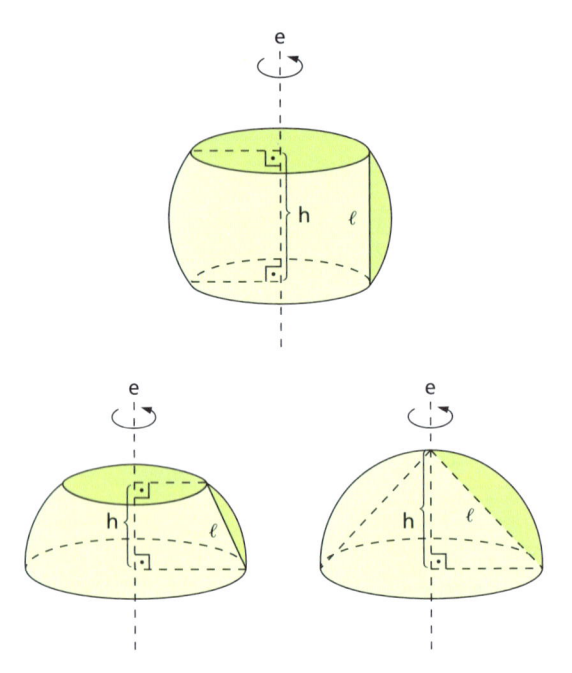

292. Volume do anel

$$V = \frac{\pi h}{6} \ell^2$$

em que:
  h é a medida da altura (projeção do arco sobre o eixo) e
  ℓ é a medida da corda (base do segmento circular).

EXERCÍCIOS

1139. Numa esfera de 1 m de raio, uma zona de 1 m² serve de base a um setor esférico. Determine o volume do setor.

1140. Um setor esférico tem volume igual a 200π cm³, sua zona de base tem área igual a 100π cm². Determine o volume da esfera à qual pertence o setor esférico.

1141. O volume de um setor esférico é igual a 1350π cm³. O raio da esfera no qual está contido mede 15 cm. Determine a medida da área da zona correspondente.

1142. Determine a medida do raio de uma esfera cujo volume é igual ao volume de um setor de uma esfera de 1 m de raio e tendo por base uma zona de 80π cm².

1143. Um setor circular AOB, pertencente a um círculo de 10 cm de raio, gira em torno do diâmetro POQ. Determine o volume do sólido gerado, sabendo que o raio AO forma com o diâmetro POQ um ângulo de 60° e que o raio OB forma com o mesmo diâmetro um ângulo de 45°.

1144. Dois setores esféricos de uma mesma esfera e de mesmo volume têm necessariamente a mesma altura?

1145. O volume de um setor esférico é proporcional ao quadrado ou ao cubo do raio? Justifique.

1146. Uma esfera de raio R é furada segundo um setor esférico cujo vértice coincide com o centro da esfera. Determine a expressão que dá o raio da circunferência segundo o qual o setor corta a esfera, de tal maneira que o volume do setor seja $\frac{1}{n}$ do volume da esfera.

1147. Um anel esférico é gerado por um segmento circular cuja corda mede ℓ. Sendo V o volume do anel, calcule a projeção da corda sobre o eixo.

1148. Determine o volume gerado pelo segmento circular AMB, girando ao redor do diâmetro PQ, sendo a corda AB deste segmento igual a 5 cm, a distância do ponto A ao eixo igual a 3 cm e a distância do ponto B ao eixo igual a 6 cm.

1149. Dado um hemisfério H, definido por seu círculo máximo C e pelo polo correspondente P, determine o volume interior a H e exterior a quatro cones, tendo P para vértice comum e para bases quatro círculos iguais, situados no plano C, tangentes interiormente a este círculo e exteriormente entre si.

SUPERFÍCIES E SÓLIDOS ESFÉRICOS

1150. Deduza a fórmula do **volume do segmento esférico**, supondo conhecida a fórmula do volume do setor esférico.

Solução

Dividamos em 2 casos:

1º caso: Uma das bases do segmento esférico é círculo máximo da esfera.

$$V_{segm.} = V_{setor} + V_{cone}$$

$$V_{setor} = \frac{2}{3}\pi R^2 H = \frac{\pi H}{6} 4R^2$$

$$V_{cone} = \frac{1}{3}\pi R_1^2 H = \frac{\pi H}{6} 2R_1^2$$

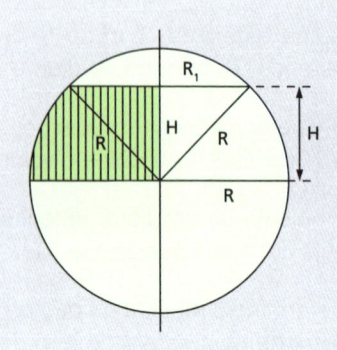

$$\Rightarrow V_{segm.} = \frac{\pi H}{6}\left[4R^2 + 2R_1^2\right] = \frac{\pi H}{6}\left[3R^2 + 3R_1^2 + \underbrace{R^2 - R_1^2}_{H^2}\right] \Rightarrow$$

(artifício)

$$\Rightarrow \boxed{V_{segm.} = \frac{\pi H}{6}\left[3(R_1^2 + R^2) + H^2\right]}$$

2º caso: Nenhuma das bases do segmento esférico é círculo máximo da esfera. Recaímos em soma ou diferença de dois segmentos do 1º caso.

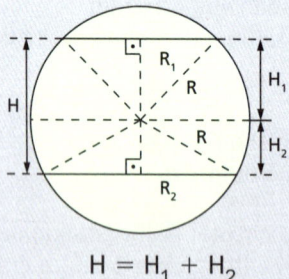

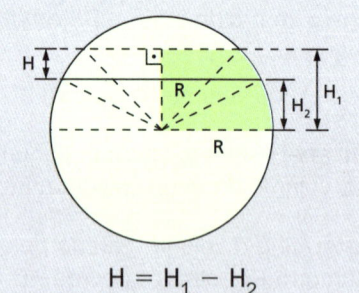

$$H = H_1 + H_2 \qquad H = H_1 - H_2$$

$$V_{segm.} = V_{segm.1} \pm V_{segm.2} =$$

$$= \frac{\pi H_1}{6}\left[3(R_1^2 + R^2) + H_1^2\right] \pm \frac{\pi H_2}{6}\left[3(R^2 + R_2^2) + H_2^2\right] =$$

SUPERFÍCIES E SÓLIDOS ESFÉRICOS

$$= \frac{\pi}{6}\left[3R_1^2H_1 + \underbrace{3R^2H_1 + H_1^3}_{R_2^2 + H_2^2} \pm \underbrace{3R^2H_2 \pm 3R_2^2H_2 \pm H_2^3}_{R_1^2 + H_1^2}\right] =$$

$$= \frac{\pi}{6}\left[3R_1^2H_1 + 3R_2^2H_1 + 3H_2^2H_1 + H_1^3 \pm 3R_1^2H_2 \pm 3H_1^2H_2 \pm 3R_2^2H_2 \pm H_2^3\right] =$$

$$= \frac{\pi}{6}\left[\underbrace{3R_1^2(H_1 \pm H_2) + 3R_2^2(H_1 \pm H_2)} + \underbrace{H_1^3 \pm 3H_1^2H_2 + 3H_1H_2^2 \pm H_2^3}\right] =$$

$$= \frac{\pi}{6}\left[3(R_1^2 + 3R_2^2)\underbrace{(H_1 \pm H_2)}_{H} + \underbrace{(H_1 \pm H_2)^3}_{H}\right] =$$

$$= \frac{\pi}{6}\left[3(R_1^2 + R_2^2)H + H^3\right] \Rightarrow \boxed{V_{segm.} = \frac{\pi H}{6}\left[3(R_1^2 + R_2^2) + H^2\right]}$$

IV. Deduções das fórmulas de volumes dos sólidos esféricos

A dedução das fórmulas de volumes dos sólidos esféricos (segmento esférico, setor esférico e anel esférico) pode ser feita a partir do segmento esférico de raios r_1 e r_2 e altura h.

293. Volume do segmento esférico

Consideremos as figuras abaixo:

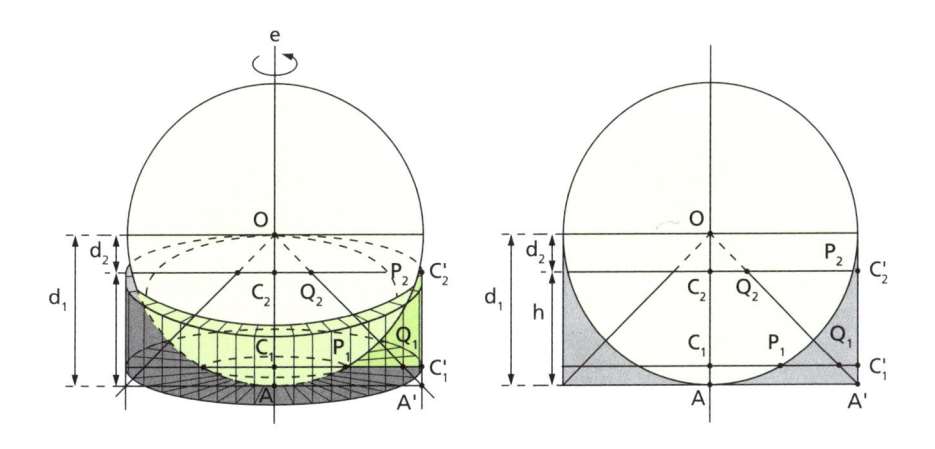

SUPERFÍCIES E SÓLIDOS ESFÉRICOS

em que:

$OA = AA' = OP_1 = OP_2 = R$ ("raio da esfera")

$C_1P_1 = r_1$ e $C_2P_2 = r_2$ (raios das bases do segmento esférico)

$OC_1 = C_1Q_1 = d_1$ e $OC_2 = C_2Q_2 = d_2$

$C_1C_2 = h = d_1 - d_2$

Nessa figura devemos reconhecer:

a) o **segmento esférico** gerado pela rotação

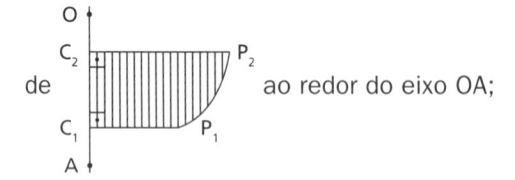

de [figura] ao redor do eixo OA;

b) o **cilindro** gerado pela rotação

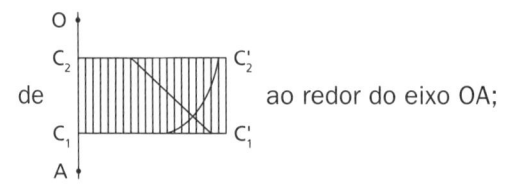

de [figura] ao redor do eixo OA;

c) o **tronco de cone** gerado pela rotação

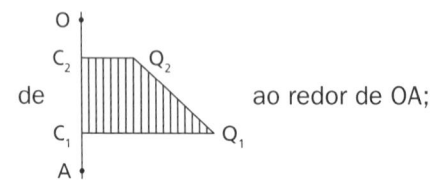

de [figura] ao redor de OA;

d) a **parte da anticlépsidra** gerada pela rotação

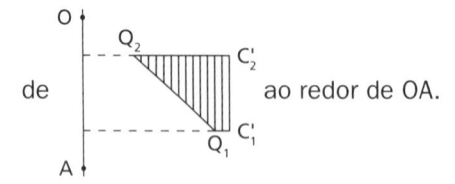

de [figura] ao redor de OA.

Pelo visto no item 224 o segmento esférico é equivalente à parte da anticlépsidra acima e, então, seu volume é dado pela diferença entre os volumes do cilindro e do tronco de cone acima identificados.

Então:

$$V = \pi R^2 h - \frac{\pi h}{3}\left[(C_1Q_1)^2 + (C_1Q_1)(C_2Q_2) + (C_2Q_2)^2\right] \Rightarrow$$

$$\Rightarrow V = \pi R^2 h - \frac{\pi h}{3}\left[d_1^2 + d_1 d_2 + d_2^2\right] \Rightarrow$$

$$\Rightarrow V = \frac{\pi h}{6}\left[6R^2 - 2d_1^2 - 2d_1 d_2 - 2d_2^2\right] \Rightarrow$$

$$\Rightarrow V = \frac{\pi h}{6}\left[3R^2 + 3R^2 - 3d_1^2 - 3d_2^2 + d_1 + d_2 - 2d_1 d_2\right] \Rightarrow$$

$$\Rightarrow V = \frac{\pi h}{6}\left[3(R^2 - d_1^2) + 3(R^2 - d_2^2) + (d_1 - d_2)^2\right] \Rightarrow$$

$$\Rightarrow V = \frac{\pi h}{6}\left[3r_1^2 + 3r_2^2 + h^2\right] \Rightarrow$$

$$\Rightarrow \boxed{V = \frac{\pi h}{6}\left[3(r_1^2 + r_2^2) + h^2\right]}$$

Nota: Da fórmula do volume do segmento esférico de duas bases sai a do volume do segmento esférico de uma base e a do volume da esfera.

294. Volume do setor esférico

Sendo conhecida a fórmula do volume do segmento esférico, deduzimos a fórmula do volume do setor esférico, dividindo em três casos:

1º caso: Um dos raios do contorno do setor circular (que gera o setor esférico) é perpendicular ao eixo.

$$V_{setor} = V_{segm.\ esf.} - V_{cone}$$

sendo $V_{segm.\ esf.} = \frac{\pi h}{6}\left[3(R^2 + r^2) + h^2\right]$

e $V_{cone} = \frac{\pi r^2 h}{3} = \frac{2\pi r^2 h}{6}$

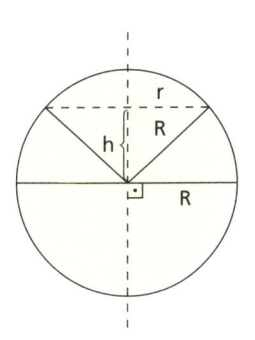

SUPERFÍCIES E SÓLIDOS ESFÉRICOS

vem:

$$V_{setor} = \frac{\pi h}{6}\left[3R^2 + 3r^2 + h^2 - 2r^2\right] \Rightarrow$$

$$\Rightarrow V_{setor} = \frac{\pi h}{6}\left[3R^2 + \underbrace{r^2 + h^2}_{R^2}\right] \Rightarrow V_{setor} = \frac{\pi h}{6} \cdot 4R^2 \Rightarrow$$

$$\Rightarrow \boxed{V_{setor} = \frac{2}{3}\pi R^2 h}$$

2º caso: Nenhum dos raios do contorno do setor circular é perpendicular ao eixo. Recaímos em soma ou diferença de dois setores do 1º caso.

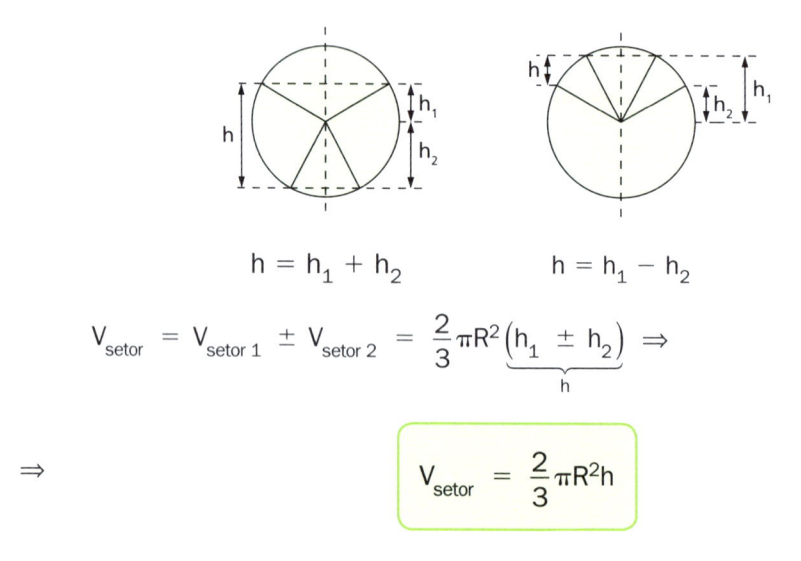

$$h = h_1 + h_2 \qquad\qquad h = h_1 - h_2$$

$$V_{setor} = V_{setor\,1} \pm V_{setor\,2} = \frac{2}{3}\pi R^2 \underbrace{(h_1 \pm h_2)}_{h} \Rightarrow$$

$$\Rightarrow \boxed{V_{setor} = \frac{2}{3}\pi R^2 h}$$

3º caso: Um dos raios do contorno do setor circular (que gera o setor esférico) está contido no eixo.

$$\left.\begin{array}{l} V_{setor} = V_{segm.} + V_{cone} \\[4pt] V_{segm.} = \dfrac{\pi h}{6}\left[3r^2 + h^2\right] \\[4pt] V_{cone} = \dfrac{\pi}{3}r^2(R - h) \end{array}\right\} \Rightarrow$$

SUPERFÍCIES E SÓLIDOS ESFÉRICOS

$$\Rightarrow V_{setor} = \frac{\pi h}{6}[3r^2 + h^2] + \frac{\pi r^2}{3}(R - h) =$$

$$= \frac{\pi}{6}[3r^2h + h^3 + 2Rr^2 - 2r^2h] \Rightarrow$$

$$\Rightarrow V_{setor} = \frac{\pi}{6} \cdot [r^2h + h^3 + 2Rr^2]$$

Do triângulo retângulo: $r^2 = R^2 - (R - h)^2 = 2Rh - h^2$.

$$V_{setor} = \frac{\pi}{6}\big[(2Rh - h^2)h + h^3 + 2R(2Rh - h^2)\big] \Rightarrow$$

$$\Rightarrow V_{setor} = \frac{\pi}{6}[2Rh^2 - h^3 + h^3 + 4R^2h - 2Rh^2] \Rightarrow$$

$$\Rightarrow V_{setor} = \frac{\pi}{6} \cdot 4R^2h \Rightarrow \boxed{V_{setor} = \frac{1}{3}\pi R^2 h}$$

295. Volume do anel esférico

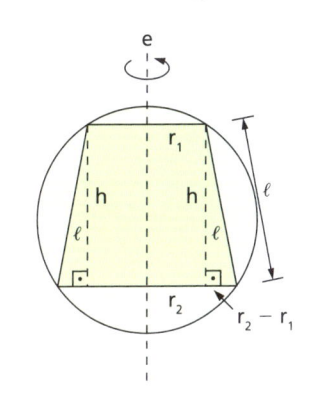

$$\left.\begin{array}{l} V_{anel} = V_{segm.\,esf.} - V_{tronco\,de\,cone} \\ V_{segm.} = \dfrac{\pi h}{6}\left[3(r_1^2 + r_2^2) + h^2\right] \\ V_{tronco} = \dfrac{\pi h}{3}\left[r_1^2 + r_1 r_2 + r_2^2\right] \end{array}\right\} \Rightarrow$$

$$\Rightarrow V_{anel} = \frac{\pi h}{6}\left[3r_1^2 + 3r_2^2 + h^2 - 2r_1^2 - 2r_1 r_2 - 2r_2^2\right] =$$

$$= \frac{\pi h}{6}\left[\underbrace{r_1^2 - 2r_1 r_2 + r_2^2}_{(r_2 - r_1)^2} + h^2\right] = \frac{\pi h}{6}\left[\underbrace{(r_2 - r_1)^2 + h^2}_{\ell^2}\right] \Rightarrow$$

$$\Rightarrow \boxed{V_{anel} = \frac{\pi h}{6}\ell^2}$$

296. Área da calota ou da zona esférica

Para o cálculo destas áreas vamos utilizar a noção estabelecida no item 229.

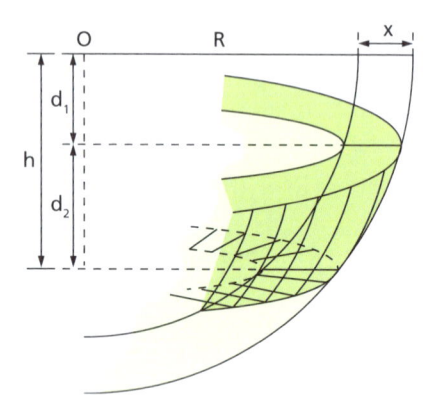

O volume do segmento esférico correspondente à zona (ou calota) esférica é dado por:

$$V_1 = \pi R^2 h - \frac{1}{3}\pi h \left(d_1^2 + d_1 \cdot d_2 + d_2^2\right)$$

Para a esfera concêntrica de raio r + x, o volume é:

$$V_2 = \pi(R + x)h - \frac{1}{3}\pi h \left(d_1^2 + d_1 \cdot d_2 + d_2^2\right)$$

Portanto:

$$V_p = V_2 - V_1 \Rightarrow V_p = \pi(R + x)^2 h - \pi R^2 h \Rightarrow$$

$$\Rightarrow V_p = \pi(2R + x)hx \Rightarrow \frac{V_p}{x} = \pi(2R + x)h$$

Então, para x = 0, vem:

$$A_{\text{zona (ou calota)}} = \pi(2R + 0)h = 2\pi Rh$$

$$\boxed{A_{\text{zona (ou calota)}} = 2\pi Rh}$$

LEITURA

Riemann, o grande filósofo da Geometria

Hygino H. Domingues

Qual a menor distância entre dois pontos? O leigo (porque é leigo) dirá que é a medida do segmento de reta com extremidades nesses pontos. Mas e se se trata de dois pontos A e B sobre uma superfície esférica (da Terra, por exemplo) e se procura o menor caminho de um ao outro sobre essa superfície? Ora, se os pontos estão perto um do outro, então o segmento de reta AB pode fornecer uma boa aproximação; caso contrário (pode-se provar), a resposta é o menor dos arcos do círculo máximo da esfera por esses dois pontos. Questões como essa levam às seguintes indagações: não seria importante uma geometria intrínseca da superfície esférica, em vez de considerá-la tão somente como uma parte do espaço tridimensional euclidiano? O mesmo não é válido para outras superfícies?

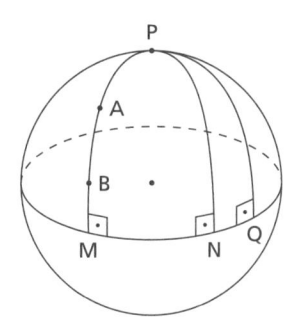

A resposta afirmativa parece óbvia. No entanto, a geometria euclidiana reinava de maneira tão absoluta até as primeiras décadas do século XIX que nem sequer se cogitavam essas questões. Immanuel Kant (1724-1804), o mais respeitado filósofo do século XVIII, apoiava suas ideias numa suposta verdade inquestionável dessa geometria. Em 1826, Lobachevsky golpeou fatalmente o mito da unicidade da geometria euclidiana (ver pág. 256), mas, por motivos vários, seu trabalho não alcançou grande repercussão nos primeiros tempos. De qualquer maneira, isso não bastava; era preciso buscar uma visão global da geometria, através de ideias gerais, em espaços de dimensão qualquer. Inclusive o quadro das geometrias não euclidianas se completaria como subproduto dessa abordagem. Quem brilhantemente inaugurou esse trabalho foi G. F. Bernhard Riemann (1826-1866).

Filho de um pastor luterano, Riemann nasceu na aldeia de Breselens, Hanover, na Alemanha. Além da pobreza, teve de lutar sempre contra a timidez e a fragilidade física. Aos 19 anos, atendendo à orientação paterna, ingressou na Universidade de Göttingen para estudar filosofia e teologia. Mas sua vocação prevaleceu e acabou cursando matemática, o primeiro ano em Göttingen, transferindo-se depois para Berlim. De volta a Göttingen, obteve em 1851 o título de doutor, sob a orientação de Gauss, com uma tese que introduz as hoje chamadas **superfícies de Riemann**.

Sua carreira acadêmica foi rápida: em 1859, já sucedia Dirichlet na cadeira de matemática de Göttingen. Em 1862, um mês após seu casamento, adoeceu gravemente; os quatro anos seguintes passou-os em tratamentos. E morreu na Itália, ainda sem completar 40 anos, onde procurara um clima melhor para inutilmente combater sua tuberculose. Nessas condições não é de estranhar que a obra matemática de Riemann não seja vasta; mas é uma das mais importantes em todos os tempos pelos novos e produtivos campos que abriu.

Dos mais inovadores é um trabalho seu de 1854 sobre os fundamentos em que se baseia a geometria. Nele aparece a importante distinção entre "infinito" e "ilimitado", que no futuro teria papel importante na teoria da relatividade. Por exemplo, os círculos máximos de uma esfera são finitos (percorrendo-os sempre se volta ao ponto de partida), mas ilimitados (pode-se percorrê-los indefinidamente). Daí a uma geometria sem retas paralelas não vai muito. Isso, contudo, exige dois outros afastamentos da geometria euclidiana para evitar contradições: que as "retas" sejam finitas (porém ilimitadas) e que eventualmente possam se cruzar em mais de um ponto.

Mas haverá alguma superfície cuja geometria intrínseca corresponda a tais imposições? Sim, a superfície esférica (por exemplo), tomando como "retas" os círculos máximos (que sempre se interceptam em dois pontos). Dois resultados dessa geometria podem ser visualizados na figura: "a soma dos ângulos de um triângulo é maior que 180°" e "todas as perpendiculares a uma mesma 'reta' cortam-se num ponto".

Enfim, a geometria estava totalmente livre.

G. F. Bernhard Riemann (1826-1866).

Respostas dos Exercícios

Capítulo 1

2. Infinitas.

3. a) 3 retas: $\overleftrightarrow{AD}$, $\overleftrightarrow{BD}$, $\overleftrightarrow{CD}$
b) 6 retas: $\overleftrightarrow{AB}$, $\overleftrightarrow{AC}$, $\overleftrightarrow{AD}$, $\overleftrightarrow{BC}$, $\overleftrightarrow{BD}$ e $\overleftrightarrow{CD}$

4. Nenhum, um só ou quatro.

6. Postulado da determinação de planos.

8. Infinitos.

9. A concorrente está contida no plano das paralelas.

11. Faça o plano (r, P) coincidir com o plano (r, s).

12. a) F c) F e) V
b) F d) V

14. Use o método indireto de demonstração.

15. Use o método indireto de demonstração.

16. Não são obrigatoriamente reversas. Podem ser paralelas, concorrentes ou reversas.

18. a) V e) V h) F k) F
b) V f) F i) F l) V
c) F g) V j) F m) V
d) V

19. a) F c) F e) V g) V
b) V d) V f) F h) F

20. a) V c) F e) F g) V
b) V d) V f) V h) V

22. Sendo O tal que $\overleftrightarrow{AB} \cap \overleftrightarrow{CD} = \{O\}$, então $\beta \cap \gamma = \overleftrightarrow{OP}$.

24. $\alpha \cap \beta = \overleftrightarrow{RS}$

25. É o conjunto formado pelas extremidades do diâmetro comum.

26. Os pontos O, P e R pertencem à interseção de dois planos que é uma única reta.

29. Aplique o 2º caso do teorema dos 3 planos secantes.

RESPOSTAS DOS EXERCÍCIOS

30. Se x = β ∩ γ, x, a e b ou incidem num mesmo ponto (1º caso do teorema dos 3 planos secantes) ou x // a e x // b (2º caso do mesmo teorema).

31. a) a ∩ b ∩ c = {P}
b) b // a, b // c
c) a ∩ b ∩ c = {P} ou (a // b, a // c, b // c)

Capítulo II

32. Use o fato de que o segmento com extremidades nos pontos médios de dois lados de um triângulo é paralelo e metade do terceiro lado.

33. É análogo ao anterior (veja um octaedro num tetraedro).

34. Use o fato de que as diagonais de um paralelogramo interceptam-se nos respectivos pontos médios.

35. Tome uma reta no plano e, por um ponto fora do plano, uma paralela a essa reta. Infinitas soluções.

36. Por um ponto fora da reta conduza uma paralela a ela. Por esta reta conduzida, passe um plano. Infinitas soluções.

38. É aplicação do exercício 37.

39. Use o método indireto de demonstração e posições de reta e plano.

40. Por um ponto de uma, conduza uma reta paralela à outra.

41. É aplicação do exercício 37.

42. Basta conduzir pelo ponto uma reta paralela à interseção dos planos.

44. No 1º caso e no 2º caso o problema não tem solução. No 3º caso basta conduzir, por P, as retas r' e s' respectivamente paralelas a r e s.

45. Existem infinitos pontos P. Analise o 2º caso.

46. Use o método indireto e o exercício 38.

47.
a) F   e) V   i) F   m) V
b) V   f) F   j) V   n) F
c) V   g) F   k) F
d) V   h) F   l) V

48. a) F   b) V   c) F   d) F

49. $(\alpha \cap \beta = \emptyset, a \subset \beta) \Rightarrow a \cap \alpha = \emptyset \Rightarrow a \mathbin{/\mkern-2mu/} \alpha$

50. Basta considerar, por P, duas retas respectivamente paralelas a duas retas concorrentes do plano.

51. Analise as posições relativas da reta com o plano. Use o método indireto e o exercício 37.

52. Aplique o exercício 51.

54. Os lados opostos de um paralelogramo são congruentes.

55. Use o método indireto.

57. Aplique o exercício 56.

58. Eles se interceptam: aplique o método indireto e o exercício 56. Na outra parte aplique o exercício 53 duas vezes.

59. Use o método indireto e o exercício 38.

60. a ⊂ α; o problema não tem solução.

a // α e β = (a, P) é secante com α; o problema não tem solução.

a // α e β = (a, P) é paralelo a α — infinitas soluções.

a e α concorrentes — uma única solução.

61. No 1º caso, o problema admite solução única (analise a figura deste caso). No 2º caso, o problema não tem solução.

62. Chame de t a interseção de α e β. Recai no exercício 61.

63. Tome um ponto P numa das retas e a solução é a interseção x dos planos determinados por P e pelas outras duas retas. No 1º caso há restrições para P.

64.
a) F   e) V   i) F   m) F
b) V   f) F   j) F   n) V
c) V   g) F   k) F   o) F
d) F   h) V   l) F

65. a) F   b) V   c) V   d) F

66.
a) V   c) V   e) V   g) F
b) F   d) V   f) F   h) V

Capítulo III

67. (AB ⊥ BC, BC // DE) ⇒ AB ⊥ DE

69. Use o teorema fundamental.

71. O ponto médio de uma aresta e a aresta oposta determinam um plano perpendicular à primeira.

73. Tome o mesmo plano β do exercício 72 e prove que b ⊥ β.

74. É reto. Justificação: é o teorema das três perpendiculares.

75. Prove que a reta é paralela a uma reta do plano.

76. Por um ponto do plano conduza duas retas respectivamente paralelas às retas dadas.

77.
a) V   e) V   i) V   m) V
b) F   f) F   j) V   n) V
c) V   g) V   k) V
d) F   h) F   l) F

80.
a) Use o método indireto e o exercício 78.
b) Resolvido.
c) Considere no plano duas retas concorrentes.
d) Pelo ponto onde uma das retas fura o plano, passe uma paralela à outra. Use a unicidade.

81. Use o exercício 80 *b* e *d*.

82. Use o exercício 80 *c* e *a*.

83. Considere em β uma reta *b* perpendicular à interseção.

84. Pelo ponto P, interseção de α com β, conduza uma reta *i* perpendicular à reta *a*. Veja o plano (b, i).

86. Use o exercício 85.

87. Basta aplicar a definição de planos perpendiculares.

88. Tome *b* em α, paralela à reta *a*. Use o exercício 80 *c*.

90. Método indireto, usando o exercício 89.

RESPOSTAS DOS EXERCÍCIOS

91. a) F d) F g) V j) V
b) V e) F h) V k) F
c) F f) F i) F

Capítulo IV

92. Lados opostos de um retângulo são congruentes.

94. a) V d) V f) V h) F
b) F e) V g) F i) F
c) F

95. a) F c) V e) V g) V
b) V d) V f) F

96. Duas retas concorrentes ou duas retas coincidentes ou uma reta e um ponto pertencente a ela.

97. Paralelas, concorrentes, ou uma reta e um ponto fora dela.

99. Prove que s ⊥ (i, r'). Veja o exercício 98.

100. Prove que s' ⊥ (r, r') e s ⊥ (r, r'). Daí sai que s // s', ou seja, s // α ou s ⊂ α.

101. a) F d) V g) V j) F
b) F e) F h) F k) F
c) F f) F i) V

103. Não. O plano pode ser paralelo ao segmento.

105. Passe por M, ponto médio de $\overline{AB}$, uma reta r' // r. Infinitas soluções (nos 3 casos possíveis).

106. Basta conduzir por M, ponto médio de $\overline{AB}$, o plano perpendicular a r. Se r ⊥ $\overline{AB}$, infinitas soluções; caso contrário, solução única.

107. Por M trace um plano paralelo a α. Se $\overleftrightarrow{AB}$ // α ou $\overleftrightarrow{AB}$ ⊂ α, infinitas soluções. Se $\overleftrightarrow{AB}$ e α concorrentes, solução única.

108. Pelo ponto médio de $\overline{AB}$, conduza r ⊥ α. Infinitas soluções.

109. Todos os planos do feixe de planos paralelos a (A, B, C). Tome os pontos médios dos lados do triângulo ABC e descubra mais três feixes de planos.

110. Se P ∉ (A, B, C) com o ponto médio dos lados do triângulo ABC, temos 3 soluções e mais uma que é o plano, por P, paralelo ao (A, B, C).

111. Analise o tetraedro ABCD. Observe o octaedro cujos vértices são os pontos médios das arestas do tetraedro. Ache 7 planos.

112. Por P conduza uma reta e ⊥ α. Por e passe um plano β. Em β, conduza g tal que $\widehat{ePg}$ = 90° − θ. Infinitas soluções (só em β há duas).

113. Veja o exercício anterior.

114. Por P conduza g tal que $\widehat{g\alpha}$ = θ. Em α trace t ⊥ g. O plano pedido é o (t, P). Infinitas soluções.

117. O lugar geométrico é a superfície esférica de diâmetro $\overline{OP}$.

118. O lugar é uma circunferência λ, contida em α, de diâmetro $\overline{OP'}$, sendo P' a projeção ortogonal de P sobre α.

119. É uma circunferência λ, contida no plano perpendicular a r por P, de diâmetro $\overline{OP}$, sendo O a interseção de r com aquele plano.

Capítulo V

124. 45°

125. 50° ou 130°

126. 80°

127. Trace uma seção reta e recaia em ângulos opostos pelo vértice.

128. a ou 180° − a

130. $5\sqrt{3}$ cm

131. 10 cm

132. 20 cm

133. $10\sqrt{3}$ cm

135. 10 cm

136. 15 cm

137. $\dfrac{12\sqrt{3}}{5}$ cm

138. 10 cm

139. $\dfrac{3m}{2}$; $\dfrac{3m}{4}$

140. a) V   b) V   c) F   d) F   e) V

141. a) V   d) V   g) F   j) V
b) V   e) F   h) V
c) F   f) V   i) V

142. a) V   b) V   c) V   d) V   e) V   f) V

145. Analise dois casos: 1º: $\overleftrightarrow{AB}$ ortogonal a r (é imediato). 2º: $\overleftrightarrow{AB}$ não ortogonal a r. Sai por congruência de triângulos e perpendicularidade de reta e plano.

Capítulo VI

150. 30° < x < 110°

151. 30° < x < 90°

152. 0° < x < 120°

154. a) F   c) F   e) F   g) V
b) V   d) V   f) F

155. oito

157. a) sim   c) não   e) não   g) sim
b) não   d) não   f) não   h) sim

158. Não. As faces do polar mediriam 140°, 130° e 120°, o que é impossível.

159. Entre 90° e 270°.

160. 10° < x < 130°

163. $\dfrac{\ell\sqrt{6}}{6}$

164. a) V   c) V   e) F   g) V
b) F   d) F   f) F   h) V

165. V(a, b, c) tem di(a) reto. Tome A em Va e por ele trace a seção reta do di(a) determinando B em Vb e C em Vc. Use o teorema de Pitágoras em 3 triângulos e o teorema dos cossenos no triângulo VBC.

166. $3\sqrt{6}$ cm

169. No triedro V(a, b, c), tome A ∈ a, B ∈ b e C ∈ c tais que VA ≡ VB ≡ VC. Sendo G o baricentro do △ABC, a reta comum é $\overleftrightarrow{VG}$.

170. As bissetrizes estão no plano determinado por $\overleftrightarrow{MP}$ e b', sendo M e P os respectivos pontos médios de $\overline{BC}$ e $\overline{AB}$ e b' a bissetriz de $\widehat{a'Vc}$ (em que Va' é oposta a Va).

RESPOSTAS DOS EXERCÍCIOS

171. Por um ponto A ∈ Va, A ≠ V, conduza um plano perpendicular a Va determinando B em b e C em c. A reta comum é $\overleftrightarrow{VH}$, em que H é o ortocentro do △ABC.

172. Conduza os planos α, β e γ do problema 171. As três retas são perpendiculares à reta comum de α, β e γ pelo ponto V.

174. 0° < x < 10°

175. 70° < x < 170°

176. 10° < x < 50°

177. a) não
b) não
c) sim
d) sim
e) sim

178. a) 3, 4 ou 5 faces
b) 3 faces
c) Não é possível.

179. 5

Capítulo VII

181. 10

182. 6

183. 8

184. 9

185. 11

186. 8 e 4

188. 10

189. 29, 68 e 41

190. 26

191. 14, 24 e 12

192. 10, 24 e 16

193. 20

194. 20

195. 3 triangulares, 2 quadrangulares e 1 pentagonal

196. 13

197. $\dfrac{4 + a(\ell - 2) + b(m - 2) + c(n - 2)}{2}$;
(aℓ + bm + cn) deve ser par.

199. a) 720°   c) 1 440°   e) 3 600°
b) 2 160°   d) 6 480°

200. 7 triangulares e 5 pentagonais

201. 4

202. 6 triangulares e 3 quadrangulares

203. 27, 9 e 19

207. Vide o exercício 205.

208. Em 2V − 2A + 2F = 4, substitua 2A com vértices.

210. Em 4V − 4A + 4F = 8, substitua 2A com faces e outros 2A com vértices.

211. Prove primeiro que 3F ≤ 2A e 3V ≤ 2A. Utilize essas desigualdades e a relação de Euler para provar as demais.

212. V = 60 (átomos)
A = 90 (ligações)

Capítulo VIII

213. a) prisma pentagonal
 b) prisma hexagonal
 c) prisma pentagonal
 d) prisma octogonal

215. prisma decagonal

216. prisma pentagonal

217. 40r

218. 22r

220. Vide o exercício 219.

221. 56r

222. $(n - 1) \cdot 4r$

223. $2\,160°$

224. $1\,080°$

225. Use congruência de triângulos retângulos.

227. Use o fato de que dois planos paralelos interceptam um terceiro em retas paralelas.

228. a) $d = \dfrac{5\sqrt{3}}{2}$ cm, $S = 37,5$ cm²

 b) $d = \dfrac{\sqrt{57}}{2}$ cm, $S = 28$ cm²

 c) $d = \dfrac{\sqrt{61}}{2}$ cm, $S = 27$ cm²

229. a) $d = x\sqrt{3}$, $S = 6x^2$
 b) $d = a\sqrt{14}$, $S = 22a^2$
 c) $d = \sqrt{3x^2 + 6x + 5}$, $S = 6x^2 + 12x + 4$

230. $\sqrt{6}$ m

231. $\sqrt{3y^2 + 2}$

232. $\dfrac{5\sqrt{3}}{2}$ cm

233. 5 cm

235. $\sqrt{3}$ cm

236. $\sqrt{3}$ cm

237. 3 m

238. $2,8\sqrt{3}$ cm

239. $\dfrac{8}{3 + \sqrt{3} + 3\sqrt{2}}$ cm

241. $\sqrt{38}$ cm

242. Basta usar a expressão de d^2.

243. Note que $(a + b + c)^2 = d^2 + S$.

245. $5\sqrt{21}$ cm, $8\sqrt{21}$ cm e $10\sqrt{21}$ cm

246. 4 m, 6 m e 8 m

247. $\dfrac{ad}{\sqrt{a^2 + b^2 + c^2}}$; $\dfrac{bd}{\sqrt{a^2 + b^2 + c^2}}$; $\dfrac{cd}{\sqrt{a^2 + b^2 + c^2}}$

248. 5 m

250. $\sqrt{\dfrac{Sst}{2r(r + s + t)}}$; $\sqrt{\dfrac{Srt}{2s(r + s + t)}}$; $\sqrt{\dfrac{Srs}{2t(r + s + t)}}$

251. $\ell\sqrt{\dfrac{rq}{p(r + q + p)}}$; $\ell\sqrt{\dfrac{rp}{q(r + q + p)}}$; $\ell\sqrt{\dfrac{pq}{r(r + q + p)}}$

RESPOSTAS DOS EXERCÍCIOS

252. $\dfrac{100\sqrt{6}}{3}$ cm

253. a) S = 24 cm², V = 8 cm³
b) S = 30,50 cm², V = 10,500 cm³
c) S = 13,50 cm², V = 3,375 cm³

254. a) S = 4a², V = $\dfrac{a^3}{2}$
b) S = 6b², V = b³
c) S = 16x² + 6x, V = 4x³ + 2x²

255. 3 m

256. d = $\sqrt{155}$ cm, S = 286 cm²,
V = 315 cm³

257. 12 cm, 12$\sqrt{3}$ cm

258. 100 cm³

259. 64 cm³

260. 1,2 m; 1,728 m³

261. d = 2,5$\sqrt{3}$ cm; S = 37,5 cm²;
V = 15,625 cm³

262. d = 5$\sqrt{3}$ cm; S = 150 cm²;
V = 125 cm³

263. a) S = 3f², V = $\dfrac{f^3\sqrt{2}}{4}$
b) S = 2d², V = $\dfrac{d^3\sqrt{3}}{9}$

264. 4 cm, 4$\sqrt{3}$ cm

265. S = 1 152 cm², V = 1 536$\sqrt{3}$ cm³

266. 0,030 m³

267. a) A área é quadruplicada;
o volume fica multiplicado por 8.
b) A área é reduzida a $\dfrac{1}{9}$;
o volume é reduzido a $\dfrac{1}{27}$.
c) A área é reduzida a $\dfrac{1}{4}$;
o volume é reduzido a $\dfrac{1}{8}$.
d) A área é multiplicada por k²;
o volume é multiplicado por k³.

268. 80 galões

270. 48 000$\sqrt{6}$ cm³

271. 8 000 m³

272. 3$\sqrt{3}$ cm

273. 30 cm; 5 400 cm²

274. 48 cm; 13 824 cm²

275. 258 dm²

276. $\dfrac{9\sqrt{14}}{2}$ cm, 9$\sqrt{14}$ cm, $\dfrac{27\sqrt{14}}{2}$ cm;
6 237 cm²; 567$\sqrt{14}$ cm³

277. 12 cm, 6 cm, 4 cm; 14 cm; 288 cm³

278. 200 cm²; 250 cm³

279. 12 m²

281. 20 cm, 15 cm, 10 cm; V = 3 000 cm³

282. V = 2 880a³; S = 1 224 cm²

283. 4 cm, 12 cm, 3 cm ou $(7 + \sqrt{23})$ cm,
5 cm, $(7 + \sqrt{23})$ cm

284. 54 cm³

RESPOSTAS DOS EXERCÍCIOS

285. $V_{ortoedro} : V_{cubo} = 208 ; 243$

286. 540 ℓ; 0,06 m

288. $\dfrac{4V}{\ell} + 2\ell^2$

289. 10 m, 15 m, 6 m

290. 112 cm³ ou 108 cm³

291. $V_{cubo} : V_{ortoedro} = 6 : (11 - 2\sqrt{10})$

293. $\dfrac{6}{5}$ e 1

294. $\dfrac{11}{3}$

295. O ortoedro de menor superfície é o cubo.

296. $18(8 + 3\sqrt{2})$ cm³; 240 cm²

298. a) Observe os triângulos formados pela diagonal, aresta e diagonal de uma face.
b) Relação métrica no triângulo acima.

299. $2,7\sqrt{6}$ cm; $87,48$ cm²; $39,366\sqrt{2}$ cm³

300. Desenvolvimento algébrico.

301. a) cubo de aresta $\sqrt[3]{V}$.
b) cubo de aresta $\dfrac{S\sqrt{6}}{6}$

302. a) $A_\ell = 42$ cm², $A_t = 54$ cm², $V = 21$ cm³
b) $A_\ell = 15$ cm², $A_t = \dfrac{3}{2}(10 + \sqrt{2})$ cm², $V = \dfrac{7\sqrt{3}}{2}$ cm³
c) $A_\ell = 30\sqrt{3}$ cm², $A_t = 6(3 + 5\sqrt{3})$ cm², $V = \dfrac{45\sqrt{3}}{2}$ cm³

303. a) $A_\ell = 6a^2, A_t = \dfrac{12 + \sqrt{3}}{2}a^2, V = \dfrac{\sqrt{3}}{2}a$
b) $A_\ell = 15x^2, A_t = 3(5 + \sqrt{3})x^2, V = \dfrac{15\sqrt{3}}{4}x$
c) $A_\ell = \dfrac{7}{3}k^2, A_t = \dfrac{19}{6}k^2, V = \dfrac{5}{12}k^3$

304. $A_\ell = 60(1 + \sqrt{2})$ cm², $V = 90$ cm³

305. $A_t = 20(32 + 25\sqrt{2})$ cm², $V = 2000\sqrt{2}$ cm³

306. $A_\ell = 1200$ cm², $V = 2400\sqrt{3}$ cm³

307. $\dfrac{2}{3}\sqrt[4]{2700}$

308. $\dfrac{4\sqrt{3}}{9}$ m, $\dfrac{3\sqrt{3}}{2}$ m

309. 230 cm²

310. $A_t = 32(6 + \sqrt{3})$ cm²

312. $\dfrac{3a^3}{4}$

313. $6r = s$

314. 9 m³

315. $4\sqrt{3}$ cm

316. 60 cm³ ou 11 760 cm³

317. $A_\ell = 270$ cm², $V = 45\sqrt{15}$ cm³

318. 6 dm

319. $A_t = 1020$ m², $V = 1800$ m³

320. 280 cm²

RESPOSTAS DOS EXERCÍCIOS

321. 144 m²

322. $A_t = 48(6 + \sqrt{2})$ m², $V = 288\sqrt{3}$ m³

323. $A_\ell = 192\sqrt{3}$ cm², $V = 1\,152$ cm³

325. $A_t = 248$ cm², $V = 240$ cm³

326. $80\sqrt{29}$ cm²

327. 2 cm, $A_t = 2(6 + \sqrt{3})$ cm²

328. $V = 6$ dm³, $A_t = 14\sqrt{3}$ dm²

329. $\dfrac{11\sqrt{33}}{4}$ m³

330. 24 m³

331. $64(4 + 3\sqrt{2})$ cm²

332. 108 m³

334. 24 dm³

335. $480\sqrt{3}$ cm³

337. $120(2 + \sqrt{3})$ cm³

339. $4\sqrt{2}$ m³

340. $\left(6 + \sqrt{3} - \sqrt{3 + 12\sqrt{3}}\right)$ dm³

341. $\dfrac{4\sqrt{3}}{3} \cdot \dfrac{V}{A}$, $\dfrac{\sqrt{3}}{24} \cdot \dfrac{A^2}{V}$

342. $2a\sqrt{2}$

343. É um retângulo de dimensões a e $a\sqrt{2}$; $a^2\sqrt{2}$.

344. $36\sqrt{2}$ cm²

345. $A_t = 35\sqrt{2}$

347. $\dfrac{3\sqrt{3}}{2\pi}$

348. $\dfrac{23\sqrt{6}(2 - \sqrt{3})}{10}$ cm

349. a) O plano (B, E, P) intercepta as faces opostas do cubo em segmentos paralelos.

b) bases: $a\sqrt{2}$ e $\dfrac{a\sqrt{2}}{2}$; $\dfrac{a\sqrt{5}}{2}$; $S = \dfrac{9a^2}{8}$

350. Os lados do triângulo são diagonais das faces. Os extremos da diagonal estão a igual distância dos vértices do triângulo. Ponto médio
$S = \dfrac{a^2\sqrt{3}}{2}$

351. 45°, 90°, 45°

352. 30°

353. a) arc cos $\dfrac{\sqrt{6}}{3}$ ou arc sen $\dfrac{\sqrt{3}}{3}$

b) arc cos $\dfrac{\sqrt{3}}{3}$ ou arc sen $\dfrac{\sqrt{6}}{3}$

354. 45°

355. 6 m³

356. $2\,016$ a³

357. $1\,080$ cm³

358. $192\sqrt{2}$ cm³

359. 45 cm³

360. $V = 540\sqrt{3}$ cm²; $A_\ell = 360$ cm²

361. $\dfrac{4\sqrt{3}}{3}\,a$

362. 237,5%

363. 32

364. a) $\dfrac{a\sqrt{6}}{3}$

b) $\widehat{IKJ} = \text{arc cos } \dfrac{2a\sqrt{5}}{15}$

365. $\dfrac{5}{6} a^3$

366. a) Observe os triângulos PAM e ABM.

b) $\dfrac{\sqrt{3}}{2}$ unidades de comprimento

367. $\dfrac{\sqrt{3}}{3}$ m

368. $\dfrac{\sqrt{d^2 + S}}{3} - \sqrt{\dfrac{2d^2 - S}{6}}; \dfrac{\sqrt{d^2 + S}}{3};$

$\dfrac{\sqrt{d^2 + S}}{3} + \sqrt{\dfrac{2d^2 - S}{6}}$ em que

$\dfrac{S}{2} \leq d^2 < \dfrac{5S}{4}$ (as dimensões além de reais devem ser positivas).

369. Use o fato de a soma dos diedros de um triedro estar entre 2 retos e 6 retos.

370. É a generalização do exercício anterior.

371. Prove que a soma das distâncias do enunciado é a constante $\dfrac{V}{S} + \dfrac{2S}{\ell}$, em que ℓ é o lado da secção, S é a área da secção e V é o volume do prisma.

372. Use base média de um trapézio.

373. Use a relação de Stewart da Geometria Plana ou a expressão da mediana de um triângulo qualquer.

374. O plano deve passar por uma diagonal e pelo ponto médio de uma aresta. A área mínima é $\dfrac{a^2\sqrt{6}}{2}$.

375. $V_1 = \dfrac{a^3\sqrt{6}}{36}, V_2 = \dfrac{36 - \sqrt{6}}{36} a^3$

376. a) $\dfrac{\sqrt{3}}{18} \text{ sen}^2 \alpha \cos \alpha$

b) $\text{tg } \alpha = \sqrt{2}$

Capítulo IX

377. pirâmide hexagonal

378. pirâmide pentadecagonal

379. 27

380. 10 retos

382. $(n - 1) \cdot 4$ retos

383. a) pirâmide pentagonal
b) pirâmide heptagonal
c) pirâmide hexagonal
d) pirâmide decagonal

384. a) $A_\ell = 25\sqrt{3}$ cm^2
$A_t = 25(1 + \sqrt{3})$ cm^2
b) $A_\ell = 48\sqrt{6}$ cm^2
$A_t = 24\sqrt{3}(1 + 2\sqrt{2})$ cm^2
$V = 48\sqrt{7}$ cm^3

386. $\sqrt{6}$ cm; $9\sqrt{3}$ cm^2 e $\dfrac{9\sqrt{2}}{4}$ cm^3

387. 3 cm

388. $2\sqrt{2}$ cm; $2\sqrt{6}$ cm^3

RESPOSTAS DOS EXERCÍCIOS

389. 6 m

390. $144\sqrt{3}$ m²

391. 3 m

392. $\sqrt{6}$ cm

393. 16 cm

395. 8 cm³

396. $A_\ell = 4320$ cm²;
$A_t = 108(40 + 3\sqrt{3})$ cm²

397. $A_\ell = 28$ m²; $A_t = 32$ m²

398. $A_\ell = 21\sqrt{3}$ cm², $A_t = 24\sqrt{3}$ cm²

399. 192 m²

401. $\dfrac{8\sqrt{2}}{3}$ cm³

402. 10 cm e 24 cm e $10(37 + 12\sqrt{2})$ cm²

403. $2(5\sqrt{651} + 24\sqrt{133} + 120)$ cm²

404. 81 cm²

405. 30 cm²

406. 192 cm²

407. $A_b = 25\sqrt{3}$ cm², $A_\ell = 25\sqrt{39}$ cm²,
$A_t = 25(\sqrt{39} + \sqrt{3})$ cm²

408. $64\sqrt{7}$ cm²

409. $4\sqrt{2}$ m

411. $A_\ell = 24$ cm²; $A_t = 6(\sqrt{3} + 4)$ cm²

412. $2\sqrt{34}$ cm

413. $9\sqrt{33}$ cm

414. $A_\ell = 60\sqrt{21}$ cm²;
$A_t = 30(5\sqrt{3} + 2\sqrt{21})$ cm²

415. 360 cm²; $18(20 + 3\sqrt{3})$ cm²

416. $2\sqrt{5}$ cm; 96 cm²

417. $\dfrac{500\sqrt{7}}{3}$ cm³

418. 120 cm³

419. $\dfrac{a^3\sqrt{3}}{2}$

420. 6

421. 2

422. $1152\sqrt{3}$ m³

423. $\dfrac{\sqrt{23}}{3}$ m³

424. $\dfrac{4\sqrt{93}}{3}$ cm

426. $48\sqrt{3}$ cm³

427. $B = 9\sqrt{3}$ cm²; $A_\ell = 9\sqrt{39}$ cm²;
$A_t = 9\sqrt{3}(\sqrt{13} + 1)$ cm²;
$V = 18\sqrt{3}$ cm³

429. $8\sqrt{3}$ cm²; $\dfrac{8\sqrt{2}}{3}$ cm³

430. $288\sqrt{2}$ cm³

431. 4 cm, 60 cm², 48 cm³

432. $24\sqrt{3}$ cm³

RESPOSTAS DOS EXERCÍCIOS

433. $144\sqrt{3}$ cm³

434. $a = \frac{17}{2}$ m, $h = \frac{15}{2}$ m

435. $\frac{9\sqrt{33}}{2}$ m, $\frac{243\sqrt{11}}{4}$ m³

436. $\frac{105\sqrt{95}}{2}$ m³

437. $\frac{54}{17}$ m

438. $40\sqrt{3}$ m³

439. $\frac{9\sqrt{15}}{8}$ cm³

440. $A_\ell = 4\sqrt{327}$ cm², $A_t = 4\sqrt{3}\left(\sqrt{109} + 1\right)$ cm²

441. $2\sqrt{3}$ cm

442. 60°

444. $\frac{a}{2}$; $\frac{a\sqrt{21}}{6}$; $\frac{a^3\sqrt{3}}{24}$

445. a) 60°;
b) $A_\ell = \frac{3\sqrt{15}}{2} a^2$; $A_t = \frac{3\left(\sqrt{3} + \sqrt{15}\right)}{2} a^2$, $V = \frac{3a^3}{2}$

446. 60°

447. $36\sqrt{3}$ m³; 108 m²

448. 2 m³

449. $80\sqrt{3}$ m³

450. $\frac{2592}{5}$ dm³

451. 180 cm³

453. $576\sqrt{3}$ cm³

454. 9 cm²; $9\sqrt{2}$ cm³

455. 8,64 cm

456. $A_\ell = a^2\sqrt{5}$; $A_t = \left(\sqrt{5} + 1\right)a^2$; $V = \frac{1}{3} a^3$

457. 6a

459. $\frac{a^2\sqrt{2}}{4}$

461. $16\sqrt{2}$ m²

462. $2a$, $a\sqrt{3}$, $A_t = \left(2\sqrt{3} + \sqrt{2}\right)a^2$; $V = \frac{a^3\sqrt{2}}{3}$

464. $\frac{(n + 2)h^3}{3(k^2 - 1)} \cdot \text{tg} \frac{\pi}{n + 2}$

465. $\frac{k\sqrt{6}}{3}$

466. $\frac{3\sqrt{3}}{2} r^3$

467. Calcule MH, HB, MB e use o recíproco da relação de Pitágoras.

468. $\frac{850}{3}$

469. $\frac{2\ell^2}{3}$

470. Não é possível. Observe que a base seria um hexágono regular.

471. $\frac{46}{3}$ m³

RESPOSTAS DOS EXERCÍCIOS

472. $2\sqrt{2}$ m; 8 m²; $\dfrac{8\sqrt{2}}{3}$ m³

473. Os triângulos são retângulos em D, D, A e C. $A_t = 12\left(7 + \sqrt{5}\right)$ m²

474. Parta da expressão de V e substitua os elementos em função de S e A.

475. Sendo ABCD o tetraedro, procure trabalhar com um prisma BCDAEF.

476. Sendo ABCD o tetraedro e DB'C' a projeção, procure raciocinar com um prisma DB'C'ABE.

477. Note que os tetraedros têm mesma altura e bases equivalentes.

478. Utilize a relação métrica no triângulo retângulo: $\dfrac{1}{h^2} = \dfrac{1}{b^2} + \dfrac{1}{c^2}$, em que b e c são catetos e h é a altura relativa à hipotenusa.

479. a) Observe que a soma dos volumes de P(AMN), P(AMQ) e P(ANQ) é o volume de A(MNQ).
b) Deve ser escolhido de modo que: PA = 3a, PB = 3b e PC = 3c.

480. Use o teorema da bissetriz interna (Geometria Plana).

481. Tome dois dos segmentos citados, use semelhança de triângulos e a propriedade do baricentro.

482. Considere o segmento com extremidades num vértice e no baricentro da face oposta. O ponto que divide esse segmento na razão 3 : 1 a partir do vértice é o ponto pedido.

483. Estabeleça uma a uma as razões entre os volumes de P(BCD), P(ACD), P(ABD), P(ABC) e o volume de ABCD.

485. Use o resultado do exercício 484.

486. Se A(BCDE) é a pirâmide, o plano é definido por B, C e X, em que X é um ponto de AD tal que $\dfrac{AX}{AD} = \dfrac{\sqrt{5} - 1}{2}$.

487. a) Use o exercício 475.
b) Trace as alturas CH e DH das faces ABC e ABD.
c) Cada diedro, com 2 dos ângulos citados, dá 2 retas.

488. Use paralelismo.

489. $\dfrac{2}{3}$ V

490. $a = d\sqrt{\dfrac{2\operatorname{sen}\alpha}{\operatorname{sen}\beta\,\operatorname{sen}\varphi}}$;

$b = d\sqrt{\dfrac{2\operatorname{sen}\beta}{\operatorname{sen}\varphi\,\operatorname{sen}\alpha}}$;

$c = d\sqrt{\dfrac{2\operatorname{sen}\varphi}{\operatorname{sen}\alpha\,\operatorname{sen}\beta}}$;

491. a) Use a relação de Stewart ou a expressão da mediana de um triângulo.
b) Use o item a.

492. Use o exercício 480.

493. a) A superfície lateral é máxima se $\widehat{APB} = 90°$.
b) O volume é máximo se PABC é tetraedro trirretângulo.

Capítulo X

494. a) $A_\ell = 4\pi$ cm², $A_t = 6\pi$ cm²,
$V = 2\pi$ cm³
b) $A_\ell = 5\pi$ cm², $A_t = 7\pi$ cm²,
$V = 2{,}5$ cm³
c) $A_\ell = 120(\pi + 2)$ mm², $A_t = 8(23\pi + 30)$ mm², $V = 480\pi$ mm³

495. a) $A_\ell = 4\pi x^2$, $A_t = 6\pi x^2$, $V = 2\pi x^3$
b) $A_\ell = 7\pi r^2$, $A_t = 9\pi r^2$, $V = \frac{7\pi}{2} r^3$
c) $A_\ell = 2(\pi + 2)a^2$, $A_t = (3\pi + 4)a^2$, $V = \pi a^3$

496. $\frac{\sqrt{3}}{8} \pi g^3$

497. 5 cm

498. 80π cm²

499. 18π cm²

500. 2r

501. Saia da A_ℓ e chegue na B.

502. 2π cm²

503. 3 m

504. 187π m²

505. $\frac{15}{4}$ cm

506. $\frac{25}{2}$ cm

507. $\frac{16}{\pi}$ m

509. 225π cm²

510. $1\,200\pi$ cm²

511. $r\sqrt{6}$

512. 100π cm²; 250π cm³

513. 375π m³

514. 49 455 litros

515. 100 m

516. 8 cm

518. $A_\ell = 25\pi^2$ cm²; $A_t = 25\pi(\pi + 2)$ cm²; $V = \frac{125\,\pi^2}{2}$ cm³

519. — o volume quadruplica
— o volume fica 16 vezes maior
— o volume fica reduzido a $\frac{1}{4}$

520. $4\,000\pi$ cm³

521. $6\,912\pi$ m³

522. $\frac{a^3}{4\pi}$

523. $\frac{abc}{\pi r^2}$

524. $3\,750\pi$ cm²

525. 2 cm

526. $S\pi$

527. π

528. 289π cm²

529. $\frac{23\pi r^3}{2}$

RESPOSTAS DOS EXERCÍCIOS

530. 120 cm²

531. $\dfrac{3\pi S}{2}$

532. $\dfrac{3}{2}$

533. 10 m

534. $\dfrac{96\pi}{5}$ cm²

535. r = 2 h

536. Verifique que $A_\ell = \dfrac{A_t}{2}$.

537. $\dfrac{2V}{A_\ell}$

538. $\dfrac{2V}{r}$

539. πh^2; $\dfrac{3\pi h^2}{2}$; $\dfrac{\pi h^3}{4}$

540. 87 500π cm³

541. $4\sqrt{33}$ cm²

542. Resolvido.

543. h = $9\sqrt{3}$ cm; r = $5\sqrt{3}$ cm

544. 100π cm²

545. 5 m

546. Aumenta k² vezes.

547. $\dfrac{225\pi}{2}$ cm²

548. 10 m²

549. $\dfrac{1 + \sqrt{101}}{10}$ cm

550. Parta do produto citado e chegue ao volume.

551. $\sqrt{\dfrac{\pi}{\pi - 1}}$

552. Deve aumentar $\dfrac{r^2}{g}$.

553. O volume maior é aquele segundo o comprimento.

554. O volume menor é aquele segundo a largura.

556. $\left[32\sqrt{5} + \left(5 + 4\sqrt{5}\right)4\pi\right]$ cm²

557. $\dfrac{\sqrt{2}(\pi + 2)}{2\pi}$ h

558. $\dfrac{A_\ell}{2\pi\sqrt{\dfrac{B}{\pi}}}$

559. $\dfrac{-h + \sqrt{h^2 + 2a^2}}{2}$

560. $36\sqrt{2}\pi$ cm³

561. $\dfrac{375\sqrt{3}\pi}{2}$ cm³

562. Deve aumentar 2g − r; g = geratriz e r = raio da base.

563. $\dfrac{V}{V'} = \dfrac{3}{4}$, $\dfrac{A_t}{A'_t} = \dfrac{19}{26}$

565. $2\sqrt{\dfrac{\pi V}{h}}$

566. $2\left(\sqrt{\pi h V} + \dfrac{V}{h}\right)$

568. $4\sqrt{3}$

569. 1 cm²

570. $\dfrac{\pi\sqrt{2}}{\pi + 2}$

571. $\dfrac{R}{r}$

572. 9 cm

573. $V_1 = \dfrac{1296\pi}{125}$ m³; $V_2 = \dfrac{20736\pi}{125}$ m³

574. $\dfrac{A}{\sqrt{S - A}}$

576. $\dfrac{r\sqrt{16 - \pi^2}}{4}$

577. $\dfrac{160\sqrt{3}}{3}$ cm²

578. $r = \dfrac{a\sqrt{3}}{3}$, $h = \dfrac{2a\sqrt{3}}{3}$

579. $r = h = \dfrac{a\sqrt{6}}{3}$

580. $r = \sqrt[3]{\dfrac{V}{2\pi}}$; $h = 2\sqrt[3]{\dfrac{V}{2\pi}}$

581. $\pi A\sqrt{S - A}$

582. O plano deve ser traçado a uma distância $\dfrac{h \pm \sqrt{h^2 - r^2}}{2}$ da base, sendo $h \geq r$.

583. A primeira embalagem é mais vantajosa para o comprador.

584. 54π, 9π, 36π

585. a) A embalagem A gasta mais material ($S_A > S_B$).
b) A embalagem A é mais econômica ($V_A = 2V_B$).

586. $R = \dfrac{2\sqrt{3} + 3}{3} r$

587. Use P. G. ilimitada. $V = \dfrac{9\pi}{5}$.

588. $R = 3$ cm e $r = 2$ cm

589. $\dfrac{10}{3}\left(4\pi - 3\sqrt{3}\right)$ cm³

590. a) Não, porém o sólido é equivalente a um cilindro. (Veja o princípio de Cavalieri.)
b) $V_S = \pi$

Capítulo XI

591. a) $A_\ell = 242\pi$ cm²; $A_t = 363\pi$ cm²;
$V = \dfrac{1331\pi}{3}$ cm³

b) $A_\ell = 50\pi\sqrt{53}$ cm²;
$A_t = 50\left(2 + \sqrt{53}\right)\pi$ cm²;
$V = \dfrac{3500\pi}{3}$ cm³

c) $A_\ell = \dfrac{1}{2}(15\pi + 24)$ cm²;
$A_t = 12(\pi + 1)$ cm²; $V = 6\pi$ cm³

592. a) $A_\ell = \dfrac{\pi\sqrt{17}}{8} h^2$;
$A_t = \dfrac{\pi(2 + \sqrt{17})}{8} h^2$;
$V = \dfrac{\pi}{12} h^3$

b) $A_\ell = 2\pi r^2$; $A_t = 3\pi r^2$; $V = \dfrac{\sqrt{3}}{3}\pi r^3$

c) $A_\ell = \dfrac{1}{4}(\pi + \sqrt{3})d^2$;
$A_t = \dfrac{1}{8}(3\pi + 2)d^2$;
$V = \dfrac{\pi\sqrt{3}}{48} d^3$

RESPOSTAS DOS EXERCÍCIOS

593. 8 cm

594. 66 cm

595. $\pi \cdot r$

596. 3 cm

597. 4 cm

599. $\dfrac{a}{2}$; $\dfrac{\sqrt{3}\,a}{2}$

600. $2\sqrt{29}$ cm

601. 200π cm²

602. 48π dm²

603. $A_\ell = 65\pi$ cm² $A_t = 90\pi$ cm²

604. $3\sqrt{6}$ cm

605. 24π cm³; 36π cm²

606. 50π cm²

607. $144\pi\left(1+\sqrt{2}\right)$ cm²

608. $96\pi\sqrt{3}$ cm²

609. $\pi\left(1+\sqrt{2}\right)A$

611. $\dfrac{1}{6}$

612. $\dfrac{10}{3}\sqrt{55}$ cm

613. 60°

614. 288°

615. 180°

616. 240°

617. 980π cm²

618. $2{,}5\pi\sqrt{22{,}25}$ cm²

619. 119π cm²

620. 20 cm

621. 12π cm²

622. O volume dobra; o volume quadruplica.

623. $\dfrac{3bc}{\pi a}$

624. $\dfrac{35\pi\sqrt{1190}}{3}$ cm³

625. $2{,}56\pi$ dm³

626. $\dfrac{136\pi}{25}$ cm²

627. $9\sqrt{\pi^2+1}$ cm

629. $A_t = \dfrac{4}{9}\pi R^2$; $V = \dfrac{2\sqrt{2}}{81}\pi R^3$

630. $\dfrac{\sqrt{10}}{5}\pi$ rad $= \left(36\sqrt{10}\right)°$

631. $\dfrac{14}{25}\pi$ rad

632. 30°

633. $\dfrac{r\sqrt{3}}{3}$

634. $h = \pi R$; $A_\ell = \pi R^2\sqrt{\pi^2+1}$; $V = \dfrac{\pi^2 R^3}{3}$

635. $\dfrac{\sqrt{5}}{5}$

RESPOSTAS DOS EXERCÍCIOS

636. r = 10 cm, g = 14 cm

637. $\dfrac{2\sqrt{5}}{5}$

638. $\dfrac{4\pi r^3}{9}$

639. $\dfrac{-g + \sqrt{g^2 + 4a^2}}{2}$

640. $\dfrac{A}{48}\sqrt{\dfrac{195\,A}{2\pi}}$

641. $\dfrac{40\pi\sqrt{481}}{3}$ cm³

642. $\dfrac{S\sqrt{\pi S}}{9\pi}$

643. $3\sqrt[3]{12}$ cm, $4\sqrt[3]{12}$ cm, $5\sqrt[3]{12}$ cm

644. $\dfrac{375\sqrt{55}}{64}\pi$ cm³

645. $A_\ell = 72\sqrt[3]{4}\left(\pi\sqrt{2} + 2\right)$ cm²

646. $A_t = 224\pi$ cm², V = 392π cm³

647. 96π cm³

648. $\dfrac{10\sqrt[4]{109}}{\sqrt{3\pi}}$

649. Parta do produto e chegue ao volume.

650. $\dfrac{19\pi r^3}{9}$

651. 2 cm

652. $r = \dfrac{1}{\sqrt{h^2 + 2}}$; $g = \dfrac{h^2 + 1}{\sqrt{h^2 + 2}}$

653. $\dfrac{A^2\sqrt{\pi^2 g^4 - A^2}}{3\pi^2 g^3}$

654. $\dfrac{hS^2}{3(\pi h^2 + 2S)}$

655. $V = \dfrac{(S - A)}{3}\sqrt{\dfrac{A^2 - (S - A)^2}{(S - A)\pi}}$

656. $\dfrac{r}{3}\sqrt{S^2 - 2\pi S r^2}$

667. Demonstração.

659. r = 3 cm; h = 4 cm; g = 5 cm

660. $\dfrac{(2r - h) + \sqrt{h^2 + 4rh}}{2}$ ou

$\left(\dfrac{(2r - h) - \sqrt{h^2 + 4rh}}{2}\text{ para r} > 2h\right)$

661. No cone, g > h.

663. a) Se r > h, então $V_1 > V_2$. O volume diminui.
b) Se r = h, então $V_1 = V_2$. O volume não se alterou.
c) Se r < h, então $V_1 < V_2$. O volume aumentou.

664. π m

655. $\dfrac{\pi}{4}$ m²

666. a) $\dfrac{\sqrt{6}\,\pi\,\ell^3}{27}$ b) $\dfrac{2\sqrt{2}}{3}\pi\ell^2$

667. $r = \sqrt[3]{\dfrac{3V}{\pi \cdot \mathrm{tg}\,\alpha}}$ $h = \sqrt[3]{\dfrac{3V \cdot \mathrm{tg}^2\,\alpha}{\pi}}$

668. β = 2π sen α

RESPOSTAS DOS EXERCÍCIOS

Capítulo XII

669. a) $A = 10{,}24\pi$ cm^2 $V = 5{,}46$ cm^3

670. a) $\dfrac{\pi}{12} x^2$ b) $A_t = \dfrac{\pi}{3} x^2$

$V = \dfrac{\pi}{72} x^3$

671. 29 cm

672. 28 cm

673. 15 cm

674. 4r

675. 3 cm

677. $1\,225\pi$ cm^2

678. $1\,369\pi$ cm^2

679. $\dfrac{17\sqrt{3}}{2}$ cm

680. $\dfrac{27}{475}$

681. $3\,364\pi$ cm^2; $\dfrac{97\,556\pi \text{ cm}^3}{3}$

682. 576π cm^2

683. $17\sqrt{2}$ cm

684. 676π cm^2

685. 6 cm

686. 972π cm^3

687. $\dfrac{500}{3}\pi$ cm^3

688. 3

689. $\dfrac{8\pi\sqrt{2}}{3}$ m^3, 8π m^2

690. 36π cm^2; 36π cm^3

691. 72π m^2

692. $\dfrac{169}{24}$ cm

693. $8\sqrt{5}$ cm ou $4\sqrt{5}$ cm

694. $2\sqrt{5}$ cm

695. $\dfrac{4r}{3}$

696. $\dfrac{625\sqrt{5}\,\pi}{4}$ cm^2

697. $r\sqrt[3]{35}$

698. $\dfrac{\sqrt{3}}{2}$

699. 161π cm^2

700. $10\sqrt[3]{2}$ cm

701. $\dfrac{25}{9}$

702. Aumenta oito vezes; aumenta vinte e sete vezes.

703. Aumenta 700%; aumenta 6 300%; diminui 12,5%.

704. Aumenta 900%; aumenta 625%; diminui 6,25%.

706. $\dfrac{16 \cdot 10^8}{\pi}$ km^2

RESPOSTAS DOS EXERCÍCIOS

707. $A = 100\pi$ cm²; aumenta 44π cm².

708. 676π cm²

709. 1,5 cm

710. $\pi(r^2 - 225)$ cm $r > 15$

711. $\dfrac{c^2}{\pi}$

712. 4A

713. $\dfrac{4\pi a^2}{3}$

714. $\sqrt{\dfrac{\pi r^2 - A}{\pi}}$

715. $\dfrac{c^3}{6\pi^2}$

716. $\sqrt[3]{\dfrac{1}{5}}$ m

717. $3\sqrt[3]{\dfrac{2}{9\pi}}$

718. $2a^2\sqrt[3]{\dfrac{9\pi}{2}}$

719. $\dfrac{1\,715\sqrt{10}}{3}\pi$ cm³

720. 3

721. πd^2

722. $\dfrac{4}{3}$

723. a) 3 cm   b) $\dfrac{3}{2}$

724. $\dfrac{21\sqrt{6}}{64}$

725. Os volumes das esferas são iguais.

726. O volume do cubo é maior.

727. $\dfrac{\sqrt{6\pi}}{2\pi}$

728. $\sqrt{6}$ dm

729. 60°

730. $\dfrac{14}{45}\pi$ m²

731. 50π cm²

732. $\dfrac{2\sqrt{2}}{3}$ cm

733. 108π cm²

734. $4\sqrt{3}$ cm

735. $\dfrac{4\pi r^2}{3}$; $\dfrac{\pi r^3}{9}$

736. 48π m³

737. 81π m³

738. $r = 20(\sqrt{2} - 1)$ cm; $R = 20(2 - \sqrt{2})$ cm

739. $r = 24(\sqrt{2} - 1)$ cm; $R = 24(2 - \sqrt{2})$ cm

740. $5\sqrt[3]{4}$ cm

741. 8

742. a) Use o teorema de Pitágoras e a aproximação sugerida.
b) 21 km

743. 4

744. a) Use o teorema de Pitágoras.
b) $\dfrac{r\sqrt{2}}{2}$

RESPOSTAS DOS EXERCÍCIOS

Capítulo XIII

745. a) $\dfrac{1}{2}$ d) $\dfrac{1}{8}$

b) 2,5 cm e) Sim, veja a teoria.

c) $\dfrac{1}{4}$

746. A $\sqrt[3]{2}$

747. h = 10 cm, ℓ = 6 cm

748. 32 cm³

749. 8

750. $\dfrac{h}{2}$

751. $10\sqrt{3}$ cm³

752. $\dfrac{45}{4}$ m

753. r = $\dfrac{1}{2}$ m; h = 1 m

754. 100 m²

755. $3\sqrt[3]{18}$ cm

756. $\dfrac{4}{25}$

757. h = $4\sqrt[3]{3}$ cm; r = $3\sqrt[3]{3}$ cm

758. $h\sqrt{\dfrac{b}{B}}$

759. $40\sqrt[3]{4}$ cm; $20\sqrt[3]{4}$ cm; $30\sqrt[3]{4}$ cm

760. 54 m³

761. $\dfrac{500}{3}$ m³

762. 576 cm²

763. h = $\dfrac{20}{3}$ cm; ℓ = $\dfrac{8}{3}$ cm

764. $16\sqrt{\dfrac{3}{2}}$ cm³

765. $2\sqrt[3]{4}$ m

766. a) 14 cm² b) $3(8 + 5\sqrt{3})$ cm²

767. 200 dm²

768. 6 cm

769. 1 024 cm²

770. 864 cm²

771. $\dfrac{351\sqrt{3}}{2}$ cm³

772. 6 cm

773. $\dfrac{185}{2}$ m³

774. 336 dm³

776. 228 cm³

777. $78\sqrt{7}$ m³

778. $1950\sqrt{3}$ cm²; $5700\sqrt{3}$ cm³

779. 9 cm

780. $\dfrac{h\sqrt{B}}{\sqrt{B} - \sqrt{B'}}$

781. $\dfrac{ab}{a + b}$

782. $\dfrac{h}{6}\left(\sqrt{B} - \sqrt{b}\right)^2$

783. $\dfrac{224\sqrt{2}}{3}$ cm³

RESPOSTAS DOS EXERCÍCIOS

784. $k^2 = \dfrac{3 - \sqrt{5}}{2}$

785. $\left(\sqrt{3} + 6\right)$ dm²

786. $50\left(6 + 5\sqrt{6}\right)$ cm²

787. $\dfrac{109\sqrt{3}}{36}$ dm

789. $52\sqrt{7}$ cm³

790. 208 cm³

791. 156 cm²

792. 42 m³

793. $V_T = 224\left(\sqrt{2} + 1\right)$ cm³
$V_P = 256\left(\sqrt{2} + 1\right)$ cm³

794. a) 6 m² e $\dfrac{3}{2}$ m²   b) $\dfrac{21\sqrt{3}}{5}$ m³

795. a) $2{,}795\pi$ cm³   b) $0{,}784\pi$ cm³

796. 33π dm²; $\dfrac{19\sqrt{15}\pi}{3}$ dm³

797. h = 7,5 cm; V = 4 750π cm³;
b = 400π cm²
B = 900π cm²

798. 124π cm³

799. $\dfrac{39}{10} x^2 \pi$

800. r = 2 dm, R = 4 dm, h = 8 dm,
a = $2\sqrt{17}$ dm

801. 9 100π cm³

802. $\dfrac{60}{19}$ m

803. $A_\ell = 160\pi$ cm² $A_t = 306\pi$ cm²

804. 140π cm²

805. $\dfrac{24}{5}$ m

806. 20 cm

807. 14 m

808. $\dfrac{V_C}{V_T} = \dfrac{3}{8 + 3\sqrt{5}}$

809. 13 cm

810. $\dfrac{V_T}{V_C} = \dfrac{8 + 3\sqrt{5}}{3}$

811. $\dfrac{2Rr}{R + r}$

812. $\dfrac{7\pi}{3}$ m³

813. $\dfrac{7000\pi}{3}$ cm³

814. g = R

815. $\dfrac{R}{r} = 1 + \sqrt{3}$

816. Demonstração.

817. $\dfrac{8\pi}{3}\left(3 + \sqrt{2}\right)$

818. $3\sqrt{17}\pi$ r²; $\dfrac{4 + \sqrt{19}}{3}$ r

819. $\dfrac{1}{3}\pi \dfrac{R^2 rh}{R - r}$

820. $\dfrac{23 - 4\sqrt{19}}{49}$ cm

821. Demonstração.

RESPOSTAS DOS EXERCÍCIOS

822. $x = \dfrac{1}{2}\left(\sqrt{\dfrac{4a^2 + h^2 - g^2}{3}} + \sqrt{g^2 - h^2}\right)$

$y = \dfrac{1}{2}\left(\sqrt{\dfrac{4a^2 + h^2 - g^2}{3}} + \sqrt{g^2 - h^2}\right)$

com $g^2 - 4a^2 < h^2 < g^2$

823. $r = 10\sqrt[3]{3}$ cm; $h = 20\sqrt[3]{3}$ cm

824. $3\left(5 - \sqrt{15}\right)$ cm

825. $\dfrac{500}{3}$ m²

826. $1050\pi\sqrt{3}$ cm³

827. $\dfrac{A \cdot d^2}{g^2 - r^2}$

828. $\dfrac{8\sqrt{3}}{49}$

829. $18\sqrt{2}$ cm

830. $\dfrac{h\sqrt[3]{4}}{2}$

831. $12\sqrt[3]{4}$ cm

833. $\dfrac{h\sqrt[3]{3}}{3}$

834. $\dfrac{Bt^2\pi}{\pi g^2 - B}$

835. 20 cm

836. $\sqrt{g(g - R)}$

837. $\dfrac{3\sqrt{10}}{5}$ cm

838. $\dfrac{g^2 - r^2}{g}$

839. $\sqrt{g(g - r)}$

840. $(g + r)\sqrt{\dfrac{g - r}{2g}}$

841. $\sqrt[3]{\dfrac{3 - \sqrt{5}}{2}}$

842. $\dfrac{3\,600\pi}{7}$ m³; $\dfrac{11\,600\pi}{49}$ m²

843. $\ell\sqrt[3]{\dfrac{V'}{V}}$

844. $\dfrac{15}{512}$ dm³; $\dfrac{7\,665}{512}$ dm³

845. $\dfrac{4\sqrt[3]{25}}{5}$ m; $2\sqrt[3]{4}$ m

846. $63\sqrt{3}$ dm³

847. $4\sqrt[3]{9}$ m; $4\sqrt[3]{18}$ m

849. 240 m e 210 m

850. 550

851. $x = \dfrac{h\sqrt[3]{4}}{2}$; $x_i = h\sqrt[3]{\dfrac{i}{n}}$

852. $\dfrac{12\sqrt[3]{147}}{7}$

853. $7\sqrt[3]{18}$ m; $7\sqrt[3]{9}$ m

854. $\dfrac{4\sqrt[3]{900}}{3}$ m; $4\sqrt[3]{75}$ m

855. 6 cm e 2 cm

856. $\dfrac{3\sqrt{2}}{4}$ r

857. 9 m²

858. $\dfrac{\sqrt{Rg(g^2 - R^2)}}{R}$

859. $\dfrac{\pi}{4}$ m

860. O plano deve passar a 2 m da base maior.

861. $\sqrt[3]{\dfrac{aR^3 + br^3}{a + b}}$

862. $\sqrt[3]{\left(\dfrac{pB\sqrt{B} + qb\sqrt{b}}{p + q}\right)^2}$

863. 7

864. $\dfrac{26}{3}$ m

865. $\dfrac{7a + 4\sqrt{ab} + b}{a + 4\sqrt{ab} + 7b}$

866. 9 728 cm³ e 2 368 cm³

867. $6\left(2 - \sqrt[3]{3}\right)$ cm

868. $\left(\sqrt[3]{\dfrac{R^3 + 2r^3}{2R^3 + r^3}}\right)^2$

869. $\dfrac{125\sqrt{3}}{4}$ cm³

870. a) 2,25 cm³   b) 2 cm³

871. a) 13x³   b) $\dfrac{\pi}{4}$ x³

872. $200\sqrt{3}$ cm³

873. 3 cm

874. $C = \dfrac{3V}{B} - (a + b)$

875. 144π cm², V = 432π cm³

876. Demonstração.

877. $\dfrac{1}{2}\pi r^2 (a + b)$

878. H = 2h

879. 1 000π cm³

Capítulo XIV

880. $\dfrac{\pi}{6}$ dm³

881. $864\sqrt{3}\ \pi$ cm³

882. $\dfrac{4\,096\sqrt{3}}{9}$ cm³

883. 100 cm²; 125 cm³

884. $\dfrac{27\sqrt{3}\ \pi}{2}$ cm³

885. $\dfrac{4{,}608}{\sqrt{3}}$ cm³

886. $\dfrac{\pi}{2}$

887. $\dfrac{\sqrt{3}}{9}$

888. $\dfrac{\sqrt{3}}{9}$

889. $\dfrac{8r^3\sqrt{3}}{9}$

890. $\dfrac{A\sqrt{A}}{3\pi\sqrt{3\pi}}$

891. $\dfrac{2V}{\pi\sqrt{3}}$

RESPOSTAS DOS EXERCÍCIOS

892. $\dfrac{\pi A}{2}$

893. $\sqrt{41{,}07}$ cm

894. $12\sqrt{3}$ cm

895. $36\pi\sqrt{\pi}\,(6 - \pi)$ cm³

896. $\left(512 - \dfrac{512\pi}{3}\right)$ cm³

897. 36 cm³

898. $\dfrac{4}{3}\,r^3\,(\pi - 1)$

899. $144\sqrt{3}$ cm²

900. $3\sqrt{3}$

901. 9 dm; $\dfrac{27\sqrt{3}}{8}$ dm²

902. $13\sqrt{3}$ m²

903. $96\sqrt{2}$ cm³

904. 9 m³

905. $24\sqrt{3}\,R^2$; $8\sqrt{3}\,R^3$

906. $\dfrac{\pi\sqrt{6}\,a^3}{216}$

907. $\dfrac{3\pi a^2}{2}$

908. $\dfrac{\pi a^2}{6}$; $\dfrac{3\pi a^2}{2}$; $\dfrac{\pi\sqrt{6}\,a^3}{216}$; $\dfrac{\pi\sqrt{6}\,a^3}{8}$

909. $\dfrac{2}{\sqrt[6]{6}} \cdot \sqrt[3]{\dfrac{V}{\pi}}$

910. 9

911. 27

912. a) $\dfrac{a}{2}$ b) $\dfrac{a\sqrt{2}}{6}$ c) $\dfrac{a}{6}$

913. 9 m³

914. $\dfrac{128}{3}$ cm²

915. $2\sqrt{3}$

916. $\dfrac{V}{3}$

917. P é octaedro regular, $\dfrac{\ell^2\sqrt{3}}{2}$, $\dfrac{\ell^3\sqrt{2}}{24}$.

918. $\dfrac{\pi\ell^2}{3}$

919. $\dfrac{3}{8}$ ou $\dfrac{8}{3}$

920. $\dfrac{3}{\pi}$

921. $\pi \cdot \dfrac{343}{2}$ cm³

922. $\dfrac{A_{\ell_{prisma}}}{A_{\ell_{cilindro}}} = \dfrac{3\sqrt{3}}{\pi}$

923. $5\left(25 - \dfrac{9\pi}{4}\right)$ cm³

924. 72π cm³

925. 300π cm³

926. $600(4 - \pi)$ cm²

927. $4R\left(R + h\sqrt{2}\right)$

928. a) $\sqrt{3}\pi \cdot a \cdot h$; $\dfrac{3\pi a^2 \cdot h}{4}$

b) $2\pi ah \cdot \pi a^2 h$

$\dfrac{4\pi\sqrt{3}\,ha}{3}$; $\dfrac{4\pi a^2 \cdot h}{3}$

c) $\dfrac{A_{\ell_1}}{A_{\ell_2}} = \dfrac{\sqrt{3}}{2}$; $\dfrac{V_{C_1}}{V_{C_2}} = \dfrac{3}{4}$

929. $V_c = 96\pi$ cm³; $V_p = 192$ cm³

930. $5\sqrt{3}$ cm

931. $\dfrac{\pi a^3}{2}$

932. $g = 10$ m, $V = 144\sqrt{3}$ m³; $\ell_6 = 6$ m

933. $\dfrac{1}{3}$; $144\sqrt{3}$ cm³

935. $\dfrac{1}{6}\,abc$

936. $\ell^2\sqrt{5}$, $\dfrac{\ell^3}{3}$

937. 8 m³

938. $\dfrac{h \pm \sqrt{h^2 - 4ah}}{2}$, com $h \geq 4a$

939. $9\sqrt{2}$ m³ ou $3\sqrt{2}$ m³

940. $\dfrac{5}{6}\,abc$

941. Demonstração.

942. $\dfrac{2}{3\pi}$

943. $\dfrac{r\sqrt{6}}{4\pi}$

944. 432π cm³

945. $\dfrac{2(2+\sqrt{3})}{9}$

946. raio da base $= \dfrac{2Rh}{2h + \sqrt{h^2 + R^2}}$,

altura $= \dfrac{h\sqrt{h^2 + R^2}}{2h + \sqrt{h^2 + R^2}}$

947. $\dfrac{hg}{g + 2h}$

948. $r = R\sqrt{\dfrac{R}{G+R}}$,

$h = \sqrt{G-R}\left(\sqrt{G+R} - \sqrt{R}\right)$

949. $\dfrac{5\pi R^3}{6}$

950. arctg $\dfrac{1}{2}$

951. arc sen $\dfrac{3}{5}$

952. $6\left(\dfrac{\sqrt{2\ell\,\text{sen}\,\alpha}}{\sqrt{2 + \text{tg}\,\alpha}}\right)$

953. $\dfrac{a^3(6-\pi)}{6}$

954. 100π cm², $\dfrac{500\pi}{3}$ cm³

955. 600π m²

956. 225π cm²

957. 12 cm³

958. $\dfrac{4\sqrt{2}}{3}$

RESPOSTAS DOS EXERCÍCIOS

959. $\dfrac{2}{3}; \dfrac{2}{3}$

960. $H = \dfrac{a^2 - r^2}{r}$

961. $2\sqrt{2}$

962. $A_\ell = \pi\sqrt{3}\, r^2$, $V = \dfrac{\sqrt{3}\pi}{4}\, r^3$

$A_t = \left(\dfrac{1}{2} + \sqrt{3}\right)\pi r^2$

963. $\dfrac{128\pi}{3}$ cm³

964. $500\sqrt{2}\pi$ cm³

965. $\dfrac{4\,R^3}{4\,r^2}$

966. $R = 5$ cm, $\dfrac{V_{cil.}}{V_{esf.}} = \dfrac{54}{125}$,

$\dfrac{V_{cil.\,eq.}}{V_{cil.}} = \dfrac{125\sqrt{2}}{144}$

967. diâmetro da base

$x = \dfrac{\sqrt{d^2 + 2a^2} + \sqrt{d^2 - 2a^2}}{2}$

altura

$y = \dfrac{\sqrt{d^2 + 2a^2} + \sqrt{d^2 - 2a^2}}{2}$

condição: $d \geqslant a\sqrt{2}$

968. Demonstração.

969. Demonstração.

970. $9\left(16 + 3\sqrt{3}\right)$ m²

971. $R\left(\sqrt{2} - 1\right)$

972. $4\left(\sqrt{2} + 1\right)$ cm

973. $\dfrac{2}{3}\left(2\sqrt{2} + 3\right)r$

974. Os volumes são iguais.

975. Demonstração.

976. $\sqrt{6}\pi R^2$

977. $3\sqrt{3}$

978. $\dfrac{2\left(3 + \sqrt{3}\right)^3}{9\pi}$

980. $R = 7{,}5$ m, $G = 19{,}5$ m

981. $H = 16$ cm, $G = 20$ cm

982. $2R = 12$ cm

983. $\dfrac{243\pi}{2}$ cm³

984. $\dfrac{100\pi}{3}$ cm²

985. 36π cm³

986. a) $H = \sqrt{G^2 - R^2}$; $r = \dfrac{R\sqrt{G^2 - R^2}}{R + G}$

b) $R = \sqrt{G^2 - H^2}$; $r = \dfrac{H\sqrt{G^2 - R^2}}{G + \sqrt{G^2 - H^2}}$

c) $G = \sqrt{H^2 + R^2}$; $r = \dfrac{RH}{R + \sqrt{H^2 + R^2}}$

d) $G = \dfrac{H(H - r)}{\sqrt{H(H - 2r)}}$; $R = \dfrac{rH}{\sqrt{H(H - 2r)}}$

987. $\dfrac{\pi r^2 h^2}{3(h - 2r)}$; $\dfrac{\pi r(h - r)\cdot h}{h - 2r}$

988. 10 cm

989. $\dfrac{\sqrt{30}}{2}$ cm

990. $\dfrac{\pi}{3}$

991. $H = \dfrac{25 r^2}{2R}$, $\dfrac{10 Rr}{25 r - 2R}$

992. $\dfrac{\pi r^2 \left(r + \sqrt{d^2 + r^2}\right)^3}{3d^2}$

993. $2\,916\,\pi$ cm²

994. $2 \text{ arc sen } \dfrac{5}{6}$ ou $2 \text{ arc sen } \dfrac{1}{6}$

995. $\dfrac{9\pi\, a^3 \left(\sqrt{5} - 2\right)}{2}$

996. Demonstração.

997. $3R$

998. $\dfrac{4\left(10 - \sqrt{34}\right)}{11}$ cm

999. $\dfrac{6\sqrt{3}}{5\pi}$

1000. $\dfrac{\sqrt{210} + 3\sqrt{2}}{8}$

1001. $\dfrac{\sqrt{3} \text{ tg } \alpha}{2\pi \text{ tg } \dfrac{\alpha}{2}}$

1003. 27 cm

1004. $\dfrac{152\,625\pi}{6}$ cm³

1005. $\dfrac{256\pi}{3}$ cm³

1006. $\dfrac{\pi}{6} \cdot \dfrac{g^6}{h^3}$

1007. $V = \dfrac{\pi h^2\,(2R - h)}{3}$;

$A_\ell = \pi h \sqrt{2R(2R - h)}$

1008. $\dfrac{\sqrt{5} + 1}{2}$

1009. Posição do centro: é a interseção do plano mediador de AD com a reta perpendicular ao plano ABC pelo circuncentro do triângulo $R = \dfrac{2\sqrt{3}}{3}\,\ell$.

1010. Demonstração.

1011. a) 4   b) $2\sqrt{2}$

1012. $\dfrac{3}{16}$

1013. a) $B = \dfrac{1}{2}\pi R^2$; $A_\ell = 2\pi R^2$; $A_t = 3\pi R^2$;

$V = \dfrac{\sqrt{2}}{2}\pi R^3$

b) $B = \dfrac{3}{4}\pi R^2$; $A_\ell = \dfrac{3}{2}\pi R^2$;

$A_t = \dfrac{9}{4}\pi R^2$; $V = \dfrac{3}{8}\pi R^3$

c) $V_{\text{cil.}}^2 = V_{\text{cone}} \cdot V_{\text{esf.}}$

1014. Demonstração.

1016. $\dfrac{32\pi}{3}$ m³

1017. $\dfrac{h}{2} = \sqrt{R \cdot r}$

1018. $12\pi\,R^2$

1019. $3\,500\pi$ cm³

1020. $A_t = \dfrac{\pi}{2}\,(4g^2 - h^2)$,

$V = \dfrac{\pi h}{6}\,(2g^2 - h^2 + 2r^2)$

RESPOSTAS DOS EXERCÍCIOS

1021. $\dfrac{81}{16}$ cm³

1022. 2

1023. $\dfrac{V_e}{V_c} = 2$

1024. $\dfrac{500\pi}{3}$ cm³

1025. $\dfrac{r}{5}$

1026. 1

1027. $\dfrac{485\sqrt{3}}{18}$ dm³

1028. 1 m

1029. $\dfrac{2\pi r^3 \sqrt{3}}{27}$

1030. $\dfrac{28\pi}{3}$ cm³

1031. 100π cm², $\dfrac{500\pi}{3}$ cm³

1032. $\dfrac{2\pi R^2 h}{81}$

1033. $\dfrac{3r}{4}$

1034. $\dfrac{h}{2}$

1035. $\dfrac{2\,304\pi}{125}$ cm³

1036. $4(196 - 13\pi)$ cm³

Capítulo XV

1038. $\dfrac{4}{27} \pi\, ah^2$

1039. $\dfrac{8\pi\, ah^2}{81}$

1040. $\dfrac{\pi \cdot h^2 \cdot a}{3}$

1041. $\dfrac{55\pi}{2}$ cm³

1042. 400π cm³; $\dfrac{2\,000\sqrt{3}\,\pi}{3}$ cm³

1043. $\dfrac{25\pi}{2}$ cm², $\dfrac{250\pi}{9}$ cm³

1044. $\sqrt{2}$ m

1045. $9 \cdot \pi \cdot \sqrt{2}$ m³

1046. $\dfrac{3\,072\pi}{5}$ cm³

1047. $\dfrac{\pi}{2} a^3$

1049. $V = \dfrac{\pi a^3}{4}$, $A = \pi a^2 \sqrt{3}$

1050. $\dfrac{\pi a^3}{2}$

1051. $\dfrac{\pi a^3 \sqrt{3}}{4}$

1052. $\dfrac{1\,875\pi}{64}$ cm³

1053. $V = \dfrac{\sqrt{3}\pi\, a^3}{4}$, $A = 3\pi\, a^2$

1054. $\frac{\pi}{2}$ m³, $2\sqrt{3}\pi$ m²

1055. $V = \frac{3\sqrt{3}\pi a^3}{4}$, $A = 9\pi a^2$

1056. $V = \pi a^3$, $A = 4\pi a^2$

1057. $V = \pi a^3 \sqrt{2}$, $A = 4\pi a^2 \sqrt{2}$

1058. $\sqrt{2}\pi$ m³, $4\sqrt{2}\pi$ m²

1059. $3\,300\pi$ cm³

1060. $A_1 = 480\pi$ cm²

1061. $2\,916\pi$ cm³; $468\sqrt{3}\pi$ cm²

1062. Demonstração.

1063. 60π cm³

1064. 80π cm³

1065. $69\,984\pi$ cm³; $5\,184$ cm²

1066. $\frac{12\,800\pi}{3}$ cm³

1067. 584π cm³

1068. $\frac{(3m - 4h)\pi h^2}{3}$

1069. $2\,304\pi$ cm³

1070. $200\sqrt{3}$ m²

1071. Demonstração.

1072. $R = \sqrt{\frac{B^2 - 4\pi A^2}{2\pi B}}$;

$g = \frac{B^2 + 4\pi^2 A^2}{\sqrt{2\pi B(B^2 - 4\pi A^2)}}$

1073. Demonstração.

1074. Demonstração.

1075. Demonstração.

1076. Demonstração.

1077. Demonstração.

1078. $\frac{a}{3}$ ou $\frac{2a}{3}$

1080. Demonstração.

1081. Demonstração.

1082. $\frac{B}{\pi A}$

1083. $x = \sqrt{\frac{V'^2}{\pi V}}$, $y = \sqrt[3]{\frac{V^2}{\pi V'}}$

1084. Demonstração.

1085. $\pi a^3 \operatorname{sen}^2 \theta$

1086. $A = 4\pi d(a+b)$, $V = 2\pi abd$

1087. $V_{cil.} = 6V_{cone}$

1088. $V_{cil.} = 2\,744\pi$ cm³;

$V_{sol.} = \frac{7\,840}{3}\pi$ cm³

1089. $BM = a\sqrt{3}$, $M\hat{B}C = 30°$;

$A = \frac{3 + \sqrt{3}}{2}\pi a^2$; $V = \frac{\pi a^3}{2}$

1091. $7\,392\sqrt{21}$ cm³

1092. $\frac{16\sqrt{3}}{21}$

1093. a) 20π cm² d) $\frac{4\pi}{3}$ cm³

b) $\frac{1}{2}$ cm e) $\frac{3\sqrt{5}\pi}{4}$ cm²

c) 4π cm²

RESPOSTAS DOS EXERCÍCIOS

Capítulo XVI

1094. $10\,500\pi$ cm²

1095. 144π cm²

1096. aproximadamente $12{,}52\pi$ cm³

1097. $\dfrac{5R}{2}$

1099. $\dfrac{R}{17}$

1100. $h = \dfrac{9}{10}R$, $A = \dfrac{9}{5}\pi R^2$

1101. $\dfrac{32\pi}{3}$ m²

1102. $\dfrac{2R}{m-2}$, $m > 2$

1103. $2\,304\pi$ cm³

1104. $\dfrac{3 + \sqrt{209}}{2}$ cm

1105. 56π cm²

1106. 100π cm²

1107. $2 - \sqrt{3}$

1108. $(\sqrt{5} - 2)R$

1110. $(\sqrt{5} - 2)r$

1111. 144π cm²

1112. $\dfrac{13}{9}$ cm

1113. $16\sqrt{34}\,\pi$ cm²

1114. $\dfrac{32\,000\pi}{3}$ cm³; $1\,600\pi$ cm²

1115. 3 cm

1116. 36π cm³

1117. $\dfrac{\pi}{n}$ rad

1118. $(\sqrt{2} - 1)\,2r$

1119. $5(4 - \sqrt{10})$ cm

1120. $\dfrac{23\,r}{25}$

1121. $d = \dfrac{1 + \sqrt{73}}{36}\,r$, $d = \dfrac{-1 + \sqrt{73}}{36}\,r$

1122. $(\sqrt{3} - 1)\,r$

1123. $3R$

1124. Demonstração.

1125. $\dfrac{52\pi}{3}$ m³

1126. 672π cm³

1127. $\dfrac{625\pi}{3}$ cm³

1128. $\dfrac{1\,408\pi}{3}$ cm³

1129. $\dfrac{224}{3}\pi$ cm³

1131. $1\,137\pi$ cm³

1132. $2\,556\pi$ cm³

RESPOSTAS DOS EXERCÍCIOS

1134. $\dfrac{\pi}{3} \cdot \dfrac{R^2}{n} \cdot (h - R)^2$

1135. 120π m²; $V = \dfrac{1484\pi}{3}$ cm³

1136. $\dfrac{(\sqrt{5} - 1)}{2}$ r

1137. $\dfrac{(\sqrt{3} - 1)}{2}$ r

1138. $\dfrac{k(2 - 3k)}{(1 - k)^2}\pi R^2$, $k < \dfrac{2}{3}$

1139. $\dfrac{1}{3}$ m³

1140. 288π cm³

1141. 270 cm²

1142. $\sqrt[3]{20}$ cm

1143. $\dfrac{1000}{3} \left(\sqrt{2} \pm 1\right)\pi$ cm²

1144. Sim; vide expressão do volume.

1145. Ao quadrado; vide a fórmula.

1146. $\dfrac{\sqrt{n-1}}{n} \cdot 2R$, $n > 1$

1147. $\dfrac{6V}{\pi \ell^2}$

1148. $\dfrac{50\pi}{3}$ cm³

1149. $\dfrac{2}{3}\left(4\sqrt{2} - 5\right)\pi R^3$

Questões de vestibulares

PARALELISMO – PERPENDICULARIDADE

1. (UF-BA) Com base nos conhecimentos sobre geometria espacial, pode-se afirmar:
   - (01) Se uma reta r e um plano α são paralelos, então toda reta perpendicular à reta r é também perpendicular ao plano α.
   - (02) Se um ponto P não pertence a uma reta s, então existe um único plano passando por P, paralelo à reta s.
   - (04) Se uma reta r está contida em um plano α, e a reta s é reversa a r, então a reta s intercepta o plano α.
   - (08) Se α e β são dois planos perpendiculares, e r é uma reta perpendicular a α, que não está contida em β, então r é paralela a β.
   - (16) Se dois planos são perpendiculares, então toda reta de um deles é perpendicular ao outro.
   - (32) Três planos distintos interceptam-se segundo uma reta ou um ponto.

2. (Fatec-SP) A reta r é a intersecção dos planos α e β, perpendiculares entre si. A reta s, contida em α, intercepta r no ponto P. A reta t, perpendicular a β, intercepta-o no ponto Q, não pertencente a r.
   Nessas condições, é verdade que as retas
   a) r e s são perpendiculares entre si.
   b) s e t são paralelas entre si.
   c) r e t são concorrentes.
   d) s e t são reversas.
   e) r e t são ortogonais.

QUESTÕES DE VESTIBULARES

3. (Fatec-SP) No cubo ABCDEFGH, da figura, cuja aresta tem medida a, $a > 1$, sejam:
   - P um ponto pertencente ao interior do cubo, tal que DP = 1;
   - Q o ponto que é a projeção ortogonal do ponto P sobre o plano ABCD;
   - α a medida do ângulo agudo que a reta $\overleftrightarrow{DP}$ forma com o plano ABCD;
   - R o ponto que é a projeção ortogonal do ponto Q sobre a reta $\overleftrightarrow{AD}$;
   - β a medida do ângulo agudo que a reta $\overleftrightarrow{DQ}$ forma com a reta $\overleftrightarrow{AD}$.

   Nessas condições, a medida do segmento $\overline{DR}$, expressa em função de α e β, é:
   a) sen α · sen β.
   b) sen α · tg β.
   c) cos α · sen β.
   d) cos α · cos β.
   e) tg α · cos β.

4. (UF-MS) A seguir foram feitas afirmações sobre geometria espacial, assinale a(s) correta(s).
   (001) Toda reta paralela a dois planos, não paralelos, é paralela à interseção deles.
   (002) Toda reta que contém dois pontos de um plano pertence a esse plano.
   (004) A partir de quatro pontos não coplanares, são definidos exatamente quatro planos distintos.
   (008) Três retas concorrentes num único ponto definem um único plano.
   (016) Toda reta perpendicular a duas retas não paralelas pertence ao plano definido por essas duas retas não paralelas.

5. (FGV-SP) Duas retas distintas que são perpendiculares a uma terceira podem ser:
   I. concorrentes entre si.
   II. perpendiculares entre si.
   III. paralelas.
   IV. reversas e não ortogonais.
   V. ortogonais.

   Associando V ou F a cada afirmação, conforme seja verdadeira ou falsa, tem-se:
   a) V, V, V, V, V
   b) V, F, V, F, V
   c) F, V, F, F, F
   d) V, V, V, V, F
   e) F, F, F, V, F

6. (U.E. Ponta Grossa-PR) Considerando dois planos α e β e uma reta r, assinale o que for correto.
   (01) Se r é perpendicular a α e a β então α é paralelo a qualquer plano que contenha r.
   (02) Se r é perpendicular a α e a β então α e β são paralelos entre si.
   (04) Se α e β são perpendiculares e a reta r está contida em α, então r é também perpendicular a β.
   (08) Se r é paralela a α então todo plano contendo r é paralelo a α.
   (16) Se $r \cap \alpha = \emptyset$ então r e α são paralelos.

QUESTÕES DE VESTIBULARES

DIEDROS – TRIEDROS – POLIEDROS CONVEXOS

7. (ITA-SP) Um diedro mede 120°. A distância da aresta do diedro ao centro de uma esfera de volume $4\sqrt{3}\pi$ cm³ que tangencia as faces do diedro é, em cm, igual a:
a) $3\sqrt{3}$
b) $3\sqrt{2}$
c) $2\sqrt{3}$
d) $2\sqrt{2}$
e) 2

8. (FGV-SP) Arestas opostas de um tetraedro são arestas que não têm ponto em comum. Um inseto anda sobre a superfície de um tetraedro regular de aresta 10 cm partindo do ponto médio de uma aresta e indo para o ponto médio de uma aresta oposta à aresta de onde partiu. Se o percurso foi feito pelo caminho mais curto possível, então o inseto percorreu a distância, em centímetros, igual a:
a) $10\sqrt{3}$
b) 15
c) $10\sqrt{2}$
d) 10
e) $5\sqrt{3}$

9. (Fuvest-SP) Em um tetraedro regular de lado a, a distância entre os pontos médios de duas arestas não adjacentes é igual a:
a) $a\sqrt{3}$
b) $a\sqrt{2}$
c) $\dfrac{a\sqrt{3}}{2}$
d) $\dfrac{a\sqrt{2}}{2}$
e) $\dfrac{a\sqrt{2}}{4}$

10. (ITA-SP) Sejam A, B, C e D os vértices de um tetraedro regular cujas arestas medem 1 cm. Se M é o ponto médio do segmento $\overline{AB}$ e N é o ponto médio do segmento $\overline{CD}$, então a área do triângulo MND, em cm², é igual a:
a) $\dfrac{\sqrt{2}}{6}$
b) $\dfrac{\sqrt{2}}{8}$
c) $\dfrac{\sqrt{3}}{6}$
d) $\dfrac{\sqrt{3}}{8}$
e) $\dfrac{\sqrt{3}}{9}$

11. (UF-PE) Ilustrados abaixo, temos um tetraedro e sua planificação.

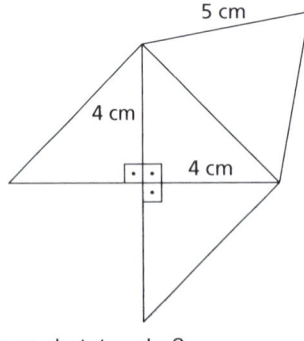

Qual o volume do tetraedro?
a) 7,2 cm³
b) 7,4 cm³
c) 7,6 cm³
d) 7,8 cm³
e) 8,0 cm³

QUESTÕES DE VESTIBULARES

12. (Unesp-SP) Dado um poliedro com 5 vértices e 6 faces triangulares, escolhem-se ao acaso três de seus vértices.

A probabilidade de que os três vértices escolhidos pertençam à mesma face do poliedro é:

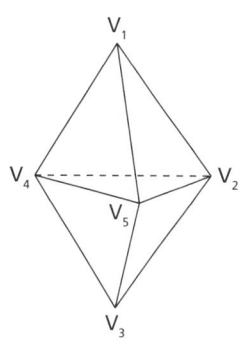

a) $\dfrac{3}{10}$

b) $\dfrac{1}{6}$

c) $\dfrac{3}{5}$

d) $\dfrac{1}{5}$

e) $\dfrac{6}{35}$

13. (UF-PE) Deseja-se projetar uma luminária em forma poliédrica. A condição exigida é que ela, pendurada por um dos vértices, fique com uma das diagonais desse vértice em posição vertical. Os seguintes poliedros podem ser usados:

0-0) O hexaedro regular.
1-1) O octaedro regular.
2-2) O dodecaedro regular.
3-3) O icosaedro regular.
4-4) Um prisma regular com qualquer número de lados na base.

14. (ITA-SP) Considere as afirmações:

I. Existe um triedro cujas 3 faces têm a mesma medida $a = 120°$.
II. Existe um ângulo poliédrico convexo cujas faces medem, respectivamente, 30°, 45°, 50°, 50° e 170°.
III. Um poliedro convexo que tem 3 faces triangulares, 1 face quadrangular, 1 face pentagonal e 2 faces hexagonais, tem 9 vértices.
IV. A soma das medidas de todas as faces de um poliedro convexo com 10 vértices é 2 880°.

Destas, é(são) correta(s) apenas:

a) II
b) IV
c) II e IV
d) I, II e IV
e) II, III e IV

15. (UF-CE) O número de faces de um poliedro convexo com 20 vértices e com todas as faces triangulares é igual a:

a) 28
b) 30
c) 32
d) 34
e) 36

16. (UF-AM) Num poliedro convexo, o número de arestas excede o número de vértices em 12 unidades. O número de faces deste poliedro é:

a) 8
b) 10
c) 12
d) 14
e) 16

QUESTÕES DE VESTIBULARES

17. (U.E. Ponta Grossa-PR) Dado que um poliedro convexo tem 2 faces pentagonais, 4 faces quadrangulares e *n* faces triangulares, assinale o que for correto.
01) Se o número de vértices do poliedro é 11, então n = 4.
02) Se o número de faces do poliedro é 16, então n = 10.
04) O menor valor possível para *n* é 1.
08) Se a soma dos ângulos de todas as faces do poliedro é 3 600°, então n = 6.
16) Se o número de arestas do poliedro é 25, então n = 8.

18. (UF-AM) Dadas as sentenças:
I. Todo poliedro regular é um poliedro de Platão.
II. Existem apenas cinco poliedros regulares.
III. Todo poliedro convexo satisfaz a relação V − 2A = F, onde V é o número de vértices, A o número de arestas e F o número de faces do poliedro.
IV. A soma dos ângulos das faces de um tetraedro mede 720°.

É correto afirmar que:
a) I e III são falsas.
b) Apenas I e II são verdadeiras.
c) II e III são falsas.
d) Somente I, II e IV são verdadeiras.
e) Apenas I, II e III são verdadeiras.

19. (UF-PE) Existem 5 e apenas 5 poliedros regulares convexos. Tal afirmação é verdadeira considerando-se o seguinte argumento: cada vértice de um poliedro é determinado por pelo menos três de suas faces, e o ângulo formado por essas faces deverá ser menor que 360°, para que o poliedro seja regular. Com relação a esse argumento, podemos afirmar que:
0-0) O argumento é falso quando as faces do poliedro forem hexágonos regulares.
1-1) O argumento é verdadeiro apenas quando as faces são quadrados ou triângulos equiláteros.
2-2) O argumento é falso quando as faces do poliedro são pentágonos regulares.
3-3) O argumento é verdadeiro para o octaedro e o tetraedro.
4-4) O argumento é verdadeiro apenas para o tetraedro e o icosaedro.

20. (UFF-RJ) Em 1596, em sua obra *Mysterium Cosmographicum*, Johannes Kepler estabeleceu um modelo do cosmos onde os cinco poliedros regulares são colocados um dentro do outro, separados por esferas. A ideia de Kepler era relacionar as órbitas dos planetas com as *razões harmônicas* dos poliedros regulares.
A *razão harmônica* de um poliedro regular é a razão entre o raio da esfera circunscrita e o raio da esfera inscrita no poliedro.
A *esfera circunscrita* a um poliedro regular é aquela que contém todos os vértices do poliedro. A *esfera inscrita*, por sua vez, é aquela que é tangente a cada uma das faces do poliedro.
A razão harmônica de qualquer cubo é igual a:
a) 1
b) 2
c) $\sqrt{2}$
d) $\sqrt{3}$
e) $\sqrt[3]{2}$

QUESTÕES DE VESTIBULARES

21. (UF-BA) Com base nos conhecimentos sobre geometria plana e espacial, é correto afirmar:
  - (01) Se dois triângulos são semelhantes e possuem a mesma área, então eles são congruentes.
  - (02) Em um triângulo retângulo, se um dos ângulos agudos mede o dobro do outro ângulo agudo, então um dos catetos mede o dobro do outro cateto.
  - (04) Se, em um plano, dois retângulos têm a mesma área, então é possível transformar um deles no outro, através da composição de uma rotação com uma translação.
  - (08) Sendo r e s retas concorrentes contidas, respectivamente, nos planos α e β, se α e β são perpendiculares, então r e s também o são.
  - (16) A razão entre os raios das esferas circunscrita e inscrita num mesmo cubo é igual a $\sqrt{3}$.
  - (32) O segmento que une dois vértices de um prisma qualquer é uma aresta ou é uma diagonal de uma das faces.

22. (Unifesp-SP) Quatro dos oito vértices de um cubo de aresta unitária são vértices de um tetraedro regular. As arestas do tetraedro são diagonais das faces do cubo, conforme mostra a figura. 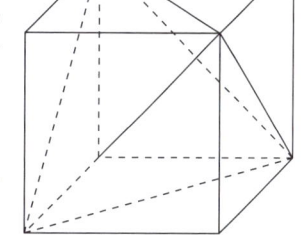
  a) Obtenha a altura do tetraedro e verifique que ela é igual a dois terços da diagonal do cubo.
  b) Obtenha a razão entre o volume do cubo e o volume do tetraedro.

23. (Unifesp-SP) Um poliedro é construído a partir de um cubo de aresta $a > 0$, cortando-se em cada um de seus cantos uma pirâmide regular de base triangular equilateral (os três lados da base da pirâmide são iguais). Denote por x, $0 < x \leq \frac{a}{2}$, a aresta lateral das pirâmides cortadas.

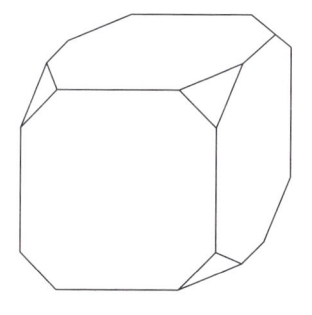

face lateral das pirâmides cortadas

  a) Dê o número de faces do poliedro construído.
  b) Obtenha o valor de x, $0 < x \leq \frac{a}{2}$, para o qual o volume do poliedro construído fique igual a cinco sextos do volume do cubo original. A altura de cada pirâmide cortada, relativa à base equilateral, é $\frac{x}{\sqrt{3}}$.

QUESTÕES DE VESTIBULARES

PRISMA

24. (FGV-SP) O volume de um cubo, em m³, é numericamente igual a sua área total, em cm². Assim, a aresta desse cubo, em cm, é igual a:
a) $6 \cdot 10^{-6}$
b) $5 \cdot 10^{-4}$
c) $6 \cdot 10^{4}$
d) $5 \cdot 10^{6}$
e) $6 \cdot 10^{6}$

25. (UF-RS) Considere um cubo de aresta 10 e um segmento que une o ponto P, centro de uma das faces do cubo, ao ponto Q, vértice do cubo, como indicado na figura ao lado.
A medida do segmento PQ é:
a) 10
b) $5\sqrt{6}$
c) 12
d) $6\sqrt{5}$
e) 15

26. (PUC-RS) No cubo representado na figura a área do triângulo ABC é:
a) $4\sqrt{2}$
b) $8\sqrt{2}$
c) $4\sqrt{3}$
d) $8\sqrt{3}$
e) 8

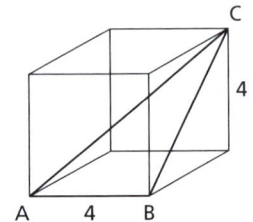

27. (U.F. São Carlos-SP) A figura indica um paralelepípedo retorretângulo de dimensões $\sqrt{2} \times \sqrt{2} \times \sqrt{7}$, sendo A, B, C e D quatro de seus vértices.
A distância de B até o plano que contém A, D e C é igual a:
a) $\dfrac{\sqrt{11}}{4}$
b) $\dfrac{\sqrt{14}}{4}$
c) $\dfrac{\sqrt{11}}{2}$
d) $\dfrac{\sqrt{13}}{2}$
e) $\dfrac{3\sqrt{7}}{2}$

28. (UF-PI) Considere um cubo de base ABCD, cujo volume é 216 m³. Sejam P e Q dois pontos que dividem a diagonal BH em três segmentos congruentes, como mostra a figura ao lado. A distância do ponto P ao vértice A é:
a) 6 m
b) 5 m
c) 4 m
d) $3\sqrt{2}$ m
e) $2\sqrt{5}$ m

29. (Unesp-SP) A figura mostra um paralelepípedo retorretângulo ABCDEFGH, com base quadrada ABCD de aresta *a* e altura 2a, em centímetros.

A distância, em centímetros, do vértice A à diagonal BH vale:

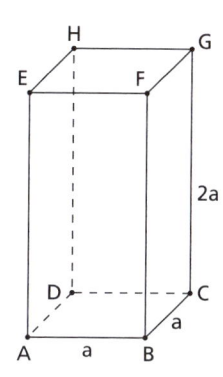

a) $\dfrac{\sqrt{5}}{6}a$

b) $\dfrac{\sqrt{6}}{6}a$

c) $\dfrac{\sqrt{5}}{5}a$

d) $\dfrac{\sqrt{6}}{5}a$

e) $\dfrac{\sqrt{30}}{6}a$

30. (UE-MG)

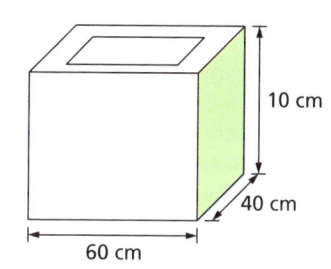

O desenho, acima, representa uma caixa de madeira maciça de 0,5 cm de espessura e dimensões externas iguais a 60 cm, 40 cm e 10 cm, conforme indicações. Nela será colocada uma mistura líquida de água com álcool, a uma altura de 8 cm. Como não houve reposição da mistura, ao longo de um certo período, 1 200 cm³ do líquido evaporaram. Com base nesta ocorrência, a altura, em cm, da mistura restante na caixa corresponde a um valor numérico do intervalo de:

a) [5,0; 5,9]

b) [6,0; 6,9]

c) [7,0; 7,6]

d) [7,6; 7,9]

31. (Fuvest-SP) O cubo de vértices ABCDEFGH, indicado na figura, tem arestas de comprimento *a*. Sabendo-se que M é o ponto médio da aresta $\overline{AE}$, então a distância do ponto M ao centro do quadrado ABCD é igual a:

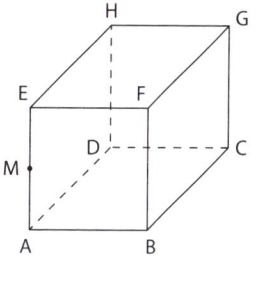

a) $a\dfrac{\sqrt{3}}{5}$

b) $a\dfrac{\sqrt{3}}{3}$

c) $a\dfrac{\sqrt{3}}{2}$

d) $a\sqrt{3}$

e) $2a\sqrt{3}$

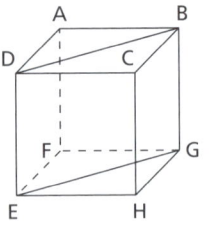

QUESTÕES DE VESTIBULARES

32. (UF-AM) Determine a área do quadrilátero BDEG definido na figura a seguir, sendo ABCDEFGH um cubo de aresta $4\sqrt{2}$ m.
a) $32\sqrt{2}$ m²
b) $12\sqrt{2}$ m²
c) $16\sqrt{2}$ m²
d) $8\sqrt{2}$ m²
e) $14\sqrt{2}$ m²

33. (PUC-SP) Um marceneiro pintou de azul todas as faces de um bloco maciço de madeira e, em seguida, dividiu-o totalmente em pequenos cubos de 10 cm de aresta. Considerando que as dimensões do bloco eram 140 cm por 120 cm por 90 cm, então a probabilidade de escolher-se aleatoriamente um dos cubos obtidos após a divisão e nenhuma de suas faces estar pintada de azul é:
a) $\frac{1}{3}$
b) $\frac{5}{9}$
c) $\frac{2}{3}$
d) $\frac{5}{6}$
e) $\frac{8}{9}$

34. (PUC-RS) Em Roma, nosso amigo encontrou um desafio:
Dado um cubo de aresta a = $2\sqrt{3}$, calcule sua diagonal d. O primeiro que acertar o resultado ganha o prêmio de 100d euros.
Tales foi o primeiro a chegar ao resultado correto. Portanto, recebeu _____ euros.
a) 200
b) 280
c) 300
d) 340
e) 600

35. (Unifesp-SP) Um cubo de aresta de comprimento a vai ser transformado num paralelepípedo retorretângulo de altura 25% menor, preservando-se, porém, o seu volume e o comprimento de uma de suas arestas.

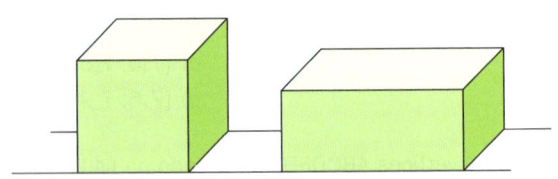

A diferença entre a área total (a soma das áreas das seis faces) do novo sólido e a área total do sólido original será:
a) $\frac{1}{6}a^2$
b) $\frac{1}{3}a^2$
c) $\frac{1}{2}a^2$
d) $\frac{2}{3}a^2$
e) $\frac{5}{6}a^2$

36. (UF-RS) O volume de um cubo de madeira foi diminuído em 32 cm³, fazendo-se cavidades a partir de cada uma de suas faces até a face oposta.

Com isso, obteve-se o sólido representado na figura ao lado.
Cada cavidade tem a forma de um prisma reto de base quadrada de 2 cm de lado. As bases do prisma, contidas nas faces do cubo, têm centro no centro dessas faces e um lado paralelo a um dos lados da face. A aresta do cubo mede:

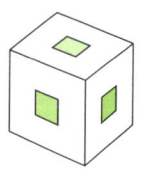

a) 2 cm
b) 3 cm
c) 4 cm
d) 6 cm
e) 8 cm

37. (FEI-SP) O interior de uma caixa tem formato de um paralelepípedo retorretângulo cujo volume é igual a 160 cm³. As áreas de duas de suas faces internas são 20 cm² e 40 cm². Neste caso, a soma das dimensões das três arestas internas principais dessa caixa (em cm) é:

a) 14
b) 15
c) 16
d) 17
e) 18

38. (Cefet-SC) Uma indústria precisa fabricar 10 000 caixas com as medidas da figura abaixo. Desprezando as abas, aproximadamente, quantos m² de papelão serão necessários para a confecção das caixas?

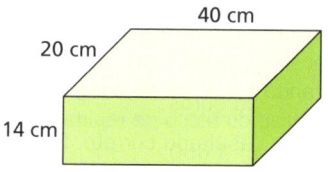

a) 0,328 m²
b) 1 120 m²
c) 112 m²
d) 3 280 m²
e) 1 640 m²

39. (Mackenzie-SP) A figura representa a maquete de uma escada que foi construída com a retirada de um paralelepípedo retorretângulo, de outro paralelepípedo retorretângulo de dimensões 12, 4 e 6. O menor volume possível para essa maquete é:

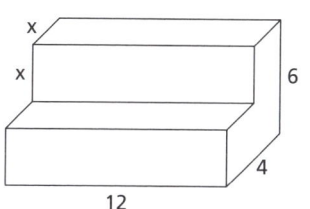

a) 190
b) 180
c) 200
d) 194
e) 240

40. (UE-CE) A diagonal de um paralelepípedo retângulo, cuja base é um quadrado, mede 6 cm e faz com o plano da base do paralelepípedo um ângulo de 45°. A medida, em cm³, do volume do paralelepípedo é:

a) $8\sqrt{2}$
b) $8\sqrt{3}$
c) $27\sqrt{2}$
d) $27\sqrt{3}$

41. (UE-CE) Com 42 cubos de 1 cm de aresta formamos um paralelepípedo cujo perímetro da base é 18 cm. A altura deste paralelepípedo, em cm, é:

a) 4
b) 3
c) 2
d) 1

QUESTÕES DE VESTIBULARES

42. (FGV-SP) A soma das medidas das 12 arestas de um paralelepípedo retorretângulo é igual a 140 cm. Se a distância máxima entre dois vértices do paralelepípedo é 21 cm, sua área total, em cm², é:
a) 776
b) 784
c) 798
d) 800
e) 812

43. (Mackenzie-SP)

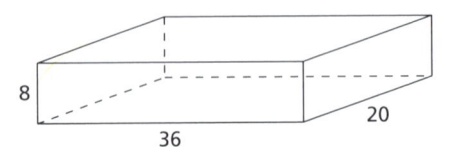

O número mínimo de cubos de mesmo volume e dimensões inteiras, que preenchem completamente o paralelepípedo retângulo da figura, é:
a) 64
b) 90
c) 48
d) 125
e) 100

44. (PUC-SP) Um artesão dispõe de um bloco maciço de resina, com a forma de um paralelepípedo retângulo de base quadrada e cuja altura mede 20 cm. Ele pretende usar toda a resina desse bloco para confeccionar contas esféricas que serão usadas na montagem de 180 colares. Se cada conta tiver 1 cm de diâmetro e na montagem de cada colar forem usadas 50 contas, então, considerando o volume do cordão utilizado desprezível e a aproximação $\pi = 3$, a área total da superfície do bloco de resina, em centímetros quadrados, é:
a) 1 250
b) 1 480
c) 1 650
d) 1 720
e) 1 850

45. (Enem-MEC) A siderúrgica "Metal Nobre" produz diversos objetos maciços utilizando o ferro. Um tipo especial de peça feita nessa companhia tem o formato de um paralelepípedo retangular, de acordo com as dimensões indicadas na figura que segue.

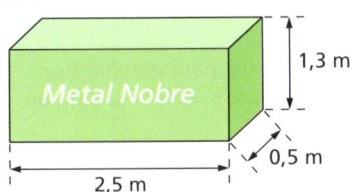

O produto das três dimensões indicadas na peça resultaria na medida da grandeza:
a) massa
b) volume
c) superfície
d) capacidade
e) comprimento

46. (Enem-MEC) Uma fábrica produz barras de chocolates no formato de paralelepípedos e de cubos, com o mesmo volume. As arestas da barra de chocolate no formato de paralelepípedo medem 3 cm de largura, 18 cm de comprimento e 4 cm de espessura.
Analisando as características das figuras geométricas descritas, a medida das arestas dos chocolates que têm o formato de cubo é igual a:
a) 5 cm
b) 6 cm
c) 12 cm
d) 24 cm
e) 25 cm

QUESTÕES DE VESTIBULARES

47. (UF-PE) Um reservatório tem a forma de um paralelepípedo reto, ABCDEFGH, com 5 m de comprimento, 3 m de profundidade e 0,8 m de altura. Ele está preenchido com água até certa altura. Quando inclinado até que o nível de água atinja a aresta EH, três quartos da base ficam cobertos com água, como ilustrado a seguir.

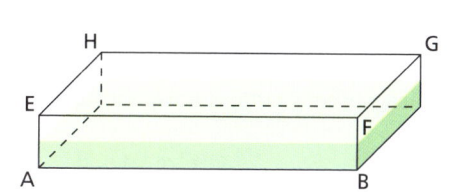

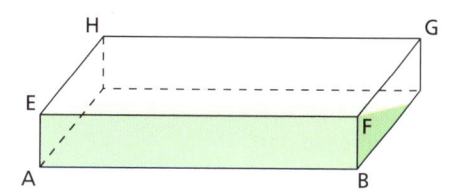

Qual a altura da água no reservatório, antes de ser inclinado?
a) 0,3 m
b) 0,4 m
c) 0,5 m
d) 0,6 m
e) 0,7 m

48. (UF-PB) O governo de um município pretende construir cisternas para armazenamento de água, em formato de um paralelepípedo retorretângulo, cujo volume é de 40 m³ e cuja base tem seu lado menor medindo 2 m a mais que a profundidade dessa cisterna, e o lado maior, 3 m a mais que essa mesma profundidade.

Considerando essas informações, a medida da profundidade da cisterna, em metros, pertence ao intervalo:

a) $\left[\dfrac{2}{5}, \dfrac{9}{10}\right]$
b) $\left[1, \dfrac{7}{5}\right]$
c) $\left[\dfrac{3}{2}, \dfrac{11}{5}\right]$
d) $\left[\dfrac{11}{5}, \dfrac{12}{5}\right]$
e) $\left[\dfrac{12}{5}, \dfrac{7}{2}\right]$

49. (Mackenzie-SP)

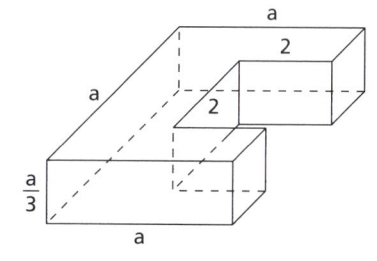

A peça da figura, de volume a², é o resultado de um corte feito em um paralelepípedo retorretângulo, retirando-se um outro paralelepípedo retorretângulo. O valor de a é:

a) $\dfrac{2}{3}$
b) 5
c) 6
d) 4
e) $\dfrac{4}{5}$

QUESTÕES DE VESTIBULARES

50. (UF-CE) A Capacidade de uma caixa-d'água na forma de um paralelepípedo retângulo, cujas arestas medem 3 m, 4 m e 5 m é de:
a) 20 000 litros
b) 40 000 litros
c) 60 000 litros
d) 80 000 litros
e) 100 000 litros

51. (Unesp-SP) Seja x um número real positivo. O volume de um paralelepípedo retorretângulo é dado, em função de x, pelo polinômio $x^3 + 7x^2 + 14x + 8$. Se uma aresta do paralelepípedo mede $x + 1$, a área da face perpendicular a essa aresta pode ser expressa por:
a) $x^2 - 6x + 8$
b) $x^2 + 14x + 8$
c) $x^2 + 7x + 8$
d) $x^2 - 7x + 8$
e) $x^2 + 6x + 8$

52. (UF-MG) Considere um reservatório, em forma de paralelepípedo retângulo, cujas medidas são 8 m de comprimento, 5 m de largura e 120 cm de profundidade.
Bombeia-se água para dentro desse reservatório, inicialmente vazio, a uma taxa de 2 litros por segundo.

Com base nessas informações, é correto afirmar que, para se encher completamente esse reservatório, serão necessários:
a) 40 min
b) 240 min
c) 400 min
d) 480 min

53. (UF-MT) O volume de um tanque reto, de base retangular, com 1 metro de profundidade deve ser 8 m³. Para cada metro quadrado de revestimento a ser colocado no fundo do tanque, um pedreiro cobra R$ 30,00, e, para cada metro quadrado nas paredes laterais, ele cobra R$ 40,00. Nessas condições, o custo mínimo do revestimento do tanque, em R$, será:

Considere $\sqrt{2} = 1,4$

a) 788,00
b) 988,00
c) 588,00
d) 688,00
e) 1 088,00

54. (UF-GO) Leia o texto abaixo.

Era uma laje retangular enorme, uma brutidão de mármore rugoso [...].
É a mãe da pedra, não disse que era o pai da pedra, sim a mãe, talvez porque viesse das profundas, ainda maculada pelo barro da matriz, mãe gigantesca sobre a qual poderiam deitar-se quantos homens, ou ela esmagá-los a eles, quantos, faça as contas quem quiser, que a laje tem de comprimento trinta e cinco palmos, de largura quinze, e a espessura é de quatro palmos, e, para ser completa a notícia, depois de lavrada e polida, lá em Mafra, ficará só um pouco mais pequena, trinta e dois palmos, catorze, três, pela mesma ordem e partes, e quando um dia se acabarem palmos e pés por se terem achado metros na terra, irão outros homens a tirar outras medidas [...].

SARAMAGO, José. *Memorial do convento*.
17. ed. Rio de Janeiro: Bertrand Brasil, 1996. p. 244-245.

No romance citado, Saramago descreve a construção do Palácio e Convento de Mafra (séc. XVIII), em Portugal, no qual a laje (em forma de paralelepípedo retângulo) foi colocada na varanda da casa de Benedictione. Supondo que a medida de um palmo seja 20 cm, então o volume retirado do mármore, após ser polido e lavrado, em m³, foi de:
a) 0,024
b) 6,048
c) 10,752
d) 16,800
e) 60,480

55. (U.F. São Carlos-SP) Uma peça de queijo tem a forma de um paralelepípedo retorretângulo, com as dimensões em centímetros indicadas na figura. Quando cortada perpendicularmente em duas partes, apresenta, na região do corte, uma face de superfície retangular, indicada pela seta na figura, cuja área é igual a 80 cm². Dividindo-se a peça em três partes iguais, o volume, em cm³, de cada pedaço cortado será igual a:

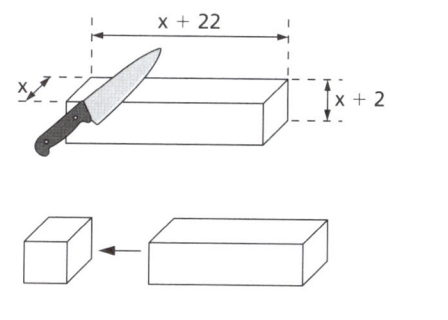

a) 500
b) 600
c) 800
d) 900
e) 1 000

56. (Unicamp-SP) Um queijo tem o formato de paralelepípedo, com dimensões 20 cm × 8 cm × × 5 cm. Sem descascar o queijo, uma pessoa o divide em cubos com 1 cm de aresta, de modo que alguns cubos ficam totalmente sem casca, outros permanecem com casca em apenas uma face, alguns com casca em duas faces e os restantes com casca em três faces. Nesse caso, o número de cubos que possuem casca em apenas uma face é igual a:

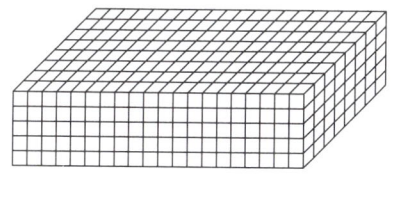

a) 360
b) 344
c) 324
d) 368

57. (UF-RN) Como parte da decoração de sua sala de trabalho, José colocou sobre uma mesa um aquário de acrílico em forma de paralelepípedo retângulo, com dimensões medindo 20 cm × 30 cm × 40 cm. Com o aquário apoiado sobre a face de dimensões 40 cm × 20 cm, o nível da água ficou a 25 cm de altura.

Se o aquário fosse apoiado sobre a face de dimensões 20 cm × 30 cm, a altura da água, mantendo-se o mesmo volume, seria de, aproximadamente:
a) 16 cm
b) 17 cm
c) 33 cm
d) 35 cm

58. (UE-CE) Uma caixa sem tampa, de base quadrada, deve ser feita retirando-se quatro quadrados de lado 3 cm de cada canto de um cartão quadrado e depois dobrando-se os lados. Se o volume da caixa é 48 cm³, o lado do cartão terá comprimento de:
a) 4 cm
b) 5 cm
c) 6 cm
d) 7 cm
e) 8 cm

59. (FGV-SP) A figura representa a planificação de um poliedro. Sabe-se que B, C e D são quadrados de lado 1 cm; A, E e F são triângulos retângulos isósceles; e G é um triângulo equilátero. O volume do poliedro obtido a partir da planificação, em cm³, é igual a:
a) $\dfrac{1}{2}$
b) $\dfrac{2}{3}$
c) $\dfrac{3}{4}$
d) $\dfrac{5}{6}$
e) $\dfrac{4}{5}$

60. (UF-PR) A estrutura de um telhado tem a forma de um prisma triangular reto, conforme o esquema a seguir. Sabendo que são necessárias 20 telhas por metro quadrado para cobrir esse telhado, assinale a alternativa que mais se aproximada da quantidade de telhas necessárias para construí-lo.
$\left(\text{Use } \sqrt{3} = 1{,}7.\right)$

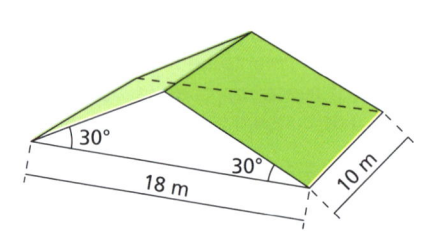

a) 4 080
b) 5 712
c) 4 896
d) 3 670
e) 2 856

61. (FGV-SP) Uma piscina tem o formato de um prisma hexagonal regular reto com profundidade igual a $\dfrac{\sqrt{3}}{2}$ m.

Cada lado do hexágono mede 2 m. O volume de água necessário para encher 80% do volume da piscina é igual a:
a) 6,9 m³
b) 7 m³
c) 7,1 m³
d) 7,2 m³
e) 7,3 m³

62. (UFF-RJ) O sistema de tratamento da rede de esgoto do bairro de Icaraí, em Niterói, tem a capacidade de processar 985 litros de esgoto por segundo, ou seja, 0,985 metros cúbicos de esgoto por segundo.

Sendo T o tempo necessário para que esse sistema de tratamento processe o volume de esgoto correspondente ao volume de uma piscina olímpica de 50 metros de comprimento, 25 metros de largura e 2 metros de profundidade, é correto afirmar que o valor de T está mais próximo de:

a) 3 segundos

b) 4 minutos

c) $\frac{1}{2}$ hora

d) 40 minutos

e) 1 dia

63. (FEI-SP) Considere um prisma reto cuja base é um hexágono regular. Sabendo que sua altura é h = $\sqrt{7}$ cm e o raio da circunferência que circunscreve sua base é r = 3 cm, o volume desse prisma é de:

a) $\frac{27\sqrt{21}}{2}$ cm³

b) $\frac{9\sqrt{7}}{4}$ cm³

c) $\frac{15\sqrt{7}}{4}$ cm³

d) $\frac{7\sqrt{7}}{4}$ cm³

e) $\frac{3\sqrt{21}}{4}$ cm³

64. (Enem-MEC) A vazão do rio Tietê, em São Paulo, constitui preocupação constante nos períodos chuvosos. Em alguns trechos, são construídas canaletas para controlar o fluxo de água. Uma dessas canaletas, cujo corte vertical determina a forma de um trapézio isósceles, tem as medidas especificadas na figura I. Neste caso, a vazão da água é de 1 050 m³/s. O cálculo da vazão, Q em m³/s, envolve o produto da área A do setor transversal (por onde passa a água), em m², pela velocidade da água no local, v, em m/s, ou seja, Q = Av.

Planeja-se uma reforma na canaleta, com as dimensões especificadas na figura II, para evitar a ocorrência de enchentes.

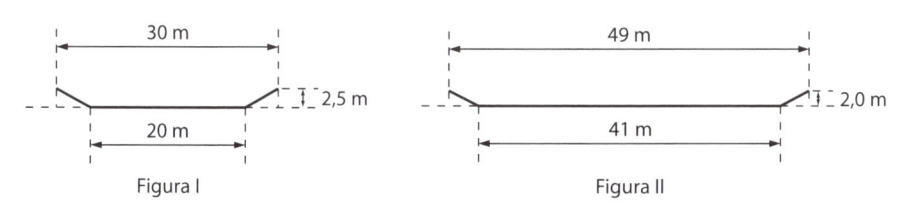

Figura I: 30 m (topo), 20 m (base), 2,5 m (altura)

Figura II: 49 m (topo), 41 m (base), 2,0 m (altura)

Disponível em: www2.uel.br.
Acesso em: 5 maio 2010.

QUESTÕES DE VESTIBULARES

Na suposição de que a velocidade da água não se alterará, qual a vazão esperada para depois da reforma na canaleta?
a) 90 m³/s
b) 750 m³/s
c) 1 050 m³/s
d) 1 512 m³/s
e) 2 009 m³/s

65. (Mackenzie-SP) O sólido da figura I foi obtido, retirando-se, de um prisma triangular regular, três prismas iguais, também triangulares e regulares, cada um deles representado pela figura II.

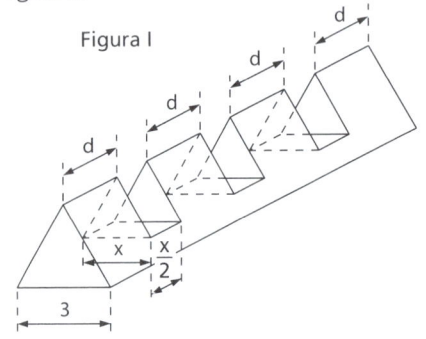

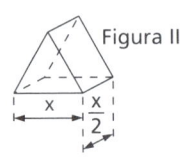

Se $d = \frac{5}{8}x$ e o volume de cada prisma retirado é $\sqrt{3}$, então o volume desse sólido é igual a:
a) $12\sqrt{3}$
b) $14\sqrt{3}$
c) $15\sqrt{3}$
d) $16\sqrt{3}$
e) $19\sqrt{3}$

66. (UF-GO) A figura ao lado representa um prisma reto, cuja base ABCD é um trapézio isósceles, sendo que as suas arestas medem $\overline{AB} = 10$, $\overline{DC} = 6$, $\overline{AD} = 4$ e $\overline{AE} = 10$.
O plano determinado pelos pontos A, H e G secciona o prisma determinando um quadrilátero. A área desse quadrilátero é: 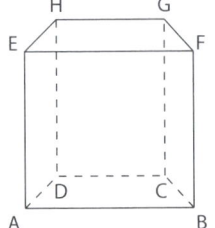
a) $8\sqrt{7}$
b) $10\sqrt{7}$
c) $16\sqrt{7}$
d) $32\sqrt{7}$
e) $64\sqrt{7}$

67. (UF-PE) Em um cubo, a sua seção pelo plano ABC é um triângulo equilátero. O que acontece com tal triângulo numa representação do cubo? 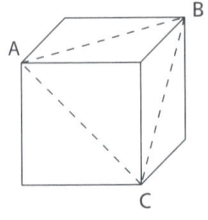
0-0) Na figura dada, ABC não é equilátero.
1-1) Numa representação cavaleira, ABC pode ser equilátero, conforme a escolha da direção e da redução das arestas inclinadas do desenho.
2-2) Numa isometria, ABC é equilátero.
3-3) Em qualquer vista ortogonal, ABC aparece como equilátero.
4-4) O desenho técnico só aceita uma representação do cubo se, nela, ABC for equilátero.

68. (UF-BA) Em relação a um prisma pentagonal regular, é correto afirmar:

(01) O prisma tem 15 arestas e 10 vértices.

(02) Dado um plano que contém uma face lateral, existe uma reta que não intercepta esse plano e contém uma aresta da base.

(04) Dadas duas retas, uma contendo uma aresta lateral e outra contendo uma aresta da base, elas são concorrentes ou reversas.

(08) A imagem de uma aresta lateral por uma rotação de 72° em torno da reta que passa pelo centro de cada uma das bases é outra aresta lateral.

(16) Se o lado da base e a altura do prisma medem, respectivamente, 4,7 cm e 5,0 cm, então a área lateral do prisma é igual a 115 cm².

(32) Se o volume, o lado da base e a altura do prisma medem, respectivamente, 235,0 cm³, 4,7 cm e 5,0 cm, então o raio da circunferência inscrita na base desse prisma mede 4,0 cm.

69. (UF-PR) Uma calha será construída a partir de folhas metálicas em formato retangular, cada uma medindo 1 m por 40 cm. Fazendo-se duas dobras de largura x, paralelas ao lado maior de uma dessas folhas, obtêm-se três faces de um bloco retangular, como mostra a figura da direita.

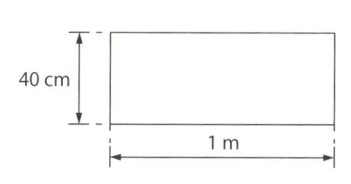

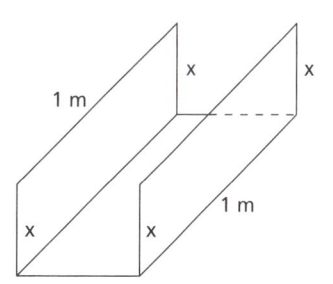

a) Obtenha uma expressão para o volume desse bloco retangular em termos de x.

b) Para qual valor de x o volume desse bloco retangular será máximo?

70. (FGV-SP) Um carpinteiro deve construir uma caixa com a forma de um cubo, porém aberta, sem uma tampa. Vai usar 31,25 m² de madeira, que ele compra em uma loja de materiais de construção por R$ 12,00 o metro quadrado. Além disso, haverá um reforço especial de madeira compensada em todas as arestas, que lhe custará R$ 3,00 por metro. A que preço o carpinteiro deve vender a caixa para obter um lucro de 20% sobre a quantia gasta na compra dos materiais que usou para construir a caixa?

71. (ITA-SP) As interseções das retas r: $x - 3y + 3 = 0$, s: $x + 2y - 7 = 0$ e t: $x + 7y - 7 = 0$, duas a duas, respectivamente, definem os vértices de um triângulo que é a base de um prisma reto de altura igual a 2 unidades de comprimento. Determine:

a) A área total da superfície do prisma.

b) O volume do prisma.

QUESTÕES DE VESTIBULARES

72. (UF-PR) Uma caixa de papel em forma de bloco retangular está sendo projetada de modo a ter altura e comprimento de mesma medida e largura 3 cm maior que seu comprimento. Quais as dimensões dessa caixa para que seu volume seja 200 cm³?

73. (UF-BA) Sendo θ o ângulo formado entre uma diagonal e uma face de um mesmo cubo, determine $\dfrac{1}{\text{sen}^2\,\theta}$.

74. (Unifesp-SP) Colocam-se n^3 cubinhos de arestas unitárias juntos, formando um cubo de aresta n, onde $n > 2$. Esse cubo tem as suas faces pintadas e depois é desfeito, separando-se os cubinhos.
a) Obtenha os valores de n para os quais o número de cubinhos sem nenhuma face pintada é igual ao número de cubinhos com exatamente uma face pintada.
b) Obtenha os valores de n para os quais o número de cubinhos com pelo menos uma face pintada é igual a 56.

75. (UF-PE) Considere três cubos, com arestas medindo 1 cm, 2 cm e 3 cm. Os cubos serão colados ao longo de suas faces de modo a se obter um sólido. Pretende-se saber quais os sólidos com menor área total da superfície. Por exemplo, se a colagem é feita como na ilustração a seguir temos um sólido com área da superfície $6(1 + 4 + 9) - (8 + 2) = 74$ cm².
Dentre os sólidos obtidos, colando os três cubos ao longo de suas faces, existem alguns com menor área total da superfície. Indique o valor desta área em cm².

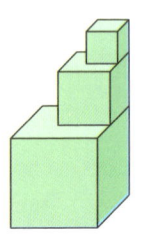

76. (Fuvest-SP) Um poste vertical tem base quadrada de lado 2.
Uma corda de comprimento 5 está esticada e presa a um ponto P do poste, situado à altura 3 do solo e distando 1 da aresta lateral. A extremidade livre A da corda está no solo, conforme indicado na figura.
A corda é então enrolada ao longo das faces ① e ②, mantendo-se esticada e com a extremidade A no solo, até que a corda toque duas arestas da face ② em pontos R e B, conforme a figura.
Nessas condições,
a) calcule PR.
b) calcule AB.

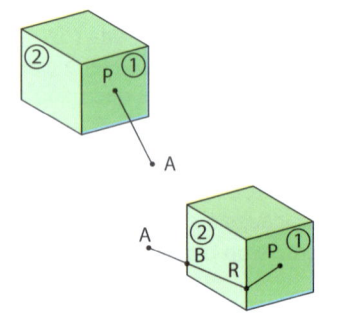

77. (UF-GO) Em uma aula de geometria espacial foi construído um paralelepípedo retangular utilizando-se como arestas canudos inteiros de refrigerantes, sendo oito canudos de 12 cm e quatro canudos de 16 cm. Para garantir que o paralelepípedo ficasse "firme" deveriam ser colocados suportes nas diagonais do paralelepípedo. Tendo em vista esses dados, qual o comprimento da diagonal do paralelepípedo?

PIRÂMIDES

78. (Fatec-SP) O sólido da figura é composto pela pirâmide quadrangular PQRST e pelo cubo ABCDEFGH, cuja aresta mede 2. Sabendo que os vértices da base da pirâmide são pontos médios dos lados do quadrado ABCD e que a distância do ponto P ao plano (A, B, C) é igual a 6, então o volume do sólido é igual a:
a) 12
b) 16
c) 18
d) 20
e) 24

79. (PUC-RS) Uma pirâmide quadrangular regular tem aresta da base medindo π metros e tem o mesmo volume e altura de um cone circular reto. O raio do cone, em metros, mede:
a) π
b) $\sqrt{\pi}$
c) π^2
d) 2π

80. (FEI-SP) Em uma pirâmide de base quadrada, a altura mede 12 cm e o volume é de 144 cm³. O perímetro da base dessa pirâmide vale:
a) 6 cm
b) 36 cm
c) 12 cm
d) 24 cm
e) 28 cm

81. (UF-PE) A pirâmide regular ilustrada a seguir tem base quadrada com lado medindo $3\sqrt{2}$ cm e aresta lateral medindo 5 cm.

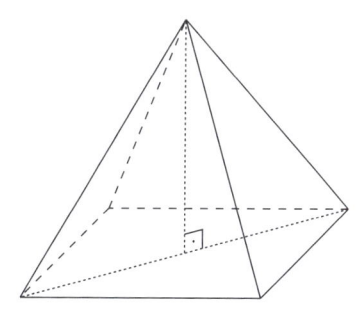

Qual o volume da pirâmide?
a) 22 cm³
b) 23 cm³
c) 24 cm³
d) 25 cm³
e) 26 cm³

QUESTÕES DE VESTIBULARES

82. (Fuvest-SP) Uma pirâmide tem como base um quadrado de lado 1, e cada uma de suas faces laterais é um triângulo equilátero. Então, a área do quadrado, que tem como vértices os baricentros de cada uma das faces laterais, é igual a:

a) $\dfrac{5}{9}$ c) $\dfrac{1}{3}$ e) $\dfrac{1}{9}$

b) $\dfrac{4}{9}$ d) $\dfrac{2}{9}$

83. (UF-GO) A figura ao lado representa uma torre, na forma de uma pirâmide regular de base quadrada, na qual foi construída uma plataforma, a 60 metros de altura, paralela à base. Se os lados da base e da plataforma medem, respectivamente, 18 e 10 metros, a altura da torre, em metros, é:

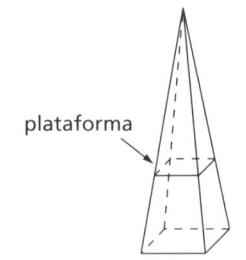

a) 75   d) 135
b) 90
c) 120   e) 145

84. (Unesp-SP) Há 4 500 anos, o Imperador Quéops do Egito mandou construir uma pirâmide regular que seria usada como seu túmulo. As características e dimensões aproximadas dessa pirâmide hoje são:

1ª) Sua base é um quadrado com 220 metros de lado.
2ª) Sua altura é de 140 metros.

Suponha que, para construir parte da pirâmide equivalente a $1,88 \times 10^4$ m³, o número médio de operários utilizados como mão de obra gastava em média 60 dias. Dados que $2,2^2 \times 1,4 \cong 6,78$ e $2,26 \div 1,88 \cong 1,2$ e mantidas estas médias, o tempo necessário para a construção de toda a pirâmide, medido em anos de 360 dias, foi de, aproximadamente:

a) 20   c) 40   e) 60
b) 30   d) 50

85. (PUC-RS) A quantidade de materiais para executar uma obra é essencial para prever o custo da construção. Quer-se construir um telhado cujas dimensões e formato são indicados na figura abaixo.

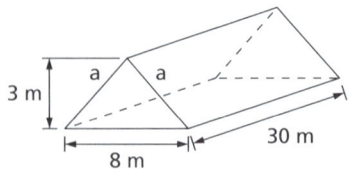

A quantidade de telhas de tamanho 15 cm por 20 cm necessárias para fazer esse telhado é:

a) 10^4 c) $5 \cdot 10^3$ e) $25 \cdot 10^4$
b) 10^5 d) $5 \cdot 10^4$

QUESTÕES DE VESTIBULARES

86. (Fatec-SP) Uma pirâmide quadrangular regular de base ABCD e vértice P tem volume igual a $36\sqrt{3}$ cm³.
Considerando que a base da pirâmide tem centro O e que M é o ponto médio da aresta $\overline{BC}$, se a medida do ângulo $P\hat{M}O$ é 60°, então a medida da aresta da base dessa pirâmide é, em centímetros, igual a:

a) $\sqrt[3]{216}$
b) $\sqrt[3]{324}$
c) $\sqrt[3]{432}$
d) $\sqrt[3]{564}$
e) $\sqrt[3]{648}$

87. (PUC-RS) O metrônomo é um relógio que mede o tempo musical (andamento). O metrônomo mecânico consiste num pêndulo oscilante, com a base fixada em uma caixa com a forma aproximada de um tronco de pirâmide, como mostra a foto.
Na representação abaixo, *a* é o lado da base maior, *b* é o lado da base menor e V é o volume do tronco de pirâmide ABCDEFGH. Se a = 4b e P é o volume total da pirâmide ABCDI, então:

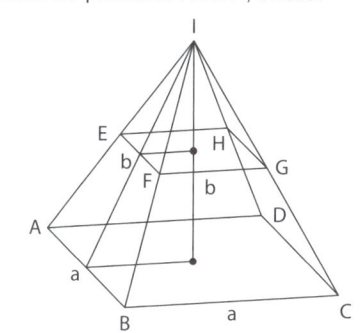

a) $V = \dfrac{3}{4}P$

b) $V = \dfrac{3}{16}P$

c) $V = \dfrac{15}{16}P$

d) $V = \dfrac{15}{64}P$

e) $V = \dfrac{63}{64}P$

88. (ITA-SP) Uma pirâmide regular tem por base um hexágono cuja diagonal menor mede $3\sqrt{3}$ cm. As faces laterais desta pirâmide formam diedros de 60° com o plano da base. A área total da pirâmide, em cm², é:

a) $81\sqrt{\dfrac{3}{2}}$
b) $81\sqrt{\dfrac{2}{2}}$
c) $\dfrac{81}{2}$
d) $27\sqrt{3}$
e) $27\sqrt{2}$

89. (UE-CE) A pirâmide truncada é um poliedro convexo, cujo desenvolvimento no plano é mostrado na figura ao lado. Observando a figura, é correto afirmar que seu número de vértices é: 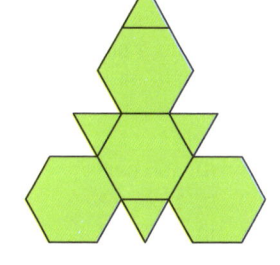
a) 10
b) 11
c) 12
d) 13
e) 14

QUESTÕES DE VESTIBULARES

90. (ITA-SP) Considere uma pirâmide regular de base hexagonal, cujo apótema da base mede $\sqrt{3}$ cm. Secciona-se a pirâmide por um plano paralelo à base, obtendo-se um tronco de volume igual a 1 cm³ e uma nova pirâmide. Dado que a razão entre as alturas das pirâmides é $\frac{1}{\sqrt{2}}$, a altura do tronco, em centímetros, é igual a:

a) $\dfrac{(\sqrt{6} - \sqrt{2})}{4}$

b) $\dfrac{(\sqrt{6} - \sqrt{3})}{3}$

c) $\dfrac{(3\sqrt{3} - \sqrt{6})}{21}$

d) $\dfrac{(3\sqrt{2} - 2\sqrt{3})}{6}$

e) $\dfrac{(2\sqrt{6} - \sqrt{2})}{22}$

91. (UF-PE) Na ilustração ao lado, temos uma pirâmide hexagonal regular com altura igual ao lado da base e volume $4\sqrt{3}$ cm³. Qual a área total da superfície da pirâmide?

a) $7(\sqrt{3} + \sqrt{7})$ cm²
b) $6(\sqrt{3} + \sqrt{7})$ cm²
c) $5(\sqrt{3} + \sqrt{7})$ cm²
d) $4(\sqrt{3} + \sqrt{7})$ cm²
e) $3(\sqrt{3} + \sqrt{7})$ cm²

92. (UF-MG) Em uma indústria de velas, a parafina é armazenada em caixas cúbicas, cujo lado mede *a*.

Depois de derretida, a parafina é derramada em moldes em formato de pirâmides com base quadrada, cuja altura e cuja aresta da base medem, cada uma, $\dfrac{a}{2}$.

Considerando-se essas informações, é correto afirmar que, com a parafina armazenada em apenas uma dessas caixas, enche-se um total de:

a) 6 moldes.
b) 8 moldes.
c) 24 moldes.
d) 32 moldes.

93. (Enem-MEC) Uma fábrica produz velas de parafina em forma de pirâmide quadrangular regular com 19 cm de altura e 6 cm de aresta da base. Essas velas são formadas por 4 blocos de mesma altura — 3 troncos de pirâmide de bases paralelas e 1 pirâmide na parte superior —, espaçados de 1 cm entre eles, sendo que a base superior de cada bloco é igual à base inferior do bloco sobreposto, com uma haste de ferro passando pelo centro de cada bloco, unindo-os, conforme a figura.

Se o dono da fábrica resolver diversificar o modelo, retirando a pirâmide da parte superior, que tem 1,5 cm de aresta na base, mas mantendo o mesmo molde, quanto ele passará a gastar com parafina para fabricar uma vela?

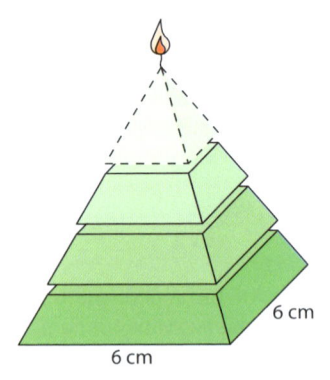

a) 156 cm³
b) 189 cm³
c) 192 cm³
d) 216 cm³
e) 540 cm³

QUESTÕES DE VESTIBULARES

94. (Enem-MEC) Um artesão construiu peças de artesanato interceptando uma pirâmide de base quadrada com um plano. Após fazer um estudo das diferentes peças que poderia obter, ele concluiu que uma delas poderia ter uma das faces pentagonal.

Qual dos argumentos a seguir justifica a conclusão do artesão?

a) Uma pirâmide de base quadrada tem 4 arestas laterais e a interseção de um plano com a pirâmide intercepta suas arestas laterais. Assim, esses pontos formam um polígono de 4 lados.

b) Uma pirâmide de base quadrada tem 4 faces triangulares e, quando um plano intercepta essa pirâmide, divide cada face em um triângulo e um trapézio. Logo, um dos polígonos tem 4 lados.

c) Uma pirâmide de base quadrada tem 5 faces e a interseção de uma face com um plano é um segmento de reta. Assim, se o plano interceptar todas as faces, o polígono obtido nessa interseção tem 5 lados.

d) O número de lados de qualquer polígono obtido como interseção de uma pirâmide com um plano é igual ao número de faces da pirâmide. Como a pirâmide tem 5 faces, o polígono tem 5 lados.

e) O número de lados de qualquer polígono obtido interceptando-se uma pirâmide por um plano é igual ao número de arestas laterais da pirâmide. Como a pirâmide tem 4 arestas laterais, o polígono tem 4 lados.

95. (UF-ES) Um reservatório de água tem a forma de uma pirâmide regular de base quadrada. O vértice do reservatório está apoiado no solo, e seu eixo está posicionado perpendicularmente ao solo. Com o reservatório vazio, abre-se uma torneira que despeja água no reservatório com uma vazão constante. Após 10 minutos, o nível da água, medido a partir do vértice, atinge $\frac{1}{4}$ da altura do reservatório. O tempo que ainda falta para encher completamente o reservatório é de:

a) 6 horas e 10 minutos.
b) 8 horas e 15 minutos.
c) 8 horas e 20 minutos.
d) 10 horas e 30 minutos.
e) 10 horas e 40 minutos.

96. (UF-PE) Na ilustração a seguir, temos um octaedro regular com área total da superfície $36\sqrt{3}$ cm². Indique o volume do octaedro, em cm³.

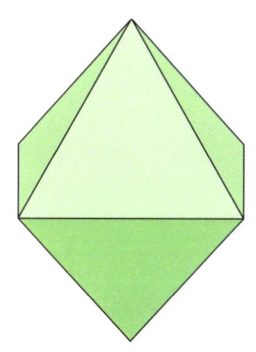

QUESTÕES DE VESTIBULARES

97. (UF-PE) Na ilustração ao lado, à esquerda, uma pirâmide regular invertida, com base quadrada de lado medindo 2 e altura 6, está preenchida por um líquido, até dois terços de sua altura. Se a pirâmide é colocada na posição ilustrada à direita, qual será então a altura h do líquido? Indique $\left(h + 2\sqrt[3]{19}\right)^2$.

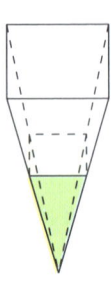

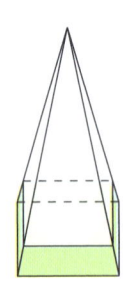

98. (UF-BA) Considere-se uma barraca de *camping* que tem a forma de uma pirâmide retangular com arestas laterais congruentes e altura igual a um metro.
Assim sendo, é correto afirmar:
(01) A projeção ortogonal do vértice da pirâmide sobre o plano da base coincide com o centro da base.
(02) Se a altura e as medidas dos lados da base da pirâmide forem aumentadas em 10%, então o volume aumentará 33,1%.
(04) Se o piso da barraca tem área máxima entre as áreas de todos os retângulos com perímetro igual a 8 metros, então o piso tem a forma de um quadrado.
(08) Se a base da pirâmide tem a forma de um quadrado com lados medindo 2 metros, então o volume é igual a $\frac{4}{3}$ metros cúbicos.
(16) Suponha-se que a barraca está montada sobre um terreno horizontal, e sua base é um quadrado com lados medindo 2 metros. Se, em determinado instante, os raios solares formam um ângulo de 45° com o solo, então algum ponto da barraca será projetado pelos raios solares num ponto do solo situado fora da região coberta pelo piso da barraca.

99. (UF-PE) Uma pirâmide hexagonal regular tem a medida da área da base igual à metade da área lateral. Se a altura da pirâmide mede 6 cm, assinale o inteiro mais próximo do volume da pirâmide, em cm³. Dado: use a aproximação $\sqrt{3} \approx 1{,}73$.

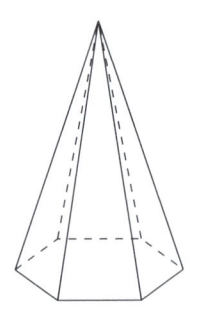

100. (UF-PR) Na figura ao lado, está representada uma pirâmide de base quadrada que tem todas as arestas com o mesmo comprimento.
a) Sabendo que o perímetro do triângulo DBV é igual a $6 + 3\sqrt{2}$, qual é a altura da pirâmide?
b) Qual é o volume e a área total da pirâmide?

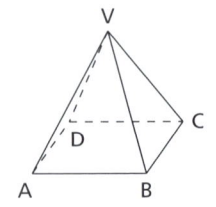

101. (Unesp-SP) Prevenindo-se contra o período anual de seca, um agricultor pretende construir uma cisterna fechada, que acumule toda a água proveniente da chuva que cai sobre o telhado de sua casa, ao longo de um período de um ano.

As figuras e o gráfico representam as dimensões do telhado da casa, a forma da cisterna a ser construída e a quantidade média mensal de chuva na região onde o agricultor possui sua casa.

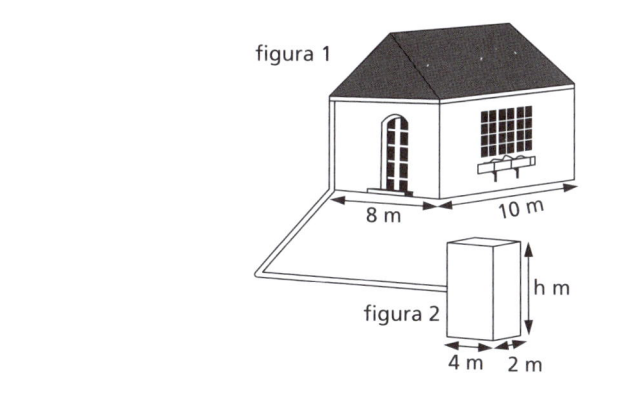

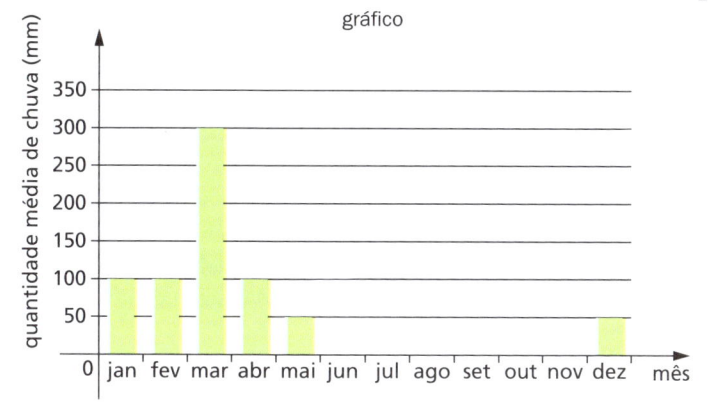

Sabendo que 100 milímetros de chuva equivalem ao acúmulo de 100 litros de água em uma superfície plana horizontal de 1 metro quadrado, determine a profundidade (h) da cisterna para que ela comporte todo o volume de água da chuva armazenada durante um ano, acrescido de 10% desse volume.

102. (Unicamp-SP) Suponha que um livro de 20 cm de largura esteja aberto conforme a figura ao lado, sendo DÂC = 120° e DB̂C = 60°.
  a) Calcule a altura $\overline{AB}$ do livro.
  b) Calcule o volume do tetraedro de vértices A, B, C e D.

QUESTÕES DE VESTIBULARES

103. (Unicamp-SP) Uma caixa-d'água tem o formato de um tronco de pirâmide de bases quadradas e paralelas, como mostra a figura abaixo, na qual são apresentadas medidas referentes ao interior da caixa.

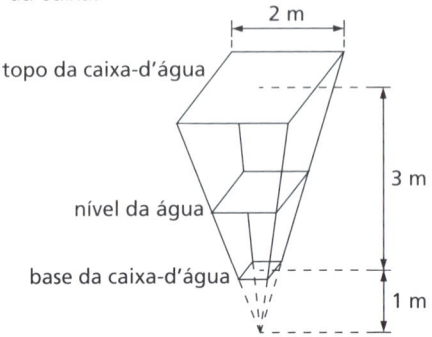

a) Qual o volume total da caixa-d'água?
b) Se a caixa contém $\frac{13}{6}$ m³ de água, a que altura de sua base está o nível da água?

104. (Unesp-SP) Na periferia de uma determinada cidade brasileira, há uma montanha de lixo urbano acumulado, que tem a forma aproximada de uma pirâmide regular de 12 m de altura, cuja base é um quadrado de lado 100 m. Considere os dados, apresentados em porcentagem na tabela, sobre a composição dos resíduos sólidos urbanos no Brasil e no México.

País	Orgânico (%)	Metais (%)	Plásticos (%)	Papelão/papel (%)	Vidro (%)	Outros (%)
Brasil	55	2	3	25	2	13
México	42,6	3,8	6,6	16,0	7,4	23,6

(Cempre/Tetra Pak Américas/EPA 2002.)

Supondo que o lixo na pirâmide esteja compactado, determine o volume aproximado de plásticos e vidros existente na pirâmide de lixo brasileira e quantos metros cúbicos a mais desses dois materiais juntos existiriam nessa mesma pirâmide, caso ela estivesse em território mexicano.

105. (ITA-SP) A razão entre a área lateral e a área da base octogonal de uma pirâmide regular é igual a $\sqrt{5}$. Exprima o volume dessa pirâmide em termos da medida *a* do apótema da base.

106. (Fuvest-SP) A figura representa uma pirâmide ABCDE, cuja base é o retângulo ABCD. Sabe-se que:

$AB = CD = \dfrac{\sqrt{3}}{2}$

$AD = BC = AE = BE = CE = DE = 1$

$AP = DQ = \dfrac{1}{2}$

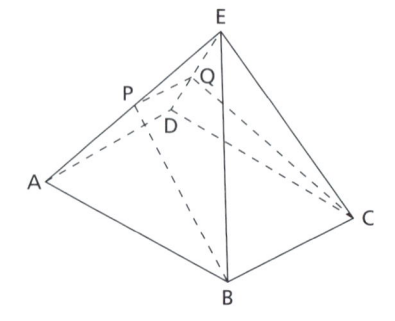

Nessas condições, determine:
a) A medida de $\overline{BP}$.
b) A área do trapézio BCQP.
c) O volume da pirâmide BPQCE.

107. (Unicamp-SP) Seja $ABCDA_1B_1C_1D_1$ um cubo com aresta de comprimento 6 cm e sejam M o ponto médio de BC e O o centro da face CDD_1C_1, conforme mostrado na figura abaixo.

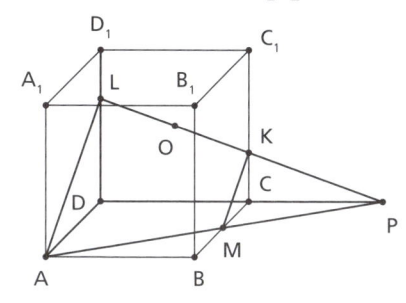

a) Se a reta AM intercepta a reta CD no ponto P e a reta PO intercepta CC_1 e DD_1 em K e L, respectivamente, calcule os comprimentos dos segmentos CK e DL.
b) Calcule o volume do sólido com vértices A, D, L, K, C e M.

108. (UF-BA) Considere uma pirâmide hexagonal regular reta, cujos vértices da base são pontos de uma superfície esférica de raio 5 cm.
Sabendo que:
- o vértice da pirâmide encontra-se a uma distância de $\frac{25}{4}$ cm do centro da superfície esférica;
- as retas que contêm as arestas laterais dessa pirâmide são tangentes a essa superfície esférica nos vértices da base.

calcule o volume da pirâmide.

109. (UF-PR) Sabendo que a aresta do cubo abaixo mede 6 cm, considere as seguintes afirmativas:

1. A área do triângulo ACD é 9 cm².

2. O volume da pirâmide ABCD é $\frac{1}{6}$ do volume do cubo.

3. A altura do triângulo ABC relativa a qualquer um dos lados mede $3\sqrt{2}$ cm.

Assinale a alternativa correta.
a) Somente a afirmativa 1 é verdadeira.
b) Somente a afirmativa 2 é verdadeira.
c) Somente as afirmativas 1 e 2 são verdadeiras.
d) Somente as afirmativas 1 e 3 são verdadeiras.
e) Somente as afirmativas 2 e 3 são verdadeiras.

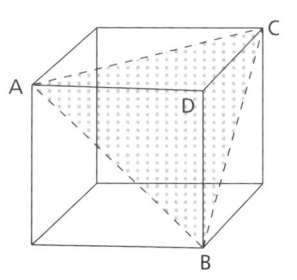

QUESTÕES DE VESTIBULARES

CILINDRO

110. (FEI-SP) A embalagem de certo leite em pó é um cilindro reto, com medida da altura igual ao triplo da medida do raio da base. Sabendo que o seu volume é igual a 375π cm³, podemos afirmar que a medida do diâmetro da base dessa embalagem é de:

a) 5 cm
b) 10 cm
c) $\dfrac{5}{\pi}$ cm
d) 15 cm
e) $\dfrac{10}{\pi}$ cm

111. (UF-AM) Uma consequência do famoso princípio de Arquimedes é que quando mergulhamos um corpo em um líquido, o corpo desloca uma quantidade de líquido igual a seu volume. Se um determinado objeto é submerso em um recipiente com água em forma de um cilindro circular reto de raio da base igual a $\dfrac{2}{\sqrt{\pi}}$ cm, e o mesmo desloca o nível da água em 3 cm, então podemos concluir que o volume de tal objeto é igual a:

a) 3 cm³
b) 6 cm³
c) 12 cm³
d) 18 cm³
e) 36 cm³

112. (Unesp-SP) A base metálica de um dos tanques de armazenamento de látex de uma fábrica de preservativos cedeu, provocando um acidente ambiental. Nesse acidente, vazaram 12 mil litros de látex. Considerando a aproximação π = 3, e que 1 000 litros correspondem a 1 m³, se utilizássemos vasilhames na forma de um cilindro circular reto com 0,4 m de raio e 1 m de altura, a quantidade de látex derramado daria para encher exatamente quantos vasilhames?

a) 12
b) 20
c) 22
d) 25
e) 30

113. (FEI-SP) Considere um recipiente cujo interior é um cilindro reto de raio 2 cm e altura 3 cm, contendo um líquido que preenche sua capacidade total. Deseja-se despejar o líquido desse recipiente em outro cujo interior é um cone circular reto de altura igual a 6 cm. Para que o líquido preencha a capacidade total desse novo recipiente, o raio do mesmo deve ser igual a:

a) $\sqrt{6}$ cm
b) 6 cm
c) $\sqrt{12}$ cm
d) $2\sqrt{2}$ cm
e) 12 cm

114. (FGV-SP) Um plano intersecta um cilindro circular reto de raio 1 formando uma elipse. Se o eixo maior dessa elipse é 50% maior que o seu eixo menor, o comprimento do eixo maior é igual a:

a) 1
b) $\dfrac{3}{2}$
c) 2
d) $\dfrac{9}{4}$
e) 3

115. (FGV-SP) Uma bobina cilíndrica de papel possui raio interno igual a 4 cm e raio externo igual a 8 cm. A espessura do papel é 0,2 mm.

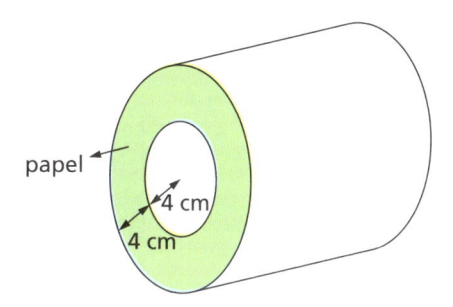

Adotando nos cálculos $\pi = 3$, o papel da bobina, quando completamente desenrolado, corresponde a um retângulo cuja maior dimensão, em metros, é aproximadamente igual a:
a) 20
b) 30
c) 50
d) 70
e) 90

116. (UF-RN) Um reservatório cilíndrico, com 4 m de raio de base e 10 m de altura, foi planejado para conservar grãos de soja em uma fazenda. Por problemas técnicos, o fazendeiro resolveu construir quatro reservatórios cilíndricos, com igual altura, para conservar a mesma quantidade de grãos de soja. A medida do raio dos novos reservatórios será:
a) 2,5 m
b) 1,5 m
c) 1,0 m
d) 2,0 m

117. (Fuvest-SP) Uma empresa de construção dispõe de 117 blocos de tipo X e 145 blocos de tipo Y. Esses blocos têm as seguintes características: todos são cilindros retos, o bloco X tem 120 cm de altura e o bloco Y tem 150 cm de altura.

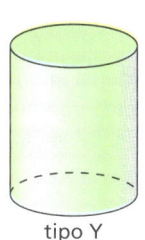

A empresa foi contratada para edificar colunas, sob as seguintes condições: cada coluna deve ser construída sobrepondo blocos de um mesmo tipo e todas elas devem ter a mesma altura. Com o material disponível, o número máximo de colunas que podem ser construídas é de:
a) 55
b) 56
c) 57
d) 58
e) 59

QUESTÕES DE VESTIBULARES

118. (ESPM-SP) Um vidro de perfume tem a forma e as medidas indicadas na figura abaixo e sua embalagem tem a forma de um paralelepípedo cujas dimensões internas são as mínimas necessárias para contê-lo.

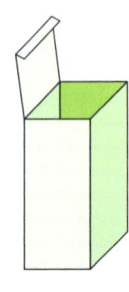

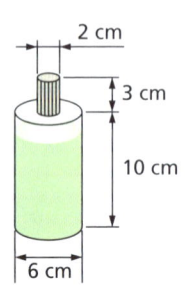

Pode-se afirmar que o volume da embalagem não ocupado pelo vidro de perfume vale aproximadamente:
a) 142 cm³
b) 154 cm³
c) 168 cm³
d) 176 cm³
e) 182 cm³

119. (Enem-MEC) Para construir uma manilha de esgoto, um cilindro com 2 m de diâmetro e 4 m de altura (de espessura desprezível), foi envolvido homogeneamente por uma camada de concreto, contendo 20 cm de espessura.
Supondo que cada metro cúbico de concreto custe R$ 10,00 e tomando 3,1 como valor aproximado de π, então o preço dessa manilha é igual a:
a) R$ 230,40
b) R$ 124,00
c) R$ 104,16
d) R$ 54,56
e) R$ 49,60

120. (UE-CE) Um fabricante de latas de alumínio com a forma de cilindro circular reto vai alterar as dimensões das latas fabricadas de forma que o volume seja preservado. Se a medida do raio da base das novas latas é o dobro da medida do raio da base das antigas, então a medida da nova altura é
a) a metade da medida da altura das latas antigas.
b) um terço da medida da altura das latas antigas.
c) um quarto da medida da altura das latas antigas.
d) dois terços da medida da altura das latas antigas.

121. (Enem-MEC) A ideia de usar rolos circulares para deslocar objetos pesados provavelmente surgiu com os antigos egípcios ao construírem as pirâmides.

BOLT, Brian. *Atividades matemáticas*. Ed. Gradiva.

Representando por R o raio da base dos rolos cilíndricos, em metros, a expressão do deslocamento horizontal y do bloco de pedra em função de R, após o rolo ter dado uma volta completa sem deslizar, é:
a) y = R
b) y = 2R
c) y = πR
d) y = 2πR
e) y = 4πR

122. (UF-RN) Um tanque cilíndrico, cheio de combustível, de raio R = 1 m e altura H = 4 m, ao ser suspenso por um cabo de aço fixado no ponto P, inclinou-se até a posição mostrada na figura. Parte do combustível foi derramado, de modo que o restante ficou nivelado como se vê na figura ao lado.
A quantidade de combustível que restou no tanque foi, aproximadamente:
a) 9,42 m³
b) 3,14 m³
c) 6,28 m³
d) 12,56 m³

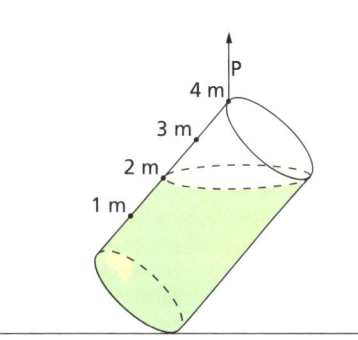

123. (UF-MA) O fornecimento de água de uma cidade era feito a partir de uma caixa-d'água, na forma de um cilindro circular reto com volume $V = \pi \cdot r_1^2 \cdot h_1$, que abastecia a cidade satisfatoriamente. Dez anos depois, com o crescimento da população, fez-se necessário construir uma nova caixa-d'água, também na forma de um cilindro circular reto, para funcionar simultaneamente com a primeira, com altura h_2 e raio r_2 igual a metade de r_1. Sabendo-se que o crescimento da população nesse período foi de 10% e o consumo de água por pessoa continuou o mesmo, então a altura h_2 deveria ser, no mínimo:
a) 60% maior que h_1
b) 60% menor que h_1
c) 40% maior que h_1
d) 40% menor que h_1
e) 50% menor que h_1

124. (UF-PE) Um reservatório de forma cilíndrica foi construído sobre um plano inclinado, como ilustrado na figura a seguir. O raio do cilindro mede 2 m e, na parte mais funda, a altura do reservatório é de 5 m, e na parte mais rasa, a altura é de 4 m.

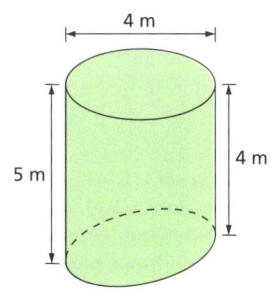

Qual o volume do reservatório, em m³? Indique o valor inteiro mais próximo. Dado: use a aproximação π ≈ 3,14.
a) 57 m³
b) 58 m³
c) 59 m³
d) 60 m³
e) 61 m³

QUESTÕES DE VESTIBULARES

125. (FGV-SP) A figura A mostra um copo cilíndrico reto com diâmetro da base de 10 cm e altura de 20 cm, apoiado sobre uma mesa plana e horizontal, completamente cheio de água. O copo foi inclinado lentamente até sua geratriz formar um ângulo de 45° com o plano da mesa, como mostra a figura B.

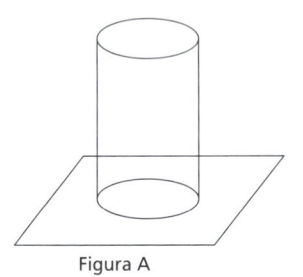

Figura A 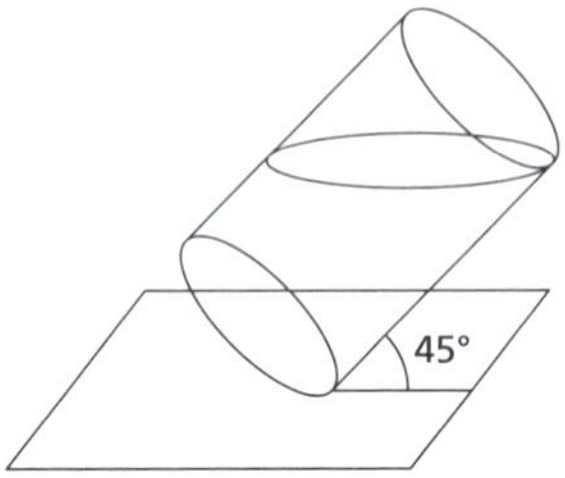   Figura B

Então, o volume de água derramada, em cm³, foi:
a) 120π
b) 125π
c) 250π
d) 300π
e) 500π

126. (FGV-SP) Inclinando-se em 45° um copo cilíndrico reto de altura 15 cm e raio da base 3,6 cm, derrama-se parte do líquido que completava totalmente o copo, conforme indica a figura. Admitindo-se que o copo tenha sido inclinado com movimento suave em relação à situação inicial, a menor quantidade de líquido derramada corresponde a um percentual do líquido contido inicialmente no copo de: 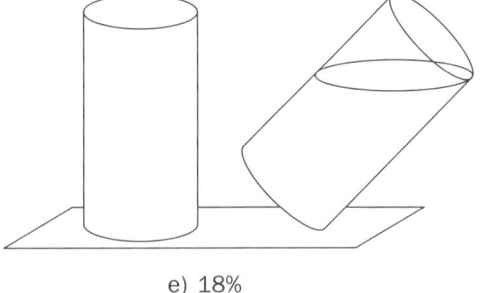
a) 48%
b) 36%
c) 28%
d) 24%
e) 18%

127. (UF-MT) Na figura ao lado estão representadas duas seringas, I e II, modelo padrão utilizado na administração de medicamentos injetáveis, que se diferenciam apenas pela capacidade volumétrica. As partes sombreadas, nas seringas, representam o volume de medicamento a ser injetado e possuem a forma de um cilindro circular reto. A seringa I possui diâmetro interno d e a II, diâmetro interno D; o volume do medicamento na seringa II é quatro vezes o da seringa I e a altura do medicamento nas duas seringas é H. A partir dessas informações, pode-se afirmar que a relação entre D e d é: 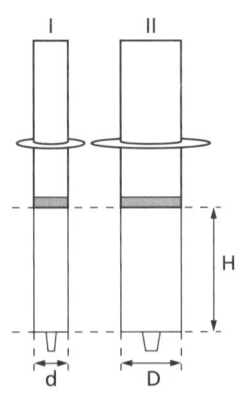
a) D = 3d
b) D = 4d
c) D = 2 + $\sqrt{2}$d
d) D = $2\sqrt{2}$d − 3
e) D = 2d

128. (Enem-MEC) É possível usar água ou comida para atrair as aves e observá-las. Muitas pessoas costumam usar água com açúcar, por exemplo, para atrair beija-flores. Mas é importante saber que, na hora de fazer a mistura, você deve sempre usar uma parte de açúcar para cinco partes de água. Além disso, em dias quentes, precisa trocar a água de duas a três vezes, pois com o calor ela pode fermentar e, se for ingerida pela ave, pode deixá-la doente. O excesso de açúcar, ao cristalizar, também pode manter o bico da ave fechado, impedindo-a de se alimentar. Isso pode até matá-la.

Ciência Hoje das Crianças. FNDE, Instituto Ciência Hoje, ano 19, n. 166, mar. 1996.

Pretende-se encher completamente um copo com a mistura para atrair beija-flores. O copo tem formato cilíndrico, e suas medidas são 10 cm de altura e 4 cm de diâmetro. A quantidade de água que deve ser utilizada na mistura é cerca de (utilize $\pi = 3$):
a) 20 mL
b) 24 mL
c) 100 mL
d) 120 mL
e) 600 mL

129. (Enem-MEC) Dona Maria, diarista na casa da família Teixeira, precisa fazer café para servir as vinte pessoas que se encontram numa reunião na sala. Para fazer o café, Dona Maria dispõe de uma leiteira cilíndrica e copinhos plásticos, também cilíndricos.

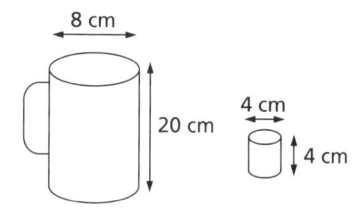

Com o objetivo de não desperdiçar café, a diarista deseja colocar a quantidade mínima de água na leiteira para encher os vinte copinhos pela metade. Para que isso ocorra, Dona Maria deverá
a) encher a leiteira até a metade, pois ela tem um volume 20 vezes maior que o volume do copo.
b) encher a leiteira toda de água, pois ela tem um volume 20 vezes maior que o volume do copo.
c) encher a leiteira toda de água, pois ela tem um volume 10 vezes maior que o volume do copo.
d) encher duas leiteiras de água, pois ela tem um volume 10 vezes maior que o volume do copo.
e) encher cinco leiteiras de água, pois ela tem um volume 10 vezes maior que o volume do copo.

130. (Enem-MEC) Um experimento consiste em colocar certa quantidade de bolas de vidro idênticas em um copo com água até certo nível e medir o nível da água, conforme ilustrado na figura a seguir. Como resultado do experimento, concluiu-se que o nível da água é função do número de bolas de vidro que são colocadas dentro do copo.

QUESTÕES DE VESTIBULARES

O quadro a seguir mostra alguns resultados do experimento realizado.

Número de bolas (x)	Nível da água (y)
5	6,35 cm
10	6,70 cm
15	7,05 cm

Disponível em: www.penta.ufrgs.br. Acesso em: 13 jan. 2009 (adaptado).

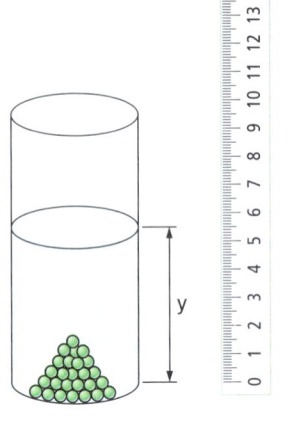

Qual a expressão algébrica que permite calcular o nível da água (y) em função do número de bolas (x)?
a) y = 30x
b) y = 25x + 20,2
c) y = 1,27x
d) y = 0,7x
e) y = 0,07x + 6

131. (UF-PE) Uma agulha de tricô é confeccionada com plástico e tem volume igual ao de um cilindro reto com diâmetro da base medindo 6 mm e altura 32 cm. Qual o volume de plástico necessário para se confeccionar 50 000 agulhas de tricô? Dado: use a aproximação $\pi \approx 3{,}14$.
a) 4 521 600 dm³
b) 45 216 dm³
c) 45,216 m³
d) 4 521 600 mm³
e) 452 160 cm³

132. (UF-PE) Uma faixa metálica, de menor comprimento possível, está enrolada em torno de dois cilindros retos de raios das bases medindo 90 cm e 30 cm, como ilustrado na figura 1, esboçada a seguir. Considerando a ilustração feita na figura 2, qual o comprimento da faixa em negrito?
a) $20(7\pi + 6\sqrt{3})$ cm
b) $21(6\pi + 6\sqrt{3})$ cm
c) $22(5\pi + 6\sqrt{3})$ cm
d) $23(4\pi + 6\sqrt{3})$ cm
e) $24(3\pi + 6\sqrt{3})$ cm

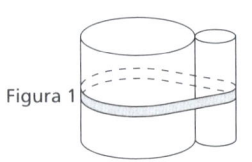

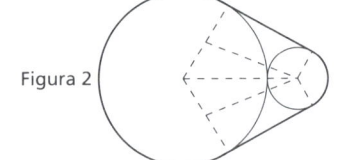

133. (UF-CE) Em um contêiner de 10 m de comprimento, 8 m de largura e 6 m de altura, podemos facilmente empilhar 12 cilindros de 1 m de raio e 10 m de altura cada, bastando dispô-los horizontalmente, em três camadas de quatro cilindros cada. Porém, ao fazê-lo, um certo volume do contêiner sobrará como espaço vazio. Adotando 3,14 como aproximação para π, é correto afirmar que a capacidade volumétrica desse espaço vazio é:
a) inferior à capacidade de um cilindro.
b) maior que a capacidade de um cilindro mas menor que a capacidade de dois cilindros.
c) maior que a capacidade de dois cilindros mas menor que a capacidade de três cilindros.
d) maior que a capacidade de três cilindros mas menor que a capacidade de quatro cilindros.
e) maior que a capacidade de quatro cilindros.

134. (UFF-RJ)

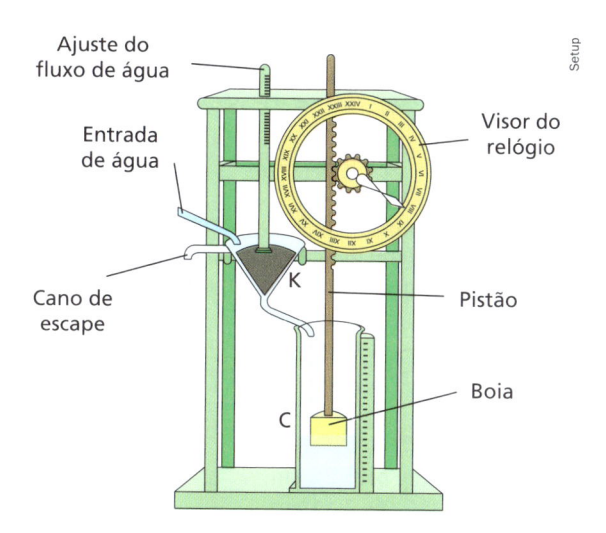

Ajuste do fluxo de água
Entrada de água
Visor do relógio
Cano de escape
K
Pistão
Boia
C

Desde a Antiguidade, a humanidade tem inventado vários mecanismos para medir o tempo. Clepsidras são relógios que utilizam a água para o seu funcionamento. Apesar dos vários modelos e estruturas, o princípio básico é a transferência de água de um recipiente para outro. A figura acima ilustra uma clepsidra romana que emprega um cone circular reto K e um cilindro circular reto C.

Sabendo-se que K e C possuem bases circulares congruentes e que o volume de C é dez vezes o volume de K, pode-se afirmar que a razão entre a altura do cilindro e a altura do cone é igual a:

a) $\dfrac{10}{7}$

b) 10

c) 3

d) $\dfrac{10}{3}$

e) $\dfrac{1}{3}$

135. (UFF-RJ) O professor J. C. S. Florençano, da Universidade de Taubaté/SP, está construindo uma casa que aproveita a água da chuva. O sistema é simples, fácil e, principalmente, barato (...) um melhoramento do que já era feito nos castelos medievais. A água da chuva é captada por um sistema de calhas e direcionada para uma primeira caixa, onde ocorre um processo natural de decantação. A segunda e a terceira caixas-d'água servem como reservatórios.

Adaptado de http://noticias.terra.com.br/ciencia/interna/0,OI1500368-EI300,00.html

A figura a seguir representa uma possibilidade para o sistema de reservatório do professor, formado por duas caixas-d'água de mesma altura e mesmo volume: a primeira tem forma de um paralelepípedo retangular e a segunda, de um cilindro circular reto.

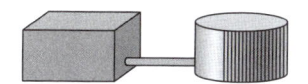

Considerando D o diâmetro da caixa cilíndrica e A e B as medidas do comprimento e da largura da base da caixa retangular (todas as medidas em uma mesma unidade de comprimento), pode-se afirmar que:

a) $D^2 > AB$

b) $D^2 = AB$

c) $\dfrac{AB}{2} < D^2 < AB$

d) $D^2 = \dfrac{AB}{2}$

e) $D^2 < \dfrac{AB}{2}$

136. (UF-PR) As duas latas na figura a seguir possuem internamente o formato de cilindros circulares retos, com as alturas e diâmetros da base indicados. Sabendo que ambas as latas têm o mesmo volume, qual o valor aproximado da altura h?

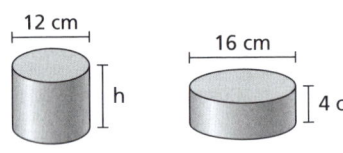

a) 5 cm
b) 6 cm
c) 6,25 cm
d) 7,11 cm
e) 8,43 cm

137. (UE-CE) No terremoto seguido de *tsunami* que atingiu o Japão em 11 de março de 2011, reatores nucleares em Fukushima foram atingidos e tiveram problemas de aquecimento e posterior explosão. São reatores a vapor (BWR), nos quais a água que entra no vaso de pressão do reator é aquecida pelo combustível nuclear e produz vapor. Esse vaso de pressão tem o formato de um cilindro circular reto de altura H e diâmetro 2R, fechado superior e inferiormente por duas semiesferas, conforme ilustra a figura ao lado.

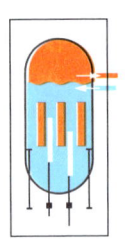

A fórmula que fornece o volume do interior do vaso de pressão é:

a) $\pi R^2 \left(H + \dfrac{4}{3}R \right)$

b) $\pi R^2 \left(H + \dfrac{2}{3}R \right)$

c) $\pi R^2 (H + R)$

d) $\pi R^2 (H + R^2)$

e) $\pi R^2 \left(H + \dfrac{1}{3}R \right)$

138. (Enem-MEC) Uma empresa vende tanques de combustíveis de formato cilíndrico, em três tamanhos, com medidas indicadas nas figuras. O preço do tanque é diretamente proporcional à medida da área da superfície lateral do tanque. O dono de um posto de combustível deseja encomendar um tanque com menor custo por metro cúbico de capacidade de armazenamento.

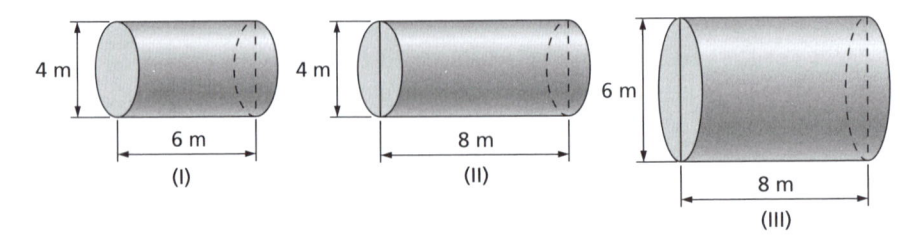

Qual dos tanques deverá ser escolhido pelo dono do posto? (Considere $\pi \cong 3$)

a) I, pela relação área/capacidade de armazenamento de $\frac{1}{3}$.

b) I, pela relação área/capacidade de armazenamento de $\frac{4}{3}$.

c) II, pela relação área/capacidade de armazenamento de $\frac{3}{4}$.

d) III, pela relação área/capacidade de armazenamento de $\frac{2}{3}$.

e) III, pela relação área/capacidade de armazenamento de $\frac{7}{12}$.

139. (UF-BA) Sobre um cilindro circular reto C e uma pirâmide triangular regular P sabe-se que
- C tem volume igual a 24π cm³ e área de cada base igual a 4π cm².
- P tem a mesma altura que C e base inscrita em uma base de C.

Calcule o volume do tronco dessa pirâmide determinado pelo plano paralelo à base que dista 2 cm do vértice.

140. (UF-GO) A figura ao lado representa uma seringa no formato de um cilindro circular reto, cujo êmbolo tem 20 mm de diâmetro. Esta seringa está completamente cheia de um medicamento e é usada para injetar doses de 6 mL desse medicamento. Com base nessas informações, determine quantos milímetros o êmbolo se desloca no interior da seringa ao ser injetada uma dose.

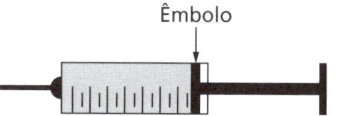

141. (Unesp-SP) Por ter uma face aluminizada, a embalagem de leite "longa vida" mostrou-se conveniente para ser utilizada como manta para subcoberturas de telhados, com a vantagem de ser uma solução ecológica que pode contribuir para que esse material não seja jogado no lixo. Com a manta, que funciona como isolante térmico, refletindo o calor do sol para cima, a casa fica mais confortável. Determine quantas caixinhas precisamos para fazer uma manta (sem sobreposição) para uma casa que tem um telhado retangular com 6,9 m de comprimento e 4,5 m de largura, sabendo-se que a caixinha, ao ser desmontada (e ter o fundo e o topo abertos), toma a forma aproximada de um cilindro oco de 0,23 m de altura e 0,05 m de raio, de modo que, ao ser cortado acompanhando sua altura, obtemos um retângulo. Nos cálculos, use o valor aproximado $\pi = 3$.

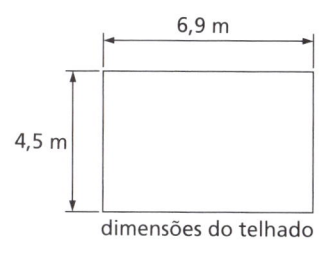

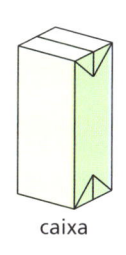

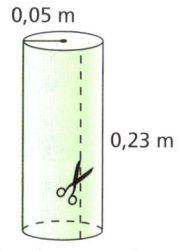

dimensões do telhado

caixa

caixa desmontada

QUESTÕES DE VESTIBULARES

142. (Fuvest-SP) Um castelo está cercado por uma vala cujas bordas são dois círculos concêntricos de raios 41 m e 45 m. A profundidade da vala é **constante** e igual a 3 m.

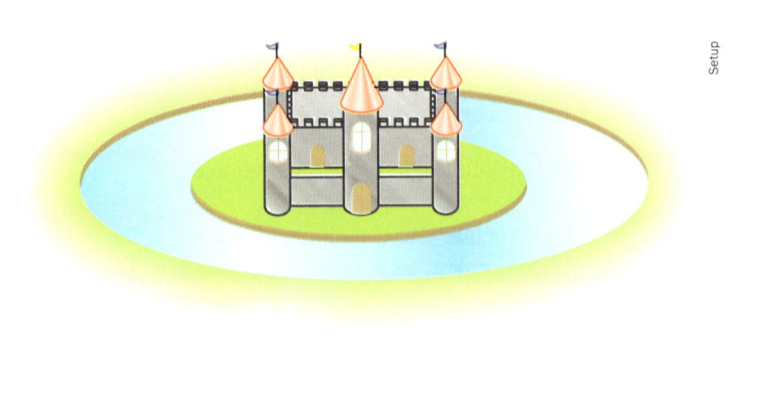

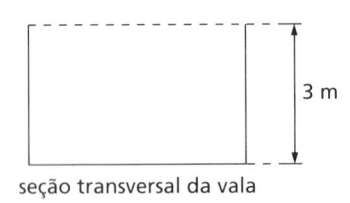

seção transversal da vala

O proprietário decidiu enchê-la com água e, para este fim, contratou caminhões-pipa, cujos reservatórios são cilindros circulares retos com raio da base de 1,5 m e altura igual a 8 m.
Determine o número mínimo de caminhões-pipa necessário para encher completamente a vala.

143. (UF-PR) Uma jarra de vidro em forma cilíndrica tem 15 cm de altura e 8 cm de diâmetro. A jarra está com água até quase a borda, faltando 1 cm de sua altura para ficar totalmente cheia.
a) Se uma bolinha de gude de 2 cm de diâmetro for colocada dentro dessa jarra, ela deslocará que volume de água?
b) Quantas bolinhas de gude de 2 cm de diâmetro serão necessárias para fazer com que a água se desloque até a borda superior da jarra?

144. (UF-PR) Um cilindro está inscrito em um cubo, conforme sugere a figura ao lado. Sabe-se que o volume do cubo é 256 cm³.
a) Calcule o volume do cilindro.
b) Calcule a área total do cilindro.

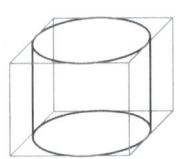

145. (Unesp-SP) Na construção de uma estrada retilínea foi necessário escavar um túnel cilíndrico para atravessar um morro. Esse túnel tem seção transversal na forma de um círculo de raio R seccionado pela corda AB e altura máxima h, relativa à corda, conforme figura.

Sabendo que a extensão do túnel é de 2 000 m, que $\overline{AB} = 4\sqrt{3}$ m e que $h = \dfrac{3R}{2} = 6$ m, determine o volume aproximado de terra, em m³, que foi retirado na construção do túnel. Dados: $\dfrac{\pi}{3} \approx 1{,}05$ e $\sqrt{3} \approx 1{,}7$.

146. (Unicamp-SP) A caixa de um produto longa vida é produzida como mostra a sequência de figuras abaixo. A folha de papel da figura 1 é emendada na vertical, resultando no cilindro da figura 2. Em seguida, a caixa toma o formato desejado, e são feitas novas emendas, uma no topo e outra no fundo da caixa, como mostra a figura 3. Finalmente, as abas da caixa são dobradas, gerando o produto final, exibido na figura 4. Para simplificar, consideramos as emendas como linhas, ou seja, desprezamos a superposição do papel.

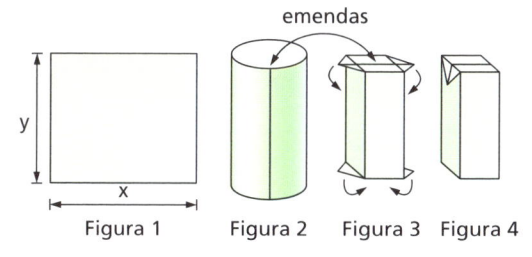

a) Se a caixa final tem 20 cm de altura, 7,2 cm de largura e 7 cm de profundidade, determine as dimensões *x* e *y* da menor folha que pode ser usada na sua produção.

b) Supondo, agora, que uma caixa tenha seção horizontal quadrada (ou seja, que sua profundidade seja igual a sua largura), escreva a fórmula do volume da caixa final em função das dimensões *x* e *y* da folha usada em sua produção.

QUESTÕES DE VESTIBULARES

CONE

147. (Unesp-SP) O raio da base de um cone é igual ao raio de uma esfera de 256π cm² de área. A geratriz do cone é $\frac{5}{4}$ do raio. A razão entre o volume do cone e o volume da esfera é:

a) $\frac{2}{32}$
c) $\frac{6}{32}$
e) $\frac{18}{32}$
b) $\frac{3}{32}$
d) $\frac{12}{32}$

148. (Fatec-SP) Uma estrada em obra de ampliação tem no acostamento três montes de terra, todos na forma de um cone circular reto de mesma altura e mesma base. A altura do cone mede 1,0 metro e o diâmetro da base 2,0 metros. Sabe-se que a quantidade total de terra é suficiente para preencher completamente, sem sobra, um cubo cuja aresta mede x metros.
O valor de x é (adote $\pi = 3$):

a) $\sqrt[3]{2}$
c) $\sqrt[3]{4}$
e) $\sqrt[3]{6}$
b) $\sqrt[3]{3}$
d) $\sqrt[3]{5}$

149. (UF-AM) Na figura 1, temos uma taça de vinho na forma cônica com capacidade máxima de 36π cm³.

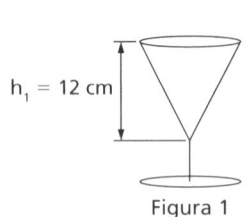

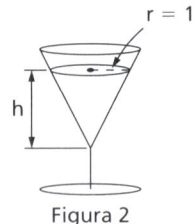

$h_1 = 12$ cm

r = 1 cm

h

Figura 1 Figura 2

Despeja-se um pouco de vinho nesta taça, gerando um novo cone conforme a figura 2. Logo o volume de vinho servido em cm³ será de:

a) $\frac{1}{3}\pi$ cm³
c) $\frac{4}{3}\pi$ cm³
e) $\frac{3}{4}\pi$ cm³
b) $\frac{4}{5}\pi$ cm³
d) $\frac{2}{3}\pi$ cm³

150. (UF-GO) A terra retirada na escavação de uma piscina semicircular de 6 m de raio e 1,25 m de profundidade foi amontoada, na forma de um cone circular reto, sobre uma superfície horizontal plana. Admita que a geratriz do cone faça um ângulo de 60° com a vertical e que a terra retirada tenha volume 20% maior do que o volume da piscina. Nessas condições, a altura do cone, em metros, é de:

a) 2,0
d) 3,8
b) 2,8
e) 4,0
c) 3,0

QUESTÕES DE VESTIBULARES

151. (ITA-SP) Um cone circular reto de altura 1 cm e geratriz $\dfrac{2\sqrt{3}}{3}$ cm é interceptado por um plano paralelo à sua base, sendo determinado, assim, um novo cone. Para que este novo cone tenha o mesmo volume de um cubo de aresta $\left(\dfrac{\pi}{243}\right)^{\frac{1}{3}}$ cm, é necessário que a distância do plano à base do cone original seja, em cm, igual a:

a) $\dfrac{1}{4}$
b) $\dfrac{1}{3}$
c) $\dfrac{1}{2}$
d) $\dfrac{2}{3}$
e) $\dfrac{3}{4}$

152. (Unicamp-SP) Depois de encher de areia um molde cilíndrico, uma criança virou-o sobre uma superfície horizontal. Após a retirada do molde, a areia escorreu, formando um cone cuja base tinha raio igual ao dobro do raio da base do cilindro.

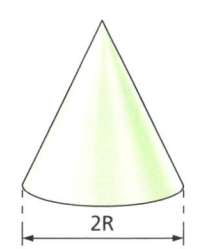

A altura do cone formado pela areia era igual a

a) $\dfrac{3}{4}$ da altura do cilindro.

b) $\dfrac{1}{2}$ da altura do cilindro.

c) $\dfrac{2}{3}$ da altura do cilindro.

d) $\dfrac{1}{3}$ da altura do cilindro.

153. (FEI-SP) Um cone reto de 20 cm de altura tem área da base igual a 100 cm². É realizado um corte neste cone por um plano paralelo a sua base, gerando um tronco de cone com 15 cm de altura. A área da seção transversal referente à base superior do tronco de cone gerado é de:
a) 20 cm²
b) 15 cm²
c) 6,25 cm²
d) 5,75 cm²
e) 25 cm²

154. (UF-PE) O sólido ilustrado ao lado é composto de um cilindro e de um cone retos que têm uma base em comum. Se o raio da base do cilindro é de 3 m, e as alturas respectivas do cilindro e do cone medem 6 m e 4 m, qual a área total da superfície do sólido? Obs.: a superfície do sólido não inclui a base do cone. 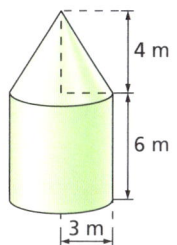
a) 56π m²
b) 57π m²
c) 58π m²
d) 59π m²
e) 60π m²

155. (FGV-SP) As alturas de um cone circular reto de volume P e de um cilindro reto de volume Q são iguais ao diâmetro de uma esfera de volume R. Se os raios das bases do cone e do cilindro são iguais ao raio da esfera, então, P − Q + R é igual a:

a) 0
b) $\dfrac{2\pi}{3}$
c) π
d) $\dfrac{4\pi}{3}$
e) 2π

QUESTÕES DE VESTIBULARES

156. (UF-CE) Ao seccionarmos um cone circular reto por um plano paralelo a sua base, cuja distância ao vértice do cone é igual a um terço da sua altura, obtemos dois sólidos: um cone circular reto S_1 e um tronco de cone S_2. A relação $\dfrac{\text{volume}(S_2)}{\text{volume}(S_1)}$ é igual a:

a) 33
b) 27
c) 26
d) 9
e) 3

157. (FGV-SP) Um ralador de queijo tem a forma de cone circular reto de raio da base 4 cm e altura 10 cm. O queijo é ralado na base do cone e fica acumulado em seu interior (figura 1). Deseja-se retirar uma fatia de um queijo com a forma de cilindro circular reto de raio da base 8 cm e altura 6 cm, obtida por dois cortes perpendiculares à base, partindo do centro da base do queijo e formando um ângulo α (figura 2), de forma que o volume de queijo dessa fatia corresponda a 90% do volume do ralador.

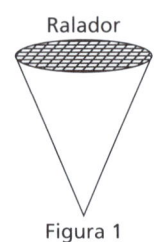

Nas condições do problema, α é igual a:
a) 45°
b) 50°
c) 55°
d) 60°
e) 65°

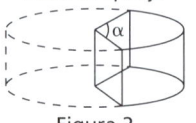

158. (UE-CE) A superfície lateral de um cone circular reto, quando planificada, torna-se um setor circular de 12 cm de raio com um ângulo central de 120 graus. A medida, em centímetros quadrados, da área da base deste cone é:

a) 144π
b) 72π
c) 36π
d) 16π

159. (ITA-SP) A superfície lateral de um cone circular reto é um setor circular de 120° e área igual a 3π cm². A área total e o volume deste cone medem, em cm² e cm³, respectivamente:

a) 4π e $\dfrac{2\pi\sqrt{2}}{3}$
b) 4π e $\dfrac{\pi\sqrt{2}}{3}$
c) 4π e $\pi\sqrt{2}$
d) 3π e $\dfrac{2\pi\sqrt{2}}{3}$
e) π e $2\pi\sqrt{2}$

160. (Enem-MEC) A figura ao lado mostra um modelo de sombrinha muito usado em países orientais.

Esta figura é uma representação de uma superfície de revolução chamada de

a) pirâmide.
b) semiesfera.
c) cilindro.
d) tronco de cone.
e) cone.

161. (UF-GO) Leia o texto a seguir.

Meu tio lançou-me um olhar triunfante.

— À cratera! — disse.

A cratera do Sneffels representava um cone invertido, cujo orifício deveria ter meia légua de diâmetro. A sua profundidade eu calculava em dois mil e duzentos pés. Que se imagine tamanho recipiente cheio de trovões e de chamas. O fundo do funil não devia medir mais de quatrocentos e quarenta pés de diâmetro, de modo que as suas encostas, bastante suaves, permitiam chegar facilmente à parte interior. Involuntariamente, comparei a cratera à boca de um imenso bacamarte e a comparação me assustou.

VERNE, Júlio. *Viagem ao centro da Terra*. Rio de Janeiro: Otto Pierre Editores, 1982. p. 114-115. [Adaptado]

Na sequência dessa narrativa, as personagens descerão a encosta da cratera alcançando seu fundo. Considere que o **cone invertido**, como a personagem descreve o interior da cratera, é um tronco de cone circular reto com bases paralelas. Nessas condições, ao estimar a menor distância a ser percorrida de um ponto na borda do orifício superior da cratera até um ponto na borda do orifício inferior, ou seja, a medida da geratriz desse tronco, a personagem obterá uma medida, em léguas, de aproximadamente (dado: 1 légua = 22 000 pés):

a) 0,22
b) 0,24
c) 0,26
d) 0,28
e) 0,30

162. (UF-PR) Num laboratório há dois tipos de recipientes, conforme a figura ao lado. O primeiro, chamado de "tubo de ensaio", possui internamente o formato de um cilindro circular reto e fundo semiesférico. O segundo, chamado de "cone de Imhoff", possui internamente o formato de um cone circular reto.

a) Sabendo que o volume de um cone de Imhoff, com raio da base igual a 2 cm, é de 60 mL, calcule a altura h desse cone.

b) Calcule o volume (em mililitros) do tubo de ensaio com raio da base medindo 1 cm e que possui a mesma altura h do cone de Imhoff.

163. (Unicamp-SP) Um pluviômetro é um aparelho utilizado para medir a quantidade de chuva precipitada em determinada região. A figura de um pluviômetro padrão é exibida ao lado. Nesse pluviômetro, o diâmetro da abertura circular existente no topo é de 20 cm. A água que cai sobre a parte superior do aparelho é recolhida em um tubo cilíndrico interno. Esse tubo cilíndrico tem 60 cm de altura e sua base tem $\frac{1}{10}$ da área da abertura superior do pluviômetro. (Obs.: a figura ao lado não está em escala.)

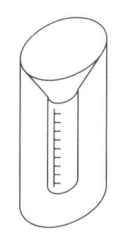

a) Calcule o volume do tubo cilíndrico interno.

b) Supondo que, durante uma chuva, o nível da água no cilindro interno subiu 2 cm, calcule o volume de água precipitado por essa chuva sobre um terreno retangular com 500 m de comprimento por 300 m de largura.

QUESTÕES DE VESTIBULARES

164. (Unesp-SP) Numa região muito pobre e com escassez de água, uma família usa para tomar banho um chuveiro manual, cujo reservatório de água tem o formato de um cilindro circular reto de 30 cm de altura e base com 12 cm de raio, seguido de um tronco de cone reto cujas bases são círculos paralelos, de raios medindo 12 cm e 6 cm, respectivamente, e altura 10 cm, como mostrado na figura. 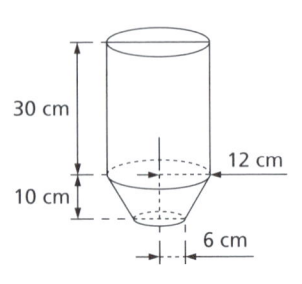
Por outro lado, numa praça de uma certa cidade há uma torneira com um gotejamento que provoca um desperdício de 46,44 litros de água por dia. Considerando a aproximação $\pi = 3$, determine quantos dias de gotejamento são necessários para que a quantidade de água desperdiçada seja igual à usada para 6 banhos, ou seja, encher completamente 6 vezes aquele chuveiro manual. Dado: $1\,000$ cm³ = 1 litro.

165. (UF-PR) A parte superior de uma taça tem o formato de um cone, com as dimensões indicadas na figura. 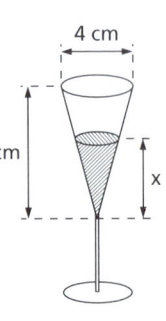
a) Qual o volume de líquido que essa taça comporta quando está completamente cheia?
b) Obtenha uma expressão para o volume V de líquido nessa taça, em função da altura x indicada na figura.

ESFERA

166. (FEI-SP) Uma esfera de raio 10 cm é seccionada por um plano distante 7 cm de seu centro. O raio r da secção é tal que:
a) $r = \sqrt{149}$ cm
b) $r = \sqrt{24}$ cm
c) $r = \sqrt{51}$ cm
d) $r = \sqrt{61}$ cm
e) $r = \sqrt{7}$ cm

167. (UF-ES) Com 56,52 g de ouro, faz-se uma esfera oca que flutua na água com metade de seu volume submerso. Dentre os valores abaixo, o que mais se aproxima ao raio da esfera é (dado: considere $\pi = 3,14$):
a) 2 cm
b) 3 cm
c) 4 cm
d) 9 cm
e) 27 cm

168. (UF-AM) Se triplicarmos o raio de uma esfera, seu volume:
a) aumenta 3 vezes
b) aumenta 6 vezes
c) aumenta 9 vezes
d) aumenta 12 vezes
e) aumenta 27 vezes

169. (FGV-SP) Admita que o couro cabeludo de uma mulher normal adulta tenha aproximadamente 4 fios de cabelo por milímetro quadrado. Das aproximações a seguir, a cerca da ordem de grandeza do total de fios de cabelo da cabeça dessa mulher, a mais plausível é:
a) 10^5
b) 10^{10}
c) 10^{15}
d) 10^{20}
e) 10^{25}

170. (Fuvest-SP) Um fabricante de cristais produz três tipos de taça para servir vinho. Uma delas tem o bojo no formato de uma semiesfera de raio r; a outra, no formato de um cone reto de base circular de raio $2r$ e altura h; e a última, no formato de um cilindro reto de base circular de raio x e altura h.
Sabendo-se que as taças dos três tipos, quando completamente cheias, comportam a mesma quantidade de vinho, é correto afirmar que a razão $\frac{x}{h}$ é igual a:
a) $\frac{\sqrt{3}}{6}$
b) $\frac{\sqrt{3}}{3}$
c) $\frac{2\sqrt{3}}{3}$
d) $\sqrt{3}$
e) $\frac{4\sqrt{3}}{3}$

171. (UF-PR) Para testar a eficiência de um tratamento contra o câncer, foi selecionado um paciente que possuía um tumor de formato esférico, com raio de 3 cm. Após o início do tratamento, constatou-se, através de tomografias, que o raio desse tumor diminuiu a uma taxa de 2 mm por mês. Caso essa taxa de redução se mantenha, qual dos valores abaixo se aproxima mais do percentual do volume do tumor original que restará após 5 meses de tratamento?
a) 29,6%
b) 30,0%
c) 30,4%
d) 30,8%
e) 31,4%

172. (FEI-SP) Uma superfície esférica de raio 10 cm é cortada por um plano situado a uma distância de 8 cm do centro da superfície esférica, determinando uma circunferência. O comprimento dessa circunferência é:
a) 6 cm
b) 6π cm
c) 12 cm
d) 12π cm
e) 36π cm

173 (UF-RN) A Figura 1 abaixo representa o Globo Terrestre. Na Figura 2, temos um arco AB sobre um meridiano e um arco BC sobre um paralelo, em que AB e BC têm o mesmo comprimento. O comprimento de AB equivale a um oitavo $\left(\frac{1}{8}\right)$ do comprimento do meridiano.

Figura 1

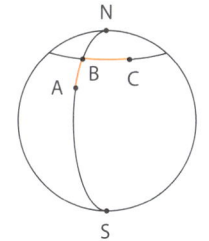

Figura 2

Sabendo que o raio do paralelo mede a metade do raio da Terra e assumindo que a Terra é uma esfera, pode-se afirmar que o comprimento do arco BC equivale a
a) metade do comprimento do paralelo.
b) um quarto do comprimento do paralelo.
c) um terço do comprimento do paralelo.
d) um oitavo do comprimento do paralelo.

174. (UF-RS) Um reservatório tem forma de um cilindro circular reto com duas semiesferas acopladas em suas extremidades, conforme representado na figura ao lado.
O diâmetro da base e a altura do cilindro medem, cada um, 4 dm, e o volume de uma esfera de raio r é $\frac{4}{3}\pi r^3$.
Dentre as opções abaixo, o valor mais próximo da capacidade do reservatório, em litros, é:
a) 50
b) 60
c) 70
d) 80
e) 90

175. (UF-GO) Uma confeiteira produziu 30 trufas de formato esférico com 4 cm de diâmetro cada. Para finalizar, cada unidade será coberta com uma camada uniforme de chocolate derretido, passando a ter um volume de 16π cm³. Considerando-se que, com 100 g de chocolate, obtém-se 80 mL de chocolate derretido, que quantidade de chocolate, em gramas, será necessária para cobrir as 30 trufas?
Dado: $\pi = 3{,}14$.
a) 608
b) 618
c) 628
d) 638
e) 648

176. (UFF-RJ) Para ser aprovada pela FIFA, uma bola de futebol deve passar por vários testes. Um deles visa garantir a esfericidade da bola: o seu "diâmetro" é medido em dezesseis pontos diferentes e, então, a média aritmética desses valores é calculada. Para passar nesse teste, a variação de cada uma das dezesseis medidas do "diâmetro" da bola com relação à média deve ser no máximo 1,5%. Nesse teste, as variações medidas na Jabulani, bola oficial da Copa do Mundo de 2010, não ultrapassaram 1%.
Se o diâmetro de uma bola tem aumento de 1%, então o seu volume aumenta x%. Dessa forma, é correto afirmar que:
a) $x \in [5, 6)$
b) $x \in [2, 3)$
c) $x = 1$
d) $x \in [3, 4)$
e) $x \in [4, 5)$

177. (UPE-PE) Um cone circular reto possui o mesmo volume de uma esfera com raio igual à medida do raio da base deste cone. Sabendo-se que a soma do raio da base do cone com sua altura é igual a 5 metros, qual o volume deste cone em m³?

a) $\dfrac{\pi}{2}$ c) $\dfrac{\pi}{3}$ e) $\dfrac{4\pi}{3}$

b) $\dfrac{5\pi}{3}$ d) $\dfrac{2\pi}{3}$

178. (Unesp-SP) Um troféu para um campeonato de futebol tem a forma de uma esfera de raio R = 10 cm cortada por um plano situado a uma distância de $5\sqrt{3}$ cm do centro da esfera, determinando uma circunferência de raio r cm, e sobreposta a um cilindro circular reto de 20 cm de altura e raio r cm, como na figura (não em escala).

O volume do cilindro, em cm³, é:
a) 100π
b) 200π
c) 250π
d) 500π
e) 750π

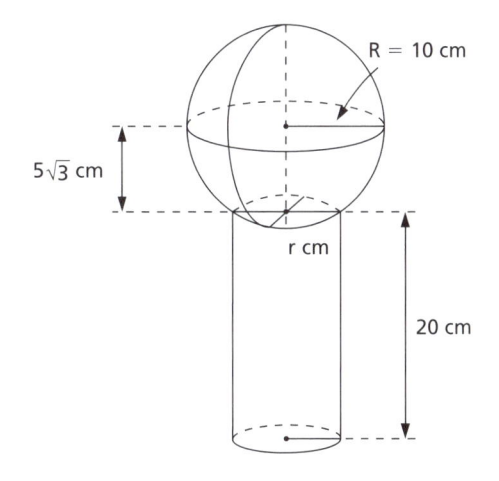

179. (UF-RN) Um artesão produz peças ornamentais com um material que pode ser derretido quando elevado a certa temperatura. Uma dessas peças contém uma esfera sólida e o artesão observa que as peças com esferas maiores são mais procuradas e resolve desmanchar as esferas menores para construir esferas maiores, com o mesmo material. Para cada 8 esferas de 10 cm de raio desmanchada, ele constrói uma nova esfera.

O raio das novas esferas construídas mede:
a) 80,0 cm c) 28,4 cm
b) 14,2 cm d) 20,0 cm

180. (UF-PE) O sólido ilustrado ao lado é limitado por um hemisfério e um cone. Sejam r o raio do hemisfério (que é igual ao raio da base do cone) e h a altura do cone. Acerca dessa configuração, analise a veracidade das afirmações seguintes:

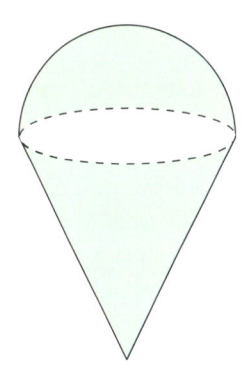

0-0) se h = 2r, o volume do hemisfério e o do cone serão iguais.
1-1) se h = 2r, a área lateral do cone será igual a área do hemisfério (sem incluir o círculo da base).
2-2) mantendo o valor de h e duplicando o valor de r o volume total duplicará.
3-3) duplicando os valores de h e r a área total do sólido ficará multiplicada por quatro.
4-4) para r = 3 e h = 4, a área total do sólido é 33π.

181. (Enem-MEC) Em um casamento, os donos da festa serviam champanhe aos seus convidados em taças com formato de um hemisfério (Figura 1), porém um acidente na cozinha culminou na quebra de grande parte desses recipientes. Para substituir as taças quebradas, utilizou-se um outro tipo com formato de cone (Figura 2). No entanto, os noivos solicitaram que o volume de champanhe nos dois tipos de taças fosse igual.

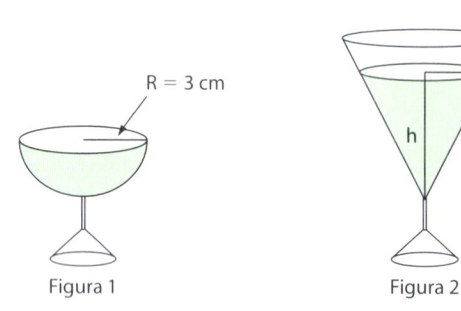

Considere:

$$V_{esfera} = \frac{4}{3}\pi R^3 \text{ e } V_{cone} = \frac{1}{3}\pi R^2 h$$

Sabendo que a taça com formato de hemisfério é servida completamente cheia, a altura do volume de champanhe que deve ser colocado na outra taça, em centímetros, é de:
a) 1,33
b) 6,00
c) 12,00
d) 56,52
e) 113,04

182. (UF-GO) A figura ao lado representa um troféu que o campeão de um torneio de futebol receberá.
Este troféu é formado de três partes. A parte inferior é um paralelepípedo retângulo, cuja base é um retângulo de lados 20 cm e 30 cm e altura de 18 cm. A parte intermediária é um prisma reto, de altura 40 cm, cuja base é um losango, determinado pelos pontos médios dos lados do retângulo da face superior do paralelepípedo. Finalmente, a parte superior é uma esfera colocada sobre a face superior do prisma, cujo diâmetro é igual à metade da medida da menor diagonal da face superior do prisma.
Considerando o exposto, calcule o volume desse troféu.

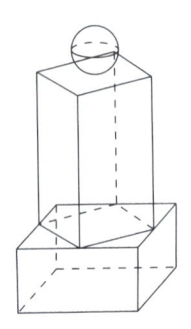

QUESTÕES DE VESTIBULARES

SÓLIDOS SEMELHANTES – TRONCOS

183. (Mackenzie-SP) Um frasco de perfume, que tem a forma de um tronco de cone circular reto de raios 1 cm e 3 cm, está totalmente cheio. Seu conteúdo é despejado em um recipiente que tem a forma de um cilindro circular reto de raio 4 cm, como mostra a figura.

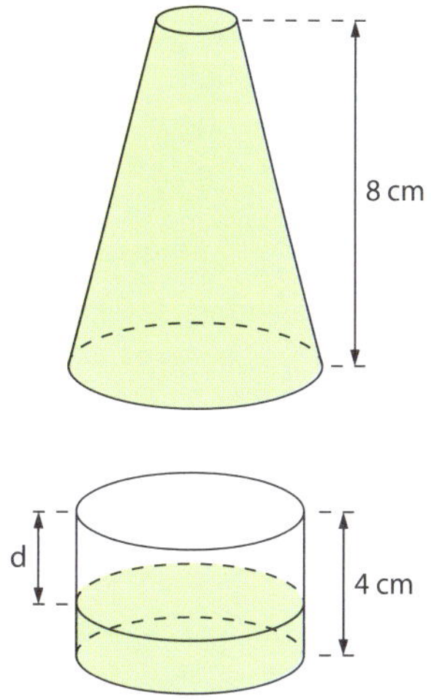

Se d é a altura da parte não preenchida do recipiente cilíndrico e, adotando-se $\pi = 3$, o valor de d é:

a) $\dfrac{10}{6}$ c) $\dfrac{12}{6}$ e) $\dfrac{14}{6}$

b) $\dfrac{11}{6}$ d) $\dfrac{13}{6}$

184. (UE-CE) Uma rasa é um paneiro utilizado na venda de frutos de açaí. Um típico exemplar tem forma de um tronco de cone, com diâmetro de base 28 cm, diâmetro de boca 34 cm e altura 27 cm. Podemos afirmar, utilizando $\pi = 3{,}14$, que a capacidade da rasa, em litros, é aproximadamente:

a) 18 c) 22 e) 26
b) 20 d) 24

185. (Fatec-SP) Em uma região plana de um parque estadual, um guarda florestal trabalha no alto de uma torre cilíndrica de madeira de 10 m de altura. Em um dado momento, o guarda, em pé no centro de seu posto de observação, vê um foco de incêndio próximo à torre, no plano do chão, sob um ângulo de 15° em relação à horizontal. Se a altura do guarda é 1,70 m, a distância do foco ao centro da base da torre, em metros, é aproximadamente (obs.: use $\sqrt{3} = 1{,}7$):

a) 31 c) 35 e) 39
b) 33 d) 37

186. (UF-MS) Uma esfera e um tronco de cone de altura H têm o mesmo volume. O diâmetro da esfera é igual ao diâmetro da base circular maior do tronco de cone e igual ao dobro do diâmetro da base circular menor do tronco de cone, como na figura a seguir:

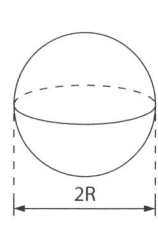

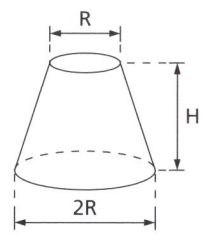

Então a relação entre H e R é:

a) $H = \dfrac{16}{7}R$
b) $H = \dfrac{10}{7}R$
c) $H = \dfrac{7}{16}R$
d) $H = \dfrac{16}{10}R$
e) $H = \dfrac{7}{10}R$

187. (PUC-SP) Pela Lei da Gravitação Universal de Newton — $F = \dfrac{G \cdot M \cdot m}{R^2}$, em que G é a constante gravitacional — pode-se calcular a força de atração gravitacional existente entre dois corpos de massas M e m, distantes entre si de uma medida R. Assim sendo, considere a Terra e a Lua como esferas cujos raios medem 6 400 km e 1 920 km, respectivamente, e que, se M é a massa da Terra, então a massa da Lua é igual a 0,015 M. Nessas condições, se dois corpos de mesma massa forem colocados, um na superfície da Terra e outro na superfície da Lua, a razão entre a atração gravitacional na Lua e na Terra, nesta ordem, é:

a) $\dfrac{1}{12}$
b) $\dfrac{1}{6}$
c) $\dfrac{1}{4}$
d) $\dfrac{1}{3}$
e) $\dfrac{1}{2}$

188. (Unesp-SP) Seja C um cone circular reto de altura H e raio R. Qual a altura h, a medir a partir da base, tal que a razão entre os volumes do cone e do tronco de altura h do cone seja 2?

a) $\dfrac{(1-\sqrt{2})}{2}H$
b) $2\sqrt{2}H$
c) $\dfrac{\sqrt[3]{2}}{2}H$
d) $\left(1-\dfrac{1}{\sqrt[3]{2}}\right)H$
e) $\dfrac{(2-\sqrt{2})H}{2}$

189. (FEI-SP) Um cone circular reto, cuja medida da altura é o triplo da medida do raio, tem volume igual a x cm³. O volume de outro cone circular reto que tem a medida da altura igual ao quíntuplo da medida da altura do cone anterior e cuja medida do raio é igual à metade da medida do raio do cone anterior é:

a) $\dfrac{5}{2}x$
b) $2x$
c) $\dfrac{5}{4}x$
d) $5x$
e) $\dfrac{15}{2}x$

190. (FGV-SP) Um tronco de cone circular reto foi dividido em quatro partes idênticas por planos perpendiculares entre si e perpendiculares ao plano da sua base, como indica a figura.
Se a altura do tronco é 10 cm, a medida da sua geratriz, em cm, é igual a:

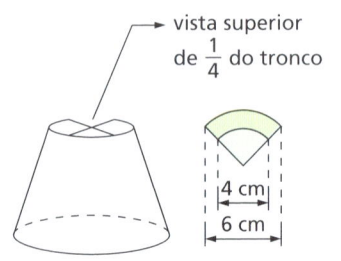

a) $\sqrt{101}$
b) $\sqrt{102}$
c) $\sqrt{103}$
d) $2\sqrt{26}$
e) $\sqrt{105}$

191. (Enem-MEC) Alguns testes de preferência por bebedouros de água foram realizados com bovinos, envolvendo três tipos de bebedouros, de formatos e tamanhos diferentes. Os bebedouros 1 e 2 têm a forma de um tronco de cone circular reto, de altura igual a 60 cm, e diâmetro da base superior igual a 120 cm e 60 cm, respectivamente. O bebedouro 3 é um semicilindro, com 30 cm de altura, 100 cm de comprimento e 60 cm de largura. Os três recipientes estão ilustrados na figura.

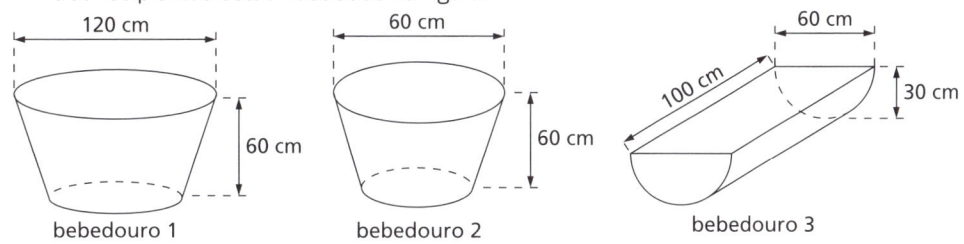

Considerando que nenhum dos recipientes tenha tampa, qual das figuras a seguir representa uma planificação para o bebedouro 3?

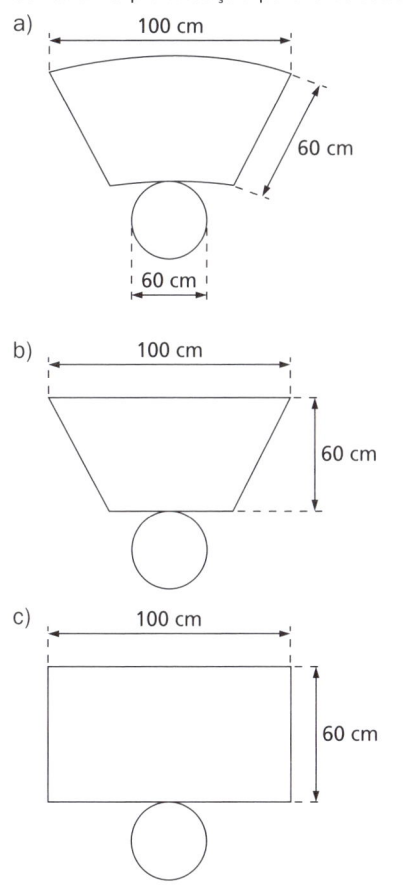

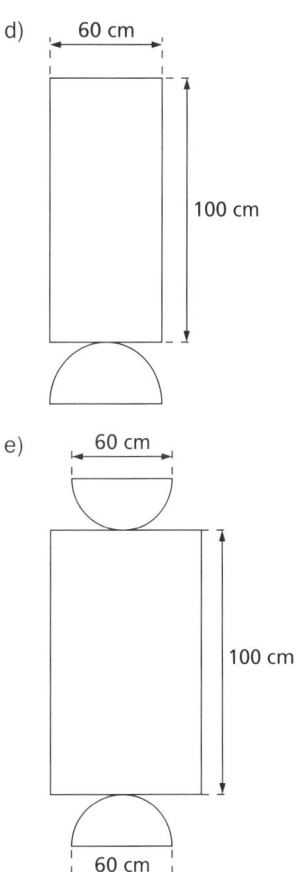

QUESTÕES DE VESTIBULARES

192. (UF-PR) Segundo dados do Banco Central do Brasil, as moedas de 1 centavo e de 5 centavos são feitas do mesmo material, aço revestido de cobre, e ambas têm a mesma espessura de 1,65 mm. Sabendo que a massa de cada moeda é diretamente proporcional ao seu volume, que as massas das moedas de 1 centavo e de 5 centavos são respectivamente 2,4 g e 4,1 g, e que o diâmetro da moeda de 1 centavo é de 17 mm, assinale a alternativa que corresponde à medida que mais se aproxima do diâmetro da moeda de 5 centavos.
a) 20 mm
b) 22 mm
c) 24 mm
d) 26 mm
e) 28 mm

193. (UF-PE) Para um tronco de pirâmide reta de "bases" paralelas, é correto afirmar sobre a relação entre essas bases e a forma das faces da superfície lateral:
0-0) As bases são congruentes e as faces são retângulos.
1-1) As bases são iguais e as faces são trapézios isósceles.
2-2) As bases são semelhantes e as faces são trapézios.
3-3) As bases são polígonos com número de lados distintos e suas faces variam dependendo da posição do plano seção.
4-4) São homotéticas e as faces são triângulos.

194. (UF-PE) Uma floreira de vidro, recortada de um cilindro reto, é dividida internamente por três planos que se interceptam no eixo cilíndrico, como mostra a figura. Tais planos dividem a base em partes iguais. A altura total do vaso também fica dividida em partes iguais, cada uma com medida igual ao raio da base. O volume de água necessário para encher completamente o compartimento mais baixo da floreira é 1 litro. A respeito deste vaso, desprezando a espessura do vidro, vale afirmar:
0-0) A medida do volume total de água que pode acumular, em dm³, é 2π.
1-1) Sua superfície curva tem área igual à da superfície lateral de um cilindro inteiro, com $\frac{2}{3}$ da altura do vaso.
2-2) Supondo todo o vidro com a mesma espessura, nele se gastou mais vidro que com um cilindro inteiro, com a mesma altura mas sem os planos divisórios.
3-3) A área da base da floreira mede a metade da sua área lateral.
4-4) Se houver comunicação, junto à base, entre o compartimento médio e o maior, a floreira poderá acumular, sem derramar, 6 litros d'água.

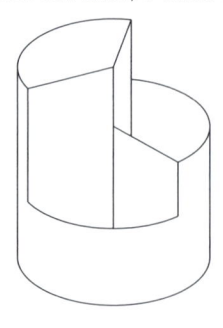

QUESTÕES DE VESTIBULARES

195. (Unesp-SP) Para calcularmos o volume aproximado de um *iceberg*, podemos compará-lo com sólidos geométricos conhecidos. O sólido da figura, formado por um tronco de pirâmide regular de base quadrada e um paralelepípedo retorretângulo, justapostos pela base, representa aproximadamente um *iceberg* no momento em que se desprendeu da calota polar da Terra. As arestas das bases maior e menor do tronco de pirâmide medem, respectivamente, 40 dam e 30 dam, e a altura mede 12 dam.

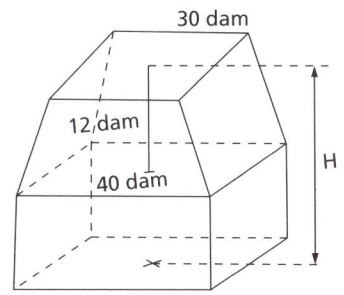

Passado algum tempo do desprendimento do *iceberg*, o seu volume era de 23 100 dam³, o que correspondia a $\frac{3}{4}$ do volume inicial. Determine a altura H, em dam, do sólido que representa o *iceberg* no momento em que se desprendeu.

196. (UE-GO) Uma lâmpada, cujas dimensões são consideradas desprezíveis, é fixada no teto de uma sala de 4 metros de altura. Um objeto quadrado com lado de 30 centímetros é suspenso a 1 metro do teto, de modo que fique paralelo ao solo e seu centro esteja na mesma vertical que a lâmpada. Calcule a área da sombra projetada pela luminosidade da lâmpada no solo.

197. (Unicamp-SP) Uma peça esférica de madeira maciça foi escavada, adquirindo o formato de anel, como mostra a figura ao lado. Observe que, na escavação, retirou-se um cilindro de madeira com duas tampas em formato de calota esférica. Sabe-se que uma calota esférica tem volume $v_{cal} = \frac{\pi h^2}{3}(3R - h)$, em que h é a altura da calota e R é o raio da esfera. Além disso, a área da superfície da calota esférica (excluindo a porção plana da base) é dada por $A_{cal} = 2\pi Rh$.

Atenção: não use um valor aproximado para π.

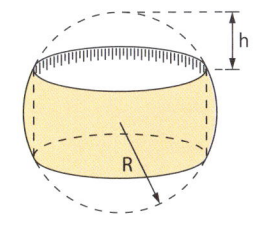

a) Supondo que $h = \frac{R}{2}$, determine o volume do anel de madeira, em função de R.

b) Depois de escavada, a peça de madeira receberá uma camada de verniz, tanto na parte externa, como na interna. Supondo, novamente, que $h = \frac{R}{2}$, determine a área sobre a qual o verniz será aplicado.

QUESTÕES DE VESTIBULARES

198. (ITA-SP) Considere uma esfera Ω com centro em C e raio r = 6 cm e um plano Σ que dista 2 cm de C. Determine a área da intersecção do plano Σ com uma cunha esférica de 30° em Ω que tenha aresta ortogonal a Σ.

199. (Unifesp-SP) Por motivos técnicos, um reservatório de água na forma de um cilindro circular reto (reservatório 1), completamente cheio, será totalmente esvaziado e sua água será transferida para um segundo reservatório, que está completamente vazio, com capacidade maior do que o primeiro, também na forma de um cilindro circular reto (reservatório 2). Admita que a altura interna h(t), em metros, da água no reservatório 1, *t* horas a partir do instante em que se iniciou o processo de esvaziamento, pôde ser expressa pela função

$$h(t) = \frac{15t - 120}{t - 12}$$

a) Determine quantas horas após o início do processo de esvaziamento a altura interna da água no reservatório 1 atingiu 5 m e quanto tempo demorou para que esse reservatório ficasse completamente vazio.

b) Sabendo que o diâmetro interno da base do reservatório 1 mede 6 m e o diâmetro interno da base do reservatório 2 mede 12 m, determine o volume de água que o reservatório 1 continha inicialmente e a altura interna H, em metros, que o nível da água atingiu no reservatório 2, após o término do processo de esvaziamento do reservatório 1.

INSCRIÇÃO E CIRCUNSCRIÇÃO DE SÓLIDOS

200. (UE-CE) Se uma esfera, cuja medida do volume é $\frac{256\pi}{3}$ m³, está circunscrita a um paralelepípedo retângulo, então a medida, em metro, de uma diagonal deste paralelepípedo é:
a) 10
b) 8
c) 6
d) 4

201. (ITA-SP) Uma esfera está inscrita em uma pirâmide regular hexagonal cuja altura mede 12 cm e a aresta da base mede $\frac{10}{3}\sqrt{3}$ cm. Então o raio da esfera, em cm, é igual a:
a) $\frac{10}{3}\sqrt{3}$
b) $\frac{13}{3}$
c) $\frac{15}{4}$
d) $2\sqrt{3}$
e) $\frac{10}{3}$

QUESTÕES DE VESTIBULARES

202. (UE-CE) Um cilindro circular reto contém em seu interior um cone circular reto cuja medida do raio da base é a metade da medida do raio da base do cilindro. Se o cone e o cilindro têm a mesma altura então a razão entre o volume do cilindro e o volume do cone é
a) 18
b) 12
c) 6
d) 2

203. (UF-BA) Considere uma pirâmide triangular regular de altura h, contida no interior de uma esfera de raio r.

Sabendo que um dos vértices da pirâmide coincide com o centro da esfera, e os outros vértices são pontos da superfície esférica, determine, em função de h e r, a expressão do volume da pirâmide.

204. (UF-AL) Na ilustração a seguir, temos um paralelepípedo retângulo e são conhecidos os ângulos que duas das diagonais de duas faces adjacentes formam com arestas da base e o comprimento da diagonal da face superior, como estão indicados na figura. Qual o volume do paralelepípedo? 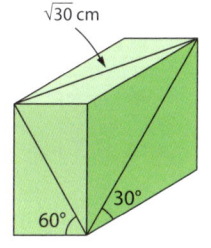
a) 23 cm³
b) 24 cm³
c) 25 cm³
d) 26 cm³
e) 27 cm³

205. (UF-CE) A razão entre o volume da esfera de raio a e do cubo de aresta a é:
a) $\dfrac{3}{4}$
b) $\dfrac{3\pi}{4}$
c) $\dfrac{4}{3}$
d) $\dfrac{3}{4\pi}$
e) $\dfrac{4\pi}{3}$

206. (UF-CE) Duas esferas de raios iguais a r são colocadas no interior de um tubo de ensaio sob a forma de um cilindro circular reto de raio da base r e altura 4r. No espaço vazio compreendido entre as esferas, a superfície lateral e as bases, superior e inferior, do tubo de ensaio, coloca-se um líquido. Então, o volume desse líquido é:
a) $\dfrac{2}{3}\pi r^3$
b) $\dfrac{3}{4}\pi r^3$
c) $\dfrac{4}{3}\pi r^3$
d) $2\pi r^3$

207. (Enem-MEC) Um porta-lápis de madeira foi construído no formato cúbico, seguindo o modelo ilustrado ao lado. O cubo de dentro é vazio. A aresta do cubo maior mede 12 cm e a do cubo menor, que é interno, mede 8 cm.

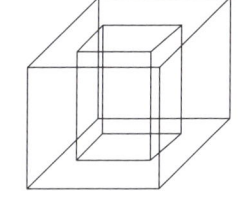

O volume de madeira utilizado na confecção desse objeto foi de:
a) 12 cm³
b) 64 cm³
c) 96 cm³
d) 1 216 cm³
e) 1 728 cm³

QUESTÕES DE VESTIBULARES

208. (Unifesp-SP) Considere o sólido geométrico exibido na figura, constituído de um paralelepípedo encimado por uma pirâmide. Seja r a reta suporte de uma das arestas do sólido, conforme mostrado.

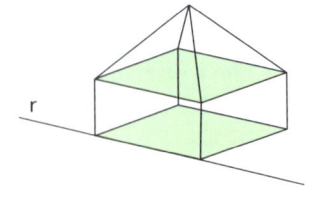

Quantos pares de retas reversas é possível formar com as retas suportes das arestas do sólido, sendo r uma das retas do par?
a) 12
b) 10
c) 8
d) 7
e) 6

209. (ITA-SP) Uma esfera é colocada no interior de um cone circular reto de 8 cm de altura e de 60° de ângulo de vértice. Os pontos de contato da esfera com a superfície lateral do cone definem uma circunferência e distam $2\sqrt{3}$ cm do vértice do cone. O volume do cone não ocupado pela esfera, em cm³, é igual a:

a) $\dfrac{416}{9}\pi$
b) $\dfrac{480}{9}\pi$
c) $\dfrac{500}{9}\pi$
d) $\dfrac{512}{9}\pi$
e) $\dfrac{542}{9}\pi$

210. (FGV-SP) Um cubo de aresta 12 cm é seccionado duas vezes, formando três prismas de bases triangulares, sendo dois deles congruentes, como mostra a figura 1. Em seguida, o cubo é novamente seccionado, como indicam as linhas tracejadas na figura 2, de modo que os dois cortes feitos dividem o cubo original em três prismas de bases triangulares, sendo dois deles congruentes, como no primeiro caso. Ao final de todas as secções, o cubo foi dividido em nove peças.

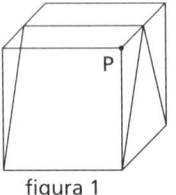

figura 1 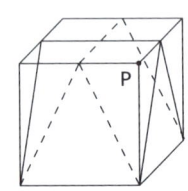   figura 2

O volume da peça final que contém o vértice P, em cm³, é igual a:
a) 144
b) 152
c) 288
d) 432
e) 466

211. (Fatec-SP) No cubo ABCDEFGH, M é o ponto médio da aresta $\overline{BC}$. Sabe-se que o volume da pirâmide ABMF é igual a $\dfrac{9}{4}$ cm³. Então, a área total do cubo, em centímetros quadrados, é: 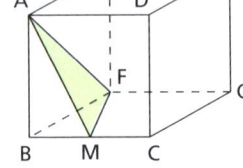
a) 27
b) 36
c) 54
d) 63
e) 72

QUESTÕES DE VESTIBULARES

212. (PUC-RS) Em Bruxelas, Tales conheceu o monumento Atomium, feito em aço revestido de alumínio, com a forma de uma molécula cristalizada de ferro, ampliada 165 bilhões de vezes. Essa escultura é formada por esferas de 18 metros de diâmetro, unidas por 20 tubos, com comprimentos de 18 a 23 metros.

A quantidade de esferas que compõem a escultura é igual ao valor de um dos zeros da função $f(x) = x^3 - 6x^2 - 27x$.

Então, o número de esferas da escultura é:
a) 18
b) 9
c) 6
d) 3
e) 2

213. (FGV-SP) Os centros das faces de um cubo de lado igual a 1 m são unidos formando um octaedro regular. O volume ocupado pelo cubo, em m³, e não ocupado pelo octaedro, é igual a:

a) $\dfrac{7}{8}$
b) $\dfrac{5}{6}$
c) $\dfrac{3}{4}$
d) $\dfrac{2}{3}$
e) $\dfrac{1}{2}$

214. (UE-CE) Como mostra a figura, o cilindro reto está inscrito na esfera de raio 4 cm.

Sabe-se que o diâmetro da base e a altura do cilindro possuem a mesma medida. O volume do cilindro é:

a) $18\pi\sqrt{2}$ cm³
b) $24\pi\sqrt{2}$ cm³
c) $32\pi\sqrt{2}$ cm³
d) $36\pi\sqrt{2}$ cm³

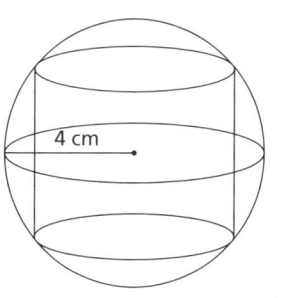

215. (ITA-SP) Um cilindro reto de altura $\dfrac{\sqrt{6}}{3}$ cm está inscrito num tetraedro regular e tem sua base em uma das faces do tetraedro. Se as arestas do tetraedro medem 3 cm, o volume do cilindro, em cm³, é igual a:

a) $\dfrac{\pi\sqrt{3}}{4}$
b) $\dfrac{\pi\sqrt{3}}{6}$
c) $\dfrac{\pi\sqrt{6}}{6}$
d) $\dfrac{\pi\sqrt{6}}{9}$
e) $\dfrac{\pi}{3}$

216. (UF-PI) A figura ao lado representa um cubo de aresta $\sqrt[3]{12}$ cm, no qual foi feita uma seção por um plano que passa pelos pontos A, F e H. Nessas condições, o volume do sólido ABCDFGH é:

a) 12 cm³
b) 10 cm³
c) 8 cm³
d) 5 cm³
e) 2 cm³

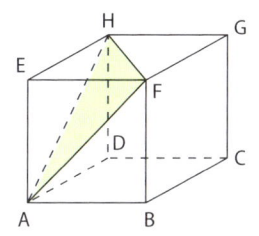

QUESTÕES DE VESTIBULARES

217. (Enem-MEC) Uma indústria fabrica brindes promocionais em forma de pirâmide. A pirâmide é obtida a partir de quatro cortes em um sólido que tem a forma de um cubo. No esquema, estão indicados o sólido original (cubo) e a pirâmide obtida a partir dele.

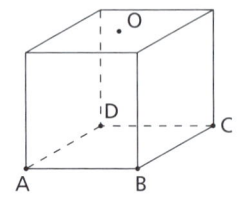

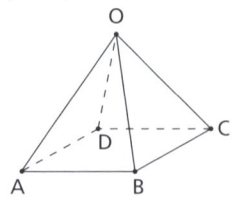

Os pontos A, B, C, D e O do cubo e da pirâmide são os mesmos. O ponto O é central na face superior do cubo. Os quatro cortes saem de O em direção às arestas $\overline{AD}$, $\overline{BC}$, $\overline{AB}$ e $\overline{CD}$, nessa ordem. Após os cortes, são descartados quatro sólidos.

Os formatos dos sólidos descartados são
a) todos iguais.
b) todos diferentes.
c) três iguais e um diferente.
d) apenas dois iguais.
e) iguais dois a dois.

218. (ITA-SP) Os pontos A = (3, 4) e B = (4, 3) são vértices de um cubo, em que $\overline{AB}$ é uma das arestas. A área lateral do octaedro cujos vértices são os pontos médios da face do cubo é igual a:
a) $\sqrt{8}$
b) 3
c) $\sqrt{12}$
d) 4
e) $\sqrt{18}$

219. (UF-PR) Maria produz pirulitos para vender na feira ao preço unitário de R$ 0,80. Ela usa fôrmas com formato interno de cone circular reto e costuma fazer os pirulitos colocando o doce nessas fôrmas até a borda. Tendo recebido uma encomenda de minipirulitos para uma festa infantil, decidiu fazê-los colocando o doce até a metade da altura da fôrma. Para manter o preço diretamente proporcional à quantidade de doce utilizado para produzir o pirulito, ela deve vender cada minipirulito por:
a) R$ 0,10
b) R$ 0,40
c) R$ 0,20
d) R$ 0,25
e) R$ 0,16

220. (UF-PE) Um cilindro C_1, reto e de altura 4, está inscrito em uma semiesfera de raio $\sqrt{21}$ (ou seja, uma base do cilindro repousa na base da semiesfera e a circunferência da outra base está contida na semiesfera), como ilustrado abaixo na figura à esquerda. Seja x a altura de outro cilindro, C_2, inscrito na mesma semiesfera, e de mesmo volume que C_1.

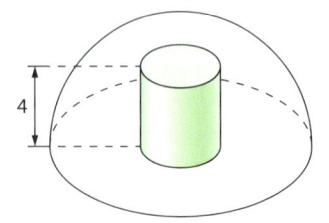

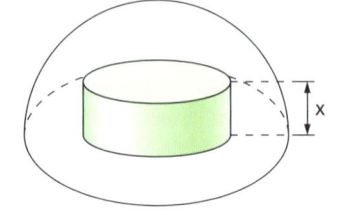

Admitindo estes dados, analise as informações a seguir.
0-0) O raio da base de C_2 é $\sqrt{21 - x^2}$.
1-1) O volume de C_2 é 18π.
2-2) A altura x de C_2 é raiz da equação $x^3 - 21x + 20 = 0$.
3-3) A altura x de C_2 é raiz da equação $x^2 - 4x - 7 = 0$.
4-4) A área lateral de C_2 é $2\pi\sqrt{5}$.

221. (Enem-MEC) Uma metalúrgica recebeu uma encomenda para fabricar, em grande quantidade, uma peça com o formato de um prisma reto com base triangular, cujas dimensões da base são 6 cm, 8 cm e 10 cm e cuja altura é 10 cm. Tal peça deve ser vazada de tal maneira que a perfuração na forma de um cilindro circular reto seja tangente às suas faces laterais, conforme mostra a figura.
O raio da perfuração da peça é igual a:
a) 1 cm
b) 2 cm
c) 3 cm
d) 4 cm
e) 5 cm

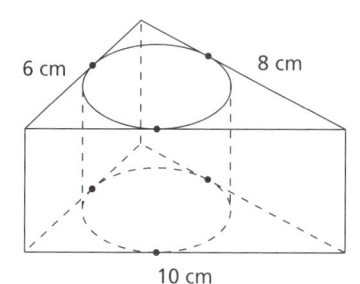

222. (UF-PE) Para embalar uma bola cheia, perfeitamente esférica, procura-se armar uma caixa poliédrica que se ajuste completamente à bola, cuja superfície deve ficar tangente a todas as faces do poliedro. Para isso, servem os seguintes poliedros:
0-0) Um tetraedro regular.
1-1) Um cubo.
2-2) Um octaedro regular.
3-3) Um prisma regular, com a altura escolhida adequadamente.
4-4) Um tronco de pirâmide regular, com a altura escolhida adequadamente.

223. (UF-PR) O serviço de encomendas da Empresa de Correios impõe limites quanto ao tamanho dos objetos a serem postados. Considere que somente sejam permitidos para postagem objetos dentro dos limites descritos abaixo.

DIMENSÕES DA EMBALAGEM	
CAIXA	A soma (comprimento + largura + altura) não deve ser superior a 150 cm. A face de endereçamento não deve ter medidas inferiores a 11 × 16 cm. Altura mínima: 2 cm.
EMBALAGEM EM FORMA DE ROLO	A soma (comprimento + dobro do diâmetro) não deve ser superior a 104 cm. O comprimento do rolo não deve ser maior que 90 cm.

Com base nessas informações, considere as afirmativas abaixo a respeito da postagem de uma barra cilíndrica rígida de 95 centímetros de comprimento e um centímetro de diâmetro.

QUESTÕES DE VESTIBULARES

1. Não é possível postar essa barra embrulhada em forma de rolo.
2. É possível postar essa barra dentro de uma caixa de papelão em forma de paralelepípedo retangular reto, com 80 cm de comprimento, 60 cm de largura e 7 cm de altura.
3. É possível postar essa barra dentro de uma caixa de papelão em forma de prisma reto com 90 cm de altura e base quadrada com 20 cm de lado.

Assinale a alternativa correta.
a) Somente as afirmativas 2 e 3 são verdadeiras.
b) Somente as afirmativas 1 e 2 são verdadeiras.
c) Somente a afirmativa 1 é verdadeira.
d) Somente a afirmativa 2 é verdadeira.
e) Somente a afirmativa 3 é verdadeira.

224. (Fuvest-SP) A esfera ε, de centro O e raio $r > 0$, é tangente ao plano α. O plano β é paralelo a α e contém O. Nessas condições, o volume da pirâmide que tem como base um hexágono regular inscrito na intersecção de ε com β e, como vértice, um ponto em α, é igual a:

a) $\dfrac{\sqrt{3}r^3}{4}$
b) $\dfrac{5\sqrt{3}r^3}{16}$
c) $\dfrac{3\sqrt{3}r^3}{8}$
d) $\dfrac{7\sqrt{3}r^3}{16}$
e) $\dfrac{\sqrt{3}r^3}{2}$

225. (UF-CE) Seja C um cubo com medida de aresta igual a 100 (uc).
a) Calcule o volume da esfera S inscrita no cubo C.
b) Secciona-se C em mil cubos congruentes, $C_1, C_2, ..., C_{1000}$, e inscreve-se uma esfera S_k em cada cubo C_k, $k = 1, ..., 1000$. Calcule a soma dos volumes das esferas S_k, $k = 1, ..., 1000$.

226. (UF-CE) $ABCDA_1B_1C_1D_1$ é um paralelepípedo retorretângulo de bases $ABCD$ e $A_1B_1C_1D_1$, com arestas laterais AA_1, BB_1, CC_1 e DD_1. Calcule a razão entre os volumes do tetraedro A_1BC_1D e do paralelepípedo $ABCDA_1B_1C_1D_1$.

227. (UF-GO) Pesquisadores da Universidade Federal do Rio de Janeiro vêm desenvolvendo uma técnica para multiplicar a produção de células-tronco, por meio de um biorreator, um enorme tubo de ensaio contendo uma cultura na qual um material biológico qualquer é produzido em larga escala (*Folha de S. Paulo*, 10 nov. 2008, p. A12. Adaptado). A grande descoberta da pesquisa é a adição de polímeros de açúcar à cultura, pois as células-tronco aderem à superfície desses polímeros, ampliando as possibilidades de produção. Segundo a reportagem, cada polímero de açúcar é uma microesfera com 0,2 milímetros de diâmetro. Nesse biorreator, as superfícies de todas as microesferas têm uma área total de, aproximadamente, 4,396 m².

Com base nesses dados, qual é a quantidade de polímeros de açúcar (microesferas) presentes no biorreator?

Use $\pi = 3{,}14$.

QUESTÕES DE VESTIBULARES

228. (UE-RJ) A figura abaixo representa uma caixa, com a forma de um prisma triangular regular, contendo uma bola perfeitamente esférica que tangencia internamente as cinco faces do prisma.

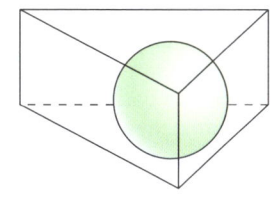

Admitindo $\pi = 3$, determine o valor aproximado da porcentagem ocupada pelo volume da bola em relação ao volume da caixa.

229. (FGV-RJ) Em uma lata cilíndrica fechada de volume 5 175 cm², cabem exatamente três bolas de tênis. 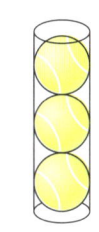
a) Calcule o volume da lata não ocupado pelas bolas.
b) Qual é a razão entre o volume das três bolas e o volume da lata?

230. (UF-PE) Uma esfera decorativa de vidro, com raio medindo 5 cm, deve ser embalada em uma caixa de papelão na forma de um cilindro reto, de modo que a esfera tangencie as bases do cilindro e intercepte sua superfície lateral em uma circunferência, conforme a ilustração ao lado. 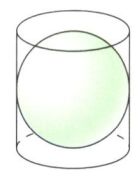
Qual a medida da área total da superfície da caixa?
Dado: use a aproximação $\pi \approx 3{,}14$.
a) 470 cm²
b) 471 cm²
c) 472 cm²
d) 473 cm²
e) 474 cm²

231. (UE-RJ) Um cilindro circular reto é inscrito em um cone, de modo que os eixos desses dois sólidos sejam colineares, conforme representado na ilustração abaixo.

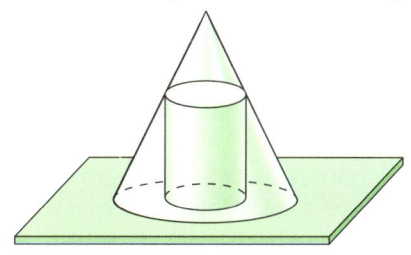

A altura do cone e o diâmetro da sua base medem, cada um, 12 cm.
Admita que as medidas, em centímetros, da altura e do raio do cilindro variem no intervalo]0; 12[de modo que ele permaneça inscrito nesse cone.
Calcule a medida que a altura do cilindro deve ter para que sua área lateral seja máxima.

QUESTÕES DE VESTIBULARES

232. (UF-GO) "Surfe nas ondas do Espaço: como líquidos afetam o movimento de espaçonaves" é o título de uma reportagem da revista *Scientific American Brasil* (n. 28, ano 3, set. 2004, p. 16-17), que relata o trabalho de pesquisadores holandeses com o satélite Sloshsat FLEVO (Equipamento para Experimentação e Verificação de Líquidos em Órbita), preocupados com o comportamento inercial da água em ambiente de gravidade zero. O satélite em questão tem o formato de um cubo com 80 cm de aresta, carregando em seu interior um tanque com capacidade para 87 litros preenchido com 32 litros de água ultrapura. Considerando essas informações, responda:
a) Qual a fração do volume do satélite ocupada pela água ultrapura?
b) Sabendo que o tanque também tem formato cúbico, qual é a medida, em cm, de sua aresta?

233. (Unesp-SP) Um cubo inscrito em uma esfera de raio R tem o seu lado dado por $L = \dfrac{2R}{\sqrt{3}}$. Considere R = 2 cm e calcule o volume da região interior à esfera e que é exterior ao cubo.

234. (Fuvest-SP) Na figura abaixo, o cubo de vértices A, B, C, D, E, F, G, H tem lado ℓ. Os pontos M e N são pontos médios das arestas $\overline{AB}$ e $\overline{BC}$, respectivamente. Calcule a área da superfície do tronco de pirâmide de vértices M, B, N, E, F, G.

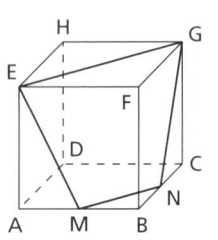

235. (UF-BA) Considere um prisma reto triangular regular de altura igual a 10 cm e um cilindro circular reto de raio da base igual a r, medido em cm, inscrito nesse prisma.
Em função de r,
• deduza a expressão do lado do triângulo, base do prisma;
• determine o volume da região exterior ao cilindro e interior do prisma.

236. (ITA-SP) Os quatro vértices de um tetraedro regular, de volume $\dfrac{8}{3}$ cm³, encontram-se nos vértices de um cubo. Cada vértice do cubo é centro de uma esfera de 1 cm de raio. Calcule o volume da parte do cubo exterior às esferas.

237. (UF-RJ) A pirâmide ABCD é tal que as faces ABC, ABD e ACD são triângulos retângulos cujos catetos medem a. Considere o cubo de volume máximo contido em ABCD tal que um de seus vértices seja o ponto A, como ilustra a figura ao lado.
Determine a medida da aresta desse cubo em função de a.

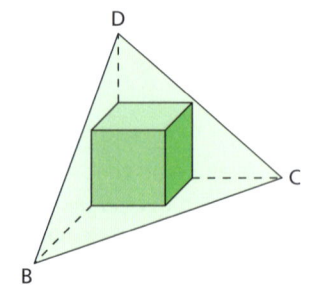

QUESTÕES DE VESTIBULARES

238. (ITA-SP) As superfícies de duas esferas se interceptam ortogonalmente (isto é, em cada ponto de intersecção os respectivos planos tangentes são perpendiculares). Sabendo que os raios destas esferas medem 2 cm e $\frac{3}{2}$ cm, respectivamente, calcule:
a) A distância entre os centros das duas esferas.
b) A área da superfície do sólido obtido pela intersecção das duas esferas.

239. (UF-GO) Uma empresa de engenharia fabrica blocos na forma de um prisma, cuja base é um octógono regular de lado 20 cm e altura 1 m. Para fabricar esses blocos, a empresa utiliza um molde na forma de um cilindro circular reto, cujo raio da base e a altura medem 1 m, conforme a figura ao lado. Calcule o volume do material necessário para fabricar o molde para esses blocos.

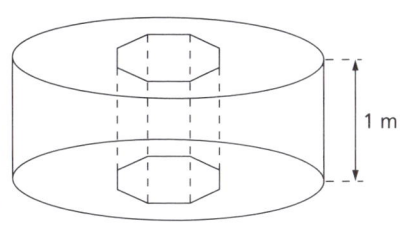

Use: tg (67,5°) = 2,41.

240. (UF-GO) A figura ao lado representa uma moeda semelhante à de vinte e cinco centavos de real, com 20 mm de diâmetro e 3 mm de espessura. 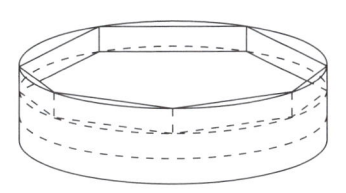
Em cada face circular da moeda está inscrito um prisma heptagonal regular, em baixo-relevo, com 1 mm de profundidade. Apenas uma das faces está visível na figura, mas a outra face é idêntica a ela.
Após a fabricação, a moeda é banhada com uma substância antioxidante.
Desconsiderando a existência de inscrições e outras figuras na superfície da moeda, calcule a área da superfície a ser banhada com antioxidante.

Dados: $\pi = 3{,}14$ e $100\left(\frac{\pi}{7}\right) = 0{,}4$.

241. (Fuvest-SP) Pedrinho, brincando com seu cubo mágico, colocou-o sobre um copo, de maneira que
• apenas um vértice do cubo ficasse no interior do copo, conforme ilustra a foto;
• os pontos comuns ao cubo e ao copo determinassem um triângulo equilátero.
Sabendo-se que o bordo do copo é uma circunferência de raio $2\sqrt{3}$ cm, determine o volume da parte do cubo que ficou no interior do copo.

242. (UF-ES) Um reservatório de água A tem a forma de um cone circular reto de 3 m de raio por 6 m de altura. Ele está completamente cheio e com a base apoiada num piso horizontal. Por motivo de reparos, todo o conteúdo de A será transferido para um reservatório B, inicialmente vazio, com formato de um cilindro circular reto, com 2 m de raio na base, com 5 m de altura e com a base no mesmo piso horizontal da base de A. Considere que, em cada instante, o volume da água que sai de A chega completamente em B. Calcule:
a) os volumes de A e B;
b) o nível da água em B quando o nível da água em A estiver na metade da altura de A;
c) o nível da água em A quando o nível da água em B estiver na metade da altura de B;
d) a expressão que dá o nível da água em B em função do nível da água em A.

SUPERFÍCIES E SÓLIDOS DE REVOLUÇÃO

243. (Fatec-SP) A figura representa um trapézio retângulo em que AB = 4 cm, BC = 9 cm e AD = 3 cm.

O volume, em centímetros cúbicos, do sólido de revolução gerado pela rotação completa do trapézio em torno da reta suporte do lado $\overline{AD}$ é:
a) 108π
b) 112π
c) 126π
d) 130π
e) 144π

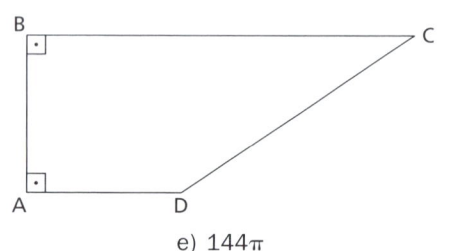

244. (UF-RS) Observe o quadrado abaixo, cujas diagonais medem 2 dm. A rotação desse quadrado em torno de uma reta que contém uma de suas diagonais gera um sólido.

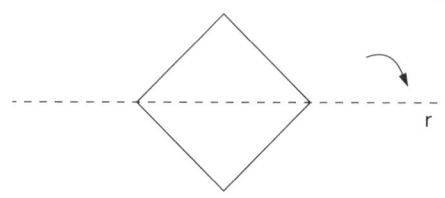

A superfície desse sólido, em dm², é de:
a) $\pi\sqrt{2}$
b) $2\pi\sqrt{2}$
c) $2\pi\sqrt{3}$
d) $3\pi\sqrt{2}$
e) $3\pi\sqrt{3}$

245. (FGV-SP) Após t horas do início de um vazamento de óleo de um barco em um oceano, constatou-se ao redor da embarcação a formação de uma mancha com a forma de um círculo cujo raio r varia com o tempo t mediante a função $r(t) = \dfrac{30}{\sqrt{\pi}} t^{0,5}$ metros. A espessura da mancha ao longo do círculo é de 0,5 centímetro.

Desprezando a área ocupada pelo barco na mancha circular, podemos afirmar que o volume de óleo que vazou entre os instantes t = 4 horas e t = 9 horas foi de:
a) 12,5 m³
b) 15 m³
c) 17,5 m³
d) 20 m³
e) 22,5 m³

246. (UF-PI) De um círculo feito com uma folha de cartolina com raio 15 cm, é retirado um setor de ângulo central igual a 120°. Com o que restou do círculo, constrói-se um copo cônico. Qual é o volume desse copo?

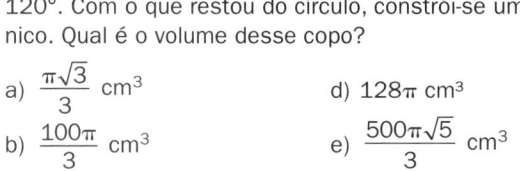

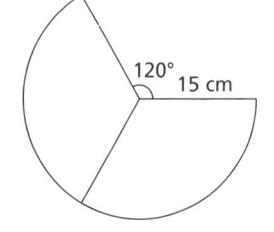

a) $\dfrac{\pi\sqrt{3}}{3}$ cm³

b) $\dfrac{100\pi}{3}$ cm³

c) $\dfrac{128\pi}{3}$ cm³

d) 128π cm³

e) $\dfrac{500\pi\sqrt{5}}{3}$ cm³

247. (UF-MG) Nesta figura, está representada a região T, do plano cartesiano, limitada pelo eixo y e pelas retas y = x + 1 e y = 3x:

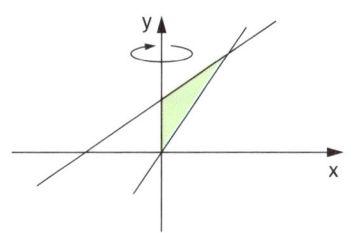

Seja S o sólido obtido pela rotação da região T em torno do eixo y. Então é **CORRETO** afirmar que o volume S é:

a) $\dfrac{\pi}{24}$
b) $\dfrac{\pi}{12}$
c) $\dfrac{\pi}{8}$
d) $\dfrac{\pi}{4}$

248. (UE-CE) Uma indústria fabrica uma peça, mostrada na Figura 1 formada pela junção de dois sólidos de revolução: um cone de raio da base 1 cm, cuja inclinação da geratriz mede 60°, e uma esfera cujo centro é o vértice do cone. A altura total da peça é 2,23 cm. Por demanda dos clientes, o fabricante necessita colocar um acabamento em forma de um pequeno anel, de espessura desprezível, na interseção dos dois sólidos, como mostra a Figura 2.

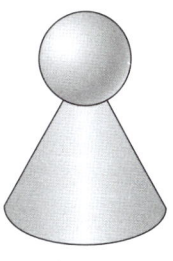

Figura 1

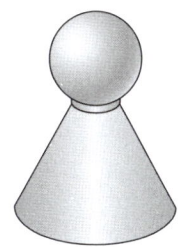

Figura 2

Considere que haja um corte passando pelo eixo de simetria do cone, conforme mostra a Figura 3.
Em vista dos dados apresentados, é correto afirmar que o raio do anel a ser produzido é igual a (dados: $\sqrt{3} \cong 1{,}73$):
a) 0,18 cm
b) 0,21 cm
c) 0,25 cm
d) 0,30 cm
e) 0,35 cm

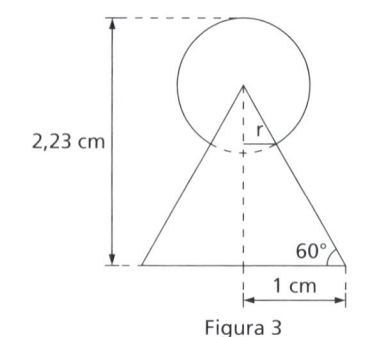

Figura 3

249. (UF-MS) Dado um retângulo ABCD, de comprimento igual ao dobro da largura, realiza-se uma dobra definida pelo segmento pontilhado EF de tal forma que os pontos A e C coincidam, como nas figuras a seguir.

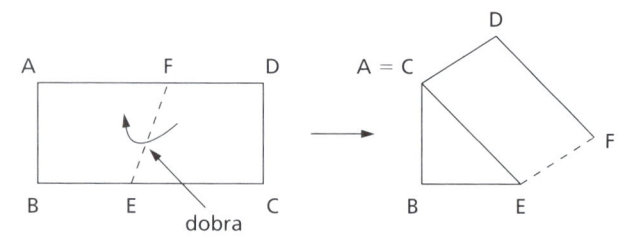

Formam-se então outras figuras geométricas; quatro triângulos (ABE, AEF, CEF e FDC) e dois trapézios (ABEF e EFDC).
A partir dos dados fornecidos, assinale a(s) afirmação(ões) correta(s).
001) O triângulo ABE é retângulo escaleno.
002) A dobra feita nem sempre define dois trapézios de áreas iguais.
004) A área do triângulo ABE é a quarta parte da área do retângulo original.
008) A área do retângulo ABCD é o triplo da área do triângulo FDC.
016) O ângulo definido no vértice E do trapézio EFCD é 45° superior à metade do ângulo definido no vértice A, do triângulo ABE.

250. (UF-SC) Assinale a(s) proposição(ões) CORRETA(S).
01) Considere duas caixas-d'água de mesma altura: uma em forma de cubo e a outra em forma de paralelepípedo retângulo com área da base de 6 m². Se o volume da caixa cúbica tem 4 m³ a menos que o volume da outra caixa, então a única medida possível da aresta da caixa cúbica é 2 m.
02) É possível construir um poliedro regular, utilizando-se seis triângulos equiláteros.
04) Na figura 1, estão representados três sólidos e, na figura 2, estão representadas três planificações. Fazendo corresponder cada sólido com sua planificação, tem-se a relação A → 1, B → 3 e C → 2.

figura 1

A B C

figura 2

3 1 2

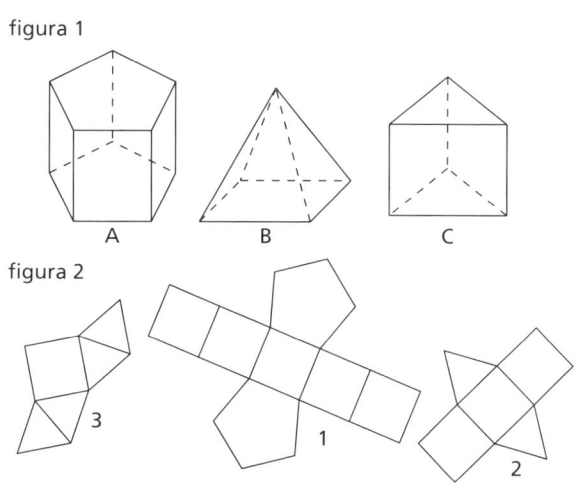

08) Um retângulo, quando girado em torno de seu lado maior, descreve um cilindro cujo volume tem 432π cm³. Se o lado maior do retângulo mede o dobro da medida do lado menor, então a área desse retângulo é de 72 cm².

251. (PUC-SP) Considere o quadrilátero que se obtém unindo quatro das intersecções das retas de equações x = 0, y = 0, y = 6 e 3x − y − 6 = 0 e suponha que uma xícara tem o formato do sólido gerado pela rotação desse quadrilátero em torno do eixo das ordenadas. Assim sendo, qual o volume do café na xícara no nível da metade de sua altura?
a) 31π
b) 29π
c) 24π
d) 21π
e) 19π

252. (UF-RS) Observe abaixo as planificações de duas caixas. A base de uma das caixas é um hexágono regular; a base da outra é um triângulo equilátero.

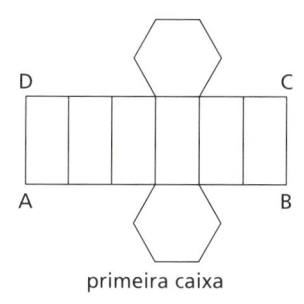

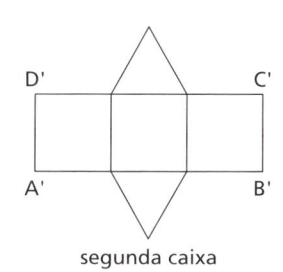

primeira caixa

segunda caixa

Se os retângulos ABCD e A'B'C'D' são congruentes, então a razão dos volumes da primeira e da segunda caixa é:
a) $\dfrac{1}{2}$
b) $\dfrac{2}{3}$
c) 1
d) $\dfrac{3}{2}$
e) 2

QUESTÕES DE VESTIBULARES

253. (UF-PR) Todas as faces de um cubo sólido de aresta 9 cm foram pintadas de verde. Em seguida, por meio de cortes paralelos a cada uma das faces, esse cubo foi dividido em cubos menores, todos com aresta 3 cm. Com relação a esses cubos, considere as seguintes afirmativas:
1. Seis desses cubos menores terão exatamente uma face pintada de verde.
2. Vinte e quatro desses cubos menores terão exatamente duas faces pintadas de verde.
3. Oito desses cubos menores terão exatamente três faces pintadas de verde.
4. Um desses cubos menores não terá nenhuma das faces pintada de verde.

Assinale a alternativa correta.
a) Somente as afirmativas 1, 2 e 4 são verdadeiras.
b) Somente as afirmativas 1 e 4 são verdadeiras.
c) Somente as afirmativas 1, 3 e 4 são verdadeiras.
d) Somente as afirmativas 2 e 3 são verdadeiras.
e) As afirmativas 1, 2, 3 e 4 são verdadeiras.

254. (UF-PE) Com relação aos sólidos redondos podemos afirmar que:
0-0) Um cone de revolução tem uma elipse como seção quando o ângulo entre o plano de seção e a diretriz (eixo) do cone for menor que 90° e maior do que o ângulo entre a diretriz (eixo) e a geratriz reta do cone.
1-1) Um cone de revolução admite duas esferas inscritas, tangentes a um plano que secciona todas as posições da geratriz reta do cone. Os pontos de tangência entre as esferas e o plano de seção são os focos da curva cônica resultante da interseção.
2-2) Um cilindro oblíquo tem como seção de base uma circunferência. Para se obter seções planas que sejam circunferências, os planos de seção devem ser, necessariamente, paralelos à seção de base.
3-3) Um cone de revolução apenas admite como seção a circunferência, a elipse, a parábola ou a hipérbole.
4-4) A seção plana em uma superfície esférica é circunferência quando o plano de seção é perpendicular ou paralelo ao seu diâmetro e é elipse em qualquer outra posição do plano de seção.

255. (UF-PE) Enrolando a chapa ABCD, até unir AB com CD, fica formado um funil. Sobre ele, podemos afirmar:
0-0) Sua boca maior terá uma área quatro vezes a área da boca menor.
1-1) A chapa ABCD tem a área da superfície lateral de um tronco de cone de revolução.
2-2) Se a chapa tivesse o formato do setor circular AED, o cone formado com ela teria menos de 10% a mais de volume em relação ao funil.
3-3) No corte da chapa AED, para gerar a chapa ABCD, perdeu-se mais de 10% de sua área.
4-4) A boca de entrada do funil terá perímetro 3 vezes o perímetro da boca de saída.

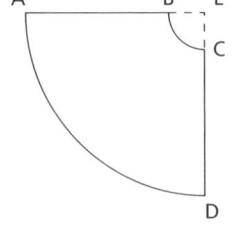

256. (UF-PE) A figura abaixo é a planificação da superfície lateral de um cone de revolução, de geratriz g.

Sobre tal cone, podemos afirmar:

0-0) O raio da base mede $\frac{3}{4}$ de g.

1-1) Sua altura é igual ao raio da base.

2-2) Seu volume é menos da metade de um cubo de aresta g.

3-3) Sua superfície total (incluindo a base) tem mais área que um círculo de raio g.

4-4) O setor circular que completaria um círculo, na figura, serviria como superfície lateral de outro cone com a terça parte do volume do primeiro cone.

257. (UF-PE) Uma elipse fica determinada quando se conhece a distância focal e o eixo maior, sabendo-se que a soma dos seus raios vetores é sempre constante e igual à medida do seu eixo maior.

Para a determinação de uma tangente a esta curva, por um ponto exterior a ela, quais alternativas correspondem a propriedades necessárias para o seu traçado?

0-0) A propriedade do círculo diretor, uma vez que o simétrico de um dos focos em relação a qualquer tangente à curva pertence à circunferência diretora do outro foco.

1-1) Os dados são insuficientes para a determinação de uma tangente à curva por um ponto exterior.

2-2) As bissetrizes do ângulo formado pelas retas que passam pelos focos e pelo ponto em que se deseja traçar a tangente determinam a tangente e a normal naquele ponto.

3-3) A propriedade do círculo principal da cônica, Lugar Geométrico das projeções ortogonais dos focos sobre as tangentes.

4-4) A propriedade das curvas homotéticas, uma vez que a tangente à elipse deve conter um ponto exterior à curva, previamente escolhido. Tal ponto será o centro de homotetia.

258. (ITA-SP) Em um plano estão situados uma circunferência ω de raio 2 cm e um ponto P que dista $2\sqrt{2}$ cm do centro de ω. Considere os segmentos $\overline{PA}$ e $\overline{PB}$ tangentes a ω nos pontos A e B, respectivamente. Ao girar a região fechada delimitada pelos segmentos $\overline{PA}$ e $\overline{PB}$ e pelo arco menor $\overparen{AB}$ em torno de um eixo passando pelo centro de ω e perpendicular ao segmento $\overline{PA}$, obtém-se um sólido de revolução. Determine:

a) A área total da superfície do sólido.
b) O volume do sólido.

259. (UF-CE) Temos, em um mesmo plano, uma reta r e um triângulo ABC, de lados AB = 3 cm, AC = 4 cm e BC = 5 cm, situado de tal forma que o lado AC é paralelo à reta r, distando 3 cm dela. Calcule, em cm³, os possíveis valores para o volume V do sólido de revolução obtido pela rotação do triângulo ABC em torno da reta r.

QUESTÕES DE VESTIBULARES

260. (UE-RJ) Para fazer uma caixa, foi utilizado um quadrado de papelão de espessura desprezível e 8 dm de lado, do qual foram recortados e retirados seis quadrados menores de lado x.

Observe a ilustração.

Em seguida, o papelão foi dobrado nas linhas pontilhadas, assumindo a forma de um paralelepípedo retângulo, de altura x, como mostram os esquemas.

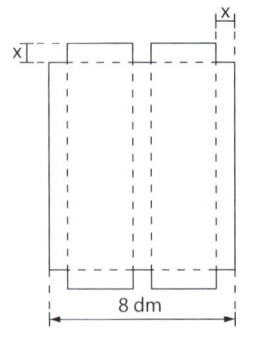

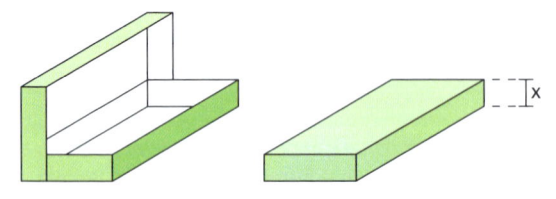

Quando $x = 2$ dm, o volume da caixa é igual a 8 dm³.

Determine outro valor de x para que a caixa tenha volume igual a 8 dm³.

261. (UF-PR) Um sólido de revolução é um objeto obtido a partir da rotação de uma figura plana em torno de um dos eixos coordenados. Por exemplo, rotacionando-se um retângulo em torno do eixo y, pode-se obter um cilindro, como na figura abaixo.

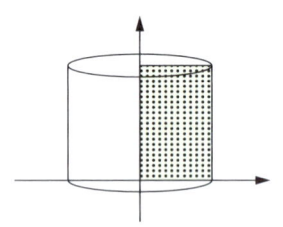

Considere agora a região R do primeiro quadrante do plano xy delimitada pelas retas r_1: $y = x$, r_2: $x = 0$ e r_3: $x = 1$ e pela circunferência γ: $x^2 + (y - 4)^2 = 1$.

a) Utilize os eixos cartesianos ao lado para fazer um esboço da região R e do sólido de revolução obtido pela rotação dessa região em torno do eixo y.

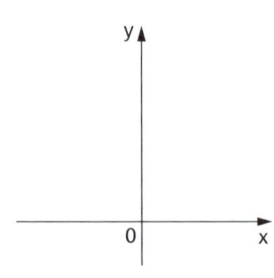

b) Encontre o volume do sólido de revolução obtido no item acima.

QUESTÕES DE VESTIBULARES

262. (Unicamp-SP) Um brilhante é um diamante com uma lapidação particular, que torna essa gema a mais apreciada dentre todas as pedras preciosas.
   a) Em gemologia, um quilate é uma medida de massa, que corresponde a 200 mg. Considerando que a massa específica do diamante é de aproximadamente 3,5 g/cm³, determine o volume de um brilhante com 0,7 quilate.
   b) A figura ao lado apresenta a seção transversal de um brilhante. Como é muito difícil calcular o volume exato da pedra lapidada, podemos aproximá-lo pela soma do volume de um tronco de cone (parte superior) com o de um cone (parte inferior). Determine, nesse caso, o volume aproximado do brilhante. 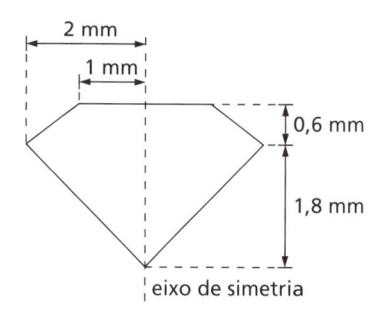

   Dica: o volume de um tronco de cone pode ser obtido empregando-se a fórmula
   $$v = \frac{\pi}{3}h(R^2 + Rr + r^2),$$
   em que R e r são os raios das bases e h é a altura do tronco.

263. (ITA-SP) Seja C uma circunferência de raio r e centro O e $\overline{AB}$ um diâmetro de C. Considere o triângulo equilátero BDE inscrito em C. Traça-se a reta s passando pelos pontos O e E até interceptar em F a reta t tangente à circunferência C no ponto A. Determine o volume do sólido de revolução gerado pela rotação da região limitada pelo arco $\widehat{AE}$ e pelos segmentos $\overline{AF}$ e $\overline{EF}$ em torno do diâmetro $\overline{AB}$.

264. (UF-ES) Deseja-se construir um reservatório de água com formato de um sólido constituído por um tronco de cone circular reto com sua base menor assentada sobre um cilindro circular reto e sua base maior encimada também por um cilindro circular reto. A figura ao lado é uma seção do sólido por um plano que contém o seu eixo de simetria. Se as dimensões do reservatório devem ser como indicadas na figura, determine
   a) a capacidade do reservatório.
   b) a área da superfície lateral externa do reservatório.

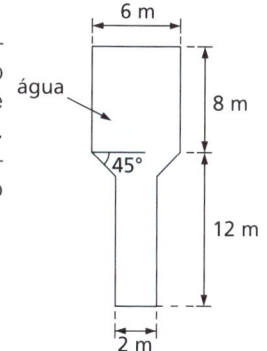

Respostas das questões de vestibulares

1. 08
2. e
3. d
4. 001, 002, 004
5. a
6. 02, 16
7. e
8. d
9. d
10. b
11. e
12. c
13. V, V, V, V, F
14. c
15. e
16. d
17. (01), (02), (08), (16)
18. d
19. V, F, F, V, F
20. d
21. 01 + 16 = 17
22. a) $\dfrac{2\sqrt{3}}{3}$ b) 3
23. a) 14 faces   b) $x = \dfrac{a}{2}$
24. e
25. b
26. b
27. b
28. a
29. e
30. c
31. c

RESPOSTAS DAS QUESTÕES DE VESTIBULARES

32. a
33. b
34. e
35. a
36. c
37. d
38. d
39. e
40. c
41. b
42. b
43. b
44. c
45. b
46. b
47. a
48. c
49. d
50. c
51. e
52. c
53. d
54. b
55. c
56. a
57. c
58. d
59. d
60. a
61. d
62. d
63. a
64. d
65. c
66. d
67. V, V, V, F, F
68. 01 + 04 + 08 + 32 = 45
69. a) $v = -2x^2 + 0{,}4x$
    b) $x = 10$ cm
70. R\$ 522,00
71. a) $2(5 + 5\sqrt{2} + 2\sqrt{5} + \sqrt{10})$ u.a.
    b) 10 u.v.
72. 5 cm × 5 cm × 8 cm
73. 03
74. a) $n = 8$ b) $n = 4$
75. 72
76. a) $PR = \dfrac{5}{4}$ b) $AB = \dfrac{5}{4}$
77. $4\sqrt{34}$ cm
78. a
79. b
80. d
81. c
82. d
83. d

RESPOSTAS DAS QUESTÕES DE VESTIBULARES

84. a.
85. a.
86. a.
87. e.
88. a.
89. c.
90. c.
91. b.
92. c.
93. b.
94. c.
95. d.
96. 36
97. 36
98. 01 + 02 + 04 + 08 = 15
99. 83
100. a) $h = \dfrac{3\sqrt{2}}{2}$ b) $V = \dfrac{9\sqrt{2}}{2}$
101. Mínima de 7,7 m.
102. a) $20\sqrt{2}$ cm b) $\dfrac{2000\sqrt{6}}{3}$ cm³
103. a) $\dfrac{21}{4}$ m³ b) 2 m
104. No Brasil: 2000 m³. No México: 5600 m³.
105. $\dfrac{16(\sqrt{2} - 1)a^3}{3}$
106. a) $\dfrac{\sqrt{10}}{4}$ μ.c. c) $\dfrac{3\sqrt{3}}{64}$ μ.v.
    b) $\dfrac{9}{16}$ μ.a.
107. a) CK = 2 cm e DL = 4 cm
    b) v = 42 cm³

108. $\dfrac{81\sqrt{3}}{8}$
109. b
110. b
111. c
112. d
113. a
114. e
115. d
116. d
117. e
118. d
119. d
120. c
121. e
122. a
123. c
124. a
125. a
126. d
127. e
128. c
129. a
130. e
131. e
132. a
133. d

RESPOSTAS DAS QUESTÕES DE VESTIBULARES

134. d

135. a

136. d

137. a

138. d

139. $\dfrac{52\sqrt{3}}{9}$ cm³

140. $\dfrac{60}{\pi}$ mm

141. 450 caixinhas

142. 58 caminhões

143. a) $v = \dfrac{4}{3}\pi$

b) 12 bolinhas

144. a) 64 cm³

b) $48\pi\sqrt[3]{2}$ cm²

145. 80 800 m³

146. a) x = 28,4 cm e y = 27,0 cm

b) $v = \dfrac{x^2}{64}(4y - x)$ cm³, com x < 4 y

147. c

148. b

149. c

150. c

151. d

152. a

153. c

154. e

155. a

156. c

157. a

158. d

159. a

160. e

161. c

162. a) h ≅ 14,33 cm

b) v = 43,95 cm³ ou 43,95 ml

163. a) 600π cm³

b) 300 m³

164. 2 dias

165. a) v = 16π

b) $v = \dfrac{\pi}{108}x^3$

166. c

167. b

168. e

169. a

170. e

171. a

172. d

173. b

174. d

175. c

176. d

177. e

178. d

179. d

180. V, F, F, V, V

181. b

RESPOSTAS DAS QUESTÕES DE VESTIBULARES

182. 23 323,33 cm³
183. b
184. b
185. e
186. a
187. b
188. d
189. c
190. b
191. e
192. b
193. F, F, V, F, F
194. F, V, V, F, F
195. H = 22 dam
196. 1,44 m²
197. a) $\dfrac{\pi R^3}{6}$
     b) $\pi r^2(2 + \sqrt{3})$
198. $\dfrac{8\pi}{3}$ cm²
199. a) 6 horas; 8 horas
     b) v = 90π m³; H = 2,5 m
200. b
201. e
202. b
203. v = $\dfrac{\sqrt{3}}{4}(r^2 - h^2)h$
204. e
205. e
206. c
207. d
208. c
209. a
210. a
211. c
212. b
213. b
214. c
215. d
216. b
217. e
218. c
219. a
220. V, F, V, F, F
221. b
222. V, V, V, V, V
223. b
224. e
225. a) $\dfrac{4}{3}\pi \cdot 50^3$
     b) $\dfrac{4}{3}\pi \cdot 50^3$
226. $\dfrac{1}{3}$
227. 35 000 000
228. 38%
229. a) 1 725 cm³
     b) $\dfrac{2}{3}$

230. b

231. 6 cm

232. a) $\dfrac{1}{16}$

b) $10\sqrt[3]{87}$ cm

233. $\dfrac{32}{9}(3\pi - 2\sqrt{3})$ cm³

234. $\dfrac{13\ell^2}{4}$

235. $\ell = 2r\sqrt{3}$ cm e $v = 10r^2(3\sqrt{3} - \pi)$ cm³

236. $\dfrac{4(6 - \pi)}{3}$ cm³

237. $\dfrac{a}{3}$

238. a) $\dfrac{5}{2}$ cm

b) $\dfrac{17\pi}{5}$ cm²

239. 2,9472 m³

240. 928,4 mm²

241. $9\sqrt{2}$ cm³

242. a) $v_A = 18\pi$ m³
$v_B = 20\pi$ m³

b) $h = \dfrac{9}{16}$ m

c) $H = (6 - 2\sqrt[3]{15})$ m

d) $h = \dfrac{1}{48}(6 - H)^3$

243. b

244. b

245. e

246. e

247. b

248. c

249. 001 e 016

250. 04 e 08

251. e

252. d

253. c

254. V, V, F, F, F

255. F, V, F, F, F

256. V, F, V, V, F

257. V, F, F, F, F

258. a) 20π cm²

b) $\dfrac{8\pi}{3}$ cm³

259. 24π cm³ ou 48π cm³

260. $x = \dfrac{7 - \sqrt{37}}{3}$

261. a)

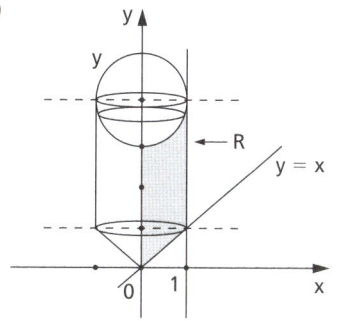

b) $v = \dfrac{8\pi}{3}$

262. a) 40 mm³

b) $3{,}8\pi$ mm³

263. $v = \dfrac{2\pi r^3}{3}$ u.v.

264. a) $\dfrac{272}{3}\pi$ m³

b) $4\pi(17 + 2\sqrt{2})$ m²

Significado das siglas de vestibulares

Cefet-SC — Centro Federal de Educação Tecnológica de Santa Catarina
Enem-MEC — Exame Nacional de Desempenho de Estudantes, Ministério da Educação
ESPM-SP — Escola Superior de Propaganda e Marketing, São Paulo
Fatec-SP — Faculdade de Tecnologia de São Paulo
FEI-SP — Faculdade de Engenharia Industrial, São Paulo
FGV-RJ — Fundação Getúlio Vargas, Rio de Janeiro
FGV-SP — Fundação Getúlio Vargas, São Paulo
Fuvest-SP — Fundação para o Vestibular da Universidade de São Paulo
ITA-SP — Instituto Tecnológico de Aeronáutica, São Paulo
Mackenzie-SP — Universidade Presbiteriana Mackenzie de São Paulo
PUC-RS — Pontifícia Universidade Católica do Rio Grande do Sul
PUC-SP — Pontifícia Universidade Católica de São Paulo
UE-CE — Universidade Estadual do Ceará
UE-GO — Universidade Estadual de Goiás
UE-MG — Universidade Estadual de Minas Gerais
U.E. Ponta Grossa-PR — Universidade Estadual de Ponta Grossa, Paraná
UE-RJ — Universidade do Estado do Rio de Janeiro
UF-AL — Universidade Federal de Alagoas
UF-AM — Universidade Federal do Amazonas
UF-BA — Universidade Federal da Bahia
UF-CE — Universidade Federal do Ceará
UF-ES — Universidade Federal do Espírito Santo
UFF-RJ — Universidade Federal Fluminense, Rio de Janeiro
UF-GO — Universidade Federal de Goiás
UF-MA — Universidade Federal do Maranhão
UF-MG — Universidade Federal de Minas Gerais
UF-MS — Universidade Federal de Mato Grosso do Sul
UF-MT — Universidade Federal do Mato Grosso
UF-PB — Universidade Federal da Paraíba
UF-PE — Universidade Federal de Pernambuco
UF-PI — Universidade Federal do Piauí
UF-PR — Universidade Federal do Paraná
UF-RN — Universidade Federal do Rio Grande do Norte
UF-RS — Universidade Federal do Rio Grande do Sul
UF-SC — Universidade Federal de Santa Catarina
U.F. São Carlos-SP — Universidade Federal de São Carlos, São Paulo
Unesp-SP — Universidade Estadual Paulista, São Paulo
Unicamp-SP — Universidade Estadual de Campinas, São Paulo
Unifesp-SP — Universidade Federal de São Paulo
UPE-PE — Universidade do Estado de Pernambuco